JN082923

一発合格!

2級 土木施工
第1次&第2次検定
徹底攻略 過去問題集

土木施工管理技術検定試験研究会・著

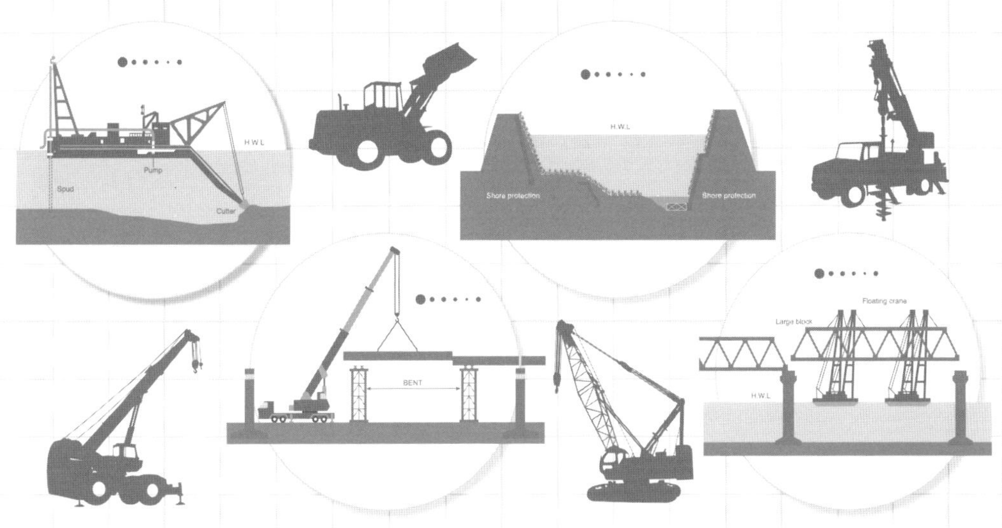

ナツメ社

はじめに

２級土木施工管理技士は、土木・建築の実務に携わる方にとって、**とても価値のある重要な資格**です。受験者の方々は、すでに自身の専門分野で基礎的な知識、実績、技術を持ち合わせていることと思います。しかしながら、本試験は経験を重視した幅広い分野から出題されており、「施工管理」だけではなく「専門土木」や「法規・法令」など多岐にわたり、専門以外からも正確な知識を要求されることから非常に難しい試験です。

本書は過去問題を分野別に掲載することで、**効率的かつ集中的に学習できる**内容になっております。ここで掲載しているトータル過去12回分の過去問題を学習することで、**自然と各分野の出題傾向が理解できるようになり、各分野で押さえておきたい重要なポイントもわかる**ようになります。

数年分の過去問題で学習していると、何度も似たような問題が出題されていることに気がつかれると思います。それらの問題はその年度ごとに問われるポイントが少しずつ変化しており、それが重要な問題であることを示しているのと同時に、繰り返し違う角度から学習する必要のある問題ともいえます。この過去12回分の過去問題を受験攻略の糸口にしてください。

そこで、本書を用いた具体的な学習方法としては、下記の３ステップを提案いたします。

① **模擬試験問題で自身の実力を把握し、苦手分野や弱点を把握する**
② **ジャンル別に掲載されている過去問題で、集中的に苦手分野を繰り返し学習する**
③ **最新の試験問題で学習の成果を確認する**

この２級土木施工管理技術検定試験の学習で得た知識は、**これからの実務や1級土木施工管理技術検定試験への挑戦など、今後の活躍に必ず役立ちます**。みなさんの「合格」にお役に立てれば、著者としてこの上ない喜びであり、「合格」の吉報が届くのを心よりお祈り申し上げます。

「土木施工管理技術検定試験研究会」著者しるす

目次

第3章　法規

第4章　共通分野

第5章　施工管理

第6章　環境保全対策

※本書は、原則として2023年12月時点の情報をもとに編集しています。

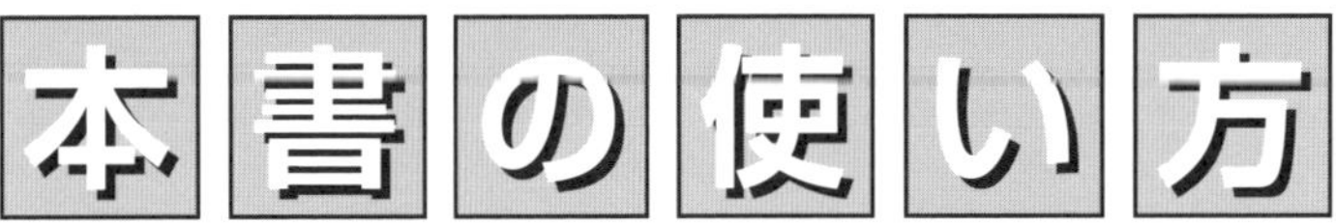

3つのステップで最短合格を目指す

本書は、2級土木施工管理技術検定試験の問題集です。本書の第１部には模擬試験問題（１回分）を掲載しています。模擬試験問題で苦手分野を把握したら、分野別に過去問題（直近の８回分の試験問題※）を掲載している第２部に進みましょう。苦手分野を効率的に学習することができます。さらに別冊には、最新の試験問題（前期・後期の２回分）を収録しているので、学習の総仕上げとしてチャレンジしてください。

※掲載問題数の関係により、平成29年度の問題も一部、掲載しています。

試験日から逆算し、本書を使って効率的に学習を進めましょう。

STEP1 第1部 模擬試験問題で実力を把握！

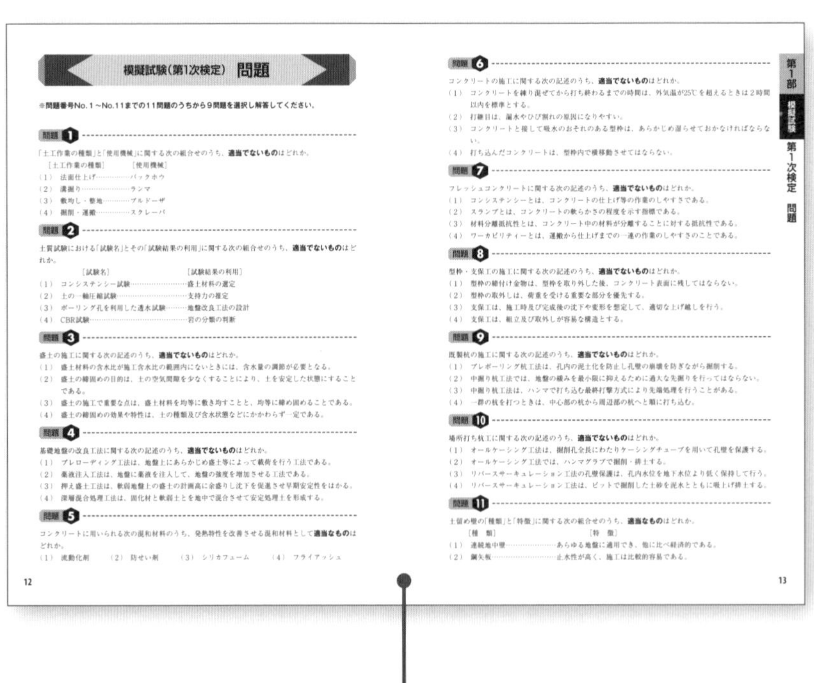

模擬試験（第1次検定） 問題

※問題番号No.１～No.11までの11問題のうちから９問題を選択し解答してください。

問題 1

「土工作業の種類」と「使用機械」に関する次の組合せのうち、**適当でないもの**はどれか。

［土工作業の種類］　［使用機械］
（1） 法面仕上げ……………バックホウ
（2） 溝掘り…………………ランマ
（3） 敷均し・整地…………ブルドーザ
（4） 掘削・運搬……………スクレーパ

問題 2

土質試験における「試験名」とその「試験結果の利用」に関する次の組合せのうち、**適当でないもの**はどれか。

［試験名］　［試験結果の利用］
（1） コンシステンシー試験……………盛土材料の選定
（2） 土の一軸圧縮試験…………………支持力の推定
（3） ボーリング孔を利用した透水試験………地盤改良工法の設計
（4） CBR試験……………………………岩の分類の判断

問題 3

盛土の施工に関する次の記述のうち、**適当でないもの**はどれか。
（1） 盛土材料の含水比が施工含水比の範囲内にないときには、含水量の調節が必要となる。
（2） 盛土の締固めの目的は、土の空気間隙を少なくすることにより、土を安定した状態にすることである。
（3） 盛土の施工で重要な点は、盛土材料を均等に敷き均すことと、均等に締め固めることである。
（4） 盛土の締固めの効果や特性は、土の種類及び含水状態などにかかわらず一定である。

問題 4

基礎地盤の改良工法に関する次の記述のうち、**適当でないもの**はどれか。
（1） プレローディング工法は、地盤上にあらかじめ盛土等によって載荷を行う工法である。
（2） 薬液注入工法は、地盤に薬液を注入して、地盤の強度を増加させる工法である。
（3） 押え盛土工法は、軟弱地盤上の盛土の計画高に余盛りし沈下を促進させ早期安定性をはかる。
（4） 深層混合処理工法は、固化材と軟弱土とを地中で混合させて安定処理土を形成する。

問題 5

コンクリートに用いられる次の混和材料のうち、発熱特性を改善させる混和材料として**適当なもの**はどれか。
（1） 流動化剤　（2） 防せい剤　（3） シリカフューム　（4） フライアッシュ

12

問題 6

コンクリートの施工に関する次の記述のうち、**適当でないもの**はどれか。
（1） コンクリートを練り混ぜてから打ち終わるまでの時間は、外気温が25℃を超えるときは２時間以内を標準とする。
（2） 打継目は、漏水やひび割れの原因になりやすい。
（3） コンクリートと接して吸水のおそれのある型枠は、あらかじめ湿らせておかなければならない。
（4） 打ち込んだコンクリートは、型枠内で横移動させてはならない。

問題 7

フレッシュコンクリートに関する次の記述のうち、**適当でないもの**はどれか。
（1） コンシステンシーとは、コンクリートの仕上げ等の作業のしやすさである。
（2） スランプとは、コンクリートの軟らかさの程度を示す指標である。
（3） 材料分離抵抗性とは、コンクリート中の材料が分離することに対する抵抗性である。
（4） ワーカビリティーとは、運搬から仕上げまでの一連の作業のしやすさのことである。

問題 8

型枠・支保工の施工に関する次の記述のうち、**適当でないもの**はどれか。
（1） 型枠の締付け金物は、型枠を取り外した後、コンクリート表面に残してはならない。
（2） 型枠の取外しは、荷重を受ける重要な部分を優先する。
（3） 支保工は、施工時及び完成後の沈下や変形を想定して、適切な上げ越しを行う。
（4） 支保工は、組立及び取外しが容易な構造とする。

問題 9

既製杭の施工に関する次の記述のうち、**適当でないもの**はどれか。
（1） プレボーリング杭工法は、孔内の泥土化を防止し孔壁の崩壊を防ぎながら掘削する。
（2） 中掘り杭工法では、地盤の緩みを最小限に抑えるために過大な先掘りを行ってはならない。
（3） 中掘り杭工法は、ハンマで打ち込む最終打撃方式により先端処理を行うことがある。
（4） 一群の杭を打つときは、中心部の杭から周辺部の杭へと順に打ち込む。

問題 10

場所打ち杭工に関する次の記述のうち、**適当でないもの**はどれか。
（1） オールケーシング工法は、掘削孔全長にわたりケーシングチューブを用いて孔壁を保護する。
（2） オールケーシング工法では、ハンマグラブで掘削・排土する。
（3） リバースサーキュレーション工法の孔壁保護は、孔内水位を地下水位より低く保持して行う。
（4） リバースサーキュレーション工法は、ビットで掘削した土砂を泥水とともに吸上げ排土する。

問題 11

土留め壁の「種類」と「特徴」に関する次の組合せのうち、**適当なもの**はどれか。

［種　類］　［特　徴］
（1） 連続地中壁……………あらゆる地盤に適用でき、他に比べ経済的である。
（2） 鋼矢板…………………止水性が高く、施工は比較的容易である。

13

第1部 模擬試験 第1次検定 問題

第１部には、模擬試験問題を掲載しています。問題にチャレンジして、苦手分野を把握しましょう。

STEP2 第2部 分野別の過去問題で苦手分野を克服！

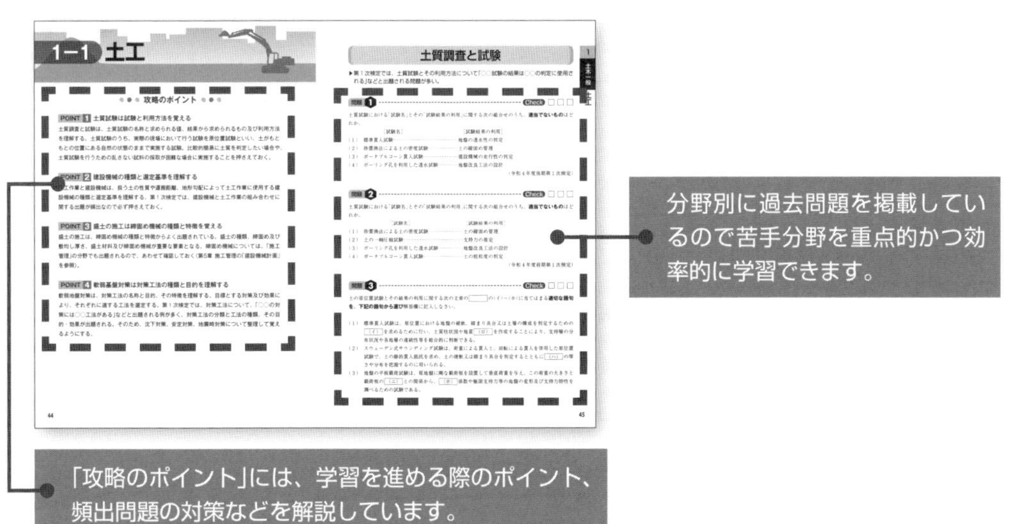
1-1 土工

攻略のポイント

POINT 1 土質試験は試験と利用方法を覚える

土質調査と試験は、土質試験の名称と求められる値、結果から求められるもの及び利用方法を理解する。土質試験のうち、実際の現場において行う試験を原位置試験といい、土がもともとの位置にある自然の状態のままで実施する試験。比較的簡易に土質を判定したい場合や、土質試験を行うための乱さない試料の採取が困難な場合に実施することを押さえておく。

POINT 2 建設機械の種類と選定基準を理解する

土工作業と建設機械は、扱う土の性質や運搬距離、地形勾配によって土工作業に使用する建設機械の種類と選定基準を理解する。第1次検定では、建設機械と土工作業の組み合わせに関する出題が頻出なので必ず押さえておく。

POINT 3 盛土の施工は締固め機械の種類と特徴を覚える

盛土の施工は、締固め機械の種類と特徴からよく出題されている。盛土の種類、締固め及び敷均し厚さ、盛土材料及び締固め機械が重要な要素となる。締固め機械については、「施工管理」の分野でも出題されるので、あわせて確認しておく（第5章 施工管理の「建設機械計画」を参照）。

POINT 4 軟弱地盤対策は対策工法の種類と目的を理解する

軟弱地盤対策は、対策工法の名称と目的、その特徴を理解する。目標とする対策及び効果により、それぞれに適する工法を選定する。第1次検定では、対策工法について、「○○の対策には○○工法がある」などと出題される例が多く、対策工法の分類と工法の種類、その目的・効果が出題される。そのため、沈下対策、安定対策、地震時対策について整理して覚えるようにする。

44

土質調査と試験

▶第1次検定では、土質試験とその利用方法について「○○試験の結果は○○の判定に使用される」などと出題される問題が多い。

問題 1 Check □□□

土質試験における「試験名」とその「試験結果の利用」に関する次の組合せのうち、**適当でないもの**はどれか。

［試験名］［試験結果の利用］

（1）標準貫入試験……地盤の透水性の判定
（2）砂置換法による土の密度試験……土の締固めの管理
（3）ポータブルコーン貫入試験……建設機械の走行性の判定
（4）ボーリング孔を利用した透水試験……地盤改良工法の設計

（令和4年度後期第1次検定）

問題 2 Check □□□

土質試験における「試験名」とその「試験結果の利用」に関する次の組合せのうち、**適当でないもの**はどれか。

［試験名］［試験結果の利用］

（1）砂置換法による土の密度試験……土の締固め管理
（2）土の一軸圧縮試験……支持力の推定
（3）ボーリング孔を利用した透水試験……地盤改良工法の設計
（4）ポータブルコーン貫入試験……土の粒度の判定

（令和4年度前期第1次検定）

問題 3 Check □□□

45

「攻略のポイント」には、学習を進める際のポイント、頻出問題の対策などを解説しています。

分野別に過去問題を掲載しているので苦手分野を重点的かつ効率的に学習できます。

STEP3 別冊 最新の試験問題で学習の総仕上げ！

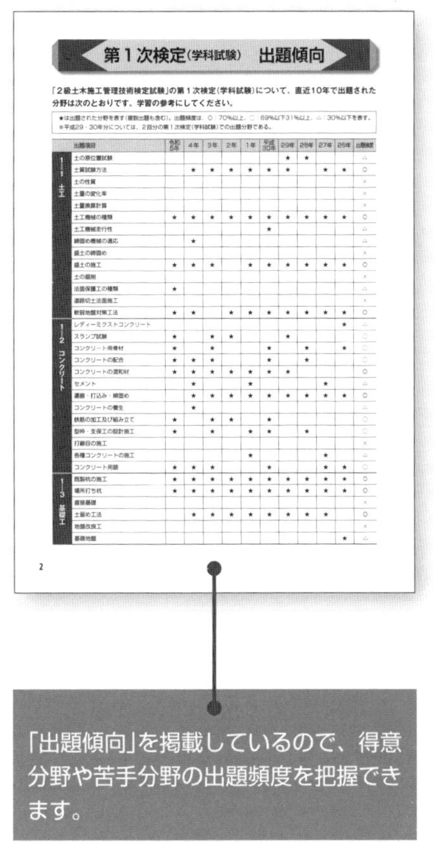
第1次検定(学科試験) 出題傾向

「2級土木施工管理技術検定試験」の第1次検定（学科試験）について、直近10年で出題された分野は次のとおりです。学習の参考にしてください。

★は出題された分野を表す（複数出題も含む）。出題頻度は、◎：70%以上、○：69%以下31%以上、△：30%以下を表す。
※平成29・30年分については、2回分の第1次検定（学科試験）での出題分野である。

	出題項目	令和5年	4年	3年	2年	1年	平成30年	29年	28年	27年	25年	出題頻度
1-1 土工	土の原位置試験							★	★			△
	土質試験方法		★	★	★	★	★	★		★	★	◎
	土の性質											×
	土量の変化率											×
	土量換算計算											×
	土工機械の種類	★	★	★	★	★	★	★	★	★	★	◎
	土工機械走行性						★					△
	締固め機械の適応		★									△
	盛土の締固め											×
	盛土の施工	★	★	★		★	★	★	★	★	★	◎
	土の掘削											×
	法面保護工の種類	★										△
	道路切土法面施工											×
	軟弱地盤対策工法	★	★		★	★	★	★	★	★	★	◎
1-2 コンクリート	レディーミクストコンクリート										★	△
	スランプ試験	★		★	★			★				○
	コンクリート用骨材	★		★			★		★		★	○
	コンクリートの配合	★	★	★			★		★			○
	コンクリートの混和材	★	★	★	★	★	★	★				◎
	セメント		★			★				★		△
	運搬・打込み・締固め		★	★	★	★	★	★	★	★	★	◎
	コンクリートの養生		★									△
	鉄筋の加工及び組み立て	★		★	★		★					○
	型枠・支保工の設計施工	★		★		★	★		★			○
	打継目の施工											×
	各種コンクリートの施工					★				★		△
	コンクリート用語	★	★	★			★			★	★	○
1-3 基礎工	既製杭の施工	★	★	★	★	★	★	★	★	★	★	◎
	場所打ち杭	★	★	★	★	★	★	★	★	★	★	◎
	直接基礎											×
	土留め工法		★	★	★	★	★	★	★	★		◎
	地盤改良工											×
	基礎地盤										★	△

2

「出題傾向」を掲載しているので、得意分野や苦手分野の出題頻度を把握できます。

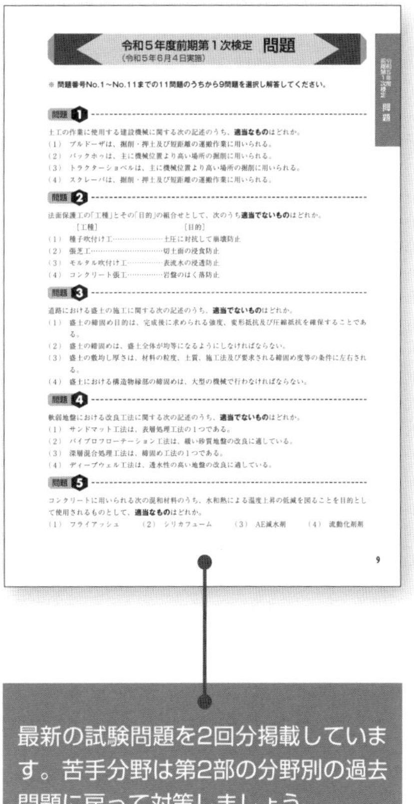
令和5年度前期第1次検定 問題
（令和5年6月4日実施）

令和5年度前期第1次検定 問題

※ 問題番号No.1～No.11までの11問題のうちから9問題を選択し解答してください。

問題 1

土工の作業に使用する建設機械に関する次の記述のうち、**適当なもの**はどれか。
（1） ブルドーザは、掘削・押土及び短距離の運搬作業に用いられる。
（2） バックホゥは、主に機械位置より高い場所の掘削に用いられる。
（3） トラクターショベルは、主に機械位置より高い場所の掘削に用いられる。
（4） スクレーパは、掘削・押土及び短距離の運搬作業に用いられる。

問題 2

法面保護工の「工種」とその「目的」の組合せとして、次のうち**適当でないもの**はどれか。

［工種］［目的］

（1） 種子吹付け工……土圧に対抗して崩壊防止
（2） 張芝工……切土面の浸食防止
（3） モルタル吹付け工……表流水の浸透防止
（4） コンクリート張工……岩盤のはく落防止

問題 3

道路における盛土の施工に関する次の記述のうち、**適当でないもの**はどれか。
（1） 盛土の締固め目的は、完成後に求められる強度、変形抵抗及び圧縮抵抗を確保することである。
（2） 盛土の締固めは、盛土全体が均等になるようにしなければならない。
（3） 盛土の敷均し厚さは、材料の粒度、土質、施工法及び要求される締固め度等の条件に左右される。
（4） 盛土における構造物縁部の締固めは、大型の機械で行わなければならない。

問題 4

軟弱地盤における改良工法に関する次の記述のうち、**適当でないもの**はどれか。
（1） サンドマット工法は、表層処理工法の1つである。
（2） バイブロフローテーション工法は、緩い砂質地盤の改良に適している。
（3） 深層混合処理工法は、締固め工法の1つである。
（4） ディープウェル工法は、透水性の高い地盤の改良に適している。

問題 5

コンクリートに用いられる次の混和材料のうち、水和熱による温度上昇の低減を図ることを目的として使用されるものとして、**適当なもの**はどれか。
（1） フライアッシュ　（2） シリカフューム　（3） AE減水剤　（4） 流動化剤剤

9

最新の試験問題を2回分掲載しています。苦手分野は第2部の分野別の過去問題に戻って対策しましょう。

2級土木施工管理技術検定試験とは

「**土木施工管理技術検定試験**」は、土木工事における施工技術の向上を図ることを目的として、**一般財団法人 全国建設研修センター**が実施している検定試験である。建設業法第27条（技術検定）にて実施について明示されている。試験には「**1級**」と「**2級**」があり、合格して国土交通大臣より「技術検定合格証明書」が交付されることでそれぞれ「**1級土木施工管理技士**」「**2級土木施工管理技士**」を称することができる。

令和３年４月１日に施行された、改正建設業法「技術検定制度の見直し」規定にしたがって、令和３年度より新しい技術検定制度がスタートした。これまでの検定制度では、知識を問う「学科試験」と、能力を問う「実地試験」で構成されていたが、新制度では「**第１次検定**」と「**第２次検定**」に再編された。２級土木施工管理技士の資格を得るには、第１次検定と第２次検定の両方の試験に合格しなければならないが、第１次検定は学科試験で求めていた知識問題を基本に実地試験の能力問題の一部を追加し、第２次検定は実地試験の能力問題に加えて学科試験の知識問題の一部を移行するなど変更されている。

また、旧制度では学科試験を合格しても実地試験が不合格だった場合、その学科試験が免除されるのは翌年までとされたが、新制度では**第１次検定を合格すると、第1次検定が無期限で免除され、毎年２次検定からの受験が可能**となった。なお、「１級」は「２級」の上位にあたるが、「１級」の受験資格として「２級」合格は必須ではない。

２級土木施工管理技術検定試験は、「**土木**」「**鋼構造物塗装**」「**薬液注入**」の３種別が実施されており、本書は最も受験者数の多い「**土木**」での合格を目的とした紙面構成としている。

●令和６年度以降の技術検定制度概要

①令和６年度以降の受検資格要件

	第１次検定	第２次検定
1級	年度末時点での年齢が19歳以上	○１級１次検定合格後、 ・実務経験５年以上 ・特定実務経験（※）１年以上を含む実務経験３年以上 ・監理技術者補佐としての実務経験１年以上 ○２級２次検定合格後 ・実務経験５年以上（１級１次検定合格者に限る） ・特定実務経験（※）１年以上を含む実務経験３年以上（1級1次検定合格者に限る）
2級	年度末時点での年齢が17歳以上	○２級１次検定合格後、実務経験３年以上（建設機械種目については２年以上） ○１級１次検定合格後、実務経験１年以上

※特定実務経験
請負金額4,500万円（建築一式工事は7,000万円）以上の建設工事において、監理技術者・主任技術者（当該業種の監理技術者資格者証を有する者に限る）の指導の下、または自ら監理技術者・主任技術者として行った経験（発注者側技術者の経験、建設業法の技術者配置に関する規定の適用を受けない工事の経験等は特定実務経験には該当しない）。

〈土木施工管理に関する実務経験について〉

「土木施工管理に関する実務経験」として認められる工事種別・工事内容は明確に定められているため、受験年度の「受験の手引」にて確認すること。また、ここでいう「実務経験」とは、土木工事の施工に直接的に関わる技術上のすべての職務経験をいい、具体的には下記に関するものを指す。

- 受注者（請負人）として施工を指揮・監督した経験（施工図の作成や、補助者としての経験も含む）
- 発注者側における現場監督技術者等（補助者も含む）としての経験
- 設計者等による工事監理の経験（補助者としての経験も含む）

なお、施工に直接的に関わらない以下の経験は含まれない。

- 設計のみの経験
- 建設工事の単なる雑務や単純な労務作業、事務系の仕事に関する経験

〈技士補について〉

第１次検定の合格者に「**技士補**」の称号を付与する。技士補は、一定の要件を満たすことで、施工管理技士の職務を補佐することが可能になった。ただし、技士補は施工管理技士ではないため、常に施工管理技士からの指導監督を受けながら、職務を行う必要がある。

●第１次検定

令和２年度までは、知識を問う「学科試験」と、能力を問う「実地試験」で構成されていた。しかし、「**第１次検定**」と「**第２次検定**」に再編された令和３年度以降では、第１次検定は学科試験で求めていた知識問題を基本に、実地試験の能力問題の一部が追加された。

２級土木施工管理技術検定では、従来の検定制度である学科試験で出題された問題は、すべて４肢択一式（４つの選択肢より設問に合ったものを選ぶ方式）である。また、出題数に対して解答する問題を一定の数だけ選択する「選択問題」と、出題に対してすべて解答する「必須問題」に分かれている。

なお、本書は令和３年度に開始した「第１次検定」「第２次検定」、令和２年度までの「学科試験」「実地試験」の内容や出題傾向をもとに構成している。そのため、第１次検定の出題範囲等についての詳細は、別冊のP. ２～６の出題傾向を参照すること。

●第２次検定

前述のとおり、令和３年度からの制度では、従来の「学科試験」と「実地試験」が「**第１次検定**」と「**第２次検定**」に再編された。第２次検定は実地試験の能力問題に加えて、学科試験の知識問題の一部を移行している。第２次検定の出題範囲等についての詳細は、別冊のP. ７～８の出題傾向を参照すること。

なお、旧制度の実地試験では、試験問題は以下のように構成されていた。

２級土木施工管理技術検定の実地試験は、学科試験と異なりすべて記述形式の筆記試験である。「**経験記述**」と「**学科記述**」に分かれていて、経験記述は必須問題、学科記述は必須問題と選択問題との混合となっていた。平成26年度試験までは全部で５問題の構成（問題１：経験記述、問題２～問題５：学科記述）であったが、**平成27年度試験より全部で９問題の構成（問**

題１：経験記述、問題２～問題９：学科記述）に変更された。

問題１として出題される経験記述は、**受験者が過去に経験した土木工事について指定された管理項目に関する内容を解答するもの**で、実地試験での最重要問題に位置づけられていた。この経験記述で合格基準に達した者だけが、学科記述の採点に進むとされていた（第２次検定でも同様）。

一方、問題２以降で出題される学科記述は、平成27年度試験より、問題２～問題５が必須問題、問題６～問題７が選択問題（１）、問題８～問題９が選択問題（２）で構成されている。

主要出題分野は**土工**、**コンクリート**、**施工計画**、**工程管理**、**安全管理**、**品質管理**、**環境保全対策**である。なお、実地試験では土工は必須問題の問題２と問題３、コンクリートも必須問題の問題４と問題５で固定されていたが、令和３年度の第２次検定では他分野も出題されている。

また、出題される問題には、主に**穴埋め形式**、**計算形式**、**文章記述形式**の３つの形式がある。

- **穴埋め形式**：各種法規、指針、示方書などの基本内容の一部分が伏せられていて、その伏せられた箇所に入る語句や数値を解答する形式。
- **計算形式**：数値に関する情報が与えられて、公式や係数の値を用いて計算を行い、求められている数値を解答する形式。**穴埋め形式の中で計算形式が取り入れられる場合もある**。
- **文章記述形式**：施工等に関する留意点や注意事項、工法等の概要や特徴、特定の事象についての原因や対策などを簡潔に解答する形式。

第２次検定での出題構成は次のとおりである。

出題形式	問題	設問数	出題内容
経験記述（必須問題）	問題１	２問	指定管理項目
学科記述（必須問題） ※すべての問題に解答する	問題２	１問	土工、コンクリートなど
	問題３	１問	
	問題４	１問	
	問題５	１問	
学科記述〔選択問題（１）〕 ※どちらか１問を選択して解答する	問題６	１問	土工、コンクリートなど
	問題７	１問	
学科記述〔選択問題（２）〕 ※どちらか１問を選択して解答する	問題８	１問	施工計画、工程管理、安全管理、品質管理、環境保全対策 ※年によって出題分野が異なる
	問題９	１問	

●合格基準

第１次検定と第２次検定の合格基準は、その年の実施状況等により変動の可能性があるものの、以下のように設定されている。

- 第１次検定：得点が60％以上
- 第２次検定：得点が60％以上

なお、第１次検定の解答は公表されるが第２次検定の解答は未公表である。また、受験者の個人得点についても一切公表されない。

試験概要及び試験に関する問い合わせ先については別冊「学習の総仕上げ！実際の問題にチャレンジしよう」P. １に掲載しています。

第１部　模擬試験問題で苦手分野を把握しよう

第１部では、近年の試験問題を分析して作成した模擬試験問題を掲載しています。まずは模擬試験問題に挑戦して、自分自身の苦手分野を把握してください。苦手分野は、第２部の分野別に掲載した過去問題で対策を進めましょう。

模擬試験（第1次検定） 問題

※問題番号No.１～No.11までの11問題のうちから９問題を選択し解答してください。

問題 1

「土工作業の種類」と「使用機械」に関する次の組合せのうち、**適当でないもの**はどれか。

［土工作業の種類］　　［使用機械］

（1） 法面仕上げ……………バックホウ

（2） 溝掘り…………………ランマ

（3） 敷均し・整地…………ブルドーザ

（4） 掘削・運搬……………スクレーパ

問題 2

土質試験における「試験名」とその「試験結果の利用」に関する次の組合せのうち、**適当でないもの**はどれか。

［試験名］　　［試験結果の利用］

（1） コンシステンシー試験……………………盛土材料の選定

（2） 土の一軸圧縮試験…………………………支持力の推定

（3） ボーリング孔を利用した透水試験………地盤改良工法の設計

（4） CBR試験………………………………………岩の分類の判断

問題 3

盛土の施工に関する次の記述のうち、**適当でないもの**はどれか。

（1） 盛土材料の含水比が施工含水比の範囲内にないときには、含水量の調節が必要となる。

（2） 盛土の締固めの目的は、土の空気間隙を少なくすることにより、土を安定した状態にすることである。

（3） 盛土の施工で重要な点は、盛土材料を均等に敷き均すことと、均等に締め固めることである。

（4） 盛土の締固めの効果や特性は、土の種類及び含水状態などにかかわらず一定である。

問題 4

基礎地盤の改良工法に関する次の記述のうち、**適当でないもの**はどれか。

（1） プレローディング工法は、地盤上にあらかじめ盛土等によって載荷を行う工法である。

（2） 薬液注入工法は、地盤に薬液を注入して、地盤の強度を増加させる工法である。

（3） 押え盛土工法は、軟弱地盤上の盛土の計画高に余盛りし沈下を促進させ早期安定性をはかる。

（4） 深層混合処理工法は、固化材と軟弱土とを地中で混合させて安定処理土を形成する。

問題 5

コンクリートに用いられる次の混和材料のうち、発熱特性を改善させる混和材料として**適当なもの**はどれか。

（1） 流動化剤　（2） 防せい剤　（3） シリカフューム　（4） フライアッシュ

問題 6

コンクリートの施工に関する次の記述のうち、**適当でないもの**はどれか。
（1） コンクリートを練り混ぜてから打ち終わるまでの時間は、外気温が25℃を超えるときは２時間以内を標準とする。
（2） 打継目は、漏水やひび割れの原因になりやすい。
（3） コンクリートと接して吸水のおそれのある型枠は、あらかじめ湿らせておかなければならない。
（4） 打ち込んだコンクリートは、型枠内で横移動させてはならない。

問題 7

フレッシュコンクリートに関する次の記述のうち、**適当でないもの**はどれか。
（1） コンシステンシーとは、コンクリートの仕上げ等の作業のしやすさである。
（2） スランプとは、コンクリートの軟らかさの程度を示す指標である。
（3） 材料分離抵抗性とは、コンクリート中の材料が分離することに対する抵抗性である。
（4） ワーカビリティーとは、運搬から仕上げまでの一連の作業のしやすさのことである。

問題 8

型枠・支保工の施工に関する次の記述のうち、**適当でないもの**はどれか。
（1） 型枠の締付け金物は、型枠を取り外した後、コンクリート表面に残してはならない。
（2） 型枠の取外しは、荷重を受ける重要な部分を優先する。
（3） 支保工は、施工時及び完成後の沈下や変形を想定して、適切な上げ越しを行う。
（4） 支保工は、組立及び取外しが容易な構造とする。

問題 9

既製杭の施工に関する次の記述のうち、**適当でないもの**はどれか。
（1） プレボーリング杭工法は、孔内の泥土化を防止し孔壁の崩壊を防ぎながら掘削する。
（2） 中掘り杭工法では、地盤の緩みを最小限に抑えるために過大な先掘りを行ってはならない。
（3） 中掘り杭工法は、ハンマで打ち込む最終打撃方式により先端処理を行うことがある。
（4） 一群の杭を打つときは、中心部の杭から周辺部の杭へと順に打ち込む。

問題 10

場所打ち杭工に関する次の記述のうち、**適当でないもの**はどれか。
（1） オールケーシング工法は、掘削孔全長にわたりケーシングチューブを用いて孔壁を保護する。
（2） オールケーシング工法では、ハンマグラブで掘削・排土する。
（3） リバースサーキュレーション工法の孔壁保護は、孔内水位を地下水位より低く保持して行う。
（4） リバースサーキュレーション工法は、ビットで掘削した土砂を泥水とともに吸上げ排土する。

問題 11

土留め壁の「種類」と「特徴」に関する次の組合せのうち、**適当なもの**はどれか。
［種　類］　　　　　　　　　　［特　徴］
（1） 連続地中壁…………………あらゆる地盤に適用でき、他に比べ経済的である。
（2） 鋼矢板………………………止水性が高く、施工は比較的容易である。

（3） 柱列杭……………………………剛性が小さいため、浅い掘削に適する。
（4） 親杭・横矢板………………地下水のある地盤に適しているが、施工は比較的難しい。

※問題番号No.12～No.31までの20問題のうちから6問題を選択し解答してください。

問題 12

鋼材に関する次の記述のうち、**適当でないもの**はどれか。
（1） PC鋼棒は、鉄筋コンクリート用鋼棒に比べて高い強さをもっているが、伸びは小さい。
（2） 炭素鋼は、炭素含有量が少ないほど延性や展性は低下するが、硬さや強さは向上する。
（3） 棒鋼は、主に鉄筋コンクリート中の鉄筋として用いられる。
（4） 鋼材は、応力度が弾性限度に達するまでは弾性を示すが、それを超えると塑性を示す。

問題 13

鋼道路橋の架設工法に関する次の記述のうち、市街地や平坦地で桁下空間が使用できる現場において一般に用いられる工法として**適当なもの**はどれか。
（1） フローチングクレーンによる一括架設工法
（2） 全面支柱式支保工架設工法全面支柱式支保工架設工法
（3） 手延桁による押出工法手延桁による押出工法
（4） クレーン車によるベント式架設工法クレーン車によるベント式架設工法

問題 14

コンクリートの劣化機構について説明した次の記述のうち、**適当でないもの**はどれか。
（1） 塩害は、コンクリートのアルカリ性が空気中の炭酸ガスの浸入等で失われていく現象である。
（2） 化学的侵食は、硫酸や硫酸塩等の接触により、コンクリート硬化体が分解したり溶解する現象である。
（3） 疲労は、荷重が繰返し作用することでコンクリート中にひび割れが発生し、やがて大きな損傷となる現象である。
（4） 凍害は、コンクリート中に含まれる水分が凍結し、氷の生成による膨張圧でコンクリートが破壊される現象である。

問題 15

河川に関する次の記述のうち、**適当でないもの**はどれか。
（1） 河川の横断面図は、上流から下流を見た断面で表し、右側を右岸，左側を左岸という。
（2） 堤防の天端と表法面の交点を表法肩という。
（3） 河川堤防の天端の高さは、計画高水位(H. W. L.)と同じ高さにすることを基本とする。
（4） 河川の流水がある側を堤外地、堤防で守られている側を堤内地という。

問題 16

河川護岸に関する次の記述のうち、**適当なもの**はどれか。
（1） 根固工は、法覆工の上下流の端部に施工して護岸を保護するものである。
（2） 法覆工は、堤防の法勾配が緩く流速が小さな場所では、間知ブロックで施工する。

（3） 基礎工は、根固工を支える基礎であり、洗掘に対して保護するものである。
（4） 低水護岸の天端保護工は，流水によって護岸の裏側から破壊しないように保護するものである。

問題 17

砂防えん堤に関する次の記述のうち、**適当でないもの**はどれか。
（1） 側壁護岸は、水通しからの落下水が左右の渓岸を侵食することを防ぐための構造物である。
（2） 水叩きは、本えん堤からの落下水による洗掘の防止を目的に、本えん堤上流に設けられるコンクリート構造物である。
（3） 袖は、洪水を越流させないようにし、水通し側から両岸に向かって上り勾配とする。
（4） 水通しは、越流する流量に対して十分な大きさとし、一般にその断面は逆台形である。

問題 18

地すべり防止工に関する次の記述のうち、**適当なもの**はどれか。
（1） 排土工とは，地すべり頭部に存在する不安定な土塊を排除し、土塊の滑動力を減少させるものである。
（2） 地すべり防止工では、抑止工、抑制工の順に施工するのが一般的である。
（3） 横ボーリング工は、地下水の排除を目的とし、抑止工に区分される工法である。
（4） 杭工は、杭の挿入による斜面の安定度の向上を目的とし、抑制工に区分される工法である。

問題 19

道路のアスファルト舗装における路床の施工に関する次の記述のうち、**適当でないもの**はどれか。
（1） 安定材の混合終了後、モータグレーダで仮転圧を行い、ブルドーザで整形する。
（2） 盛土路床では、1層の敷均し厚さは仕上り厚さで20cm 以下を目安とする。
（3） 安定処理工法は、現状路床土とセメントや石灰等の安定材を混合する工法である。
（4） 切土路床では、表面から30cm程度以内にある木根や転石等を取り除いて仕上げる。

問題 20

道路のアスファルト舗装の施工に関する次の記述のうち、**適当なもの**はどれか。
（1） 敷均し終了後は、所定の密度が得られるように初転圧、継目転圧、二次転圧及び仕上げ転圧の順に締め固める。
（2） 継目は、既設舗装の補修の場合を除いて、下層の継目と上層の継目を重ねるようにする。
（3） 現場に到着したアスファルト混合物は、ただちにアスファルトフィニッシャ又は人力により均一に敷き均す。
（4） 二次転圧は、一般にロードローラで行うが、振動ローラを用いることもある。

問題 21

道路のアスファルト舗装の破損及び補修工法に関する次の記述のうち、**適当でないもの**はどれか。
（1） ヘアクラックは、転圧温度の高過ぎ、過転圧などにより主に表層に発生する。
（2） 道路縦断方向の凹凸は、道路の延長方向に比較的長い延長でどこにでも生じる。
（3） オーバーレイ工法は、不良な舗装の全部を取り除き、新しい舗装を行う工法である。
（4） わだち掘れは、道路 横断方向の凹凸で車両の通過位置が同じところに生じる。

問題 22

道路のコンクリート舗装に関する次の記述のうち、**適当でないもの**はどれか。

（1） コンクリート版に温度変化に対応した目地を設ける場合、車線方向に設ける横目地と車線に直交して設ける縦目地がある。

（2） コンクリートの最終仕上げとして、コンクリート舗装版表面の水光りが消えてから、ほうきやブラシ等で粗仕上げを行う。

（3） コンクリートの養生は、一般的に初期養生として膜養生や屋根養生、後期養生として被覆養生及び散水養生等を行う。

（4） コンクリート版に鉄網を用いる場合は、表面から版の厚さの１／３程度のところに配置する。表面仕上げの終わった舗装版が所定の強度になるまで乾燥状態を保つ。

問題 23

ダムの施工に関する次の記述のうち、**適当でないもの**はどれか。

（1） 転流工は、ダム本体工事を確実に、また容易に施工するため、工事期間中河川の流れを迂回させるもので、仮排水トンネル方式が多用いられる。

（2） 重力式コンクリートダムの基礎岩盤の補強・改良を行うグラウチングは、コンソリデーショングラウチングとカーテングラウチングがある。

（3） コンクリートダムに用いるRCD工法は、単位水量が少なく、超硬練りに配合されたコンクリートをタイヤローラで締め固める工法である。

（4） ベンチカット工法は、ダム本体の基礎掘削に用いられ、せん孔機械で穴をあけて爆破し順次上方から下方に切り下げていく掘削工法である。

問題 24

トンネルの山岳工法における掘削に関する次の記述のうち、**適当でないもの**はどれか。

（1） 吹付けコンクリートは、吹付けノズルを吹付け面に対して直角に向けて行う。

（2） ロックボルトは、特別な場合を除き、トンネル横断方向に掘削面に対して斜めに設ける。

（3） 発破掘削は、地質が硬岩質の場合等に用いられる。

（4） 機械掘削は、全断面掘削方式と自由断面掘削方式に大別できる。

問題 25

下図は傾斜型海岸堤防の構造を示したものである。図の(イ)～(ハ)の構造名称に関する次の組合せのうち、**適当なもの**はどれか。

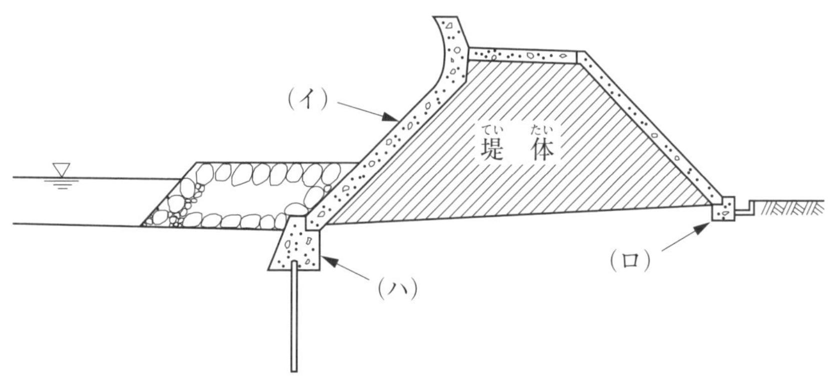

（イ）　　　（ロ）　　　（ハ）

（1）　裏法被覆工…………根留工…………基礎工
（2）　表法被覆工…………基礎工…………根留工
（3）　表法被覆工…………根留工…………基礎工
（4）　裏法被覆工…………基礎工…………根留工

問題 26

ケーソン式混成堤の施工に関する次の記述のうち、**適当でないもの**はどれか。

（1）　据え付けたケーソンは、すぐに内部に中詰めを行って、ケーソンの質量を増し、安定性を高める。
（2）　ケーソンのそれぞれの隔壁には、えい航、浮上、沈設を行うため、水位を調整しやすいように、通水孔を設ける。
（3）　ケーソンは、海面がつねにおだやかで、大型起重機船が使用できるなら、進水したケーソンを据付け場所までえい航して据え付けることができる。
（4）　ケーソンは、注水開始後、着底するまで中断することなく注水を連続して行い、速やかに据え付ける。

問題 27

鉄道の軌道に関する次の記述のうち、**適当でないもの**はどれか。

（1）　ロングレールとは、軌道の欠点である継目をなくすために、溶接でつないでレールを200m以上にしたものである。
（2）　有道床軌道とは、軌道の保守作業を軽減するため開発された省力化軌道で、プレキャストのコンクリート版を用いた軌道構造である。
（3）　マクラギは、軌間を一定に保持し、レールから伝達される列車荷重を広く道床以下に分散させる役割を担うものである。
（4）　路盤とは、道床を直接支持する部分をいい、3%程度の排水勾配を設けることにより、道床内の水を速やかに排除する役割を担うものである。

問題 28

鉄道の営業線近接工事に関する次の記述のうち、**適当でないもの**はどれか。

（1）　建設用大型機械を使用する作業では、営業する列車が通過する際に、安全に十分に注意を払いながら作業する。
（2）　工事管理者は、工事現場ごとに専任の者を常時配置しなければならない。
（3）　建築限界とは、建造物等が入ってはならない空間を示しめすものである。
（4）　列車見張員は、信号炎管・合図灯・呼笛・時計・時刻表・緊急連絡表を携帯しなければならない。

問題 29

シールド工法に関する次の記述のうち、**適当でないもの**はどれか。

（1）　土圧式シールド工法は、切羽の土圧と掘削土砂が平衡を保ちながら掘進する工法である。
（2）　泥水シールド工法は、大きい径の礫を排出するのに適している工法である。
（3）　シールド工法は、開削工法が困難な都市の下水道工事や地下鉄工事をはじめ、海底道路トンネルや地下河川の工事等で用いられる。
（4）　シールド工法に使用される機械は、フード部、ガーダー部、テール部からなる。

問題 30

上水道の管布設工に関する次の記述のうち、**適当でないもの**はどれか。

（1） 鋼管は、溶接継手により一体化ができるが、温度変化による伸縮接手が必要である。

（2） ダクタイル鋳鉄管の据付けでは、管体の管径、年号の記号を上に向けて据え付ける。

（3） 一日の布設作業完了後は、管内に土砂、汚水等が流入しないよう木蓋等で管端部をふさぐ。

（4） 管の布設作業は、原則として高所から低所に向けて行い、受口のある管は受口を低所に向けて配管する。

問題 31

下水道管渠の接合方式に関する次の記述のうち、**適当でないもの**はどれか。

（1） 水面接合は、管渠の中心を接合部で一致させる方式である。

（2） 管頂接合は、管きょの内面の管頂部の高さを一致させ接合する方式である。

（3） 管底接合は、管きょの内面の管底部の高さを一致させ接合する方式である。

（4） 段差接合は、マンホールの間隔等を考慮しながら、階段状に接続する方式である。

※問題番号No.32～No.42までの11問題のうちから6問題を選択し解答してください。

問題 32

賃金の支払いに関する次の記述のうち、労働基準法上、**誤っているもの**はどれか。

（1） 使用者は、労働者が出産、疾病、災害などの場合の費用に充てるために請求する場合においては、支払期日前であっても、既往の労働に対する賃金を支払わなければならない。

（2） 平均賃金とは、これを算定すべき事由の発生した日以前３箇月間にその労働者に対し支払われた賃金の総額を、その期間の総日数で除した金額をいう。

（3） 賃金とは、賃金、給料、手当、賞与など労働の対象として使用者が労働者に支払うすべてのものをいう。

（4） 使用者は、未成年者が独立して賃金を請求することができないことから、未成年者の賃金を親権者または後見人に支払わなければならない。

問題 33

災害補償に関する次の記述のうち。労働基準法上**正しいもの**はどれか。

（1） 使用者は、労働者の療養期間中の平均賃金の全額を休業補償として支払わなければならない。

（2） 使用者は、労働者が重大な過失によって業務上負傷し、且つ使用者がその過失について行政官庁の認定を受けた場合においては、休業補償又は障害補償を行わなくてはならない。

（3） 労働者が業務上負傷し治った場合に、その身体に障害が残ったときは、使用者は、その障害が重度な場合に限って、傷害補償を行わなければならない。

（4） 使用者は、療養補償により必要な療養を行い、又は必要な療養の費用を負担しなければならない。

問題 34

労働安全衛生法上、作業主任者の選任を**必要としない作業**は、次のうちどれか。

（1） 掘削面の高さが２ｍ以上となる地山の掘削作業
（2） 高さが２ｍ以上の構造の足場の組立、解体または変更の作業
（3） 高さが５ｍ以上のコンクリート造の工作物の解体または破壊の作業
（4） 土止め支保工の切梁又は腹起しの取付け又は取り外しの作業

問題 35

建設業法に関する次の記述のうち、**誤っているもの**はどれか。

（1） 発注者から直接建設工事を請け負った特定建設業者は、その下請け契約の請負代金の額が政令で定める金額未満の場合においては、監理技術者を置かなくてもよい。
（2） 元請負人は、請け負った建設工事を施工するために必要な工程の細目、作業方法を定めようとするときは、あらかじめ下請負人の意見を聞かなければならない。
（3） 元請負人は、前払金の支払いを受けたときは、下請負人に対して、資材の購入など建設工事の着手に必要な費用を前払金として支払うよう適切な配慮をしなければならない。
（4） 公共性のある施設に関する重要な工事である場合は、請負代金額にかかわらず、工事現場ごとに専任の主任技術者を置かなければならない。

問題 36

車両の幅等の最高限度に関する次の記述のうち、車両制限令上、**正しいもの**はどれか。ただし、高速自動車国道又は道路管理者が道路の構造の保全及び交通の危険防止上支障がないと認めて指定した道路を通行する車両を除く。

（1） 車両の高さは、4.5m　（2） 車両の総重量は、20ｔ
（3） 車両の幅は、3.5m　（4） 車両の長さは、15m

問題 37

河川法に関する次の記述のうち、**誤っているもの**はどれか。

（1） 河川保全区域とは、河川管理施設を保全するために河川管理者が指定した区域である。
（2） １級河川の管理は、原則として、国土交通大臣が行う。
（3） 河川の上空を横断する送電線を設置する場合は、河川管理者の許可を受けなければならない。
（4） 洪水防御を目的とするダムは、河川管理施設には該当しない。

問題 38

建築基準法に関する次の記述のうち、**誤っているもの**はどれか。

（1） 建築物の主要構造部は、壁を含まず、柱、床、はり、屋根である。
（2） 建築物に設ける暖房設備は、建築設備である。
（3） 建ぺい率は、建築物の建築面積の敷地面積に対する割合である。
（4） 特殊建築物は、学校、病院、劇場などをいう。

問題 39

火薬取締法上、火薬の取り扱いに関する次の記述のうち、**誤っているもの**はどれか。

（1） 火工所以外の場所においては、薬包に雷管を取り付ける作業を行ってはならない。

（2） 火薬類を運搬するときは、火薬と火工品とは、いかなる場合でも同一の容器に収納すること。
（3） 固化したダイナマイト等は、もみほぐすこと。
（4） 火薬類取扱所及び火工所の責任者は、火薬類の受払い及び消費残量をそのつど明確に帳簿に記録する。

問題 40

騒音規制法上、指定区域内において特定建設作業の**対象とならない作業**は、次のうちどれか。ただし、当該作業がその作業を開始した日に終わるものを除く。

（1） 舗装版破砕機を使用する作業　（2） びょう打ち機を使用する作業
（3） バックホウを使用する作業　（4） トラクターショベルを使用する作業

問題 41

振動規制法上、指定地域内において特定建設作業を伴う工事を施工しようとする者が行う、特定建設作業の実施の届出先として、次のうち**正しいもの**はどれか。

（1） 環境大臣　（2） 所轄警察署長　（3） 都道府県知事　（4） 市町村長

問題 42

港内の船舶の航路及び航法に関する次の記述のうち、港則法上、**誤っているもの**はどれか。

（1） 船舶は、航路内においては、他の船舶を追い越してはならない。
（2） 雑種船以外は、特定港に出入り、または特定港を通過するときは、規則で定める航路を通らなければならない。
（3） 船舶は、防波堤、埠頭又は停泊船などを右げんにみて航行するときは、できるだけ遠ざかって航行しなければならない。
（4） 船舶は、航路内において、工事又は作業で投びょうするときは、港長の許可を受けなければならない。

※問題番号No.43～No.53までの11問題は、必須問題ですから全問題を解答してください。

問題 43

測点No. 5 の地盤高を求めるため、測点No. 1 を出発点として水準測量を行い下表の結果を得た。測点**No. 5の地盤高**は、次のうちどれか。

測点No.	距離（m）	後視（m）	前視（m）	高低差（m）		備考
				＋	－	
1		0.8				測点No. 1 …地盤高　8.0m
	20					
2		1.6	2.0			
	30					
3		1.5	1.4			
	20					
4		1.2	0.9			
	30					
5			1.0			測点No. 5 …地盤高 ＿＿ m

（1） 7.4m　（2） 7.8m　（3） 8.2m　（4） 8.6m

問題 44

公共工事標準請負契約約款に関する次の記述のうち、**誤っているもの**はどれか。

（1） 受注者は、不用となった支給材料又は貸与品を発注者に返還しなければならない。

（2） 発注者は、工事の完成検査において、工事目的物を最小限度破壊して検査することができる。

（3） 現場代理人、主任技術者(監理技術者)及び専門技術者は、これを兼ねることができない。

（4） 設計図書とは、図面、仕様書、現場説明書及び現場説明に対する質問回答書をいう。

問題 45

下図は道路橋の断面図を示したものであるが、(イ)～(ニ)の構造名称に関する次の組合せのうち、**適当なもの**はどれか。

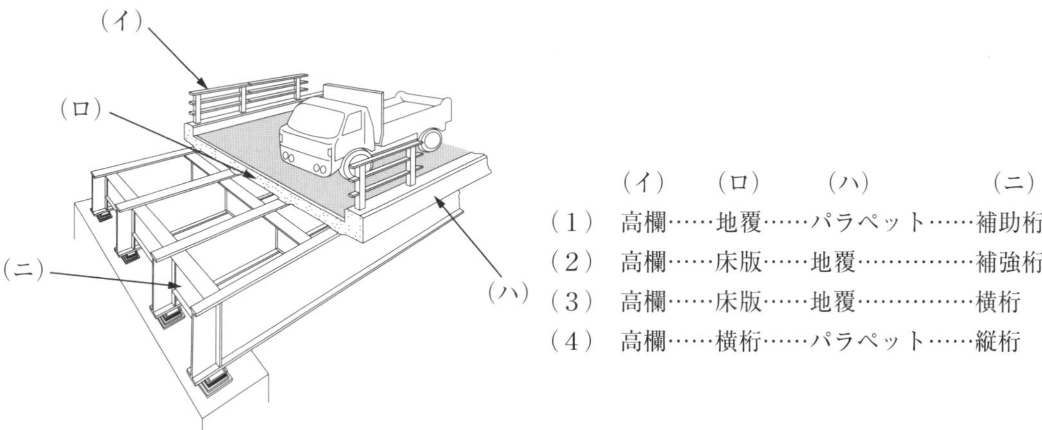

	(イ)	(ロ)	(ハ)	(ニ)
（1）	高欄……	地覆……	パラペット……	補助桁
（2）	高欄……	床版……	地覆……………	補強桁
（3）	高欄……	床版……	地覆……………	横桁
（4）	高欄……	横桁……	パラペット……	縦桁

問題 46

建設機械の用途に関する次の記述のうち、**適当でないもの**はどれか。

（1） フローティングクレーンは、台船上にクレーン装置を搭載した型式で、海上での橋梁架設等に用いられる。

（2） ブルドーザは、作業装置として土工板を取り付けた機械で、土砂の掘削・運搬(押土)、積込みなどに用いられる。

（3） モータグレーダは、砂利道の補修に用いられ、路面の精密仕上げに適している。

（4） 不整地運搬車は、車輪式(ホイール式)と履帯式(クローラ式)があり、トラックなどが入れない軟弱地や整地されていない場所に使用される。

問題 47

仮設工事に関する次の記述のうち、**適当でないもの**はどれか。

（1） 指定仮設と任意仮設のうち、任意仮設では施工者独自の技術と工夫や改善の余地が多いので、より合理的な計画を立てることが重要である。

（2） 仮設工事は、使用目的や期間に応じて構造計算を行い、労働安全衛生規則の基準に合致するか、それ以上の計画とする。

（3） 仮設は、目的とする構造物を建設するために必要な施設であり、原則として工事完成時に取り除かれるものである。

（4） 仮設工事には直接仮設工事と間接仮設工事があり、現場事務所や労務宿舎などの設備は、直接仮設工事である。

問題 48

地山の掘削作業の安全確保に関する次の記述のうち、労働安全衛生法上、事業者が行うべき事項として**誤っているもの**はどれか。

（1） 掘削面の高さが規定の高さ以上の場合は、地山の掘削及び土止め支保工作業主任者技能講習を修了した者のうちから、地山の掘削作業主任者を選任する。

（2） 運搬機械等が労働者の作業箇所に後進して接近するときは、誘導者を配置し、その者にこれらの機械を誘導させる。

（3） 明り掘削作業では、あらかじめ運搬機械等の運行経路や土石の積卸し場所への出入りの方法を定めて、地山の掘削作業主任者のみに周知すれば足りる。

（4） 地山の崩壊又は土石の落下による労働者の危険を防止するため、点検者を指名し、作業箇所等について、その日の作業を開始する前に点検させる。

問題 49

事業者が、高さが５m以上のコンクリート構造物の解体作業に伴う災害を防止するために実施しなければならない事項に関する次の記述のうち、労働安全衛生法上、**誤っているもの**はどれか。

（1） 外壁、柱等の引倒し等の作業を行うときは、引倒し等について一定の合図を定め、関係労働者に周知させること。

（2） 作業主任者を選任するときは、コンクリート造の工作物の解体等作業主任者技能講習を修了した者のうちから選任する。

（3） 強風、大雨、大雪等の悪天候のため、作業の実施について危険が予想されるときは、当該作業を中止しなければならない。

（4） 解体用機械を用いて作業を行うときは、物体の飛来等により労働者に危険が生じるおそれのある箇所に作業主任者以外の労働者を立ち入らせてはならない。

問題 50

建設工事の品質管理における「工種」・「品質特性」とその「試験方法」との組合せとして、**適当でないもの**は次のうちどれか。

［工種］・［品質特性］　　　　　　［試験方法］

（1） 土工・最適含水比……………………突固めによる土の締固め試験

（2） 路盤工・材料の粒度…………………ふるい分け試験

（3） コンクリート工・スランプ…………スランプ試験

（4） アスファルト舗装工・安定度………CBR試験

問題 51

レディーミクストコンクリート(JIS A 5308)の品質管理に関する次の記述のうち、**適当でないもの**はどれか。

（1） レディーミクストコンクリートの品質検査は、すべて工場出荷時に行う。

（2） 圧縮強度試験は、一般に材齢28日で行うが、購入者の指定した材齢で行うこともある。

（3） １回の圧縮強度試験結果は、購入者の指定した呼び強度の強度値の85％以上である。

（4） 圧縮強度試験は、一般に材齢28日で行う。

問題 52

建設工事における環境保全対策に関する次の記述のうち、**適当でないもの**はどれか。

（1） 造成工事などの土工事にともなう土ぼこりの防止には、防止対策として容易な散水養生が採用される。

（2） トラクタショベルによる掘削作業では、バケットの落下や地盤との衝突での振動が大きくなる傾向にある。

（3） 建設工事では、土砂、残土などを多量に運搬する場合、運搬経路が工事現場の内外を問わず騒音が問題となることがある。

（4） アスファルトフィニッシャは、敷均しのためのスクリード部の締固め機構において、バイブレータ式の方がタンパ式よりも騒音が大きい。

問題 53

「建設工事に係る資材の再資源化等に関する法律」(建設リサイクル法)に定められている特定建設資材に**該当しないもの**は、次のうちどれか。

（1） アスファルト・コンクリート

（2） 建設発生土

（3） 木材

（4） 鉄からなる建設資材

※問題番号No.54～No.61までの８問題は、施工管理法(基礎的な能力)の必須問題ですから全問題を解答してください。

問題 54

施工計画の作成に関する下記の文章中の［　　］の(イ)～(ニ)に当てはまる語句の組合せとして、**適当なもの**は次のうちどれか。

- 事前調査は、契約条件･設計図書の検討、［（イ）］が主な内容であり、また調達計画は、労務計画、機械計画、［（ロ）］が主な内容である。
- 管理計画は、品質管理計画、環境保全計画、［（ハ）］が主な内容であり、また施工技術計画は、作業計画、［（ニ）］が主な内容である。

	(イ)	(ロ)	(ハ)	(ニ)
（1）	工程計画	安全衛生計画	資材計画	仮設備計画
（2）	現地確認	安全衛生計画	資材計画	施工機械の選定
（3）	地元説明	資材計画	工程計画	仮設備計画
（4）	現地調査	資金計画	安全衛生計画	工程計画

問題 55

建設機械の作業能力・作業効率に関する下記の文章中の［　　］の(イ)～(ニ)に当てはまる語句の組合せとして、**適当なもの**は次のうちどれか。

- 建設機械の作業能力は、単独、又は組み合わされた機械の［(イ)］の平均作業量で表す。また、建設機械の［(ロ)］を十分行っておくと向上する。
- 建設機械の作業効率は、気象条件、工事の規模、［(ハ)］等の各種条件により変化する。
- ブルドーザの作業効率は、砂の方が岩塊・玉石より［(ニ)］。

	(イ)	(ロ)	(ハ)	(ニ)
(1)	時間当たり	整備	運転員の技量	大きい
(2)	単位当たり	整備	作業員の人数	小さい
(3)	時間当たり	選定	運転員の人数	小さい
(4)	施工面積	暖機運転	発注金額	大きい

問題 56

工程管理の基本事項に関する下記の文章中の［　　］の(イ)～(ニ)に当てはまる語句の組合せとして、**適当なもの**は次のうちどれか。

- 工程管理にあたっては、［(イ)］が、［(ロ)］よりも、やや上回る程度に管理をすることが最も望ましい。
- 工程管理においては、常に工程の［(ハ)］を全作業員に周知徹底させて、全作業員に［(ニ)］を高めるように努力させることが大切である。

	(イ)	(ロ)	(ハ)	(ニ)
(1)	実施工程	工程計画	進行状況	作業能率
(2)	実施工程	工程計画	作業能率	進行状況
(3)	工程計画	実施工程	進行状況	作業能率
(4)	作業能率	実施工程	作業効率	工程計画

問題 57

下図のネットワーク式工程表について記載している下記の文章中の［　　］の(イ)～(ニ)に当てはまる語句の組合せとして、**正しいもの**は次のうちどれか。

ただし、図中のイベント間のA～Gは作業内容、数字は作業日数を表す。

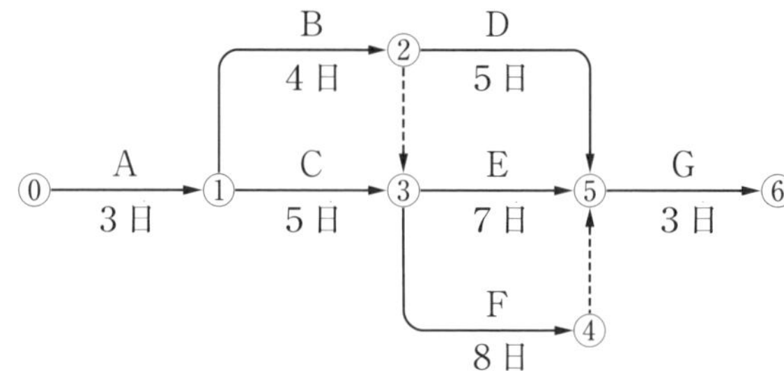

- （イ）及び（ロ）は、クリティカルパス上の作業である。
- 作業Bが（ハ）遅延しても、全体の工期に影響はない。
- この工程全体の工期は、（ニ）である。

	（イ）	（ロ）	（ハ）	（ニ）
（1）	作業C	作業D	4日	20日
（2）	作業B	作業D	2日	17日
（3）	作業C	作業F	1日	19日
（4）	作業B	作業F	3日	18日

問題 58

複数の事業者が混在している事業場の安全衛生管理体制に関する下記の文章中の［　　］の（イ）～（ニ）に当てはまる語句の組合せとして、労働安全衛生法上、**正しいもの**は次のうちどれか。

- 事業者のうち、一つの場所で行う事業で、その一部を請負人に請け負わせている者を（イ）という。
- （イ）のうち、建設業等の事業を行う者を（ロ）という。
- （ロ）は、労働災害を防止するため、（ハ）の運営や作業場所の巡視は（ニ）に行う。

	（イ）	（ロ）	（ハ）	（ニ）
（1）	元方事業者	特定元方事業者	技能講習	毎週作業開始日
（2）	特定元方事業者	元方事業者	協議組織	毎作業開始前
（3）	特定元方事業者	元方事業者	技能講習	毎週作業開始前
（4）	元方事業者	特定元方事業者	協議組織	毎作業日

問題 59

移動式クレーンを用いた作業において、事業者が行うべき事項に関する下記の文章中の［　　］の（イ）～（ニ）に当てはまる語句の組合せとして、クレーン等安全規則上、**正しいもの**は次のうちどれか。

- 移動式クレーンに、その（イ）をこえる荷重をかけて使用してはならず、また強風のため作業に危険が予想されるときには、当該作業を（ロ）しなければならない。
- 移動式クレーンの運転者を荷をつったままで（ハ）から離れさせてはならない。
- 移動式クレーンの作業においては、（ニ）を指名しなければならない。

	（イ）	（ロ）	（ハ）	（ニ）
（1）	制限荷重	注意して実施	制限範囲	監視員
（2）	定格荷重	中止	運転位置	合図者
（3）	安全荷重	注意して待機	作業位置	合図者
（4）	最大荷重	中止	旋回範囲	監視員

問題 60

下図のA工区、B工区の管理図について記載している下記の文章中の［　　］の(イ)～(ニ)に当てはまる語句の組合せとして、**適当なもの**は次のうちどれか。

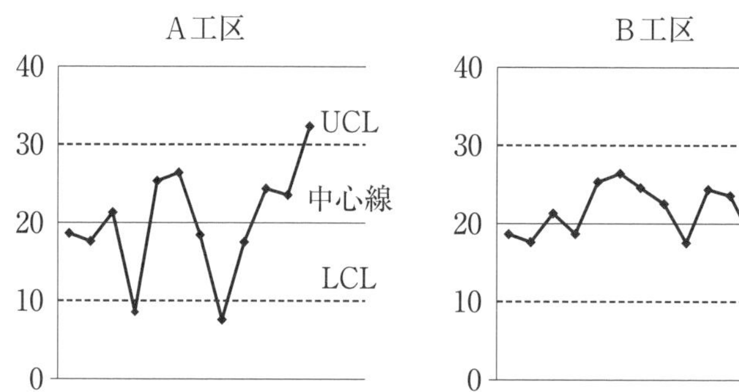

• 管理図は、上下の［(イ)］を定めた図に必要なデータをプロットして作業工程の管理を行うものであり、A 工区の上方［(イ)］は、［(ロ)］である。

• B 工区では中心線より上方に記入されたデータの数が中心線より下方に記入されたデータの数よりも［(ハ)］。

• 品質管理について異常があると疑われるのは、［(ニ)］の方である。

	(イ)	(ロ)	(ハ)	(ニ)
(1)	管理限界	30	多い	A工区
(2)	測定限界	10	多い	B工区
(3)	管理制限	20	少ない	B工区
(4)	測定制限	40	少ない	A工区

問題 61

盛土の締固めにおける品質管理に関する下記の文章中の［　　］の(イ)～(ニ)に当てはまる語句の組合せとして、**適当なもの**は次のうちどれか。

• 盛土の締固めの品質管理の方式のうち工法規定方式は、使用する締固め機械の［(イ)］や締固め回数等を規定するもので、品質規定方式は、盛土の［(ロ)］等を規定する方法である。

• 盛土の締固めの効果や性質は、土の種類や含水比、施工方法によって［(ハ)］。

• 盛土が最もよく締まる含水比は、［(ニ)］乾燥密度が得られる含水比で最適含水比である。

	(イ)	(ロ)	(ハ)	(ニ)
(1)	台数	品質	変化する	最適
(2)	台数	材料	変化しない	最小
(3)	機種	締固め度	変化する	最大
(4)	機種	材料	変化しない	最適

模擬試験（第2次検定）　問題

※問題１～問題５は必須問題です。必ず解答してください。
問題１で
①設問１の解答が無記載又は記入漏れがある場合、
②設問２の解答が無記載又は設問で求められている内容以外の記述の場合、
どちらの場合にも問題２以降は採点の対象となりません。

<必須問題>

問題 1

あなたが経験した土木工事の現場において、工夫した安全管理又は工夫した品質管のうちから１つ選び、次の〔設問１〕、〔設問２〕に答えなさい。

※注意：あなたが経験した工事でないことが判明した場合は失格となります。

〔設問１〕

あなたが**経験した土木工事**に関し、次の事項について解答欄に明確に記入しなさい。

※注意：「経験した土木工事」は、あなたが工事請負者の技術者の場合は、あなたの所属会社が受注した工事内容について記述してください。従って、あなたの所属会社が二次下請業者の場合は、発注者名は一次下請業者名となります。
なお、あなたの所属が発注機関の場合の発注者名は、所属機関名となります。

（1）**工　事　名**
（2）**工事の内容**
　①**発注者名**
　②**工事場所**
　③**工　　期**
　④**主な工種**
　⑤**施 工 量**
（3）**工事現場における施工管理上のあなたの立場**

〔設問２〕

上記工事で実施した**「現場で工夫した安全管理」又は「現場で工夫した品質管理」**のいずれかを選び、次の事項について解答欄に具体的に記述しなさい。
ただし、安全管理については、交通誘導員の配置のみに関する記述は除く。

（1）特に留意した**技術的課題**
（2）技術的課題を解決するために**検討した項目と検討理由及び検討内容**
（3）上記検討の結果、**現場で実施した対応処置とその評価**

<必須問題>

問題 2

フレッシュコンクリートの仕上げ、養生、打継目に関する次の文章の［　　　］の(イ)～(ホ)に当てはまる**適切な語句又は数値を、次の語句又は数値から選び**解答欄に記入しなさい。

（1） コンクリートの沈みと凝固が同時進行する過程で、その沈み変位を水平鉄筋が拘束することによって生じるひび割れを［（イ）］という。

（2） 養生では、散水、湛水、湿布で覆う等して、コンクリートを［（ロ）］状態に保つことが必要である。

（3） 養生期間の標準は、使用するセメントの種類や養生期間中の環境温度等に応じて適切に定めなければならない。そのため、普通ポルトランドセメントでは日平均気温10℃以上で、［（ハ）］日以上必要である。

（4） 打継目は、構造上の弱点になりやすく、［（ニ）］やひび割れの原因にもなりやすいため、その配置や処理に注意しなければならない。

（5） 旧コンクリートを打ち継ぐ際には、打継面の［（ホ）］や緩んだ骨材粒を完全に取り除き、十分に吸水させなければならない。

［語句又は数値］

漏水、	3、	出来形不足、	絶乾、	疲労、
飽和、	5、	ブリーディング、	沈下、	色むら、
湿潤、	7、	エントラップトエアー、	膨張、	レイタンス

<必須問題>

問題 3

移動式クレーンを使用する荷下ろし作業において、労働安全衛生規則及びクレーン等安全規則に定められている**安全管理上必要な労働災害防止対策に関し、次の（1）、（2）の作業段階について、具体的な措置**を解答欄に記述しなさい。
ただし、同一内容の解答は不可とする。

（1） 作業着手前

（2） 作業中

<必須問題>

問題 4

盛土の締固め作業及び締固め機械に関する次の文章の［　　　］の(イ)～(ホ)に当てはまる**適切な語句を、次の語句から選び**解答欄に記入しなさい。

（1） 盛土全体を［（イ）］に締め固めることが原則であるが、盛土［（ロ）］や隅部(特に法面近く)等は締固めが不十分になりがちであるから注意する。

（2） 締固め機械の選定においては、土質条件が重要なポイントである。すなわち、盛土材料は、破砕された岩から高［（ハ）］の粘性土にいたるまで多種にわたり、同じ土質であっても［（ハ）］

の状態等で締固めに対する適応性が著しく異なることが多い。

(3) 整地や締固めに使用する機械である (ニ) は、突起(フート)の圧力により締め固める。一般に岩塊や粘性土の締固めに効果がある。

(4) 振動ローラは、振動によって土の粒子を密な配列に移行させ、小さな重量で大きな効果を得ようとするもので、一般に (ホ) に乏しい砂利や砂質土の締固めに効果がある。

[語句]	水セメント比、	改良、	粘性、	端部、	生物的、
	モータグレーダ、	耐圧、	均等、	仮設的、	塩分濃度、
	ドロップハンマ、	含水比、	伸縮部、	中央部、	タンピングローラ

<必須問題>

問題 5

コンクリート構造物の施工において、**コンクリートの打込み時、又は締固め時に留意すべき事項を2つ**、解答欄に記述しなさい。

※問題6～問題9までは選択問題(1)、(2)です。
問題6、問題7の選択問題(1)の2問題のうちから1問題を選択し解答してください。
なお、選択した問題は、解答用紙の選択欄に○印を必ず記入してください。

<選択問題(1)>

問題 6

盛土に関する次の文章の □ の(イ)～(ホ)に当てはまる**適切な語句を、次の語句から選び**解答欄に記入しなさい。

(1)盛土の施工で重要な点は、盛土材料を水平に敷くことと (イ) に締め固めることである。

(2)締固めの目的として、盛土法面の安定や土の支持力の増加など、土の構造物として必要な (ロ) が得られるようにすることが上げられる。

(3)締固め作業にあたっては、適切な締固め機械を選定し、試験施工などによって求めた施工仕様に従って、所定の (ハ) の盛土を確保できるよう施工しなければならない。

(4)盛土材料の含水量の調節は、材料の (ニ) 含水比が締固め時に規定される施工含水比の範囲内にない場合にその範囲に入るよう調節するもので、 (ホ) 、トレンチ掘削による含水比の低下、散水などの方法がとられる。

[語句]	押え盛土、	膨張性、	自然、	軟弱、	流動性、
	収縮性、	最大、	ばっ気乾燥、	強度特性、	均等、
	多め、	スランプ、	品質、	最小、	軽量盛土

<選択問題(1)>

問題 7

鉄筋の組立・型枠及び型枠支保工の品質管理に関する次の文章の［　　　］の(イ)～(ホ)に当てはまる**適切な語句を、次の語句から選び**解答欄に記入しなさい。

（1） 鉄筋の継手箇所は、構造上弱点になりやすいため、できるだけ、大きな荷重がかかる位置を避け、［（イ）］の断面に集めないようにする。
（2） 鉄筋の［（ロ）］を確保するためのスペーサは、版(スラブ)及び梁部ではコンクリート製やモルタル製を用いる。
（3） 型枠は、外部からかかる荷重やコンクリートの［（ハ）］に対し、十分な強度と剛性を有しなければならない。
（4） 版(スラブ)の型枠支保工は、施工時及び完成後のコンクリートの自重による沈下や変形を想定して、適切な［（ニ）］をしておかなければならない。
（5） 型枠及び型枠支保工を取り外す順序は、比較的荷重を受けにくい部分をまず取り外し、その後残りの重要な部分を取り外すので、梁部では［（ホ）］が最後となる。

［語句］ 負圧、　相互、　妻面、　千鳥、　側面、
底面、　側圧、　同一、　水圧、　上げ越し、
口径、　下げ止め、　応力、　下げ越し、　かぶり

※問題8、問題9の選択問題(2)の2問題のうちから1問題を選択し解答してください。
なお、選択した問題は、解答用紙の選択欄に○印を必ず記入してください。

<選択問題(2)>

問題 8

下図のような道路上で工事用掘削機械を使用してガス管更新工事を行う場合、架空線損傷事故を防止するために**配慮すべき具体的な安全対策について2つ**、解答欄に記述しなさい。

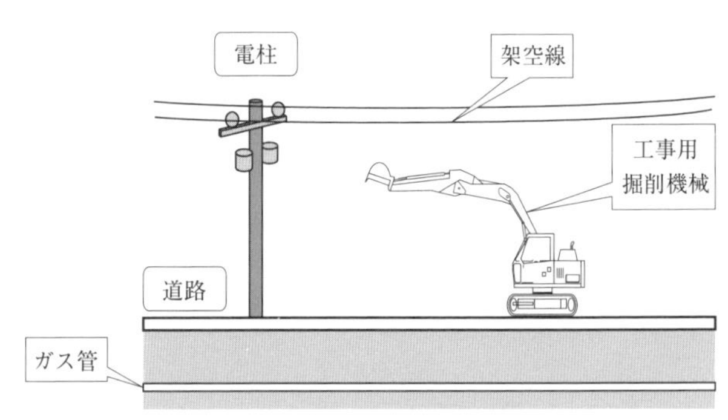

<選択問題(2)>

問題 9

建設工事において用いる次の**工程表の特徴について、それぞれ1つずつ**解答欄に記述しなさい。
ただし、解答欄の(例)と同一内容は不可とする。

（1） ネットワーク式工程表
（2） 横線式工程表

模擬試験(第1次検定) 解答と解説

問題 1 ―――――――――――――――――→ 解答(2)

土工における溝掘り作業には、トレンチャやバックホウが使用される。ランマは装置の自重と、衝撃板の上下運動による衝撃を利用する締固めの機械である。そのため、(2)が適当でない。

問題 2 ―――――――――――――――――→ 解答(4)

CBR試験は、所定の貫入量における荷重の強さを調べる試験で、舗装厚の設計、舗装材料の品質管理などに用いられる。そのため、(4)が適当でない。

問題 3 ―――――――――――――――――→ 解答(4)

盛土の締固めで最も重要な特性は、含水比と密度の関係で、同じ土を同じ方法で締め固めても得られる土の密度は含水比によって変化するので、締固め度管理が可能となる含水比における最適含水比での施工が最も望ましい。よって、盛土の締固めの効果や特性は、土の種類及び含水状態などで変化する。そのため、(4)が適当でない。

問題 4 ―――――――――――――――――→ 解答(3)

押え盛土工法は、盛土側方への押え盛土や、法面勾配を緩くすることによって、すべり抵抗力を増大させ、盛土のすべり破壊を防ぐものである。軟弱地盤上の盛土の計画高に余盛りし沈下を促進させ早期安定性をはかる工法は余盛工法である。そのため、(3)が適当でない。

問題 5 ―――――――――――――――――→ 解答(4)

フライアッシュは、適切に用いることによって以下の効果が期待できる混和材。①コンクリートのワーカビリティーを改善し単位水量を減らすことができる。②水和熱による温度上昇を小さくする。③長期材齢における強度を増加させセメントの使用量が節減できる。④乾燥収縮を減少させる。⑤水密性や化学的浸食に対する耐久性を改善させる。⑥アルカリ骨材反応抑制する。

他の混和剤は次の効果がある。(1)流動化剤は流動性を増大させる。(2)防せい剤はコンクリートの鉄筋防せい効果がある。(3)シリカフュームは、高性能AE減水剤と併用することにより所要の流動性が得られ、ブリーディングや材料分離を減少させる効果が得られる。よって、(4)が適当である。

問題 6 ―――――――――――――――――→ 解答(1)

コンクリートを練混ぜてから打終わりまでの時間は、外気温25℃以下のとき2時間以内、25℃を超えるときは1.5時間以内とする。そのため、(1)が適当でない。

問題 7 ―――――――――――――――――→ 解答(1)

コンシステンシーとは、フレッシュコンクリートの変形または流動に対する抵抗性の程度を表す用語であり、スランプ試験で用いる。コンクリートの仕上げ等の作業のしやすさは、ワーカビリティーで表す。そのため、(1)が適当でない。

問題 8 ──────→ 解答(2)

型枠の取外しは、構造物に害を与えないように比較的荷重を受けない部分から取り外す。そのため、(2)が適当でない。

問題 9 ──────→ 解答(1)

プレボーリング杭工法は、泥土化した坑内の地盤に根固め液、杭周辺固定液を注入し、攪拌混合してソイルセメント状にしたのち既成コンクリート杭を沈設する工法である。そのため、(1)は適当でない。

問題 10 ──────→ 解答(3)

リバースサーキュレーション工法の孔壁保護は、水を利用し、静水圧と自然泥水により孔壁面を安定させる。孔内水位は地下水より2m以上高く保持し孔内に水圧をかけて崩壊を防ぐ。そのため、(3)が適当でない。

問題 11 ──────→ 解答(2)

(1)連続地中壁は安定液を使用して掘削した壁状の溝の中に鉄筋かごを建込み、場所打ちコンクリートで構築する連続した土留め壁で、剛性が高く他の工法に比べ不経済である。

(2)設問通りで、適当である。

(3)柱列杭による柱列式連続壁には、モルタル柱列壁、ソイルセメント壁などは剛性が大きいため、深い掘削に適する。

(4)親杭・横矢板はH形鋼の親杭を1～2m間隔で地中に設置し、掘削にともない親杭の間に土留め壁を挿入する工法で、地下水のない地盤に適用でき、施工は比較的容易である。

問題 12 ──────→ 解答(2)

炭素鋼は、炭素含有量が多いほど延性や展性は低下するが、硬さや強さは向上する。そのため、(2)は適当でない。なお、低炭素鋼は、溶接等加工性に富み橋梁などに広く用いられ、高炭素鋼は工具等に用いられる。

問題 13 ──────→ 解答(4)

(1)フローティングクレーンによる一括架設工法は、海上、水上において、船舶が進入できる場所で用いられる。適当でない。

(2)支全面柱式支保工架設工法は、場所打ちのPCコンクリート橋等の架設に用いられる工法で、鋼橋の架設には用いられない。適当でない。

(3)手延桁による押出工法は、隣接場所で組み立てられた橋桁の部分又は全体を、手延桁を使用して所定の位置まで押し出して据え付ける工法で、架設場所が道路、鉄道又は、河川等を横断する箇所で、ベントが使用できない場合に使用されることが多い。適当でない。

(4)設問の通りで、適当である。

問題 14 ──────→ 解答(1)

塩害は、コンクリート中に侵入した塩化物イオンがコンクリート中の鋼材の腐食を引き起こし、鋼材の断面減少や腐食生成物の体積膨張によるコンクリートのひび割れや剥離・剥落を引き起こす劣化現象である。そのため、(1)は適当でない。

問題 15 解答(3)

河川堤防の天端の高さは、計画高水位(H. W. L.)に余裕高を加えた高さ以上にする。そのため、(3)は適当でない。

問題 16 解答(4)

(1)根固工は、河床の洗掘を防ぎ、基礎工・法覆工を保護するものである。適当でない。
(2)法覆工は、堤防の法勾配が緩く流速が小さな場所では、張ブロックで施工し、法勾配が急で流速が大きな場所では、間知ブロック等による積ブロックで施工する。適当でない。
(3)河川護岸の基礎工は、洗掘に対する保護や裏込め土砂の流出を防ぐために施工する。適当でない。
(4)設問の通りで、適当である。

問題 17 解答(2)

水叩きは、えん堤下流の河床の洗堀防止、えん堤基礎の安定及び両岸の崩壊防止の効果や落下水・落下砂礫の衝突及び揚圧力に対して安全となるように、前庭部に設けられる。そのため、(2)は適当でない。

問題 18 解答(1)

(1)設問の通りで、適当である。
(2)地すべり防止工では、抑制工、抑止工の順に施工するのが一般的である。適当でない。
(3)横ボーリング工は、地下水の排除を目的とし、抑制工に区分される工法である。適当でない。
(4)杭工は、杭の挿入による斜面の安定度の向上を目的とし、抑止工に区分される工法である。適当でない。

問題 19 解答(1)

安定材の混合終了後、タイヤローラなどで仮転圧を行った後、ブルドーザやモータグレーダで整形し、タイヤローラなどにより締め固めを行う。そのため、(1)は適当でない。

問題 20 解答(3)

(1)敷均し終了後は、所定の密度が得られるように継目転圧、初転圧、二次転圧及び仕上げ転圧の順に締め固める。適当でない。
(2)継目は、既設舗装の補修の場合を除いて、下層の継目と上層の継目の位置を重ねないようにする。適当でない。
(3)設問の通りで、適当である。
(4)二次転圧は、一般に8～20ｔのタイヤローラを用いるが、8～10ｔの振動ローラを用いることもある。適当でない。

問題 21 解答(3)

オーバーレイ工法は、既設舗装の上に、厚さ3cm以上の加熱アスファルト混合物層を舗設する工法である。既設舗装の不良な一部分又は全部を取り除き、新しい舗装を行うのは、打換え工法である。そのため、(3)は適当でない。

問題 22 解答(1)

コンクリート版に温度変化に対応した目地を設ける場合、車線方向に設ける縦目地と車線に直交して設ける横目地がある。そのため、(1)は適当でない。

問題 23 解答(3)

コンクリートダムに用いるRCD工法は、単位水量が少なく、超硬練りに配合されたコンクリートを、一般に、ダンプトラックを用いて運搬し、ブルドーザで敷き均し、振動ローラなどで締め固める工法である。そのため、(3)は適当でない。

問題 24 解答(2)

ロックボルトは、特別な場合を除き、トンネル横断方向に放射状に、掘削面に対しては直角に設ける。掘削にあたって、安定のため核残しを行う場合は、縦断方向の斜め方向に打設する。そのため、(2)は適当でない。

問題 25 解答(3)

(イ)表法被覆工、(ロ)根留工、(ハ)基礎工を示している。そのため、(3)が適当である。

問題 26 解答(4)

ケーソンは、注水開始後、底面が据付け面に近づいたら、注水を一時止め、潜水士によって正確な位置を決めたのち、ふたたび注入して正しく据え付ける。そのため、(4)は適当でない。

問題 27 解答(2)

有道床軌道は、道床バラスト、マクラギ及びレールで構成される軌道構造であり、軌道の保守作業を軽減するため開発された省力化軌道で、プレキャストのコンクリート版を用いた軌道構造は、直結型のスラブ軌道である。そのため、(2)は適当でない。

問題 28 解答(1)

建設用大型機械を使用する作業では、営業する列車が通過する際に、列車の接近時から通過するまで、一時施工を中止する。そのため、(1)は適当でない。

問題 29 解答(2)

泥水式シールド工法の場合、巨礫はシールドに取り込めず、礫径をボーリング等により事前調査し把握しておく必要があり、巨礫は別途クラッシャーによって破砕するか、礫処理装置などで除去し、配管等で閉塞が生じないようにする。そのため、(2)は適当でない。

問題 30 解答(4)

管の布設作業は、縦断勾配のある場合、原則として低所から高所に向けて行い、受口のある管は受口を高所に向けて配管する。そのため、(4)は適当でない。

問題 31 解答(1)

水面接合は、水理学的に上下流管渠内の計画水位を概ね一致させ接合する方法であり、管中心接合は、上下流管渠の中心を接合部で一致させる方式である。そのため、(1)は適当でない。

問題32 解答(4)

未成年者は、独立して賃金を請求することができる。親権者又は後見人は、未成年者の賃金を代わって受け取ってはならないと規定している(労働基準法第59条)。よって、(4)は誤っている。

問題33 解答(4)

(1)労働者が療養のため、労働することができないために賃金を受けない場合においては、使用者は、労働者の療養中軽金賃金の100分の60の休業補償を行わなければならないと規定している(労働基準法第76条第1項)。よって、誤っている。

(2)労働者が重大な過失によって業務上負傷し、かつ使用者がその過失について行政官庁の認定を受けた場合においては、休業補償又は障害補償を行わなくてもよいと規定している(労働基準法第78条)。よって、誤っている。

(3)労働者が業務上負傷し、または疾病にかかり、治った場合において、その身体に障害が存するときは、使用者は、その障害の程度に応じて、傷害補償を行わなければならないと規定している(労働基準法第73条)。よって、誤っている。

(4)労働者が業務上負傷し、または疾病にかかった場合においては、使用者は、その費用で必要な療養を行い、又は必要な療養の費用を負担しなければならないと規定している(労働基準法第75条第1項)。よって、正しい。

問題34 解答(2)

(1)掘削面の高さが2m以上となる地山の掘削(ずい道及びたて坑以外の杭の掘削を除く)の作業は作業主任者の選任を必要とする(労働安全衛生法施行令第6条第9号)。

(2)つり足場(ゴンドラのつり足場を除く)、張り出し足場又は高さ5m以上の構造の足場の組立て解体又は変更の作業は、作業主任者の選任を必要とする(労働安全衛生法施行令第6条第15号)。高さ2mは必要としない。

(3)コンクリート造の工作物(その高さが5m以上であるものに限る)の解体又は破壊の作業は、作業主任者の選任を必要とする(労働安全衛生法施行令第6条第15の5号)。

(4)土止め支保工の切梁又は腹起しの取付け又は取り外しの作業は、作業主任者の選任を必要とする(労働安全衛生法施行令第6条第10号)。

問題35 解答(4)

公共性のある施設若しくは工作物又は多数の者が利用する施設若しくは工作物に関する重要な建設工事で工事1件の請負代金が建築一式で8,000万円以上、その他の工事で4,000万円以上のものについては、主任技術者または監理技術者は、工事現場ごとに、専任のものでなければならない(建設業法第26条第3項)と規定している。よって、(4)は誤っている。

問題36 解答(2)

車両の幅等の最高限度が規定されている(車両制限令第3条)。

①幅：2.5m以下

②重量：総重量20 t 以下(高速道路棟25以下)、軸量10 t 以下、輪荷重5 t 以下

③高さ：3.8以下、道路管理者が道路の構造の保全及び交通の危険防止上支障がないと認めて指定した道路を通行する車両にあっては4.1m以下。

④長さ：12m以下

⑤最小回転半径：車両の最外側のわだちについて12m以下。
よって、(2)は正しい。

問題 37 -- **解答(4)**

河川管理施設とは、ダム、堰、水門、堤防、護岸、床止め、樹林帯その他河川の流水によって、生じる公利を増進し、又は公害を除却し、若しくは軽減する効用を有する施設をいうと規定している(河川法第3条)。よって、(4)は誤っている。

問題 38 -- **解答(1)**

主要構造部とは、壁、柱、床、はり、屋根又は階段をいい、建築物の構造上重要でない間仕切壁、間柱、附け柱、揚げ床、最下階の床、廻り舞台の床、小はり、局部的な小階段、屋外階段その他これらに類する建築物の部分を除くものとする(建築基準法第2条第5号)。よって、(1)は誤っている。

問題 39 -- **解答(2)**

火薬類を運搬するときは、火薬、爆薬、導火線又は制御発破用コードと火工品とは、それぞれ異なった容器に収納することと規定している(火薬取締法施行規則第51条第2号)。よって、(2)は誤っている。

問題 40 -- **解答(1)**

特定建設作業の対象となる作業が規定されている(当該作業がその作業を開始した日に終わるものを除く)(騒音規制法第2条第3項、同法施行令第2条、別表第2)。

1. くい打機(もんけんを除く。)、くい抜機又はくい打くい抜機(圧入式くい打くい抜機を除く。)を使用する作業(くい打機をアースオーガーと併用する作業を除く。)
2. びょう打機を使用する作業
3. さく岩機を使用する作業(作業地点が連続的に移動する作業にあっては、一日における当該作業に係る二地点の最大距離が50mを超えない作業に限る。)
4. 空気圧縮機(電動機以外の原動機を用いるものであって、その原動機の定格出力が15kw以上のものに限る。)を使用する作業(さく岩機の動力として使用する作業を除く。)
5. コンクリートプラント(混練機の混練容量が0.45m³以上のものに限る。)又はアスファルトプラント(混練機の混練重量が200kg以上のものに限る。)を設けて行う作業(モルタルを製造するためにコンクリートプラントを設けて行う作業を除く。)
6. バックホウ(一定の限度を超える大きさの騒音を発生しないものとして環境大臣が指定するものを除き、原動機の定格出力が80kw以上のものに限る。)を使用する作業
7. トラクターショベル(一定の限度を超える大きさの騒音を発生しないものとして環境大臣が指定するものを除き、原動機の定格出力が70kw以上のものに限る。)を使用する作業
8. ブルドーザ(一定の限度を超える大きさの騒音を発生しないものとして環境大臣が指定するものを除き、原動機の定格出力が40kw以上のものに限る。)を使用する作業

よって、(1)の舗装版破砕機を使用する作業は、特定建設作業の対象とならない作業である。

問題 41 -- **解答(4)**

指定地域内において特定建設作業を伴う工事を施工しようとする者が行う、特定建設作業の実施の届出先は、市町村長である。(振動規制法第14条第1項)よって、(4)は正しい。

問題 42 解答(3)

船舶は、港内においては、防波堤、埠頭その他の工作物の突端又は停泊船舶を右げんに見て航行するときは、できるだけこれに近寄り、左げんに見て航行するときは、できるだけこれに遠ざかって航行しなければならないと規定している(港則法第17条)。よって、(3)は誤っている。

問題 43 解答(2)

測点	後視(m)	前視(m)	高低差		地盤高(m)	備　考
			昇(+)	降(−)		
1	0.8				8.0	高低差＝(後視)−(前視)
2	1.6	2.0		1.2	6.8	
3	1.5	1.4	0.2		7.0	
4	1.2	0.9	0.6		7.6	
5		1.0	0.2		7.8	
合計			1.0	1.2		

No.5(地盤高)＝8.0＋(1.0−1.2)＝7.8m

問題 44 解答(3)

公共工事標準請負契約約款において、それぞれ定められている。同約款(第10条第4項)において、「現場代理人、主任技術者(監理技術者)及び専門技術者は、これを兼ねることができる。」と規定されている。そのため、(3)は誤っている。

問題 45 解答(3)

断面図において道路橋各部の構造名称表記は下記の通りである。
(イ)高欄　(ロ)床版　(ハ)地覆　(ニ)横桁　　そのため、(3)の組合せが適当である。

問題 46 解答(2)

ブルドーザ 作業装置として土工板を取り付けた機械で、土砂の掘 削・運搬(押土)などに用いられるが、積込みには適さない。そのため、(2)が適当でない。

問題 47 解答(4)

仮設工事には、直接仮設工事と間接仮設工事があるが、現場事務所や労務宿舎などの設備は、間接仮設工事に含まれる。そのため、(4)が適当でない。

問題 48 解答(3)

労働安全衛生規則第364条において「明り掘削作業では、あらかじめ運搬機械等の運行経路や土石の積卸し場所への出入りの方法を定めて、関係労働者に周知させる。」と定められている。そのため、(3)は適当でない。

問題 49 解答(4)

労働安全衛生規則第517条の19第1項一号において「解体用機械を用いて作業を行うときは、物体の飛来等による労働者の危険を防止するため、作業に従事する労働者には保護帽を着用させる。」と定められている。そのため、(4)は適当でない。

問題50 ------------------------------------→ **解答(4)**

アスファルト舗装工・安定度は、マーシャル安定度試験である。そのため、(4)は適当でない。

問題51 ------------------------------------→ **解答(1)**

「JIS A 5308 1. 適用範囲」において「レディーミクストコンクリートの品質検査は、荷下ろし地点において行う。」と定められている。そのため、(1)は適当でない。

問題52 ------------------------------------→ **解答(4)**

アスファルトフィニッシャは、敷均しのためのスクリード部の締固め機構において、バイブレータ式とタンパ式があり低騒音対策はなされているが、タンパ式は打撃による強力な衝撃が生じるので、バイブレータ式よりも騒音が大きい。そのため、(4)は適当でない。

問題53 ------------------------------------→ **解答(2)**

建設リサイクル法に定められている特定建設資材は、下記の4品目である。「(1)アスファルト・コンクリート」、「(3)木材」、「(4)コンクリート」、「コンクリート及び鉄からなる建設資材」。そのため、(2)の建設発生土は該当しない。

問題54 ------------------------------------→ **解答(4)**

イ	現地調査	ロ	資金計画	ハ	安全衛生計画	ニ	工程計画

(4)の組み合わせが適当である。

問題55 ------------------------------------→ **解答(1)**

イ	時間当たり	ロ	整備	ハ	運転員の技量	ニ	大きい

(1)の組み合わせが適当である。

問題56 ------------------------------------→ **解答(1)**

イ	実施工程	ロ	工程管理	ハ	進行状況	ニ	作業能率

(1)の組み合わせが適当である。

問題57 ------------------------------------→ **解答(3)**

イ	作業C	ロ	作業F	ハ	1日	ニ	19日

(3)の組み合わせが適当である。

問題58 ------------------------------------→ **解答(4)**

イ	元方事業者	ロ	特定元方事業者	ハ	協議組織	ニ	毎作業日

(4)の組み合わせが適当である。

問題 59 ----→ 解答(2)

イ	定格荷重	ロ	中止	ハ	運転位置	ニ	合図者

(2)の組み合わせが適当である。

問題 60 ----→ 解答(1)

イ	管理限界	ロ	30	ハ	多い	ニ	A工区

(1)の組み合わせが適当である。

問題 61 ----→ 解答(3)

イ	機種	ロ	締固め度	ハ	変化する	ニ	最大

(3)の組み合わせが適当である。

模擬試験(第2次検定) 解答例と解説

※必須問題(問題1～問題5は必須問題なので、必ず解答する)

問題 1 施工経験記述問題

- 自らの経験記述の問題であるので、解答例は省略する。
- 記述要領については、『2級土木施工 第1次&第2次検定 徹底図解テキスト』(ナツメ社)の「第7章 経験記述文の書き方」(P.365)を参照のこと。

問題 2 コンクリートに関する問題

■フレッシュコンクリートの仕上げ、養生、打継目に関しての語句の記入

≪解答例≫

(イ)	(ロ)	(ハ)	(ニ)	(ホ)
沈下	**湿潤**	**7**	**漏水**	**レイタンス**

≪解説≫

「コンクリート標準示方書 施工編：施工標準 7章運搬・打込み・締固めおよび仕上げ、8章養生、9章継目」を参照する。

問題 3　安全管理に関する問題

■移動式クレーンの荷下ろし作業における労働災害防止についての記述問題

≪解答例≫

下記について、それぞれの項目について１つを選定し記述する。

項目	具体的措置
作業着手前	**・その日の作業を開始する前に、巻過防止装置、過負荷警報装置その他の警報装置、ブレーキ、クラッチ及びコントローラの機能について点検する。** **・転倒による危険防止するために、作業の方法、転倒防止の方法、労働者の配置及び指揮系統を定める。** **・その日の作業を開始する前に、当該ワイヤーロープの異常の有無について点検する。** **・アウトリガーを用いるときは、アウトリガーを鉄板の上で、クレーンが転倒するおそれのない位置に設置し、アウトリガーを最大限に張り出す。** **・軟弱地盤等転倒のおそれのある場所での作業は禁止する。**
作業中	**・強風のため危険が予想されるときは、作業を中止しなければならない。** **・定格荷重を超える荷重をクレーンにかけて運転はしない。** **・移動式クレーンの運転については、一定の合図を定め指名した者に合図を行わせる。** **・運転者は荷を吊ったままで運転位置を離れてはならない。** **・作業半径内の労働者の立入を禁止する。**

≪解説≫

「労働安全衛生規則」「クレーン等安全規則」を参照する。

問題 4　土工に関する問題

■盛土の締固め作業及び締固め機械に関しての語句の記入

≪解答例≫

（イ）	（ロ）	（ハ）	（ニ）	（ホ）
均等	**端部**	**含水比**	**タンピングローラ**	**粘性**

≪解説≫

「道路土工盛土工指針」を参照する。

問題 5　コンクリートに関する問題

■コンクリート構造物の施工に関しての語句の記入

≪解答例≫

下記のうち２つを選定し記述する。

項目	留意すべき事項
打込み時	**・打上がり面がほぼ水平になるように打ち込む。 ・打込みの１層の高さは40～50㎝を標準とする。 ・鉄筋や型枠が所定の位置から動かないようにする。 ・打ち込んだコンクリートは、型枠内で横移動させない。 ・打込み中に表面に集まったブリーディング水は、適当な方法で取り除いてから打ち込む。**
締固め時	**・締固めには、内部振動機を使用することを原則とする。 ・締固めには、内部振動機を下層のコンクリートに10㎝程度挿入する。 ・内部振動機は、なるべく鉛直に一様な間隔で差し込む。 ・振動機を引き抜くときはゆっくりと、穴が残らないように引き抜く。 ・内部振動機は横移動を目的として使用してはならない。**

≪解説≫

「コンクリート標準示方書 施工編：施工標準 ７章運搬・打込み・締固め」を参照する。

※選択問題（問題６、問題７の選択問題（１）の２問題のうちから１問題を選択する）

問題 6 盛土の施工に関する問題

■盛土の施工に関しての語句の記入

≪解答例≫

（イ）	（ロ）	（ハ）	（ニ）	（ホ）
均等	**強度特性**	**品質**	**自然**	**ばっ気乾燥**

≪解説≫

「道路土工盛土工指針」を参照する。

問題 7 品質管理に関する問題

■鉄筋の組立・型枠及び型枠支保工の品質管理に関しての語句の記入

≪解答例≫

（イ）	（ロ）	（ハ）	（ニ）	（ホ）
同一	**かぶり**	**側圧**	**上げ越し**	**底面**

≪解説≫

「コンクリート標準示方書 施工編：施工標準 10章鉄筋工及び11章型枠および支保工」を参照する。

※選択問題（問題８、問題９の選択問題（２）の２問題のうちから１問題を選択する）

問題 8 安全管理に関する問題

■架空線損傷事故を防止するための安全対策に関しての記述

≪解答例≫

下記のうち２つを選定し記述する。

具体的な安全対策
・工事現場の出入り口等における高さ制限装置を設置する。 **・架空線上空施設への防護カバーを設置する。** **・架空線等上空施設の位置を明示する看板等を設置する。** **・監視人を配置して、合図等を徹底する。** **・建設機械のブーム等の旋回、立入り禁止区域等を設定し、関係者に周知徹底する。**

≪解説≫

「架空線等上空施設の事故防止マニュアル」及び「土木工事安全施工技術指針」等に示されている。

問題 9 工程管理に関する問題

■工程表の特徴についての記述問題

≪解答例≫

下記についてそれぞれ１つずつ選定し記述する

番号	工程表	特　　徴
（1）	**ネットワーク式工程表**	**・各作業の開始点と終点を→で結び、矢線の上に作業名、下に作業日数を書入れ、連続的にネットワークとして表示したものである。** **・工程表の作成は複雑だが、長期、大規模工事の工程管理に適する。** **・作業進度と作業間の関連が明確に表せる。**
（2）	**横線式工程表**	**・ガントチャート工程表とバーチャート工程表の２種類がある。** **・作業数の少ない簡単な作業に適している。** **・ガントチャート工程表は、縦軸に工種（工事名、作業名）、横軸に作業の達成度を％で表示する。各作業の必要日数は分からず、工期に影響する作業は不明である。** **・バーチャート工程表は、縦軸に工種（工事名、作業名）、横軸に作業の達成度を工期、日数で表示する。漠然とした作業間の関連は把握できるが、工期に影響する作業は不明である。**

≪解説≫

『２級土木施工 第１次＆第２次検定 徹底図解テキスト』（ナツメ社）の「第５章 施工管理 3．工程管理」（P 315）を参照する。

第2部 分野別 検定試験対策

第1章

土木一般

1-1 土工

●●● 攻略のポイント ●●●

POINT 1 土質試験は試験と利用方法を覚える

土質調査と試験は、土質試験の名称と求められる値、結果から求められるもの及び利用方法を理解する。土質試験のうち、実際の現場において行う試験を原位置試験といい、土がもともとの位置にある自然の状態のままで実施する試験。比較的簡易に土質を判定したい場合や、土質試験を行うための乱さない試料の採取が困難な場合に実施することを押さえておく。

POINT 2 建設機械の種類と選定基準を理解する

土工作業と建設機械は、扱う土の性質や運搬距離、地形勾配によって土工作業に使用する建設機械の種類と選定基準を理解する。第1次検定では、建設機械と土工作業の組み合わせに関する出題が頻出なので必ず押さえておく。

POINT 3 盛土の施工は締固め機械の種類と特徴を覚える

盛土の施工は、締固め機械の種類と特徴からよく出題されている。盛土の種類、締固め及び敷均し厚さ、盛土材料及び締固め機械が重要な要素となる。締固め機械については、「施工管理」の分野でも出題されるので、あわせて確認しておく（第5章 施工管理の「建設機械計画」を参照）。

POINT 4 軟弱基盤対策は対策工法の種類と目的を理解する

軟弱地盤対策は、対策工法の名称と目的、その特徴を理解する。目標とする対策及び効果により、それぞれに適する工法を選定する。第1次検定では、対策工法について、「○○の対策には○○工法がある」などと出題される例が多く、対策工法の分類と工法の種類、その目的・効果が出題される。そのため、沈下対策、安定対策、地震時対策について整理して覚えるようにする。

土質調査と試験

▶第１次検定では、土質試験とその利用方法について「○○試験の結果は○○の判定に使用される」などと出題される問題が多い。

問題 1 Check □□□

土質試験における「試験名」とその「試験結果の利用」に関する次の組合せのうち、**適当でないもの**はどれか。

	［試験名］	［試験結果の利用］
（1）	標準貫入試験	地盤の透水性の判定
（2）	砂置換法による土の密度試験	土の締固め管理
（3）	ポータブルコーン貫入試験	建設機械の走行性の判定
（4）	ボーリング孔を利用した透水試験	地盤改良工法の設計

（令和４年度前期第１次検定）

問題 2 Check □□□

土質試験における「試験名」とその「試験結果の利用」に関する次の組合せのうち、**適当でないもの**はどれか。

	［試験名］	［試験結果の利用］
（1）	砂置換法による土の密度試験	土の締固め管理
（2）	土の一軸圧縮試験	支持力の推定
（3）	ボーリング孔を利用した透水試験	地盤改良工法の設計
（4）	ポータブルコーン貫入試験	土の粗粒度の判定

（令和４年度後期第１次検定）

問題 3 Check □□□

土の原位置試験とその結果の利用に関する次の文章の［　　］の（イ）～（ホ）に当てはまる**適切な語句を、下記の語句から選び**解答欄に記入しなさい。

（1）　標準貫入試験は、原位置における地盤の硬軟、締まり具合又は土層の構成を判定するための［（イ）］を求めるために行い、土質柱状図や地質［（ロ）］を作成することにより、支持層の分布状況や各地層の連続性等を総合的に判断できる。

（2）　スウェーデン式サウンディング試験は、荷重による貫入と、回転による貫入を併用した原位置試験で、土の静的貫入抵抗を求め、土の硬軟又は締まり具合を判定するとともに［（ハ）］の厚さや分布を把握するのに用いられる。

（3）　地盤の平板載荷試験は、原地盤に剛な載荷板を設置して垂直荷重を与え、この荷重の大きさと載荷板の［（ニ）］との関係から、［（ホ）］係数や極限支持力等の地盤の変形及び支持力特性を調べるための試験である。

［語句］　含水比、　盛土、　水温、　地盤反力、　管理図、
軟弱層、　N値、　P値、　断面図、　経路図、
降水量、　透水、　掘削、　圧密、　沈下量

（令和４年度第２次検定）

問題 4　Check □ □ □

土質試験における「試験名」とその「試験結果の利用」に関する次の組合せのうち、**適当でないもの**はどれか。

［試験名］　［試験結果の利用］

（1）　土の圧密試験……………………………………粘性土地盤の沈下量の推定
（2）　ボーリング孔を利用した透水試験……………土工機械の選定
（3）　土の一軸圧縮試験………………………………支持力の推定
（4）　コンシステンシー試験…………………………盛土材料の選定

（令和３年度後期第１次検定）

問題 5　Check □ □ □

土質試験における「試験名」とその「試験結果の利用」に関する次の組合せのうち、**適当でないもの**はどれか。

［試験名］　［試験結果の利用］

（1）　土の一軸圧縮試験…………………………支持力の推定
（2）　土の液性限界・塑性限界試験……………盛土材料の適否の判断
（3）　土の圧密試験………………………………粘性土地盤の沈下量の推定
（4）　CBR試験……………………………………岩の分類の判断

（令和２年度後期学科試験）

問題 6　Check □ □ □

土工に用いられる「試験の名称」とその「試験結果の活用」に関する次の組合せのうち、**適当でないもの**はどれか。

［試験の名称］　［試験結果の活用］

（1）　突固めによる土の締固め試験…………盛土の締固め管理
（2）　土の圧密試験……………………………地盤の液状化の判定
（3）　標準貫入試験……………………………地盤の支持力の判定
（4）　砂置換による土の密度試験……………土の締まり具合の判定

（令和１年度前期学科試験）

解答と解説　土質調査と試験

問題 1 ------------------------------→ 解答(1)

標準貫入試験は、原位置における土の硬軟、締まり具合の判定を目的としている。標準貫入試験で得られる結果、N値は、地盤支持力の判定に使用される他、内部摩擦角の推定、液状化の判定等にも利用される。地盤の透水性の判定は現場透水試験等である。そのため、(1)は適当でない。

問題 2 ------------------------------→ 解答(1)

砂置換法による土の密度試験は、試験孔から掘り取った土の質量と、掘った試験孔に充填した砂の質量から求めた体積を利用して原位置の土の密度を求める試験である。土の締まり具合、土の締固めの良否の判定など、土の締固め管理に使用される。地盤改良工法の設計に利用されるのはボーリング孔を利用した透水試験等である。そのため、(1)は適当でない。

問題 3 ------------------------------→ 解答　Check □□□

■土の原位置試験に関しての語句の記入

【解答例】

(イ)	(ロ)	(ハ)	(ニ)	(ホ)
N値	**断面図**	**軟弱層**	**沈下量**	**地盤反力**

【解説】『2級土木施工　第1次&第2次検定 徹底図解テキスト』(ナツメ社)の「第1章　土木一般」(P.18)を参照する。

問題 4 ------------------------------→ 解答(2)　Check □□□

ボーリング孔を利用した透水試験では、土の透水係数が得られ、地盤の透水性の判断や透水量の算定に用いられる。そのため、(2)は適当でない。

問題 5 ------------------------------→ 解答(4)　Check □□□

CBR試験は、所定の貫入量における荷重の強さを調べる試験で、舗装厚の設計、舗装材料の品質管理などに用いられる。そのため、(4)が適当でない。

問題 6 ------------------------------→ 解答(2)　Check □□□

土の圧密試験は、地盤の圧密沈下の予測を行うために実施される室内試験で、圧縮を受ける土の圧縮特性を知ることができる。標準的な圧密試験は、「JIS A 1217 土の段階載荷による圧密試験方法」と「JIS A 1227 土の定ひずみ速度載荷による圧密試験方法」の2つがある。地盤の液状化の判定は標準貫入試験などがある。よって、(2)が該当する。

土工作業と建設機械

▶第１次検定では、建設機械とその作業について「土工作業の種類と使用機械の組み合わせのうち適当でないものはどれか」などと出題される問題が多い。

問題 1　Check □□□

土の締固めに使用する機械に関する次の記述のうち、**適当でないもの**はどれか。

（1）　タイヤローラは、細粒分を適度に含んだ山砂利の締固めに適している。

（2）　振動ローラは、路床の締固めに適している。

（3）　タンピングローラは、低含水比の関東ロームの締固めに適している。

（4）　ランマやタンパは、大規模な締固めに適している。

（令和４年度前期第１次検定）

問題 2　Check □□□

土工の作業に使用する建設機械に関する次の記述のうち、**適当なもの**はどれか。

（1）　バックホゥは、主に機械の位置よりも高い場所の掘削に用いられる。

（2）　トラクタショベルは、主に狭い場所での深い掘削に用いられる。

（3）　ブルドーザは、掘削・押土及び短距離の運搬作業に用いられる。

（4）　スクレーパは、敷均し・締固め作業に用いられる。

（令和４年度後期第１次検定）

問題 3　Check □□□

「土工作業の種類」と「使用機械」に関する次の組合せのうち、**適当でないもの**はどれか。

［土工作業の種類］　［使用機械］

（1）　掘削・積込み……………バックホウ

（2）　溝掘り………………………ランマ

（3）　敷均し・整地……………ブルドーザ

（4）　締固め………………………ロードローラ

（令和３年度前期第１次検定）

問題 4　Check □□□

「土工作業の種類」と「使用機械」に関する次の組合せのうち、**適当でないもの**はどれか。

［土工作業の種類］　［使用機械］

（1）　伐開・除根…………………タンピングローラ

（2）　掘削・積込み……………トラクターショベル

（3）　掘削・運搬…………………スクレーパ

（4）　法面仕上げ…………………バックホウ

（令和３年度後期第１次検定）

問題 5 Check □□□

「土工作業の種類」と「使用機械」に関する次の組合せのうち、**適当でないもの**はどれか。

［土工作業の種類］　　［使用機械］

（1） 溝掘り……………………………………タンパ

（2） 伐開除根…………………………………ブルドーザ

（3） 掘削………………………………………バックホゥ

（4） 締固め……………………………………ロードローラ

（令和1年度前期学科試験）

問題 6 Check □□□

「土工作業の種類」と「使用機械」に関する次の組合せのうち、**適当でないもの**はどれか。

［土工作業の種類］　　［使用機械］

（1） 伐開除根…………………バックホゥ

（2） 溝掘り……………………トレンチャ

（3） 掘削と積込み……………トラクタショベル

（4） 敷均しと整地……………ロードローラ

（令和1年度後期学科試験）

問題 7 Check □□□

一般にトラフィカビリティーはコーン指数qc(kN/m²)で示されるが、普通ブルドーザ(15 t 級程度)が走行するのに**必要なコーン指数**は、次のうちどれか。

（1） 50(kN/m²)以上

（2） 100(kN/m²)以上

（3） 300(kN/m²)以上

（4） 500(kN/m²)以上

（平成30年度後期学科試験）

解答と解説　土工作業と建設機械

問題 1 → 解答(4) Check □□□

ランマやタンパは、大型機械で締固めできない場所や小規模の締固めに使用される。そのため、(4)は適当でない。

問題 2 ---------------------------------------→ 解答(3) Check □ □ □

(1)バックホゥは、主に機械の位置よりも低い場所の掘削に用いられる。高い場所で用いられるのはクラムシェルなどである。
(2)トラクタショベルは、掘削、積み込みなどに用いられる。
(3)設問通りで、適当である。
(4)スクレーパは、掘削、運搬に用いられる。他の建設機械ではブルドーザ、スクレープドーザなどがある。敷均しはブルドーザ、締固めはタイヤローラ、タンピングローラ、振動ローラ、ロードローラ、振動コンパクタ、タンパなどが用いられる。

問題 3 ---------------------------------------→ 解答(2) Check □ □ □

土工における溝掘り作業には、トレンチャやバックホウが使用される。ランマは装置の自重と、衝撃板の上下運動による衝撃を利用する締固めの機械である。そのため、(2)が適当でない。

問題 4 ---------------------------------------→ 解答(1) Check □ □ □

伐開・除根の土工作業で使用する施工機械は、ブルドーザ、レーキドーザ、バックホウ等である。タンピングローラは締固めに用いる機械である。そのため、(1)は適当でない。

問題 5 ---------------------------------------→ 解答(1) Check □ □ □

溝掘りの使用機械は、トレンチャ、バックホゥが使用される。タンパは締固めに使用される機械である。そのため、(1)が適当でない。

問題 6 ---------------------------------------→ 解答(4) Check □ □ □

敷均しと整地はブルドーザ、モータグレーダ、タイヤドーザが使用される。ロードローラは締固めに使用される機械である。そのため、(4)が適当でない。

問題 7 ---------------------------------------→ 解答(4) Check □ □ □

(1)50(kN/㎡)以上とは、泥土が200(kN/㎡)未満であり一般的な建設機械は走行できない。該当しない。
(2)100(kN/㎡)以上とは、超湿地ブルドーザでも200(kN/㎡)以上が必要である。該当しない。
(3)300(kN/㎡)以上は湿地ブルドーザである。該当しない。
(4)500(kN/㎡)以上は普通ブルドーザ(15ｔ級)である。該当する。

盛土の施工

▶第１次検定では、盛土の締固めからの出題例が多い。また、第２次検定の学科記述問題では、盛土の施工一般、試験施工から、穴埋め問題が出題されている。

問題 1 Check □□□

道路土工の盛土材料として望ましい条件に関する次の記述のうち、**適当でないもの**はどれか。

（1） 盛土完成後の圧縮性が小さいこと。
（2） 水の吸着による体積増加が小さいこと。
（3） 盛土完成後のせん断強度が低いこと。
（4） 敷均しや締固めが容易であること。

（令和４年度前期第１次検定）

問題 2 Check □□□

盛土の施工に関する次の記述のうち、**適当でないもの**はどれか。

（1） 盛土の基礎地盤は、あらかじめ盛土完成後に不同沈下等を生じるおそれがないか検討する。
（2） 敷均し厚さは、盛土材料、施工法及び要求される締固め度等の条件に左右される。
（3） 土の締固めでは、同じ土を同じ方法で締め固めても得られる土の密度は含水比により異なる。
（4） 盛土工における構造物縁部の締固めは、大型の締固め機械により入念に締め固める。

（令和４年度後期第１次検定）

問題 3 Check

盛土の安定性や施工性を確保し、良好な品質を保持するため、**盛土材料として望ましい条件を２つ**解答欄に記述しなさい。

（令和４年度第２次検定）

問題 4 Check

盛土工に関する次の記述のうち、**適当でないもの**はどれか。

（1） 盛土の締固めの目的は、土の空気間隙を少なくすることにより、土を安定した状態にすることである。
（2） 盛土材料の敷均し厚さは、盛土材料の粒度、土質、要求される締固め度等の条件に左右される。
（3） 盛土材料の含水比が施工含水比の範囲内にないときには、空気量の調節が必要となる。
（4） 盛土の締固めの効果や特性は、土の種類、含水状態及び施工方法によって大きく変化する。

（令和３年度前期第１次検定）

問題 5 Check □□□

盛土工に関する次の記述のうち、**適当でないもの**はどれか。

（1） 盛土の基礎地盤は、盛土の完成後に不同沈下や破壊を生じるおそれがないか、あらかじめ検討する。

（2） 建設機械のトラフィカビリティーが得られない地盤では、あらかじめ適切な対策を講じる。

（3） 盛土の敷均し厚さは、締固め機械と施工法及び要求される締固め度などの条件によって左右される。

（4） 盛土工における構造物縁部の締固めは、できるだけ大型の締固め機械により入念に締め固める。

（令和３年度後期第１次検定）

問題 6 Check □□□

盛土の締固め作業及び締固め機械に関する次の文章の［　　］の（イ）～（ホ）に当てはまる**適切な語句を、次の語句から選び**解答欄に記入しなさい。

（1） 盛土全体を［（イ）］に締め固めることが原則であるが、盛土［（ロ）］や隅部（特に法面近く）等は締固めが不十分になりがちであるから注意する。

（2） 締固め機械の選定においては、土質条件が重要なポイントである。すなわち、盛土材料は、破砕された岩から高［（ハ）］の粘性土にいたるまで多種にわたり、同じ土質であっても［（ハ）］の状態等で締固めに対する適応性が著しく異なることが多い。

（3） 締固め機械としての［（ニ）］は、機動性に優れ、比較的種々の土質に適用できる等の点から締固め機械として最も多く使用されている。

（4） 振動ローラは、振動によって土の粒子を密な配列に移行させ、小さな重量で大きな効果を得ようとするもので、一般に［（ホ）］に乏しい砂利や砂質土の締固めに効果がある。

［語句］ 水セメント比、　改良、　粘性、　端部、　生物的、
トラクタショベル、　耐圧、　均等、　仮設的、　塩分濃度、
ディーゼルハンマ、　含水比、　伸縮部、　中央部、　タイヤローラ

（令和３年度第２次検定）

問題 7 Check □□□

盛土の施工に関する次の文章の［　　］の（イ）～（ホ）に当てはまる**適切な語句を、次の語句から選び**解答欄に記入しなさい。

（1） 敷均しは、盛土を均一に締め固めるために最も重要な作業であり［（イ）］でていねいに敷均しを行えば均一でよく締まった盛土を築造することができる。

（2） 盛土材料の含水量の調節は、材料の［（ロ）］含水比が締固め時に規定される施工含水比の範囲内にない場合にその範囲に入るよう調節するもので、曝気乾燥、トレンチ掘削による含水比の低下、散水等の方法がとられる。

（3） 締固めの目的として、盛土法面の安定や土の （ハ） の増加等、土の構造物として必要な （ニ） が得られるようにすることがあげられる。
（4） 最適含水比、最大 （ホ） に締め固められた土は、その締固めの条件のもとでは土の間隙が最小である。

［語句］ 塑性限界、 収縮性、 乾燥密度、 薄層、 最小、
湿潤密度、 支持力、 高まき出し、 最大、 砕石、
強度特性、 飽和度、 流動性、 透水性、 自然

（令和3年度第2次検定）

問題 8 Check □□□

盛土の施工に関する次の記述のうち、**適当でないもの**はどれか。
（1） 盛土の施工で重要な点は、盛土材料を均等に敷き均すことと、均等に締め固めることである。
（2） 盛土の締固め特性は、土の種類、含水状態及び施工方法にかかわらず一定である。
（3） 盛土材料の自然含水比が施工含水比の範囲内にないときには、含水量の調節を行うことが望ましい。
（4） 盛土材料の敷均し厚さは、締固め機械及び要求される締固め度などの条件によって左右される。

（令和2年度後期学科試験）

問題 9 Check □□□

盛土の施工に関する次の記述のうち、**適当でないもの**はどれか。
（1） 盛土の施工に先立ち、その基礎地盤が盛土の完成後に不同沈下や破壊を生ずるおそれがないか検討する。
（2） 盛土の施工において、トラフィカビリティーが得られない地盤では、一般に施工機械は変えずに、速度を速くして施工する。
（3） 盛土の施工は、薄層でていねいに敷き均して、盛土全体を均等に締め固めることが重要である。
（4） 盛土工における構造物縁部の締固めは、ランマなど小型の締固め機械により入念に締め固める。

（令和1年度後期学科試験）

問題 10 Check □□□

盛土の施工に関する次の文章の［　　］の(イ)～(ホ)に当てはまる**適切な語句を、次の語句から選び**解答欄に記入しなさい。

(1)　盛土材料としては、可能な限り現地［(イ)］を有効利用することを原則としている。
(2)　盛土の［(ロ)］に草木や切株がある場合は、伐開除根など施工に先立って適切な処理を行うものとする。
(3)　盛土材料の含水量調節にはばっ気と［(ハ)］があるが、これらは一般に敷均しの際に行われる。
(4)　盛土の施工にあたっては、雨水の浸入による盛土の［(ニ)］や豪雨時などの盛土自体の崩壊を防ぐため、盛土施工時の［(ホ)］を適切に行うものとする。

［語句］

購入土、	固化材、	サンドマット、	腐植土、	軟弱化、
発生土、	基礎地盤、	日照、	粉じん、	粒度調整、
散水、	補強材、	排水、	不透水層、	越水

(令和1年度実地試験)

解答と解説　盛土の施工

問題 1 解答(3) Check □□□

盛土材料には、施工が容易で盛土の安定を保ち、かつ有害な変形が生じないような材料(下記①～④)を用いなければならない。

①敷均し・締固めが容易
②締固め後のせん断強度が高く、圧縮性が小さく雨水等の浸食に強い
③吸水による膨張性(水を吸着して体積が増大する性質)が低い
④粒度配合の良い礫質土や砂質土

盛土完成後のせん断強度は高いことが望ましいことは②に該当する。そのため、(3)は適当でない。

問題 2 解答(4) Check □□□

盛土工における構造物縁部の締固めは、良質な材料を用い、供用開始後に不同沈下や段差がないよう小型の締固め機械により入念に締め固める。そのため、(4)は適当でない。

問題 3 解答 Check □□□

■盛土材料として望ましい条件に関しての記述問題

【解答例】

下記の中から２つ記述する。
盛土材料として望ましい条件
- 敷均し、締固めの施工が容易であること
- 締固め後が強固であること
- 締め固め後のせん断強さが大きく、圧縮性が少ないこと
- 雨水などの浸食に対して強いこと
- 吸水による膨張が小さい（膨潤性が低い）こと
- 透水性が小さいこと

【解説】
『２級土木施工　第１次＆第２次検定 徹底図解テキスト』（ナツメ社）の「第１章　土木一般」（P.18）を参照する。

問題 4 解答(3) Check □□□

盛土材料の含水比が施工含水比の範囲内にないときには、含水量の調節が必要となる。含水量の調整は、ばっ気(気乾し含水比を下げること)や処理材により、自然含水比を下げるものや、散水により含水比を高めるものがある。そのため、(３)が適当でない。

問題 5 解答(4) Check □□□

盛土工における構造物縁部の締固めは、良質な材料を用い、供用開始後に不同沈下や段差がないよう小型の締固め機械により入念に締め固める。そのため、(４)は適当でない。

問題 6 解答 Check □□□

■盛土の締固め作業及び締固め機械に関しての語句の記入
≪解答例≫

(イ)	(ロ)	(ハ)	(ニ)	(ホ)
均等	**端部**	**含水比**	**タイヤローラ**	**粘性**

≪解説≫
「道路土工盛土工指針」を参照する。

(１)盛土全体を **(イ)均等** に締め固めることが原則であるが、盛土 **(ロ)端部** や隅部(特に法面近く)等は締固めが不十分になりがちであるから注意する。

(２)締固め機械の船底においては、土質条件が重要なポイントである。すなわち、盛土材料は、破砕された岩から高 **(ハ)含水比** の粘性土にいたるまで多種にわたり、同じ土質であっても **(ハ)含水比** の状態等で締固めに対する適応性が著しく異なることが多い。

(３)締固め機械としての **(ニ)タイヤローラ** は、機動性に優れ、比較的種種の土質に適用できる等の点から締固め機械として最も多く使用されている。

(４)振動ローラは、振動によって土の粒子を密な配列に移行させ、小さな重量で大きな効果を得ようとするもので、一般に **(ホ)粘性** に乏しい砂利や砂質土の締固めに効果がある。

問題 7 解答 Check □□□

■盛土の施工に関しての語句の記入

≪解答例≫

(イ)	(ロ)	(ハ)	(ニ)	(ホ)
薄層	**自然**	**支持力**	**強度特性**	**乾燥密度**

≪解説≫

「道路土工盛土工指針」を参照する。

(1)敷均しは、盛土を均一に締め固めるために最も重要な作業であり **(イ)薄層** でていねいに敷均しを行えば均一でよく締まった盛土を施工することができる。を求めるために行うものである。

(2)盛土材料の含水量の調節は、材料の **(ロ)自然** 含水比が締固め時に規定される施工含水比内にない場合にその範囲に入るよう調節するもので、曝気乾燥、トレンチ掘削による含水比の低下、散水等の方法がとられる。

(3)締固めの目的として、盛土法面の安定や土の **(ハ)支持力** の増加等、土の構造物として必要な **(ニ)強度特性** が得られるようにすることがあげられる。

(4)最適含水比、最大 **(ホ)乾燥密度** に締め固められた土は、その締固めの条件のもとでは土の間隙が最小である。

問題 8 解答(2) Check □□□

盛土の締固めで最も重要な特性は、含水比と密度の関係で、同じ土を同じ方法で締め固めても得られる土の密度は含水比によって変化するので、締固め度管理が可能となる含水比における最適含水比での施工が最も望ましい。よって、盛土の締固めの効果や特性は、土の種類及び含水状態などで変化する。そのため、(2)が適当でない。

問題 9 解答(2) Check □□□

盛土の施工において、トラフィカビリティーが得られない地盤では、トラフィカビリティーに応じた機械を選定して施工する。そのため、(2)が適当でない。

問題 10 解答 Check □□□

≪解答例≫

(イ)	(ロ)	(ハ)	(ニ)	(ホ)
発生土	**基礎地盤**	**散水**	**軟弱化**	**排水**

≪解説≫

盛土施工全般の注意事項等に関しては、主に「道路土工　盛土工指針」から出題される。ここで問われているのは、盛土材料、基礎地盤の処理、敷均し及び含水量調整、盛土施工時の排水処理であり、出題される項目も多いので十分にチェックしておく必要がある。

法面工／軟弱地盤対策

▶第2次検定の学科記述問題では、法面工の穴埋め問題も出題されている。軟弱基盤対策は対策工法の分類と工法の種類、その目的が第1次検定でよく出題される。

問題 1 Check □□□

地盤改良に用いられる固結工法に関する次の記述のうち、**適当でないもの**はどれか。

(1) 深層混合処理工法は、大きな強度が短期間で得られ沈下防止に効果が大きい工法である。
(2) 薬液注入工法は、薬液の注入により地盤の透水性を高め、排水を促す工法である。
(3) 深層混合処理工法には、安定材と軟弱土を混合する機械攪拌方式がある。
(4) 薬液注入工法では、周辺地盤等の沈下や隆起の監視が必要である。

（令和4年度前期第1次検定）

問題 2 Check □□□

軟弱地盤における次の改良工法のうち、載荷工法に**該当するもの**はどれか。

(1) プレローディング工法
(2) ディープウェル工法
(3) サンドコンパクションパイル工法
(4) 深層混合処理工法

（令和4年度後期第1次検定）

問題 3 Check □□□

軟弱地盤における次の改良工法のうち、締固め工法に**該当するもの**はどれか。

(1) 押え盛土工法
(2) バーチカルドレーン工法
(3) サンドコンパクションパイル工法
(4) 石灰パイル工法

（令和3年度前期第1次検定）

問題 4 Check □□□

地盤改良工法に関する次の記述のうち、**適当でないもの**はどれか。

(1) プレローディング工法は、地盤上にあらかじめ盛土等によって載荷を行う工法である。
(2) 薬液注入工法は、地盤に薬液を注入して、地盤の強度を増加させる工法である。
(3) ウェルポイント工法は、地下水位を低下させ、地盤の強度の増加を図る工法である。
(4) サンドマット工法は、地盤を掘削して、良質土に置き換える工法である。

（令和3年度後期第1次検定）

問題 5 Check □□□

基礎地盤の改良工法に関する次の記述のうち、**適当でないもの**はどれか。

（1） 深層混合処理工法は、固化材と軟弱土とを地中で混合させて安定処理土を形成する。

（2） ウェルポイント工法は、地盤中の地下水位を低下させることにより、地盤の強度増加をはかる。

（3） 押え盛土工法は、軟弱地盤上の盛土の計画高に余盛りし沈下を促進させ早期安定性をはかる。

（4） 薬液注入工法は、土の間げきに薬液が浸透し、土粒子の結合で透水性の減少と強度が増加する。

（平成30年度前期学科試験）

問題 6 Check □□□

切土の施工に関する次の文章の［　　］の(イ)～(ホ)に当てはまる**適切な語句を、下記の語句から選び**解答欄に記入しなさい。

(1)施工機械は、地質・［(イ)］条件、工事工程などに合わせて最も効率的で経済的となるよう選定する。

(2)切土の施工中にも、雨水による法面［(ロ)］や崩壊・落石が発生しないように、一時的な法面の排水、法面保護、落石防止を行うのがよい。

(3)地山が土砂の場合の切土面の施工にあたっては、丁張にしたがって［(ハ)］から余裕をもたせて本体を掘削し、その後、法面を仕上げるのがよい。

(4)切土法面では［(イ)］・岩質・法面の規模に応じて、高さ5～10mごとに1～2m幅の［(ニ)］を設けるのがよい。

(5)切土部は常に［(ホ)］を考えて適切な勾配をとり、かつ切土面を滑らかに整形するとともに、雨水などが湛水しないように配慮する。

［語句］ 浸食、 親綱、 仕上げ面、 日照、 補強、
地表面、 水質、 景観、 小段、 粉じん、
防護柵、 表面排水、 越水、 垂直面、 土質

（平成29年度実地試験）

解答と解説 法面工／軟弱地盤対策

問題 1 → 解答(2) Check □□□

薬液注入工法は、砂地盤の間隙に注入剤を注入して、地盤の強度を増加、遮水または液状化の防止を図る「固結工法」である。そのため、(2)は適当でない。

問題 2 → 解答(1) Check □□□

(1)が該当する。

(2)ディープウェル工法は、地下水を低下させることで地盤が受けていた浮力に相当する荷重を下層の軟弱層に載荷して圧密沈下を促進し強度増加を図る圧密・排水工法で「地下水低下工法」に分類される。
(3)サンドコンパクションパイル工法は、地盤に締め固めた砂ぐいを造るもので、ゆるい砂地盤に対しては液状化の防止、粘土質地盤には支持力を向上させる工法で、「締固め工法」である。
(4)深層混合処理工法は、大きな強度が短期間で得られ沈下防止に効果が大きい「固結工法」である。この工法の改良目的は、すべり抵抗の増加、変形の抑止、沈下低減、液状化防止などである。

問題 3 解答(3) Check □□□

(1)押え盛土工法は、盛土の側方に押え盛土をしたり、法面勾配を緩くしたりして、滑りに抵抗するモーメントを増加させて、盛土の滑り破壊を防止する工法で、締固め工法ではない。
(2)バーチカルドレーン工法は、地盤中に適当な間隔で鉛直方向に砂柱などを設置し、水平方向の圧密排水距離を短縮し、圧密沈下を促進し併せて強度増加を図る工法で締固め工法ではない。
(3)サンドコンパクションパイル工法が該当する。
(4)石灰パイル工法は、吸水による脱水や化学的結合によって地盤を固結させ、地盤の強度を上げることによって、安定を増すと同時に沈下を減少させる工法で、固結工法に分類される。

問題 4 解答(4) Check □□□

サンドマット工法は、地盤表層に砂を敷きならすことにより、軟弱層の圧密のための上部排水を確保する工法で、圧密・排水工法に分類される「表層処理工法」である。地盤を掘削して、良質土に置き換えるのは「置換工法」で掘削置換工法や強制置換工法などがある。そのため、(4)は適当でない。

問題 5 解答(3) Check □□□

押え盛土工法は、盛土側方への押え盛土や、法面勾配を緩くすることによって、すべり抵抗力を増大させ、盛土のすべり破壊を防ぐものである。軟弱地盤上の盛土の計画高に余盛りし沈下を促進させ早期安定性をはかる工法は余盛工法である。そのため、(3)が適当でない。

問題 6 解答 Check □□□

≪解答例≫

(イ)	(ロ)	(ハ)	(ニ)	(ホ)
土質	**浸食**	**仕上げ面**	**小段**	**表面排水**

≪解説≫

切土の施工に関しては、主に「道路土工　切土工・斜面安定工指針」に示されている。切土法面の施工における注意事項は、①施工機械を地質・土質条件・工事工程に合わせて選定し、試験掘削等を行って掘削工法を選定する、②当初予想されていた地質以外の場合は施工を中止し、当初設計と比較検討を行い設計変更を行うなどがある。

1-2 コンクリート

●●● 攻略のポイント ●●●

POINT 1 コンクリートの施工は頻出問題

コンクリートの施工は、試験に毎回必ず出題される頻出問題。運搬、打込み、締固め、養生、打継目、鉄筋、型枠・支保工の各項目に区分してしっかりと理解する。運搬・打込み・締固めについては、各項目で規定されている値が多く、実際の試験でもこの値を変えた設問が出題されやすいので、規定値を確実に覚えておくことが求められる。

POINT 2 コンクリートの施工に関する用語を覚える

コンクリートの施工に関する用語は、ほかの分野にも出てくるものが多いため、きちんと覚えておく。

POINT 3 品質規定は規定項目と既定値を整理する

コンクリートには品質規定があるので、スランプ、空気量、塩化物含有量、圧縮強度などは、規定値を覚えておく。第１次検定では、スランプと配合から、その方法の正誤についての出題が多い。また、第２次検定では、「圧縮試験値を満足する試験数」を計算する問題なども出題されているので、圧縮強度試験結果の利用について理解しておく。

POINT 4 コンクリートの材料はそれぞれの特徴を理解する

コンクリートの材料は、主にセメント、練混ぜ水、骨材、混和材料の４種類で構成される。それぞれの特徴について試験に問われることが多いため整理しておく。

コンクリート材料

セメント	練混ぜ水	骨材	混和材料
		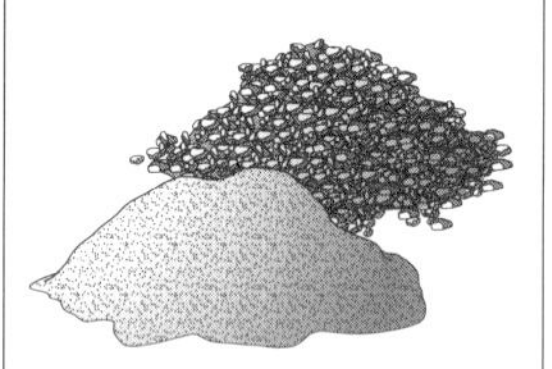	
ポルトランドセメント、混合セメント、特殊セメント	一般に上水道水を使用、海水は不可	細骨材、粗骨材	混和材、混和剤

コンクリートの施工

▶コンクリートの締固めは第1次検定、第2次検定ともに出題率が高いため、各項目で禁止されている事項を押さえておく。

問題 1 Check □□□

コンクリートの現場内での運搬と打込みに関する次の記述のうち、**適当でないもの**はどれか。

（1） コンクリートの現場内での運搬に使用するバケットは、材料分離を起こしにくい。
（2） コンクリートポンプで圧送する前に送る先送りモルタルの水セメント比は、使用するコンクリートの水セメント比よりも大きくする。
（3） 型枠内にたまった水は、コンクリートを打ち込む前に取り除く。
（4） 2層以上に分けて打ち込む場合は、上層と下層が一体となるように下層コンクリート中にも棒状バイブレータを挿入する。

（令和４年度前期第１次検定）

問題 2 Check □□□

コンクリートを棒状バイブレータで締め固める場合の留意点に関する次の記述のうち、**適当でないもの**はどれか。

（1） 棒状バイブレータの挿入時間の目安は、一般には５～15秒程度である。
（2） 棒状バイブレータの挿入間隔は、一般に50cm以下にする。
（3） 棒状バイブレータは、コンクリートに穴が残らないようにすばやく引き抜く。
（4） 棒状バイブレータは、コンクリートを横移動させる目的では用いない。

（令和４年度後期第１次検定）

問題 3 Check □□□

コンクリートの仕上げと養生に関する次の記述のうち、**適当でないもの**はどれか。

（1） 密実な表面を必要とする場合は、作業が可能な範囲でできるだけ遅い時期に金ごてで仕上げる。
（2） 仕上げ後、コンクリートが固まり始める前に発生したひび割れは、タンピング等で修復する。
（3） 養生では、コンクリートを湿潤状態に保つことが重要である。
（4） 混合セメントの湿潤養生期間は、早強ポルトランドセメントよりも短くする。

（令和４年度後期第１検定）

問題 4 Check □□□

コンクリート養生の役割及び具体的な方法に関する次の文章の［　　］の（イ）～（ホ）に当てはまる**適切な語句を、下記の語句から選び**解答欄に記入しなさい。

（1） 養生とは、仕上げを終えたコンクリートを十分に硬化させるために、適当な［（イ）］と湿度を与え、有害な［（ロ）］等から保護する作業のことである。

（2） 養生では、散水、湛水、［（ハ）］で覆う等して、コンクリートを湿潤状態に保つことが重要である。

（3） 日平均気温が［（ニ）］ほど、湿潤養生に必要な期間は長くなる。

（4） ［（ホ）］セメントを使用したコンクリートの湿潤養生期間は、普通ポルトランドセメントの場合よりも長くする必要がある。

［語句］ 早強ポルトランド、 高い、 混合、 合成、 安全、
計画、 沸騰、 温度、 暑い、 低い、
湿布、 養分、 外力、 手順、 配合

（令和４年度第２次検定）

問題 5 Check □□□

コンクリートの施工に関する次の記述のうち、**適当でないもの**はどれか。

（1） コンクリートを練り混ぜてから打ち終わるまでの時間は、外気温が25℃を超えるときは２時間以内を標準とする。

（2） 現場内でコンクリートを運搬する場合、バケットをクレーンで運搬する方法は、コンクリートの材料分離を少なくできる方法である。

（3） コンクリートを打ち重ねる場合は、棒状バイブレータ（内部振動機）を下層コンクリート中に10cm程度挿入する。

（4） 養生では、散水、湛水、湿布で覆う等して、コンクリートを一定期間湿潤状態に保つことが重要である。

（令和３年度前期第１次検定）

問題 6 Check □□□

型枠の施工に関する次の記述のうち、**適当なもの**はどれか

（1） 型枠内面には、セパレータを塗布しておく。

（2） コンクリートの側圧は、コンクリート条件、施工条件によらず一定である。

（3） 型枠の締付け金物は、型枠を取り外した後、コンクリート表面に残してはならない。

（4） 型枠は、取り外しやすい場所から外していくのがよい。

（令和３年度前期第１次検定）

問題 7 Check □□□

鉄筋の加工及び組立に関する次の記述のうち、**適当なもの**はどれか。

（1） 型枠に接するスペーサは、原則としてモルタル製あるいはコンクリート製を使用する。

（2） 鉄筋の継手箇所は、施工しやすいように同一の断面に集中させる。

（3） 鉄筋表面の浮きさびは、付着性向上のため、除去しない。

（4） 鉄筋は、曲げやすいように、原則として加熱して加工する。

（令和３年度後期第１次検定）

問題 8 Check □□□

フレッシュコンクリートの仕上げ、養生、打継目に関する次の文章の［　　］の(イ)～(ホ)に当てはまる**適切な語句又は数値を、次の語句又は数値から選び**解答欄に記入しなさい。

（1）　仕上げ後、コンクリートが固まり始めるまでに、［(イ)］ひび割れが発生することがあるので、タンピング再仕上げを行い修復する。
（2）　養生では、散水、湛水、湿布で覆う等して、コンクリートを［(ロ)］状態に保つことが必要である。
（3）　養生期間の標準は、使用するセメントの種類や養生期間中の環境温度等に応じて適切に定めなければならない。そのため、普通ポルトランドセメントでは日平均気温15℃以上で、［(ハ)］日以上必要である。
（4）　打継目は、構造上の弱点になりやすく、［(ニ)］やひび割れの原因にもなりやすいため、その配置や処理に注意しなければならない。
（5）　旧コンクリートを打ち継ぐ際には、打継面の［(ホ)］や緩んだ骨材粒を完全に取り除き、十分に吸水させなければならない。

［語句又は数値］
漏水、　1、　出来形不足、　絶乾、　疲労、
飽和、　2、　ブリーディング、　沈下、　色むら、
湿潤、　5、　エントラップトエアー、　膨張、　レイタンス

（令和３年度第２次検定）

問題 9 Check □□□

コンクリートの施工に関する次の記述のうち、**適当でないもの**はどれか。

（1）　コンクリートを打ち重ねる場合には、上層と下層が一体となるように、棒状バイブレータ(内部振動機)を下層のコンクリートの中に10cm程度挿入する。
（2）　コンクリートを打ち込む際は、打上がり面が水平になるように打ち込み、１層当たりの打込み高さを40～50cm以下とする。
（3）　コンクリートの練混ぜから打ち終わるまでの時間は、外気温が25℃を超えるときは1.5時間以内とする。
（4）　コンクリートを２層以上に分けて打ち込む場合は、外気温が25℃を超えるときの許容打重ね時間間隔は３時間以内とする。

（令和２年度後期学科試験）

問題 10 Check □□□

鉄筋の組立と継手に関する次の記述のうち、**適当なもの**はどれか。

（1）　継手箇所は、同一の断面に集めないようにする。
（2）　鉄筋どうしの交点の要所は、溶接で固定する。
（3）　鉄筋は、さびを発生させて付着性を向上させるため、なるべく長期間大気にさらす。
（4）　型枠に接するスペーサは、原則としてプラスチック製のものを使用する。

（令和２年度後期学科試験）

問題 11　Check □□□

コンクリートの打込み、締固め、養生に関する次の文章の［　　］の(イ)～(ホ)にあてはまる**適切な語句を、次の語句から選び**解答欄に記入しなさい。

(1)コンクリートの打込み中、表面に集まった［(イ)］水は、適当な方法で取り除いてからコンクリートを打ち込まなければならない。

(2)コンクリート締固め時に使用する棒状バイブレータは、材料分離の原因となる［(ロ)］移動を目的に使用してはならない。

(3)打込み後のコンクリートは、その部位に応じた適切な養生方法により一定期間は十分な［(ハ)］状態に保たなければならない。

(4)［(ニ)］セメントを使用するコンクリートの［(ハ)］養生期間は、日平均気温15℃以上の場合、5日を標準とする。

(5)コンクリートは、十分に［(ホ)］が進むまで、［(ホ)］に必要な温度条件に保ち、低温、高温、急激な温度変化などによる有害な影響を受けないように管理しなければならない。

［語句］ 硬化、　ブリーディング、　水中、　混合、　レイタンス、
乾燥、　普通ポルトランド、　落下、　中和化、　垂直、
軟化、　コールドジョイント、　湿潤、　横、　早強ポルトランド

(令和2年度実地試験)

問題 12　Check □□□

コンクリートの打込みに関する次の記述のうち、**適当でないもの**はどれか。

(1)　コンクリートと接して吸水のおそれのある型枠は、あらかじめ湿らせておかなければならない。

(2)　打込み前に型枠内にたまった水は、そのまま残しておかなければならない。

(3)　打ち込んだコンクリートは、型枠内で横移動させてはならない。

(4)　打込み作業にあたっては、鉄筋や型枠が所定の位置から動かないように注意しなければならない。

(令和1年度前期学科試験)

問題 13　Check □□□

コンクリートの施工に関する次の記述のうち、**適当でないもの**はどれか。

(1)　コンクリートを打ち込む際は、打ち上がり面が水平になるように打ち込み、1層当たりの打込み高さを90～100cm以下とする。

(2)　コンクリートを打ち重ねる場合には、上層と下層が一体となるように、棒状バイブレータで締固めを行う際は、下層のコンクリート中に10cm程度挿入する。

(3)　コンクリートの練混ぜから打ち終わるまでの時間は、外気温が25℃を超えるときは1.5時間以内とする。

(4)　コンクリートを2層以上に分けて打ち込む場合は、外気温が25℃を超えるときの許容打重ね時間間隔は2時間以内とする。

(令和1年度前期学科試験)

問題 14 Check □□□

各種コンクリートに関する次の記述のうち、**適当でないもの**はどれか。

（1） 日平均気温が4℃以下となると想定されるときは、寒中コンクリートとして施工する。
（2） 寒中コンクリートで保温養生を終了する場合は、コンクリート温度を急速に低下させる。
（3） 日平均気温が25℃を超えると想定される場合は、暑中コンクリートとして施工する。
（4） 暑中コンクリートの打込みを終了したときは、速やかに養生を開始する。

（令和1年度前期学科試験）

問題 15 Check □□□

コンクリートの施工に関する次の記述のうち、**適当でないもの**はどれか。

（1） コンクリートを打ち重ねる場合には、上層と下層が一体となるように、棒状バイブレータを下層のコンクリート中に10cm程度挿入する。
（2） コンクリートを打ち込む際は、打ち上がり面が水平になるように打ち込み、1層当たりの打込み高さを40～50cm以下とする。
（3） コンクリートの練り混ぜから打ち終わるまでの時間は、外気温が25℃を超えるときは2.5時間以内とする。
（4） コンクリートを2層以上に分けて打ち込む場合は、外気温が25℃を超えるときの許容打重ね時間間隔は2時間以内とする。

（令和1年度後期学科試験）

問題 16 Check □□□

型枠・支保工の施工に関する次の記述のうち、**適当でないもの**はどれか。

（1） 型枠内面には、はく離剤を塗布する。
（2） 型枠の取外しは、荷重を受ける重要な部分を優先する。
（3） 支保工は、組立及び取外しが容易な構造とする。
（4） 支保工は、施工時及び完成後の沈下や変形を想定して、適切な上げ越しを行う。

（令和1年度後期学科試験）

解答と解説　コンクリートの施工

問題 1 ------------------------------------> 解答(2)　Check □□□

コンクリートポンプで圧送する前に送る先送りモルタルの水セメント比は、使用するコンクリートの水セメント比よりも小さくする。そのため、(２)は適当でない。

問題 2 ------------------------------------> 解答(3)　Check □□□

棒状バイブレータは、コンクリートに穴が残らないようにゆっくり引き抜く。そのため、(３)は適当でない。

問題 3 ------------------------------------> 解答(4)　Check □□□

混合セメントの湿潤養生期間は、早強ポルトランドセメントよりも長くする。湿潤養生期間の標準は「コンクリート標準示方書　施工編　P.125」より下表である。

日平均気温	普通ポルトランドセメント	混合セメントB種	早強ポルトランドセメント
15℃以上	5日	7日	3日
10℃以上	7日	9日	4日
5℃以上	9日	12日	5日

(４)が適当でない。

問題 4 ------------------------------------> 解答　Check □□□

■コンクリートの養生に関しての語句の記入

【解答例】

(イ)	(ロ)	(ハ)	(ニ)	(ホ)
温度	**外力**	**湿布**	**低い**	**混合**

【解説】『２級土木施工　第１次＆第２次検定 徹底図解テキスト』（ナツメ社）の「第１章　土木一般」（P.34）を参照する。

問題 5 ------------------------------------> 解答(1)　Check □□□

コンクリートを練混ぜてから打終わりまでの時間は、外気温25℃以下のとき２時間以内、25℃を超えるときは1.5時間以内とする。そのため、(１)が適当でない。

問題 6 → 解答(3) Check □□□

(1)セパレーターは、コンクリートの打設時に側圧に抵抗するために型枠同士を固定するもので、内面に塗布するものでは無い。内面に塗布するのは剥離剤である。
(2)コンクリートの側圧は、打上がり速度が大きいほど、スランプが大きいほど、温度が低いほど大きくなる。
(3)設問通りで、適当である。
(4)型枠の取り外しは、コンクリートが所要の強度に達してから行うもので、部材により取りはずして良い時期が定められている。

問題 7 → 解答(1) Check □□□

(1)設問通りで、適当である。
(2)鉄筋の継手箇所は、大きな荷重がかからない位置で同一断面に集めないようにする。
(3)組立後に鉄筋を長期間大気にさらす場合は、鉄筋表面に防錆処理を施す。また汚れや浮錆が認められる場合は、再度鉄筋を清掃し付着物を除去しなければならない。さびを発生させても付着性は向上しないし、鉄筋の強度も低下する。
(4)鉄筋は、常温で加工することを原則とする。鉄筋を加熱して加工する場合は、あらかじめ材質を害さないことが確認された加工方法で、加工部の鉄筋温度を適切に管理することが重要である。

問題 8 → 解答 Check

■フレッシュコンクリートの仕上げ、養生、打継目に関しての語句の記入

≪解答例≫

(イ)	(ロ)	(ハ)	(ニ)	(ホ)
沈下	**湿潤**	**5**	**漏水**	**レイタンス**

≪解説≫

「コンクリート標準示方書 施工編：施工標準　7章運搬・打込み・締固めおよび仕上げ、8章養生、9章継目」を参照する。

(1)仕上げ後、コンクリートが固まり始めるまでに、**(イ)沈下** ひび割れが発生することがあるので、タンピング再仕上げを行い修復する。
(2)養生では、散水、湛水、湿布で覆う等して、コンクリートを **(ロ)湿潤** 状態に保つことが必要である。
(3)養生期間の標準は、使用するセメントの種類や養生期間中の環境温度等に応じて適切に定めなければならない。そのため、普通ポルトランドセメントでは日平均気温15℃以上で、**(ハ)5** 以上必要である。
(4)打継目は、構造上の弱点になりやすく、**(ニ)漏水** やひび割れの原因にもなりやすいため、その配置や処理に注意しなければならない。
(5)旧コンクリートを打ち継ぐ際には、打継面の **(ホ)レイタンス** や緩んだ骨材粒を完全に取り除き、十分に吸水させなければならない。

問題 9 → 解答(4) Check □□□

コンクリートを２層以上に分けて打ち込む場合は、外気温が25℃を超えるときの許容打重ね時間間隔は２時間以内とする。また、外気温が25℃以下の場合は2.5時間以内とする。この許容重ね時間間隔とは、下層のコンクリートが固まり始める前に上層のコンクリートを打ち重ねることで一体性を保つことができる時間間隔である。そのため、(４)が適当でない。

問題 10 → 解答(1) Check □□□

(１)設問通りで、適当である。

(２)鉄筋どうしの交点の要所、重ね継手は、直径0.8㎜以上の焼なまし鉄線で数箇所緊結するので、適当でない。

(３)組立後に鉄筋を長期間大気にさらす場合は、鉄筋表面に防錆処理を施す。また汚れや浮錆が認められる場合は、再度鉄筋を清掃し付着物を除去しなければならない。さびを発生させても付着性は向上しないし、鉄筋の強度も低下することから、適当でない。

(４)型枠に接するスペーサは、モルタル製あるいはコンクリート製を原則とする。また、モルタル製あるいはコンクリート製のスペーサは本体コンクリートと同等程度以上の品質を有するものを用いることから、適当でない。

問題 11 → 解答 Check □□□

■コンクリートの打込み、締固め、養生に関しての語句の記入

≪解答例≫

(イ)	(ロ)	(ハ)	(ニ)	(ホ)
ブリーディング	**横**	**湿潤**	**普通ポルトランド**	**硬化**

≪解説≫

「コンクリート標準示方書　施工編：施工標準　７章運搬・打込み・締固め、８章養生」を参照する。

(１)コンクリートの打込中、表面に集まった **(イ)ブリーディング** 水は、適当な方法で取り除いてからコンクリートを打ち込まなければならない。

(２)コンクリート締固め時に使用する棒状バイブレータは、材料分離の原因となる **(ロ)横** 移動を目的に使用してはならない。

(３)打込み後のコンクリートは、その部位に応じた適切な養生方法により一定期間は十分な **(ハ)湿潤** 状態に保たなければならない。

(４) **(ニ)普通ポルトランド** セメントを使用するコンクリートの養生期間は、日平均気温15℃以上の場合、５日を標準とする。

(５)コンクリートは、十分に **(ホ)硬化** が進むまで、 **(ホ)硬化** に必要な温度条件に保ち、低温、高温、急激な温度変化などによる有害な影響を受けないように管理しなければならない。

問題 12 → 解答(2) Check □□□

打込み前に型枠内にたまった水を取り除かないと、型枠に接する面が洗われ、砂すじや打ちあがり面近くに脆弱な層を形成する恐れがあるため、スポンジやひしゃく、小型水中ポンプ等により適切に取り除かなければならない。そのため、(2)が適当でない。

問題 13 → 解答(1) Check □□□

コンクリートを打ち込む際は、均等質なコンクリートを得るために打ち上がり面が水平になるように打ち込み、1層当たりの打込み高さを40～50cm以下を標準とする。これは、棒状バイブレータの振動部の長さよりも小さく、コンクリートの横移動も抑制できるからである。(1)が適当でない。

問題 14 → 解答(2) Check □□□

寒中コンクリートで保温養生を終了する場合は、コンクリート温度を急速に低下させてはならない。これは、給熱養生を終了させる場合も同様で、温度の高いコンクリートを急に寒気にさらすとコンクリートの表面にひび割れが生じるおそれがあるので、適当な方法で保護し表面の急冷を防止する。そのため、(2)が適当でない。

問題 15 → 解答(3) Check □□□

コンクリートの練り混ぜから打ち終わるまでの時間は、外気温が25℃以下のときは2.0時間以内とする。また、25℃を超えるときで1.5時間以内を標準とする。そのため、(3)が適当でない。

問題 16 → 解答(2) Check □□□

型枠の取外しは、構造物に害を与えないように比較的荷重を受けない部分から取り外す。そのため、(2)が適当でない。

コンクリートの打込みは、第1次検定、第2次検定ともに出題率が高いので、必ず押さえておきましょう。各項目で規定されている値が多く、試験ではこの値を変えた設問がよく出題されます。

品質規定

▶品質規定はスランプと配合についての正誤を問う問題が多い。また、圧縮強度は試験結果の利用、コンクリートの初期欠陥は欠陥の種類と原因を理解しておく。

問題 1 Check □□□

レディーミクストコンクリートの配合に関する次の記述のうち、**適当でないもの**はどれか。

（1） 単位水量は、所要のワーカビリティーが得られる範囲内で、できるだけ少なくする。
（2） 水セメント比は、強度や耐久性等を満足する値の中から最も小さい値を選定する。
（3） スランプは、施工ができる範囲内で、できるだけ小さくなるようにする。
（4） 空気量は、凍結融解作用を受けるような場合には、できるだけ少なくするのがよい。

（令和４年度前期第１次検定）

問題 2 Check □□□

コンクリートの配合設計に関する次の記述のうち、**適当でないもの**はどれか。

（1） 所要の強度や耐久性を持つ範囲で、単位水量をできるだけ大きく設定する。
（2） 細骨材率は、施工が可能な範囲内で、単位水量ができるだけ小さくなるように設定する。
（3） 締固め作業高さが高い場合は、最小スランプの目安を大きくする。
（4） 一般に鉄筋量が少ない場合は、最小スランプの目安を小さくする。

（令和３年度後期第１次検定）

問題 3 Check □□□

コンクリートのスランプ試験に関する次の記述のうち、**適当でないもの**はどれか。

（1） スランプ試験は、コンクリートのコンシステンシーを測定する試験方法である。
（2） スランプ試験は、高さ30cmのスランプコーンを使用する。
（3） スランプは、１cm単位で測定する。
（4） スランプは、コンクリートの中央部で下がりを測定する。

（令和２年度後期学科試験）

問題 4 Check □□□

コンクリート標準示方書におけるコンクリートの配合に関する次の記述のうち、**適当でないもの**はどれか。

（1） コンクリートの単位水量の上限は、175kg／m³を標準とする。
（2） コンクリートの空気量は、耐凍害性が得られるように４～７％を標準とする。
（3） 粗骨材の最大寸法は、鉄筋の最小あき及びかぶりの３／４を超えないことを標準とする。
（4） コンクリートの単位セメント量の上限は、200kg／m³を標準とする。

（平成30年度前期学科試験）

解答と解説　品質規定

問題 1 --> 解答(4) 

空気量は、凍結融解作用を受けるような場合には、所要の強度を満足することを確認したうえで６％程度とするのがよい。そのため、(４)は適当でない。

問題 2 --> 解答(1) 

所要の強度や耐久性を持つ範囲で、単位水量をできるだけ小さく設定する。単位水量が多いと同じ水セメント比とするのに必要なセメント量が多くなり不経済なコンクリートになる。また、材料分離を生じやすく均質で欠陥の少ないコンクリートを造ることが困難になる。そのため、(１)は適当でない。

問題 3 --> 解答(3) 

スランプは、0.5cm単位で測定する。そのため、(３)が適当でない。

問題 4 --> 解答(4) 

コンクリートの単位セメント量は下限値が設定されており粗骨材の最大寸法が20～25mmの場合270kg／m³以上確保し、より望ましい値としては300kg／m³以上とするのが推奨されている。そのため、(４)が該当でない。

第1次検定では、スランプ、配合から、その方法の正誤について出題される問題が多くなっています。

コンクリート材料

▶第１次検定では、骨材、混和材料から、その特性の正誤について出題されることが多いので、頻出の用語を覚えておく。

問題 1 Check □□□

コンクリートの耐凍害性の向上を図る混和剤として**適当なもの**は、次のうちどれか。

（1） 流動化剤
（2） 収縮低減剤
（3） AE剤
（4） 鉄筋コンクリート用防錆剤

（令和４年度前期第１次検定）

問題 2 Check □□□

フレッシュコンクリートの性質に関する次の記述のうち、**適当でないもの**はどれか。

（1） 材料分離抵抗性とは、フレッシュコンクリート中の材料が分離することに対する抵抗性である。
（2） ブリーディングとは、練混ぜ水の一部が遊離してコンクリート表面に上昇する現象である。
（3） ワーカビリティーとは、変形又は流動に対する抵抗性である。
（4） レイタンスとは、コンクリート表面に水とともに浮かび上がって沈殿する物質である。

（令和４年度前期第１次検定）

問題 3 Check □□□

コンクリートに使用するセメントに関する次の記述のうち、**適当でないもの**はどれか。

（1） セメントは、高い酸性を持っている。
（2） セメントは、風化すると密度が小さくなる。
（3） 早強ポルトランドセメントは、プレストレストコンクリート工事に適している。
（4） 中庸熱ポルトランドセメントは、ダム工事等のマスコンクリートに適している。

（令和４年度後期第１次検定）

問題 4 Check

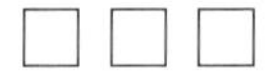

フレッシュコンクリートに関する次の記述のうち、**適当でないもの**はどれか。

（1） ブリーディングとは、練混ぜ水の一部が遊離してコンクリート表面に上昇する現象である。
（2） ワーカビリティーとは、運搬から仕上げまでの一連の作業のしやすさのことである。
（3） レイタンスとは、コンクリートの柔らかさの程度を示す指標である。
（4） コンシステンシーとは、変形又は流動に対する抵抗性である。

（令和４年度後期第１次検定）

問題 5 Check □□□

コンクリートで使用される骨材の性質に関する次の記述のうち、**適当でないもの**はどれか。

（1） 骨材の品質は、コンクリートの性質に大きく影響する。
（2） 吸水率の大きい骨材を用いたコンクリートは、耐凍害性が向上する。
（3） 骨材に有機不純物が多く混入していると、凝結や強度等に悪影響を及ぼす。
（4） 骨材の粗粒率が大きいほど、粒度が粗い。

（令和 3 年度前期第 1 次検定）

問題 6 Check □□□

フレッシュコンクリートに関する次の記述のうち、**適当でないもの**はどれか。

（1） コンシステンシーとは、コンクリートの仕上げ等の作業のしやすさである。
（2） スランプとは、コンクリートの軟らかさの程度を示す指標である。
（3） 材料分離抵抗性とは、コンクリート中の材料が分離することに対する抵抗性である。
（4） ブリーディングとは、練混ぜ水の一部が遊離してコンクリート表面に上昇する現象である。

（令和 3 年度前期第 1 次検定）

問題 7 Check □□□

コンクリートに用いられる次の混和材料のうち、コンクリートの耐凍害性を向上させるために使用される混和材料に**該当するもの**はどれか。

（1） 流動化剤
（2） フライアッシュ
（3） AE剤
（4） 膨張材

（令和 3 年度後期第 1 次検定））

問題 8 Check

フレッシュコンクリートに関する次の記述のうち、**適当でないもの**はどれか。

（1） スランプとは、コンクリートの軟らかさの程度を示す指標である。
（2） 材料分離抵抗性とは、コンクリートの材料が分離することに対する抵抗性である。
（3） ブリーディングとは、練混ぜ水の一部の表面水が内部に浸透する現象である。
（4） ワーカビリティーとは、運搬から仕上げまでの一連の作業のしやすさのことである。

（令和 3 年度後期第 1 次検定）

問題 9　Check □□□

コンクリートに用いられる次の混和材料のうち、収縮にともなうひび割れの発生を抑制する目的で使用する混和材料に**該当するもの**はどれか。

（1）　膨張材
（2）　AE剤
（3）　高炉スラグ微粉末
（4）　流動化剤

（令和2年度後期学科試験）

問題 10　Check □□□

コンクリートに用いられる次の混和材料のうち、発熱特性を改善させる混和材料として**適当なもの**はどれか。

（1）　流動化剤
（2）　防せい剤
（3）　シリカフューム
（4）　フライアッシュ

（令和1年度前期学科試験）

問題 11　Check □□□

コンクリート用セメントに関する次の記述のうち、**適当でないもの**はどれか。

（1）　セメントは、風化すると密度が大きくなる。
（2）　粉末度は、セメント粒子の細かさをいう。
（3）　中庸熱ポルトランドセメントは、ダムなどのマスコンクリートに適している。
（4）　セメントは、水と接すると水和熱を発しながら徐々に硬化していく。

（令和1年度後期学科試験）

問題 12　Check □□□

コンクリートの性質を改善するために用いる混和材料に関する次の記述のうち、**適当でないもの**はどれか。

（1）　フライアッシュは、コンクリートの初期強度を増大させる。
（2）　減水剤は、単位水量を変えずにコンクリートの流動性を高める。
（3）　高炉スラグ微粉末は、水密性を高め塩化物イオンなどのコンクリート中への浸透を抑える。
（4）　AE剤は、コンクリートの耐凍害性を向上させる。

（平成30度前期学科試験）

問題 13 Check □□□

フレッシュコンクリートの「性質を表す用語」と「用語の説明」に関する次の組合せのうち、**適当でないもの**はどれか。

［性質を表す用語］　　　　　　　　［用語の説明］

(1)　ワーカビリティー……………………コンクリートの打込み、締固めなどの作業のしやすさ
(2)　コンシステンシー……………………コンクリートのブリーディングの発生のしやすさ
(3)　ポンパビリティー……………………コンクリートの圧送のしやすさ
(4)　フィニッシャビリティー…………コンクリートの仕上げのしやすさ

（平成 30 年度後期学科試験）

問題 14 Check □□□

コンクリートに用いられる次の混和剤のうち、コンクリート中に多数の微細な気泡を均等に生じさせるために使用される混和剤に**該当するもの**はどれか。

(1)　減水剤
(2)　流動化剤
(3)　防せい剤
(4)　AE剤

（平成 29 年度第 1 回学科試験）

コンクリートの材料は、主にセメント、練混ぜ水、骨材、混和材料の4種類で構成されていることを押さえておきましょう。特に、混和材料の特性や使用目的の正誤についての問題がよく出題されています。

解答と解説　コンクリート材料

問題 1 → 解答(3) Check □□□

(1)流動化剤は、あらかじめ練り混ぜられたコンクリートに添加し、これを攪拌することによって、その流動性を増大させることを主たる目的とする化学混和剤である。
(2)収縮低減剤は、コンクリートに添加することでコンクリートの乾燥収縮ひずみを低減できるが、凝固遅延、強度低下、凍結融解抵抗性の低下などコンクリートの性状に影響を及ぼす場合があるので十分な配慮が必要である。
(3)設問の通りで適当である。
(4)鉄筋コンクリート用防錆剤は、海砂中の塩分に起因する鉄筋の腐食を抑制する目的で添加される混和剤である。

問題 2 → 解答(3) Check □□□

ワーカビリティーとは、材料分離を生じることなく、運搬、打ち込み、締固め、仕上げまでの一連の作業のしやすさを表す性質である。そのため、(3)は適当でない。

問題 3 → 解答(1) Check □□□

セメントは、高いアルカリ性を持っている。そのため、(1)は適当でない。

問題 4 → 解答(3) Check □□□

レイタンスとは、フレッシュコンクリート内に含まれるセメントの微粒子や骨材の微粒子が、コンクリート表面に水とともに浮かび上がって沈殿する物質である。コンクリートの柔らかさの程度を示す指標はスランプである。そのため、(3)は適当でない。

問題 5 → 解答(2) Check □□□

吸水率の大きい骨材を用いたコンクリートは、凍結・融解の作用を受けやすく、対凍害性は低下する。そのため、(2)が適当でない。

問題 6 → 解答(1) Check □□□

コンシステンシーとは、フレッシュコンクリートの変形または流動に対する抵抗性の程度を表す用語であり、スランプ試験で用いる。コンクリートの仕上げ等の作業のしやすさは、ワーカビリティーで表す。そのため、(1)が適当でない。

問題 7 → 解答(3) Check □□□

(1)の流動化剤は、配合や硬化後の品質を変えることなく流動性を大幅に改善させる。(2)のフライアッシュは、ポゾラン活性が利用できる。(4)の膨張材は、硬化過程において膨張を起こさせる。そのため、(3)が該当する。

問題 8 → 解答(3) Check □□□

ブリーディングとは、フレッシュコンクリートの固体材料の沈降または分離によって、練り混ぜ水の一部が遊離して上昇する現象である。そのため、(3)は適当でない。

問題 9 → 解答(1) Check □□□

(1)膨張材が該当する。

(2)AE剤は、ワーカビリティを改善させコンクリートの耐凍害性を向上させる混和剤であるので、該当しない。

(3)高炉スラグ微粉末は、水密性を高め塩化物イオンなどのコンクリート中への浸透を抑える混和材である。また、水和熱の発生速度を遅くし、コンクリートの長期強度を増進させる効果もあり、該当しない。

(4)流動化剤は、あらかじめ練り混ぜられたコンクリートに添加し、これを撹拌することによって、その流動性を増大させることを主たる目的とする化学混和剤であるので、該当しない。

問題 10 ---→ 解答(4) Check □□□

フライアッシュは、適切に用いることによって以下の効果が期待できる混和材。①コンクリートのワーカビリティーを改善し単位水量を減らすことができる。②水和熱による温度上昇を小さくする。③長期材齢における強度を増加させセメントの使用量が節減できる。④乾燥収縮を減少させる。⑤水密性や化学的浸食に対する耐久性を改善させる。⑥アルカリ骨材反応抑制する。

他の混和剤は次の効果がある。(1)流動化剤は流動性を増大させる。(2)防せい剤はコンクリートの鉄筋防せい効果がある。(3)シリカフュームは、高性能AE減水剤と併用することにより所要の流動性が得られ、ブリーディングや材料分離を減少させる効果が得られる。よって、(4)が適当である。

問題 11 ---→ 解答(1) Check □□□

セメントの密度は、化学成分によって変化し、風化するとその値は小さくなる。セメントの風化とは、大気中の湿気とセメント粒子の表面が水和する現象で、密度は低下し、強熱減量(揮発する成分の合計量)が増し、強度が低下する。そのため、(1)が適当でない。

問題 12 ---→ 解答(1) Check □□□

混和材として用いるフライアッシュは、コンクリートのワーカビリティを改善し単位水量を減らすことができる。そのため、(1)が適当でない。

問題 13 ---→ 解答(2) Check □□□

コンシステンシーは、水分の多少によって左右されるコンクリートの変形または流動に対する抵抗力である。ブリーディングとは固体材料の沈降により練混ぜ水の一部が遊離して上昇する現象である。そのため、(2)が適当でない。

問題 14 ---→ 解答(4) Check □□□

AE剤は、コンクリート中に多くの独立した微細な空気泡(エントレインドエア)を一様に連行し、ワーカビリティー及び耐凍害性を向上させるために用いる界面活性剤の一種である。よって、(4)が該当する。

AE剤は、コンクリート中に多くの独立した微細な空気泡（エントレインドエア）を連行する界面活性剤の一種です。

1-3 基礎工

攻略のポイント

POINT 1 既製杭の施工は頻出問題

既製杭の施工については、主に打込み杭工法、中掘工法、プレボーリング工法、ジェット工法の４つの工法に分類されている。試験に毎回出題されるため、各種工法についてしっかりと整理して理解する。

POINT 2 場所打ち杭は工法別に特徴を押さえる

場所打ち杭については、オールケーシング工法、リバース工法、アースドリル工法、深礎工法の４つを工法別に整理しておく。オールケーシング工法、リバース工法、アースドリル工法は専用の掘削機を用いるが、深礎工法は基本的には人力で掘削する点についても覚えておくこと。既製杭の施工と同様、頻出問題なので、それぞれの工法の特徴について必ず押さえておく。

POINT 3 土留め工法の形式と特徴を整理しておく

土留め部材の名称や仮設工法の概要について出題される問題が多い。第１次検定では土留め工法の図が示され、正しい部材名称の組み合わせを解答する問題がよく出題されるので、各部材を形状なども覚えておく。

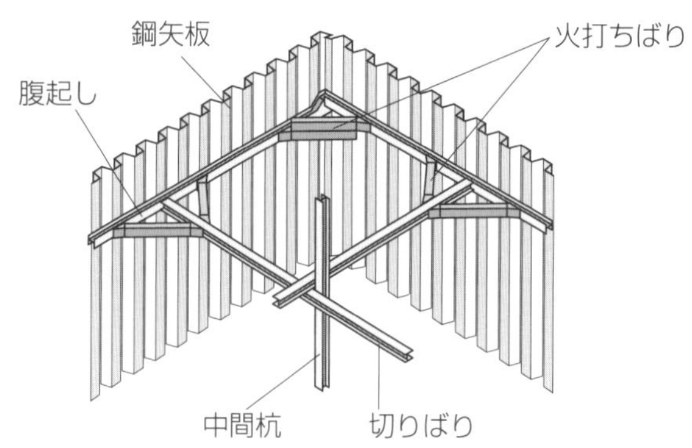

POINT 4 ボイリングとヒービングについて押さえる

土留工の施工では、施工時の安全管理として、ボイリング、ヒービングについて押さえる。現象の違いと対象土質（砂質土地盤はボイリング、粘性土地盤はヒービングのおそれがある）を理解しておく。

既製杭の施工

▶既成杭の中では、打込み杭工法、中掘工法からの出題率が高い。各工法の特徴や施工時の留意事項について理解しておく。

問題 1 Check □□□

既製杭の中掘り杭工法に関する次の記述のうち、**適当でないもの**はどれか。

（1） 地盤の掘削は、一般に既製杭の内部をアースオーガで掘削する。
（2） 先端処理方法は、セメントミルク噴出攪拌方式とハンマで打ち込む最終打撃方式等がある。
（3） 杭の支持力は、一般に打込み工法に比べて、大きな支持力が得られる。
（4） 掘削中は、先端地盤の緩みを最小限に抑えるため、過大な先掘りを行わない。

（令和４年度前期第１次検定）

問題 2 Check □□□

既製杭工法の杭打ち機の特徴に関する次の記述のうち、**適当でないもの**はどれか。

（1） ドロップハンマは、杭の重量以下のハンマを落下させて打ち込む。
（2） ディーゼルハンマは、打撃力が大きく、騒音・振動と油の飛散をともなう。
（3） バイブロハンマは、振動と振動機・杭の重量によって、杭を地盤に押し込む。
（4） 油圧ハンマは、ラムの落下高さを任意に調整でき、杭打ち時の騒音を小さくできる。

（令和４年度後期第１次検定）

問題 3 Check □□□

既製杭の打撃工法に用いる杭打ち機に関する次の記述のうち、**適当でないもの**はどれか。

（1） ドロップハンマは、ハンマの重心が低く、杭軸と直角にあたるものでなければならない。
（2） ドロップハンマは、ハンマの重量が異なっても落下高さを変えることで、同じ打撃力を得ることができる。
（3） 油圧ハンマは、ラムの落下高を任意に調整できることから、杭打ち時の騒音を低くすることができる。
（4） 油圧ハンマは、構造自体の特徴から油煙の飛散が非常に多い。

（令和３年度前期第１次検定）

問題 4 Check □□□

既製杭の施工に関する次の記述のうち、**適当でないもの**はどれか。

（1） プレボーリング杭工法は、孔内の泥土化を防止し孔壁の崩壊を防ぎながら掘削する。
（2） 中掘り杭工法は、ハンマで打ち込む最終打撃方式により先端処理を行うことがある。
（3） 中掘り杭工法は、一般に先端開放の既製杭の内部にスパイラルオーガ等を通して掘削する。
（4） プレボーリング杭工法は、ソイルセメント状の掘削孔を築造して杭を沈設する。

（令和３年度後期第１次検定）

問題 5

既製杭の施工に関する次の記述のうち、**適当なもの**はどれか。

（1） 打撃工法による群杭の打込みでは、杭群の周辺から中央部に向かって打ち進むのがよい。
（2） 中掘り杭工法では、地盤の緩みを最小限に抑えるために過大な先掘りを行ってはならない。
（3） 中掘り杭工法は、あらかじめ杭径より大きな孔を掘削しておき、杭を沈設する。
（4） 打撃工法では、施工時に動的支持力が確認できない。

（令和２年度後期学科試験）

問題 6

既製杭の中掘り杭工法に関する次の記述のうち、**適当でないもの**はどれか。

（1） 中掘り杭工法の掘削、沈設中は、過大な先掘り及び拡大掘りを行ってはならない。
（2） 中掘り杭工法の先端処理方法には、最終打撃方式とセメントミルク噴出攪拌方式がある。
（3） 最終打撃方式では、打止め管理式により支持力を推定することが可能である。
（4） セメントミルク噴出攪拌方式の杭先端根固部は、先掘り及び拡大掘りを行ってはならない。

（令和１年度前期学科試験）

問題 7

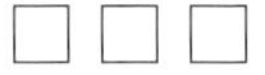

既製杭の打込み杭工法に関する次の記述のうち、**適当でないもの**はどれか。

（1） 杭は打込み途中で一時休止すると、時間の経過とともに地盤が緩み、打込みが容易になる。
（2） 一群の杭を打つときは、中心部の杭から周辺部の杭へと順に打ち込む。
（3） 打込み杭工法は、中掘り杭工法に比べて一般に施工時の騒音・振動が大きい。
（4） 打込み杭工法は、プレボーリング杭工法に比べて杭の支持力が大きい。

（令和１年度後期学科試験）

問題 8

既製杭工法の杭打ち機の特徴に関する次の記述のうち、**適当なもの**はどれか。

（1） バイブロハンマは、振動と振動機・杭の重量によって杭を地盤に貫入させる。
（2） ディーゼルハンマは、蒸気の圧力によって打ち込むもので、騒音・振動が小さい。
（3） 油圧ハンマは、低騒音で油の飛散はないが、打込み時の打撃力を調整できない。
（4） ドロップハンマは、ハンマを落下させて打ち込むが、ハンマの重量は杭の重量以下が望ましい。

（平成 30 年度後期学科試験）

解答と解説　既製杭の施工

問題 1 → 解答(3) Check □□□

中掘り杭は沈設工法のため、周面摩擦力が打ち込み杭より小さく、杭の支持力は、一般に打込み工法に比べて、支持力が小さい。そのため、(3)は適当でない。

問題 2 → 解答(1) Check □□□

ドロップハンマは、杭の重量以上、あるいは杭1mあたりの重量の10倍以上でハンマを落下させて打ち込む。そのため、(1)は適当でない。

問題 3 → 解答(4) Check □□□

油圧ハンマは、油圧の調整による低公害型の打撃工法で、ディーゼルハンマのような油煙の飛散はない。そのため、(4)が適当でない。

問題 4 → 解答(1) Check □□□

プレボーリング杭工法は、泥土化した坑内の地盤に根固め液、杭周辺固定液を注入し、攪拌混合してソイルセメント状にしたのち既成コンクリート杭を沈設する工法である。そのため、(1)は適当でない。

問題 5 → 解答(2) Check □□□

(1)打撃工法により一群の杭を打つときは、一方の隅から他方の隅へ打込んでいくか、中心部の杭から周辺部の杭へと順に打ち込む。これは、打込みによる地盤の締固め効果によって打込み抵抗が増大し貫入不能となるためである。よって適当でない。
(2)設問通りで、適当である。
(3)中掘り杭工法は、既製杭の中空部をアースオーガで掘削しながら杭を地盤に貫入させていく埋込み杭工法である。先端処理方法としては、ハンマで打ち込む最終打撃方法と杭先端部の地盤にセメントミルクを噴出し、攪拌混合して根固め球根を築造するセメントミルク噴出攪拌方法、コンクリートを打設するコンクリート打設方法の３つに分類できる。よって適当でない。
(4)打撃工法では、施工時に動的支持力が確認できるので、適当でない。

問題 6 → 解答(4) Check □□□

セメントミルク噴出攪拌方式の杭先端根固部は、拡大根固め球根を築造する場合、拡大ビットにより拡大掘削を行う。設問の先掘り及び拡大掘りを行ってはならないとは、中間層のことである。そのため、(4)が適当でない。

問題 7 → 解答(1) Check □□□

杭は打込み途中で一時休止すると、時間の経過とともに地盤の周面摩擦力が回復し、打込みが困難になる。そのため、(1)が適当でない。

問題 8 → 解答(1) Check 

(1)バイブロハンマは、お互いに組になる偏心重心を同位相でお互いに逆回転させ、杭に上下振動を与えて打ち込む振動式杭打ち機で、振動と振動機・杭の重量によって杭を地盤に貫入させる。適当である。

(2)ディーゼルハンマは、騒音・振動・油煙の飛散などの問題がある。適当でない。

(3)油圧ハンマは低騒音で油の飛散はなく、落下高さを任意に調整できるようになっており、騒音を低くしたり、打撃力の調整が可能である。適当でない。

(4)ドロップハンマは、ハンマの重量は杭の重量以上、あるいは杭1mあたりの重量の10倍以上が望ましい。適当でない。

既成杭の施工に関する問題は、打込み杭工法、中掘工法からの出題が多くなっています。また、打込み杭工法は、使用するハンマの特徴について正誤を問う問題も見られます。各工法の特徴や施工時の留意事項について理解しておきましょう。

場所打ち杭

▶第１次検定では、各工法の特徴、施工方法については「排土方法」「孔壁の保護方法」の違いなどが出題される。

問題 1 Check □□□

場所打ち杭の「工法名」と「孔壁保護の主な資機材」に関する次の組合せのうち、**適当なもの**はどれか。

［工法名］　［孔壁保護の主な資機材］

（1）　深礎工法……………………………………安定液(ベントナイト)
（2）　オールケーシング工法………………………ケーシングチューブ
（3）　リバースサーキュレーション工法…………山留め材(ライナープレート)
（4）　アースドリル工法……………………………スタンドパイプ

（令和４年度前期第１次検定）

問題 2 Check □□□

場所打ち杭工法の特徴に関する次の記述のうち、**適当でないもの**はどれか。

（1）　施工時における騒音と振動は、打撃工法に比べて大きい。
（2）　大口径の杭を施工することにより、大きな支持力が得られる。
（3）　杭材料の運搬等の取扱いが容易である。
（4）　掘削土により、基礎地盤の確認ができる。

（令和４年度後期第１次検定）

問題 3 Check □□□

場所打ち杭をオールケーシング工法で施工する場合、**使用しない機材**は次のうちどれか。

（1）　トレミー管
（2）　ハンマグラブ
（3）　ケーシングチューブ
（4）　サクションホース

（令和３年度前期第１次検定）

問題 4 Check □□□

場所打ち杭の各種工法に関する次の記述のうち、**適当なもの**はどれか。

（1） 深礎工法は、地表部にケーシングを建て込み、以深は安定液により孔壁を安定させる。
（2） オールケーシング工法は、掘削孔全長にわたりケーシングチューブを用いて孔壁を保護する。
（3） アースドリル工法は、スタンドパイプ以深の地下水位を高く保ち孔壁を保護・安定させる。
（4） リバース工法は、湧水が多い場所では作業が困難で、酸欠や有毒ガスに十分に注意する。

（令和３年度後期第１次検定）

問題 5 Check □□□

場所打ち杭工に関する次の記述のうち、**適当でないもの**はどれか。

（1） オールケーシング工法では、ハンマグラブで掘削・排土する。
（2） オールケーシング工法の孔壁保護は、一般にケーシングチューブと孔内水により行う。
（3） リバースサーキュレーション工法の孔壁保護は、孔内水位を地下水位より低く保持して行う。
（4） リバースサーキュレーション工法は、ビットで掘削した土砂を泥水とともに吸上げ排土する。

（令和２年度後期学科試験）

問題 6 Check □□□

場所打ち杭の「工法名」と「掘削方法」に関する次の組合せのうち、**適当なもの**はどれか。

	［工　法　名］	［掘　削　方　法］
（1）	オールケーシング工法	表層ケーシングを建込み、孔内に注入した安定液の水圧で孔壁を保護しながら、ドリリングバケットで掘削する。
（2）	アースドリル工法	掘削孔の全長にわたりライナープレートを用いて孔壁の崩壊を防止しながら、人力又は機械で掘削する。
（3）	リバースサーキュレーション工法	スタンドパイプを建込み、掘削孔に満たした水の圧力で孔壁を保護しながら、水を循環させて削孔機で掘削する。
（4）	深礎工法	杭の全長にわたりケーシングチューブを挿入して孔壁の崩壊を防止しながら、ハンマグラブで掘削する。

（令和１年度前期学科試験）

問題 7 Check □□□

場所打ち杭の特徴に関する次の記述のうち、**適当なもの**はどれか。

（1） 施工時の騒音・振動が打込み杭に比べて大きい。
（2） 掘削土による中間層や支持層の確認が困難である。
（3） 杭材料の運搬などの取扱いや長さの調節が難しい。
（4） 大口径の杭を施工することにより大きな支持力が得られる。

（令和１年度後期学科試験）

問題 8 Check □□□

場所打ち杭の「工法名」と「孔壁保護の主な資機材」に関する次の組合せのうち、**適当でないもの**はどれか。

［工法名］　［孔壁保護の主な資機材］

（1）オールケーシング工法……………………ケーシングチューブ

（2）アースドリル工法…………………………安定液（ベントナイト水）

（3）リバースサーキュレーション工法…………セメントミルク

（4）深礎工法……………………………………山留め材（ライナープレート）

（平成30年度前期学科試験）

問題 9 Check □□□

場所打ち杭をオールケーシング工法で施工する場合、**使用しない機材**は次のうちどれか。

（1）掘削機

（2）スタンドパイプ

（3）ハンマグラブ

（4）ケーシングチューブ

（平成30年度後期学科試験）

問題 10 Check □□□

場所打ち杭の「工法名」と「掘削方法」に関する次の組合せのうち、**適当でないもの**はどれか。

［工　法　名］　［掘　削　方　法］

（1）リバースサーキュレーション工法………掘削孔に満たした水の圧力で孔壁を保護しながら、水を循環させて削孔機で掘削する。

（2）アースドリル工法…………………………掘削孔に満たした水の圧力で孔壁を保護しながら、ドリリングバケットで掘削する。

（3）オールケーシング工法……………………ケーシングチューブを挿入して孔壁の崩壊を防止しながら、ハンマーグラブで掘削する。

（4）深礎工法……………………………………掘削孔が自立する程度掘削して、ライナープレートを用いて孔壁の崩壊を防止しながら、人力又は機械で掘削する。

（平成29年度第1回学科試験）

解答と解説　場所打ち杭

問題1 → 解答(2)　Check □□□

(1)深礎工法の孔壁保護は、山留め材(ライナープレート)を用いて保護する。
(2)設問通りで、適当である。
(3)リバースサーキュレーション工法の孔壁保護は、スタンドパイプを建て込み、水を利用し、静水圧と自然泥水により孔壁面を安定させる。孔内水位は地下水より2m以上高く保持し孔内に水圧をかけて崩壊を防ぐ。
(4)アースドリル工法は、表層ケーシングを建込み、孔内に注入した安定液の水圧で孔壁を保護しながら、ドリリングバケットで掘削する。

問題2 → 解答(1)　Check □□□

施工時における騒音と振動は、打撃工法に比べて小さい。(1)が適当である。

問題3 → 解答(4)　Check □□□

オールケーシング工法は、杭の全長にわたりケーシングチューブを挿入して孔壁の崩壊を防止しながら、ハンマグラブで掘削する。鉄筋、コンクリートの建て込みにはトレミー管を使用する。サクションホースを用いるのは、リバース工法である。そのため、(4)を使用しない。

問題4 → 解答(2)　Check □□□

(1)深礎工法は、掘削孔の全長にわたりライナープレートを用いて土留めをしながら孔壁の崩壊を防止する。掘削は人力または機械で行うが、軟弱地盤や被圧地下水が高い場合の適応性は低い。
(2)設問通りで、適当である。
(3)アースドリル工法は、表層ケーシングを建込み、孔内に注入した安定液の水圧で孔壁を保護しながら、ドリリングバケットで掘削する。施工速度が速く仮設が簡単で無水で掘削できる場合もある。
(4)リバース工法は、スタンドパイプを建込み、掘削孔に満たした水の圧力で孔壁を保護しながら、水を循環させて削孔機で掘削する。孔内水位は地下水より2m以上高く保持し孔内に水圧をかけて崩壊を防ぐ。湧水が多い場所では作業が困難で、酸欠や有毒ガスに十分に注意するのは深礎工法である。

問題5 → 解答(3)　Check □□□

リバースサーキュレーション工法の孔壁保護は、水を利用し、静水圧と自然泥水により孔壁面を安定させる。孔内水位は地下水より2m以上高く保持し孔内に水圧をかけて崩壊を防ぐ。そのため、(3)が適当でない。

問題 6 ------------------------------------> 解答(3) Check □□□

リバースサーキュレーション工法は、スタンドパイプを建込み、掘削孔に満たした水の圧力で孔壁を保護しながら、水を循環させて削孔機で掘削する。孔内水位は地下水より2m以上高く保持し孔内に水圧をかけて崩壊を防ぐ。他の工法は次のような掘削方法である。(1)オールケーシング工法は、杭の全長にわたりケーシングチューブを挿入して孔壁の崩壊を防止しながら、ハンマグラブで掘削する。(2)アースドリル工法は、表層ケーシングを建込み、孔内に注入した安定液の水圧で孔壁を保護しながら、ドリリングバケットで掘削する。(4)深礎工法は、掘削孔の全長にわたりライナープレートを用いて土留めをしながら孔壁の崩壊を防止する。よって、(3)が適当である。

問題 7 ------------------------------------> 解答(4) Check □□□

(1)場所打ち杭工法は現場において機械あるいは人力によって掘削した孔の中に鉄筋コンクリート杭体を築造する工法であるため、打込み杭工法のように油圧ハンマ、ディーゼルハンマ、ドロップハンマなどで既成杭を打撃して支持力を得る工法と比べ施工時の騒音・振動が打込み杭に比べて小さい。よって、適当でない。

(2)場所打ち杭工法は現場において機械あるいは人力によって掘削した孔の中に鉄筋コンクリート杭体を築造する工法であるため、掘削土による中間層や支持層の確認は比較的容易である。よって、適当でない。

(3)場所打ち杭工法は現場において機械あるいは人力によって掘削した孔の中に鉄筋コンクリート杭体を築造する工法であるため、杭材料である定尺長さの鉄筋の運搬や取扱い、長さの調節は容易である。よって、適当でない。

そのため、(4)が適当である。

問題 8 ------------------------------------> 解答(3) Check □□□

リバースサーキュレーション工法の孔壁保護は、水を利用し、静水圧と自然泥水により孔壁面を安定させるものであり、セメントミルクは用いない。そのため、(3)が適当でない。

問題 9 ------------------------------------> 解答(2) Check □□□

場所打ち杭をオールケーシング工法で施工する場合、ケーシングチューブを揺動(回転)・押込みながら、ケーシングチューブ内の土砂をハンマグラブにて掘削・排土する。よって、使用しない機材は(2)スタンドパイプで、これはリバース工法で用いられる。

問題 10 ------------------------------------> 解答(2) Check □□□

アースドリル工法は、表層ケーシングを建て込み、孔内に注入した安定液水位を地下水以上に保ち孔壁に水圧をかけて崩壊を防ぎ、ドリリングバケットで掘削する工法である。そのため、(2)は適当でない。

土留め工法

▶第１次検定では、土留め部材の名称や仮設工法の概要についての出題が多い。各工法の特徴と何が土留め壁を支持しているのかをしっかり理解しておく。

問題 1 Check □□□

土留め工に関する次の記述のうち、**適当でないもの**はどれか。

（1） 自立式土留め工法は、切梁や腹起しを用いる工法である。
（2） アンカー式土留め工法は、引張材を用いる工法である。
（3） ヒービングとは、軟弱な粘土質地盤を掘削した時に、掘削底面が盛り上がる現象である。
（4） ボイリングとは、砂質地盤で地下水位以下を掘削した時に、砂が吹き上がる現象である。

（令和４年度前期第１次検定）

問題 2 Check □□□

土留め工に関する次の記述のうち、**適当でないもの**はどれか。

（1） アンカー式土留め工法は、引張材を用いる工法である。
（2） 切梁式土留め工法には、中間杭や火打ち梁を用いるものがある。
（3） ボイリングとは、砂質地盤で地下水位以下を掘削した時に、砂が吹き上がる現象である。
（4） パイピングとは、砂質土の弱いところを通ってヒービングがパイプ状に生じる現象である。

（令和４年度後期第１次検定）

問題 3 Check □□□

土留め壁の「種類」と「特徴」に関する次の組合せのうち、**適当なもの**はどれか。

［種　類］　　［特　徴］
（1） 連続地中壁……………………あらゆる地盤に適用でき、他に比べ経済的である。
（2） 鋼矢板…………………………止水性が高く、施工は比較的容易である。
（3） 柱列杭…………………………剛性が小さいため、浅い掘削に適する。
（4） 親杭・横矢板…………………地下水のある地盤に適しているが、施工は比較的難しい。

（令和３年度前期第１次検定）

問題 4 Check □□□

下図に示す土留め工の(イ)、(ロ)の部材名称に関する次の組合せのうち、**適当なもの**はどれか。

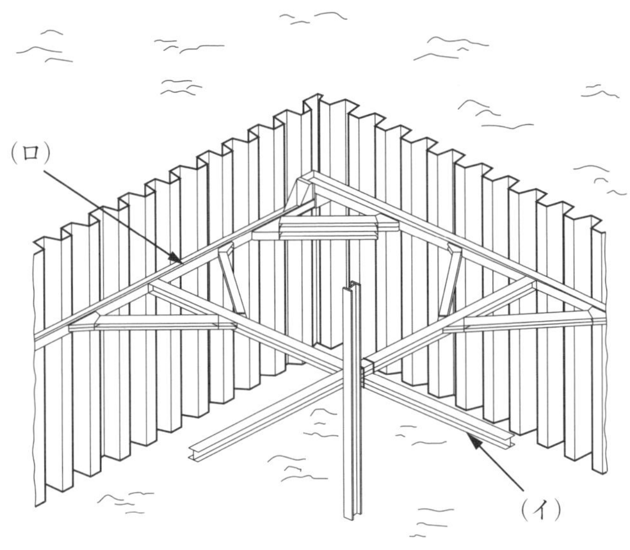

（イ）　　　　　　（ロ）

（1）　腹起し……………中間杭
（2）　腹起し……………火打ちばり
（3）　切ばり……………腹起し
（4）　切ばり……………火打ちばり

（令和３年度後期第１次検定）

問題 5 Check □□□

下図に示す土留め工法の(イ)、(ロ)の部材名称に関する次の組合せのうち、**適当なもの**はどれか。

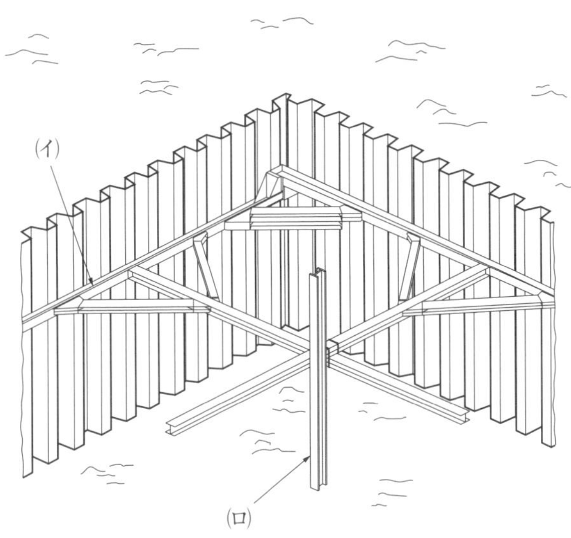

（イ）　　　　　　（ロ）

（1）　腹起し…………中間杭

（2）　腹起し…………火打ちばり

（3）　切ばり…………中間杭

（4）　切ばり…………火打ちばり

（令和2年度後期学科試験）

問題 6 Check □□□

土留め壁の「種類」と「特徴」に関する次の組合せのうち、**適当なもの**はどれか。

［種　類］　　　　　　　　　　［特　徴］

（1）　連続地中壁…………………………剛性が小さく、他に比べ経済的である。

（2）　鋼矢板………………………………止水性が低く、地下水のある地盤に適する。

（3）　柱列杭………………………………剛性が小さいため、深い掘削にも適する。

（4）　親杭・横矢板………………………地下水のない地盤に適用でき、施工は比較的容易である。

（令和1年度前期学科試験）

問題 7

下図に示す土留め工法の（イ）、（ロ）の部材名称に関する次の組合せのうち、**適当なもの**はどれか。

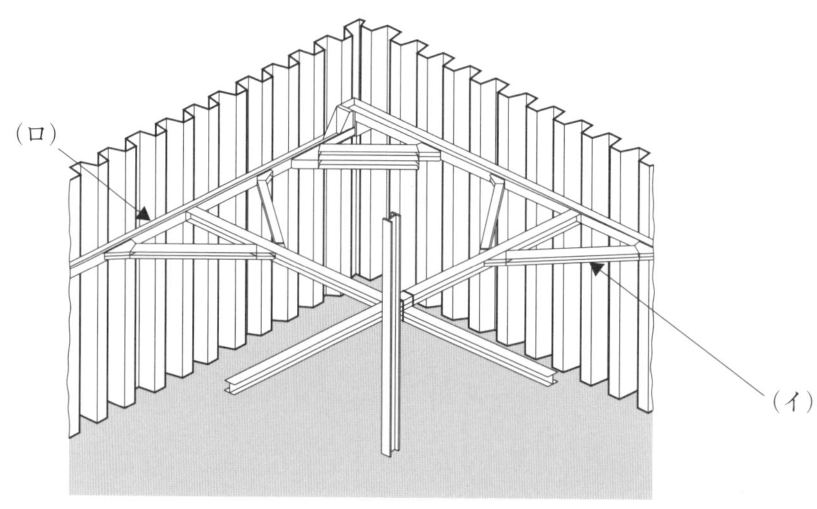

（イ）　　　　　　（ロ）

（1）　切ばり………………火打ちばり

（2）　切ばり………………腹起し

（3）　火打ちばり…………腹起し

（4）　腹起し………………切ばり

（平成30年度後期学科試験）

問題 8 ---------- Check □□□

土留め壁の「種類」と「特徴」に関する次の組合せのうち、**適当なもの**はどれか。

［種　類］　　　　　　　　［特　徴］

（1）連続地中壁……………あらゆる地盤に適用でき、他に比べ経済的である
（2）鋼矢板…………………止水性が高く、施工は比較的容易である
（3）柱列杭…………………剛性が小さいため、深い掘削にも適する
（4）親杭・横矢板…………止水性が高く、地下水のある地盤に適する

（平成30年度前期学科試験）

解答と解説　土留め工法

問題 1 ----------→ 解答(1) Check □□□

自立式土留め工法は、切梁や腹起しを用いない工法である。それらを用いる工法は、切梁式土留め工法である。そのため、（1）は適当でない。

問題 2 ----------→ 解答(4) Check □□□

パイピングとは、地下水の浸透流が砂質土の弱いところを通ってパイプ状の水みちを形成する現象である。ヒービングとは、粘性土地盤のような軟弱地盤において、土留め壁の背面の土が内側に回り込んで掘削地盤の底面が押し上げられる現象である。そのため、（4）は適当でない。

問題 3 ----------→ 解答(2) Check □□□

（1）連続地中壁は安定液を使用して掘削した壁状の溝の中に鉄筋かごを建込み、場所打ちコンクリートで構築する連続した土留め壁で、剛性が高く他の工法に比べ不経済である。
（2）設問通りで、適当である。
（3）柱列杭による柱列式連続壁には、モルタル柱列壁、ソイルセメント壁などは剛性が大きいため、深い掘削に適する。
（4）親杭・横矢板はH形鋼の親杭を1～2m間隔で地中に設置し、掘削にともない親杭の間に土留め壁を挿入する工法で、地下水のない地盤に適用でき、施工は比較的用意である。

問題 4 ----------→ 解答(3) Check □□□

（イ）切ばり、（ロ）腹起しの組合せが正しい。そのため、（3）が適当である。

問題 5 ----------→ 解答(1) Check □□□

（イ）腹起し、（ロ）中間杭である。そのため、（1）が適当である。

問題 6 → 解答(4) Check □□□

親杭・横矢板は、H形鋼等の親杭を1～2m間隔で地中に設置し、掘削にともない親杭の間に土留め壁を挿入する工法で、地下水のない地盤に適用でき、施工は比較的容易である。他の工法は次のような特徴がある。(1)連続地中壁は剛性が高く他に比べ不経済的。(2)鋼矢板は止水性が高い。(3)柱列杭は剛性が大きい。よって、(4)が適当である。

問題 7 → 解答(3) Check □□□

(イ)は火打ちばり、(ロ)は腹起しである。よって、(3)が適当である。

問題 8 → 解答(2) Check □□□

鋼矢板壁工法は、鋼矢板の継手部をかみ合わせることで止水性が高く、施工も比較的容易である。他の工法は、連続地中壁工法は施工費が高く、柱列杭工法は深い掘削には適さない、親杭横矢板工法は止水性がなく、地下水のある地盤には適さない。よって、(2)が適当である。

第2部　分野別 検定試験対策

第2章

専門土木

2−1　鋼構造物
2−2　コンクリート構造物
2−3　河川
2−4　砂防
2−5　道路・舗装
2−6　ダム
2−7　トンネル
2−8　海岸
2−9　港湾
2−10　鉄道・地下構造物
2−11　上・下水道

2-1 鋼構造物

攻略のポイント

POINT 1 鋼材の種類や機械的性質を覚える

鋼材の種類、鋼材名と鋼材記号、力学的特性、機械的性質、試験方法、性質と用途、加工にあたっての留意点などは、試験でも頻出なので整理して覚えておく。試験では、鋼材の引張試験における応力度とひずみの関係を表した「応力ーひずみ曲線」の図が提示され、比例限度や弾性限度、上降伏点や下降伏点、最大応力度点などを解答する問題も出題される。

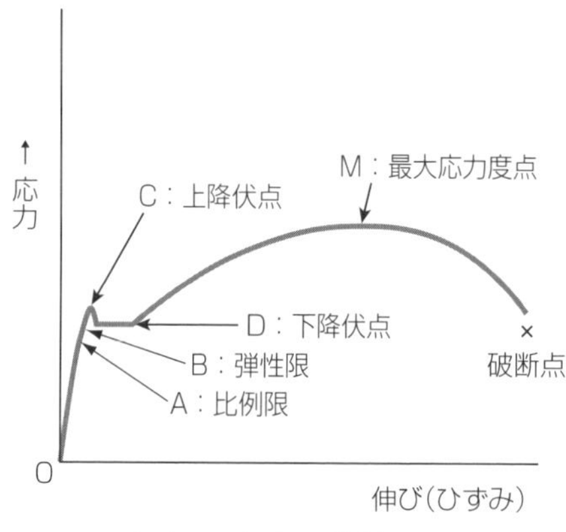

応力ーひずみ曲線

POINT 2 鋼橋の架設工法は種類と特徴を押さえる

鋼橋の架設工法の種類とその特徴、選定条件、適用される橋梁の形式、施工にあたっての留意点などが試験によく出るので覚えておく。試験では、「架設工法」と「工法の概要」の組み合わせが提示され、適当（または不適当）な選択肢を解答する問題などが出題されている。

POINT 3 高力ボルトは接合方式や締付け方法などを理解する

鋼橋部材の連結などにおける高力ボルト継手の接合方式や機能、接合面の処理、締付け、検査などの方法を理解する。高力ボルトの施工については、騒音問題と絡めて「環境保全対策」の分野で出題されることもある（第６章 環境保全対策の「騒音・振動対策」を参照）。

POINT 4 溶接の施工は溶接継手及び溶接方法の種類を押さえる

鋼橋部材の連結などにおける溶接継手及び溶接方法の種類、溶接の施工時の留意点などについて整理する。

鋼材の種類、機械的性質及び加工

▶鋼材の種類、鋼材名と鋼材記号、力学的特性、機械的性質などが問われる。「応力－ひずみ曲線」の図をもとに解答する問題も頻出なので押さえておく。

問題 1 Check □□□

鋼材の特性、用途に関する次の記述のうち、**適当でないもの**はどれか。

（1） 低炭素鋼は、延性、展性に富み、橋梁等に広く用いられている。
（2） 鋼材の疲労が心配される場合には、耐候性鋼材等の防食性の高い鋼材を用いる。
（3） 鋼材は、応力度が弾性限度に達するまでは弾性を示すが、それを超えると塑性を示す。
（4） 継続的な荷重の作用による摩耗は、鋼材の耐久性を劣化させる原因になる。

（令和４年度後期第１次検定）

問題 2 Check □□□

鋼材に関する次の記述のうち、**適当でないもの**はどれか。

（1） 鋼材は、応力度が弾性限界に達するまでは弾性を示すが、それを超えると塑性を示す。
（2） PC鋼棒は、鉄筋コンクリート用棒鋼に比べて高い強さをもっているが、伸びは小さい。
（3） 炭素鋼は、炭素含有量が少ないほど延性や展性は低下するが、硬さや強さは向上する。
（4） 継ぎ目なし鋼管は、小・中径のものが多く、高温高圧用配管等に用いられている。

（令和３年度前期第１次検定）

問題 3 Check □□□

下図は、鋼材の引張試験における応力度とひずみの関係を示したものであるが、点Eを表している用語として、**適当なもの**は次のうちどれか。

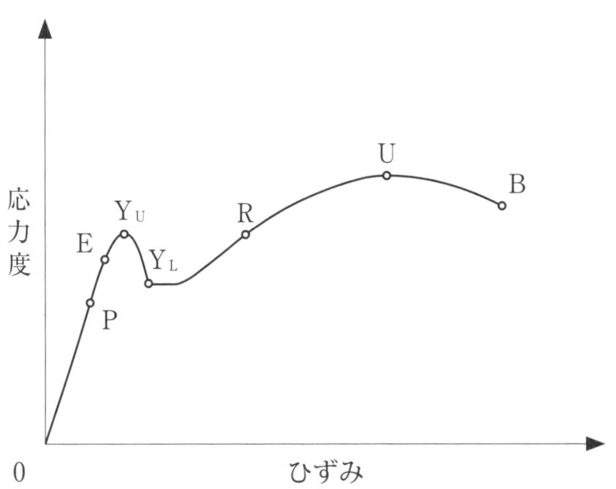

（1） 比例限度　（2） 弾性限度　（3） 上降伏点　（4） 引張強さ

（令和２年度後期学科試験）

問題 4　Check □ □ □

下図は、一般的な鋼材の応力度とひずみの関係を示したものであるが、次の記述のうち、**適当でないもの**はどれか。

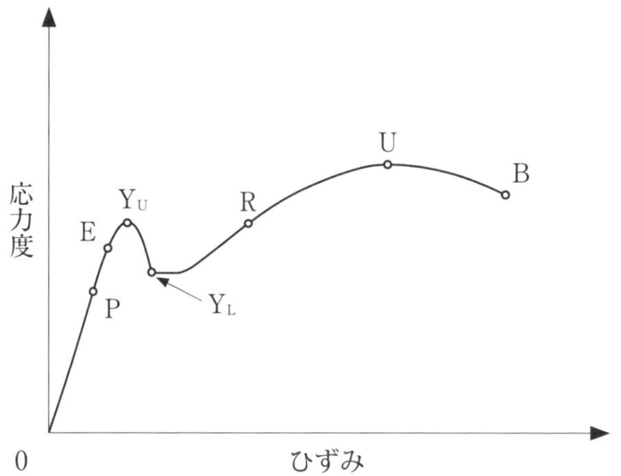

（1） 点Pは、応力度とひずみが比例する最大限度である。
（2） 点Eは、弾性変形をする最大限度である。
（3） 点Y_Uは、応力度が増えないのにひずみが急激に増加しはじめる点である。
（4） 点Uは、応力度が最大となる破壊点である。

（令和1年度前期学科試験）

問題 5　Check □ □ □

鋼材の特性、用途に関する次の記述のうち、**適当でないもの**はどれか。
（1） 防食性の高い耐候性鋼材には、ニッケルなどが添加されている。
（2） つり橋や斜張橋のワイヤーケーブルには、軟鋼線材が用いられる。
（3） 表面硬さが必要なキー・ピン・工具には、高炭素鋼が用いられる。
（4） 温度の変化などによって伸縮する橋梁の伸縮継手には、鋳鋼などが用いられる。

（平成30年度前期学科試験）

問題 6　Check □ □ □

「鋼材の種類」と「主な用途」に関する次の組合せのうち、**適当でないもの**はどれか。

［鋼材の種類］　　　　［主な用途］
（1） 棒鋼…………………異形棒鋼、丸鋼、PC鋼棒
（2） 鋳鉄…………………橋梁の伸縮継手
（3） 線材…………………ワイヤーケーブル、蛇かご
（4） 管材…………………基礎杭、支柱

（平成30年度後期学科試験）

解答と解説 鋼材の種類、機械的性質及び加工

問題 1 ------------------------------------→ 解答(2) Check □□□

化学的作用や気象条件による鋼材の腐食が心配される場合には、耐候性鋼材等の防食性の高い鋼材を用いる。そのため、(2)は適当でない。

問題 2 ------------------------------------→ 解答(3) Check □□□

炭素鋼は、炭素含有量が多いほど延性や展性は低下するが、硬さや強さは向上する。そのため、(3)は適当でない。なお、低炭素鋼は、溶接等加工性に富み橋梁などに広く用いられ、高炭素鋼は工具等に用いられる。

問題 3 ------------------------------------→ 解答(2) Check □□□

(1)比例限度は、応力度とひずみが比例する最大限度で点Pである。適当でない。
(2)設問通りで、適当である。なお、弾性限度は、応力を取り去ればひずみが0に戻る最大限度である。
(3)上降伏点は、応力度が増えないのにひずみが急激に増加し始める点Yuである。適当でない。
(4)引張強さは、鋼材の最大引張強さを示す点Uである。適当でない。

問題 4 ------------------------------------→ 解答(4) Check □□□

点Uは、応力度が最大となる最大応力点である。そのため、(4)は適当でない。

問題 5 ------------------------------------→ 解答(2) Check □□□

つり橋や斜張橋のワイヤーケーブルには、炭素量の多い硬鋼線材などが用いられる。そのため、(2)は適当でない。

問題 6 ------------------------------------→ 解答(2) Check □□□

温度変化や荷重によって伸縮する橋梁の伸縮継手は、形状が複雑であり鋳鋼などが用いられる。そのため、(2)は適当でない。なお、鋳鋼は鋳鉄に比べて強靭で、衝撃性にも優れている。

鋼橋の架設

▶鋼橋の架設工法は、橋梁の形式、規模、現地の地形条件、橋下の状況などによって選定されるため、各工法の特徴やポイントを押さえておく。

問題 1 Check □□□

鋼道路橋の架設工法に関する次の記述のうち、市街地や平坦地で桁下空間が使用できる現場において一般に用いられる工法として**適当なもの**はどれか。

（1） ケーブルクレーンによる直吊り工法
（2） 全面支柱式支保工架設工法
（3） 手延べ桁による押出し工法
（4） クレーン車によるベント式架設工法

（令和４年度後期第１次検定）

問題 2 Check □□□

鋼道路橋の架設工法に関する次の記述のうち、主に深い谷等、桁下の空間が使用できない現場において、トラス橋などの架設によく用いられる工法として**適当なもの**はどれか。

（1） トラベラークレーンによる片持式工法
（2） フォルバウワーゲンによる張出し架設工法
（3） フローティングクレーンによる一括架設工法
（4） 自走クレーン車による押出し工法

（令和３年度後期第１次検定）

問題 3 Check □□□

鋼道路橋における架設工法のうち、市街地や平坦地で桁下空間やアンカー設備が使用できない現場において一般に用いられる工法として、**適当なもの**は次のうちどれか。

（1） フローティングクレーンによる一括架設工法
（2） 自走クレーンによるベント工法
（3） ケーブルクレーンによる直吊り工法
（4） 手延機による送出し工法

（令和２年度後期学科試験）

問題 4 Check □□□

橋梁の「架設工法」と「工法の概要」に関する次の組合せのうち、**適当でないもの**はどれか。

	［架設工法］	［工法の概要］
（1）	ベント式架設工法	橋桁を自走クレーンでつり上げ、ベントで仮受けしながら組み立てて架設する。
（2）	一括架設工法	組み立てられた部材を台船で現場までえい航し、フローティングクレーンでつり込み一括して架設する。

（3） ケーブルクレーン架設工法…………橋脚や架設した桁を利用したケーブルクレーンで、部材をつりながら組み立てて架設する。

（4） 送出し式架設工法……………………架設地点に隣接する場所であらかじめ橋桁の組み立てを行って、順次送り出して架設する。

（令和1年度後期学科試験）

問題 5 ------------------------------------- Check □□□

鋼道路橋の「架設工法」と「架設方法」に関する次の組合せのうち、**適当でないもの**はどれか。

［架設工法］　　　　　　　　［架設方法］

（1） 片持式工法……………………隣接する場所であらかじめ組み立てた橋桁を手延べ機で所定の位置に押し出して架設する。

（2） ケーブルクレーン工法…………鉄塔で支えられたケーブルクレーンで桁をつり込んで受ばり上で組み立てて架設する。

（3） 一括架設工法……………………組み立てられた橋梁を台船で現場までえい航し、フローティングクレーンでつり込み架設する。

（4） ベント式工法……………………橋桁部材を自走クレーン車などでつり上げ、ベントで仮受けしながら組み立てて架設する。

（平成30年度後期学科試験）

解答と解説　鋼橋の架設

問題 1 ------------------------------------> 解答(4)

（1）ケーブルクレーンによる直吊り工法は、ケーブルクレーンを用いて橋桁の部材をつり込みながら架設する工法で、深い谷や河川などの地形で桁下が利用できないような場所で用いられる。適当でない。

（2）支柱式支保工架設工法は、場所打ちのＰＣコンクリート橋等の架設に用いられる工法で、鋼橋の架設には用いられない。適当でない。

（3）手延桁による押出工法は、隣接場所で組み立てられた橋桁の部分又は全体を、手延桁を使用して所定の位置まで押し出して据え付ける工法で、架設場所が道路、鉄道、河川等を横断する箇所で、ベントが使用できない場合に使用されることが多い。適当でない。

（4）設問通りで、適当である。

問題 2 ――――→ 解答(1) Check □□□

(1)設問通りで、適当である。
(2)フォルバゥワーゲンによる張出し架設工法は、一般にPC橋の架設に用いられる工法であり、トラス橋の架設には用いられない。適当でない。
(3)フローティングクレーンによる一括架設工法は、海上、水上において、船舶が進入できる場所で用いられる。適当でない。
(4)押出し工法は、架設場所が道路、鉄道又は河川等を横断する箇所で、ベントが使用できない場合に使用されることが多い。適当でない。なお、押出し工法では、桁の組立てに自走クレーン車や門型クレーンが使用される。

問題 3 ――――→ 解答(4) Check □□□

(1)フローティングクレーンによる一括工法は、組立てられた橋桁を起重機船でつり上げて架設する方法であり、水深のある流れの弱い場所で用いられる。適当でない。
(2)自走クレーンによるベント工法は、桁下に仮設した支柱(ベント)を利用し、自走クレーンで橋桁を組立てながら架設する工法である。適当でない。
(3)ケーブルクレーンによる直吊り工法は、ケーブルクレーンを用いて橋桁の部材をつり込み架設する工法で、深い谷や河川などの地形で桁下が利用できないような場所で用いられる。適当でない。
(4)設問通りで、適当である。

問題 4 ――――→ 解答(3) Check □□□

ケーブルクレーン架設工法は、鉄塔で支えられたケーブルクレーンで橋桁をつり込んで架設する工法で、桁下が流水や谷でベント設置ができない場合の施工に適している。そのため、(3)は適当でない。

問題 5 ――――→ 解答(1) Check □□□

片持式工法は、すでに架設した、カウンターウェイトとなる桁上に架設用トラベラークレーンなどを設置し、部材を吊りながら片持式に架設する工法である。そのため、(1)は適当でない。なお、橋桁を手延べ機で所定の位置に押し出して架設する方法は、送出し工法の一種である。

高力ボルトの施工

▶高力ボルトの施工は、接合方式や締付け方法について理解する。接合方式や締付け方法による違いについて問われることが多いので押さえておく。

問題 1 Check □□□

鋼道路橋に用いる高力ボルトに関する次の記述のうち、**適当でないもの**はどれか。

（1） 高力ボルトの軸力の導入は、ナットを回して行うことを原則とする。
（2） 高力ボルトの締付けは、連結板の端部のボルトから順次中央のボルトに向かって行う。
（3） 高力ボルトの長さは、部材を十分に締め付けられるものとしなければならない。
（4） 高力ボルトの摩擦接合は、ボルトの締付けで生じる部材相互の摩擦力で応力を伝達する。

（令和 4 年度前期第 1 次検定）

問題 2 Check □□□

鋼道路橋に用いる高力ボルトに関する次の記述のうち、**適当でないもの**はどれか。

（1） トルク法による高力ボルトの締付け検査は、トルク係数値が安定する数日後に行う。
（2） トルシア形高力ボルトの本締めには、専用の締付け機を使用する。
（3） 高力ボルトの締付けは、原則としてナットを回して行う。
（4） 耐候性鋼材を使用した橋梁には、耐候性高力ボルトが用いられている。

（令和 3 年度前期第 1 次検定）

問題 3 Check □□□

鋼道路橋に用いる高力ボルトに関する次の記述のうち、**適当でないもの**はどれか。

（1） 高力ボルト摩擦接合は、高力ボルトの締付けで生じる部材相互の摩擦抵抗で応力を伝達する。
（2） 高力ボルトの締付けは、各材片間の密着を確保し、十分な応力の伝達がなされるように行う。
（3） 高力ボルトの締付けは、継手の端部から順次中央のボルトに向かって行う。
（4） 高力ボルト摩擦接合による継手は、重ね継手と突合せ継手がある。

（令和 1 年度前期学科試験）

問題 4 Check □□□

鋼道路橋における高力ボルトの締付けに関する次の記述のうち、**適当でないもの**はどれか。

（1） ボルト軸力の導入は、ナットを回して行うのを原則とする。
（2） ボルトの締付けは、各材片間の密着を確保し、応力が十分に伝達されるようにする。
（3） トルシア形高力ボルトの締付けは、本締めにインパクトレンチを使用する。
（4） ボルトの締付けは、設計ボルト軸力が得られるように締め付ける。

（平成 30 年度前期学科試験）

解答と解説　高力ボルトの施工

問題 1 ➡ 解答(2) Check □□□

高力ボルトの締付けは、継手連結板の中央のボルトから順次端部のボルトに向かって行う。そのため、(2)は適当でない。なお、連結板の端部のボルトから順次中央のボルトに向かって締付けを行うと連結版が浮き上がり、密着性が悪くなる傾向がある。

問題 2 ➡ 解答(1) Check □□□

トルク法による高力ボルトの締付け検査は、締付け後長時間置くとトルク係数値が変化するので、締付け後速やかに行う必要がある。そのため、(1)は適当でない。

問題 3 ➡ 解答(3) Check □□□

高力ボルトの締付けは、継手の中央から順次端部のボルトに向かって行う。そのため、(3)は適当でない。なお、継手の端部から順次中央のボルトに向かって締付けを行うと連結版が浮き上がり、密着性が悪くなる傾向がある。

問題 4 ➡ 解答(3) Check □□□

トルシア形高力ボルトの締付けは、本締めにトルシア専用締付け機を使用する。そのため、(3)は適当でない。

高力ボルトとは、高張力の鋼でつくられた強度の高いボルトのことで、摩擦接合用高力六角ボルト、ナット、座金からなります。主に橋梁や鉄骨建築物、構造物に利用されます。

溶接の施工

▶溶接の施工は、溶接部の形状によって開先溶接、すみ肉溶接、プラグ溶接、スロット溶接などがあり、主要部材には開先溶接とすみ肉溶接が用いられることを押さえる。

問題 1 Check □□□

鋼材の溶接継手に関する次の記述のうち、**適当でないもの**はどれか。

（1） 溶接を行う部分は、溶接に有害な黒皮、さび、塗料、油等があってはならない。
（2） 溶接を行う場合には、溶接線近傍を十分に乾燥させる。
（3） 応力を伝える溶接継手には、完全溶込み開先溶接を用いてはならない。
（4） 開先溶接では、溶接欠陥が生じやすいのでエンドタブを取り付けて溶接する。

（令和４年度前期第１次検定）

問題 2 Check □□□

鋼橋の溶接継手に関する次の記述のうち、**適当でないもの**はどれか。

（1） 溶接を行う部分には、溶接に有害な黒皮、さび、塗料、油などがあってはならない。
（2） 応力を伝える溶接継手には、開先溶接又は連続すみ肉溶接を用いなければならない。
（3） 溶接継手の形式には、突合せ継手、十字継手などがある。
（4） 溶接を行う場合には、溶接線近傍を十分に湿らせてから行う。

（令和１年度後期学科試験）

解答と解説　溶接の施工

問題 1 → 解答(3) Check 

応力を伝える溶接継手には、完全溶込み開先溶接、部分溶込み開先溶接又は連続すみ肉溶接を用いなければならない。そのため、（３）は適当でない。

問題 2 → 解答(4) Check □□□

溶接を行う場合、溶接部分では溶接に有害な黒皮、さび、塗料、油などは除去したうえで、溶接線近傍は十分に乾燥させなければならない。そのため、（４）は適当でない。

2-2 コンクリート構造物

攻略のポイント

POINT 1 劣化機構と劣化対策が頻出

近年の試験ではコンクリート構造物の劣化機構及び劣化対策が頻出。劣化機構と劣化要因の組み合わせが提示され、適当でないものを解答する形式の問題もよく出題される。想定される各種の劣化現象の特徴とポイントについて押さえておく。

劣化機構	劣化現象	劣化要因
中性化	二酸化炭素がセメント水和物と炭酸化反応を起こし、鋼材の腐食が促進され、コンクリートのひび割れや剥離、鋼材の断面減少を引き起こす劣化現象	二酸化炭素
塩害	コンクリート製造時に、海砂などによって塩化物イオンがコンクリートに混入したり、硬化後、外部から浸入した塩化物イオンによって、コンクリート中の鋼材の腐食が促進され、コンクリートのひび割れや剥離、鋼材の断面減少を引き起こす劣化現象	塩化物イオン
凍害	コンクリート中の水分が凍結融解作用を繰り返すことによって、コンクリート表面からスケーリング、微細ひび割れ及びポップアウトなどを示す劣化現象	凍結融解作用
化学的侵食	硫酸イオンや酸性物質との接触による、コンクリートの硬化体の分解や、化合物生成時の膨張圧によるコンクリートの劣化現象	硫酸イオン、酸性物質
アルカリシリカ反応	コンクリート中のアルカリ性水溶液と反応性骨材が長期にわたって化学反応し、コンクリートに異常膨張やひび割れを発生させる劣化現象	反応性骨材

POINT 2 劣化防止対策を劣化機構とセットで覚える

コンクリート構造物の各劣化機構について、耐久性確保と劣化防止対策をセットで覚える。試験でも劣化機構と対策の組み合わせで問われることもある。

POINT 3 コンクリートの耐久性照査も押さえておく

コンクリートの耐久性照査については、近年は出題が多くないが、数年前までは出題されることも多かったため、押さえておく必要がある。構造物の耐久性に関する照査項目は、設計段階で行う耐久性照査の項目、施工段階での照査項目でそれぞれ整理して覚える。劣化機構や劣化防止対策との関連も深いので注意が必要。

コンクリート構造物の耐久性照査／劣化機構と対策

▶第1次検定では、コンクリート構造物の劣化機構及び劣化対策が頻出。劣化防止対策との組み合わせで問われることも多い。

問題 1 Check □□□

コンクリートに関する次の用語のうち、劣化機構に**該当しないもの**はどれか。

（1） 塩害
（2） ブリーディング
（3） アルカリシリカ反応
（4） 凍害

（令和4年度前期第1次検定）

問題 2 Check □□□

コンクリートの劣化機構について説明した次の記述のうち、**適当でないもの**はどれか。

（1） 中性化は、コンクリートのアルカリ性が空気中の炭酸ガスの浸入等で失われていく現象である。
（2） 塩害は、硫酸や硫酸塩等の接触により、コンクリート硬化体が分解したり溶解する現象である。
（3） 疲労は、荷重が繰り返し作用することでコンクリート中にひび割れが発生し、やがて大きな損傷となる現象である。
（4） 凍害は、コンクリート中に含まれる水分が凍結し、氷の生成による膨張圧でコンクリートが破壊される現象である。

（令和4年度後期第1次検定）

問題 3 Check □□□

コンクリートの［劣化機構］と［劣化要因］に関する次の組合せのうち、**適当でないもの**はどれか。

［劣化機構］……［劣化要因］
（1） 中性化……………………………二酸化炭素
（2） 塩害………………………………塩化物イオン
（3） アルカリシリカ反応……………反応性骨材
（4） 凍害………………………………繰返し荷重

（令和3年度前期第1次検定）

問題 4 Check □□□

コンクリートの劣化機構に関する次の記述のうち、**適当でないもの**はどれか。

（1） 中性化は、空気中の二酸化炭素が侵入することによりコンクリートのアルカリ性が失われる現象である。

（2） 塩害は、コンクリート中に侵入した塩化物イオンが鉄筋の腐食を引き起こす現象である。

（3） 疲労は、繰返し荷重が作用することで、コンクリート中の微細なひび割れがやがて大きな損傷になる現象である。

（4） 化学的侵食は、凍結や融解の繰返しによってコンクリートが溶解する現象である。

（令和３年度後期第１次検定）

問題 5 Check □□□

コンクリート構造物に関する次の用語のうち、劣化機構に**該当しないもの**はどれか。

（1） 中性化

（2） 疲労

（3） 豆板

（4） 凍害

（令和２年度後期学科試験）

問題 6 Check □□□

コンクリートの劣化機構に関する次の記述のうち、**適当でないもの**はどれか。

（1） 疲労は、繰返し荷重により大きなひび割れが先に発生し、これが微細ひび割れに発展する現象である。

（2） 凍害は、コンクリート中に含まれる水分が凍結し、氷の生成による膨張圧などでコンクリートが破壊される現象である。

（3） 塩害は、コンクリート中に浸入した塩化物イオンが鉄筋の腐食を引き起こす現象である。

（4） 化学的侵食は、硫酸や硫酸塩などによってコンクリートが溶解又は分解する現象である。

（令和１年度前期学科試験）

問題 7 Check □□□

コンクリート構造物の耐久性を向上させる対策に関する次の記述のうち、**適当でないもの**はどれか。

（1） 塩害対策として、速硬エコセメントを使用する。

（2） 塩害対策として、水セメント比をできるだけ小さくする。

（3） 凍害対策として、吸水率の小さい骨材を使用する。

（4） 凍害対策として、AE剤を使用する。

（令和１年度後期学科試験）

問題 8

Check □□□

コンクリート構造物の劣化現象に関する次の記述のうち、**適当でないもの**はどれか。

（1） アルカリシリカ反応は、コンクリートのアルカリ性が空気中の炭酸ガスの浸入などにより失われていく現象である。

（2） 塩害は、コンクリート中に浸入した塩化物イオンが鉄筋の腐食を引き起こす現象である。

（3） 凍害は、コンクリートに含まれる水分が凍結し、氷の生成による膨張圧などによりコンクリートが破壊される現象である。

（4） 化学的侵食は、硫酸や硫酸塩などによりコンクリートが溶解する現象である。

（平成 30 年度前期学科試験）

問題 9

Check □□□

コンクリートの「劣化機構」と「劣化要因」に関する次の組合せのうち、**適当でないもの**はどれか。

［劣化機構］　　　　［劣化要因］

（1） 凍害……………………凍結融解作用

（2） 塩害……………………塩化物イオン

（3） 中性化…………………反応性骨材

（4） はりの疲労…………繰返し荷重

（平成 30 年度後期学科試験）

問題 10

Check □□□

コンクリートの劣化機構について説明した次の記述のうち、**適当でないもの**はどれか。

（1） 化学的侵食は、硫酸や硫酸塩などによりコンクリートが溶解する現象である。

（2） 塩害は、コンクリート中に浸入した塩化物イオンが鉄筋の腐食を引き起こす現象である。

（3） 中性化は、コンクリートの酸性が空気中の炭酸ガスの浸入などにより失われていく現象である。

（4） 疲労は、荷重が繰返し作用することで、コンクリート中に微細なひび割れが発生し、やがて大きな損傷となっていく現象である。

（平成 29 年度第 1 回学科試験）

コンクリート構造物については、鉄筋コンクリートの鉄筋加工及び継手に関する施工上の留意点についても押さえておきましょう。

解答と解説　コンクリート構造物の耐久性照査／劣化機構と対策

問題 1 ---------------------------------→ 解答(2) Check □□□

ブリーディングは、コンクリート打込み終了後にセメント及び骨材粒子の沈下に伴って、水が打ち込んだコンクリートの表面に浮かび上がる現象であり、コンクリートの劣化現象ではない。そのため、(2)は劣化機構に該当しない。

問題 2 ---------------------------------→ 解答(2) Check □□□

塩害は、コンクリート中に侵入した塩化物イオンがコンクリート中の鋼材の腐食を引き起こし、鋼材の断面減少や腐食生成物の体積膨張によるコンクリートのひび割れ、剥離・剥落を引き起こす劣化現象である。そのため、(2)は適当でない。

問題 3 ---------------------------------→ 解答(4) Check □□□

凍害は、コンクリート中に含まれる水分が凍結し、氷の生成にともなう膨張圧等によりコンクリートが破壊される現象で、劣化要因は凍結融解作用である。また、コンクリートの疲労は、繰返し荷重によりコンクリート中に微細なひび割れが発生し、次第に大きな損傷に進行して疲労破壊や破断となる劣化現象である。そのため、(4)は適当でない。

問題 4 ---------------------------------→ 解答(4) Check □□□

コンクリートの化学的侵食は、外部から侵入する硫酸、アルカリ類、油類、腐食性ガス等の化学物質により、コンクリート水和物の溶解、コンクリートの多孔化、体積膨張等を引き起こす現象である。そのため、(4)は適当でない。凍結や融解の繰り返しを原因としてコンクリートが破壊される現象は凍害である。

問題 5 ---------------------------------→ 解答(3) Check □□□

豆板は、コンクリートの型枠解体後の表面に見られる骨材とセメントの分離した状態で、表面に凹部が生じ粗骨材の露出が確認できるなど、打込み及び締固めに関する品質管理が不適切な事例の一つで、締固め不足やコンクリートの流動性不足などが原因で生じる。そのため、(3)は該当しない。

問題 6 ---------------------------------→ 解答(1) Check □□□

疲労は、繰返し荷重が作用することにより、コンクリート中に微細なひび割れが発生し、やがて大きな損傷となっていく現象である。そのため、(1)は適当でない。

問題 7 解答(1) Check □□□

塩害対策として、高炉セメントを使用する。そのため、(1)は適当でない。なお、塩害は、コンクリート中に浸入した塩化物イオンが鉄筋の腐食を引き起こす現象であり、高炉スラグ微粉末の含有量が多い高炉セメントは塩化物イオンの固定能力が高い。速硬エコセメントは塩化物イオンの含有量が多いので、塩害対策には向かない。

問題 8 解答(1) Check □□□

アルカリシリカ反応による劣化は、骨材中に含まれる反応性シリカ鉱物とコンクリート中の水酸化アルカリを主成分とする水溶液との反応による生成物の作用を起因として、コンクリートに異常膨張やそれに伴うひび割れが発生する現象である。そのため、(1)は適当でない。なお、コンクリートのアルカリ性が空気中の炭酸ガスの浸入などにより失われていく現象は、中性化である。

問題 9 解答(3) Check □□□

中性化は二酸化炭素がセメント水和物と炭酸化反応を起こすことにより、コンクリート中の細孔溶液のpHを低下させる(アルカリ性が失われていく)現象で、鋼材の腐食が促進されコンクリートのひび割れやはく離、鋼材の断面減少を引き起こす劣化現象である。劣化要因は二酸化炭素であり、反応性骨材は劣化機構アルカリシリカ反応の劣化要因である。そのため、(3)は適当でない。

問題 10 解答(3) Check □□□

中性化は、コンクリートのアルカリ性が空気中の炭酸ガスの浸入などにより失われていく現象である。そのため、(3)は適当でない。なお、浸入した炭酸ガスがセメント水和物と炭酸化反応を起こすことにより、コンクリート空隙中の水分のpHを低下させる現象であり、酸素と水分の供給により鋼材の腐食が促進される。

試験ではそれぞれの劣化機構の特徴と劣化防止対策が問われます。整理して覚えておきましょう。

2-3 河川

攻略のポイント

POINT 1 河川堤防と河川護岸が頻出

試験では河川堤防と河川護岸についての問題が毎回出題されている。河川堤防は、種類や構造、機能などについて、河川護岸は、護岸の目的と計画、構造並びに各構成部分とその機能などについて押さえておく。

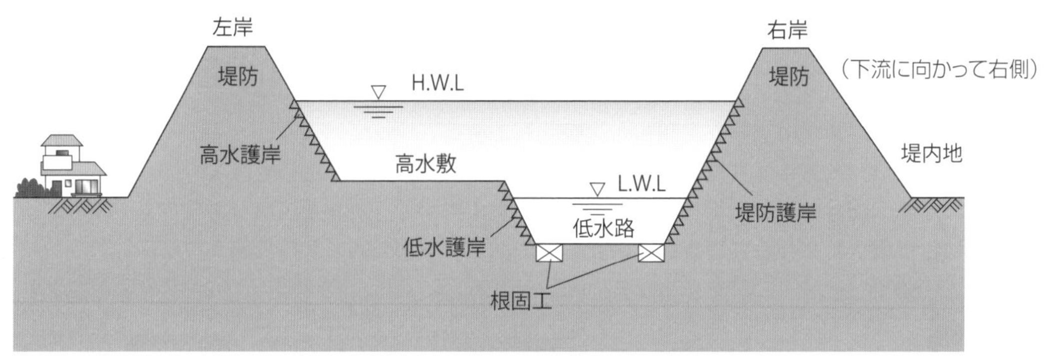

護岸の種類

POINT 2 河川区域を構成する各部及び隣接地の名称を覚える

河川区域を構成する各部及び隣接地の名称、図示方法などを整理しておく。試験で問われることもあるので、「河川区域の概要」の図で理解しておく(P.112参照)。

POINT 3 施工時の留意点や軟弱地盤対策を押さえる

堤防の施工における準備工、基礎地盤の処理、軟弱地盤対策、堤体材料等に関する留意点について整理する。特に基礎地盤が軟弱地盤の場合、堤体盛土の施工に伴う圧密沈下や支持力不足による著しい破壊や変形を生じる危険性がある。試験でも問われることが多いため、軟弱地盤対策をきちんと押さえておく。

POINT 4 築堤や拡築の際の施工上の留意点を押さえる

築堤にあたっての盛土材料の敷均し、締固め、法面施工、拡築等の施工及び管理方法並びに施工上の留意点について理解する。

河川工事と河川構造物

▶河川工事と河川構造物は、まず河川区域の概要を押さえておく（次ページの図を参照）。また、河川工事や構造物に関する用語についても覚える。

問題 1 Check □□□

河川に関する次の記述のうち、**適当なもの**はどれか。

（1） 河川において、下流から上流を見て右側を右岸、左側を左岸という。
（2） 河川には、浅くて流れの速い淵と、深くて流れの緩やかな瀬と呼ばれる部分がある。
（3） 河川の流水がある側を堤外地、堤防で守られている側を堤内地という。
（4） 河川堤防の天端の高さは、計画高水位（H. W. L.）と同じ高さにすることを基本とする。

（令和 4 年度後期第 1 次検定）

問題 2 Check □□□

河川に関する次の記述のうち、**適当でないもの**はどれか。

（1） 河川の流水がある側を堤内地、堤防で守られている側を堤外地という。
（2） 堤防の法面は、河川の流水がある側を表法面、その反対側を裏法面という。
（3） 河川の横断面図は、上流から下流を見た断面で表し、右側を右岸という。
（4） 堤防の天端と表法面の交点を表法肩という。

（令和 2 年度後期学科試験）

問題 3 Check □□□

河川に関する次の記述のうち、**適当でないもの**はどれか。

（1） 河川の流水がある側を堤外地、堤防で守られる側を堤内地という。
（2） 河川において、下流から上流を見て右側を右岸、左側を左岸という。
（3） 堤防の法面は、河川の流水がある側を表法面、その反対側を裏法面という。
（4） 河川堤防の断面で一番高い平らな部分を天端という。

（平成 30 年度後期学科試験）

解答と解説　河川工事と河川構造物

問題 1 ------------------------------> 解答(3) Check 

(1)河川において、河川の上流から下流を見て右側を右岸、左側を左岸という。適当でない。

(2)河川には、水深が浅くて流れの速い瀬と、深くて流れの緩やかな淵と呼ばれる部分がある。適当でない。

(3)設問通りで、適当である。

(4)河川堤防の高さの基準となるものは計画高水位(H. W. L.)であり、河川堤防の天端の高さは、計画高水位に余裕高を加えた高さにすることを基本とする。適当でない。

問題 2 ------------------------------> 解答(1) Check 

河川の流水がある側を堤外地、堤防で洪水・氾濫から守られている側を堤内地という。そのため、(1)は適当でない。

問題 3 ------------------------------> 解答(2) Check 

河川における右岸、左岸とは、河川の上流から下流を見て右側を右岸、左側を左岸という。そのため、(2)は適当でない。

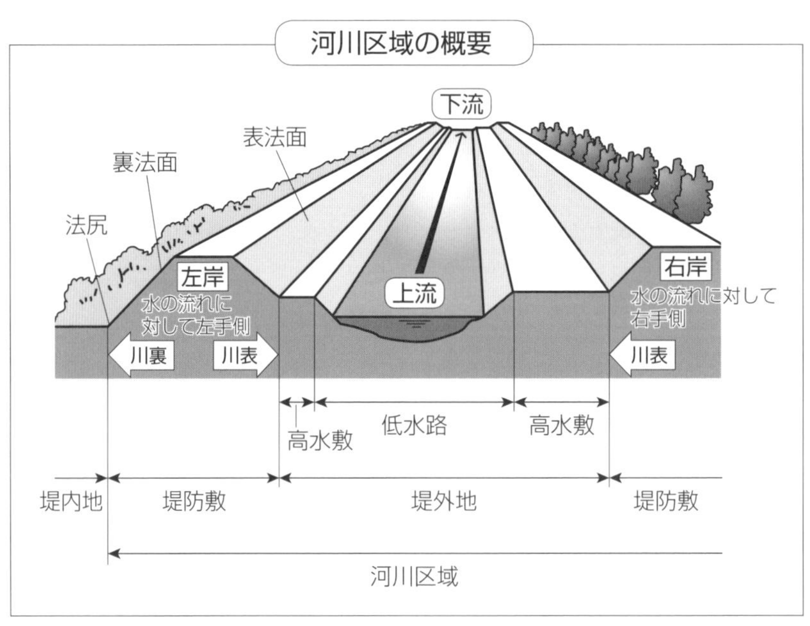

河川堤防

▶河川堤防は、目的、構造、機能などで分類されている。また、法面や堤防拡築の施工、軟弱地盤対策についても押さえておく。

問題 1 Check □□□

河川堤防に用いる土質材料に関する次の記述のうち、**適当でないもの**はどれか。

（1） 堤体の安定に支障を及ぼすような圧縮変形や膨張性がない材料がよい。
（2） 浸水、乾燥等の環境変化に対して、法すべりやクラック等が生じにくい材料がよい。
（3） 締固めが十分行われるために単一な粒径の材料がよい。
（4） 河川水の浸透に対して、できるだけ不透水性の材料がよい。

（令和４年度前期第１次検定）

問題 2 Check □□□

河川に関する次の記述のうち、**適当でないもの**はどれか。

（1） 霞堤は、上流側と下流側を不連続にした堤防で、洪水時には流水が開口部から逆流して堤内地に湛水し、洪水後には開口部から排水される。
（2） 河川堤防における天端は、堤防法面の安定性を保つために法面の途中に設ける平らな部分をいう。
（3） 段切りは、堤防法面に新たに腹付盛土する場合は、法面に水平面切土を行い、盛土と地山とのなじみをよくするために施工する。
（4） 堤防工事には、新しく堤防を構築する工事、既設の堤防を高くするかさ上げや断面積を増やすために腹付けする拡築の工事等がある。

（令和３年度前期第１次検定）

問題 3 Check □□□

河川堤防の施工に関する次の記述のうち、**適当でないもの**はどれか。

（1） 堤防の腹付け工事では、旧堤防との接合を高めるため階段状に段切りを行う。
（2） 堤防の腹付け工事では、旧堤防の表法面に腹付けを行うのが一般的である。
（3） 河川堤防を施工した際の法面は、一般に総芝や筋芝等の芝付けを行って保護する。
（4） 旧堤防を撤去する際は、新堤防の地盤が十分安定した後に実施する。

（令和３年度後期第１次検定）

問題 4 Check □□□

河川堤防に関する次の記述のうち、**適当でないもの**はどれか。

（1） 施工した河川堤防の法面は、一般に総芝や筋芝などの芝付けを行って保護する。
（2） 堤防の拡築工事を行う場合の腹付けは、旧堤防の表法面に行うことが一般的である。
（3） 河川堤防は、上流から下流に向かって右手側を右岸という。

（4） 河川堤防の工事において基礎地盤が軟弱な場合は、緩速載荷工法や地盤改良などを行う。

（令和1年度前期学科試験）

問題 5

Check □□□

河川堤防の施工に関する次の記述のうち、**適当でないもの**はどれか。

（1） 堤防の法面は、可能な限り機械を使用して十分締め固める。
（2） 引堤工事を行った場合の旧堤防は、新堤防の完成後、ただちに撤去する。
（3） 堤防の施工中は、堤体への雨水の滞水や浸透が生じないよう堤体横断面方向に勾配を設ける。
（4） 堤防の腹付け工事では、旧堤防との接合を高めるため階段状に段切りを行う。

（令和1年度後期学科試験）

問題 6

Check □□□

河川堤防に用いる土質材料に関する次の記述のうち、**適当なもの**はどれか。

（1） 有機物及び水に溶解する成分を含む材料がよい。
（2） 締固めにおいて、単一な粒度の材料がよい。
（3） できるだけ透水性が大きい材料がよい。
（4） 施工性がよく、特に締固めが容易な材料がよい。

（平成30年度前期学科試験）

問題 7

Check □□□

河川堤防の施工に関する次の記述のうち、**適当でないもの**はどれか。

（1） 既設堤防に腹付けを行う場合は、既設堤防との接合を高めるために、階段状に段切りを行う。
（2） 堤防の盛土は、均等に敷き均し、締固め度が均一になるように締め固める。
（3） 施工した堤防の法面保護は、一般に草類の自然繁茂により行う。
（4） 施工中の堤防は、堤体への雨水の滞水や浸透が生じないように横断勾配を設ける。

（平成29年度第2回学科試験）

解答と解説　河川堤防

問題 1

解答(3)　Check □□□

築堤用土は、締固めが十分行われ高い密度が得られるために、色々な粒径を含んだ粒度分布のよい土質材料が望ましい。また、せん断強度が大きく安定性の高いものがよい。そのため、(3)は適当でない。

問題 2 解答(2) Check □□□

河川堤防における天端は、堤防の断面で一番高い平らな部分をいう。そのため、(2)は適当でない。なお、法面の安定性を保つために、堤防の断面を増して、法面の途中に設ける平らな部分を小段という。

問題 3 解答(2) Check □□□

堤防の腹付け工事では、安定している旧堤防の裏法面に行う裏腹付けとするのが一般的であり、新しい法面が流水に曝されるのを避けることが望ましい。そのため、(2)は適当でない。

問題 4 解答(2) Check □□□

堤防の拡築工事を行う場合の腹付けは、旧堤防の裏法面に行うことが一般的である。そのため、(2)は適当でない。

問題 5 解答(2) Check □□□

引堤工事を行った場合の旧堤防は、新堤防が完成後、必ず新堤防が安定するまで、通常は3年間、新旧両堤防を併存させる。そのため、(2)は適当でない。

問題 6 解答(4) Check □□□

(1)草木の根などの有害な有機物及び水に融解する成分を含まない材料がよい。適当でない。なお、河川堤防に用いる材料は、浸水や乾燥などの環境変化に対して、すべりやクラックなどが生じにくく安定であることが条件に含まれている。
(2)締固めが十分に行われるために、単一ではなくいろいろな粒径が含まれている粒度分布のよい材料がよい。適当でない。
(3)河川堤防では耐水性が最も重要であり、できるだけ透水係数が小さいことが望ましい。適当でない。
(4)設問の通りで、適当である。

問題 7 解答(3) Check □□□

築堤した堤防には、降雨や流水等による法崩れや洗堀に対する法面保護のために芝付工等による法覆工を設ける。そのため、(3)は適当でない。なお、芝付工には芝張り、種子吹付け等があり、堤脚に低水路が接近している箇所、急流部、水衝部等、流水や流木等により法面が侵食されやすい箇所などでは、表法面に適当な護岸を設ける。

河川護岸

▶河川護岸は、河川堤防と同様に頻出問題。護岸の種類や構造を理解したうえで、施工の留意点を押さえておく。

問題 1 Check □□□

河川護岸に関する次の記述のうち、**適当なもの**はどれか。

（1） 高水護岸は、高水時に表法面、天端、裏法面の堤防全体を保護するものである。
（2） 法覆工は、堤防の法面をコンクリートブロック等で被覆し保護するものである。
（3） 基礎工は、根固工を支える基礎であり、洗掘に対して保護するものである。
（4） 小口止工は、河川の流水方向の一定区間ごとに設けられ、護岸を保護するものである。

（令和４年度前期第１次検定）

問題 2 Check □□□

河川護岸に関する次の記述のうち、**適当でないもの**はどれか。

（1） 基礎工は、洗掘に対する保護や裏込め土砂の流出を防ぐために施工する。
（2） 法覆工は、堤防の法勾配が緩く流速が小さな場所では、間知ブロックで施工する。
（3） 根固工は、河床の洗掘を防ぎ、基礎工・法覆工を保護するものである。
（4） 低水護岸の天端保護工は、流水によって護岸の裏側から破壊しないように保護するものである。

（令和４年度後期第１次検定）

問題 3

□□□

河川護岸に関する次の記述のうち、**適当でないもの**はどれか。

（1） 横帯工は、法覆工の延長方向の一定区間ごとに設け、護岸の変位や破損が他に波及しないように絶縁するものである。
（2） 縦帯工は、護岸の法肩部に設けられるもので、法肩の施工を容易にするとともに、護岸の法肩部の破損を防ぐものである。
（3） 小口止工は、法覆工の上下流端に施工して護岸を保護するものである。
（4） 護岸基礎工は、河床を直接覆うことで急激な洗掘を防ぐものである。

（令和３年度前期第１次検定）

問題 4

□□□

河川護岸に関する次の記述のうち、**適当なもの**はどれか。

（1） コンクリート法枠工は、一般的に法勾配が緩い場所で用いられる。
（2） 間知ブロック積工は、一般的に法勾配が緩い場所で用いられる。
（3） 石張工は、一般的に法勾配が急な場所で用いられる。
（4） 連結（連節）ブロック張工は、一般的に法勾配が急な場所で用いられる。

（令和３年度後期第１次検定）

問題 5

Check □□□

河川護岸に関する次の記述のうち、**適当でないもの**はどれか。

（1） 低水護岸は、低水路を維持し、高水敷の洗掘などを防止するものである。

（2） 低水護岸の天端保護工は、流水によって護岸の裏側から破壊しないように保護するものである。

（3） 法覆工は、堤防及び河岸の法面を被覆して保護するものである。

（4） 縦帯工は、河川の横断方向に設けて、護岸の破壊が他に波及しないよう絶縁するものである。

（令和２年度後期学科試験）

問題 6

下図に示す河川の低水護岸の(イ)～(ハ)の構造名称に関する次の組合せのうち、**適当なもの**はどれか。

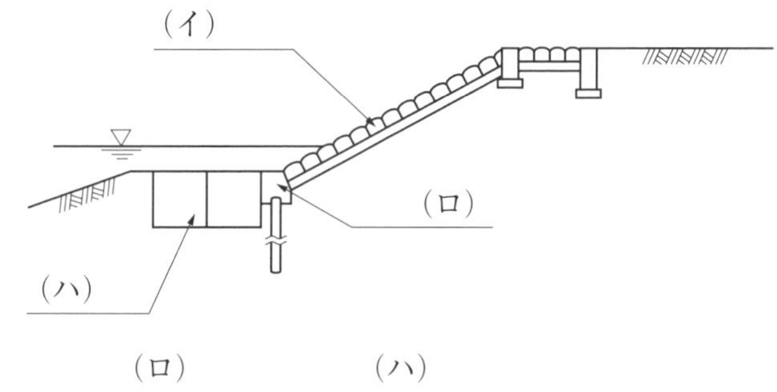

	(イ)	(ロ)	(ハ)
（1）	法覆工	小口止め工	水制工
（2）	天端保護工	基礎工	水制工
（3）	天端保護工	小口止め工	根固工
（4）	法覆工	基礎工	根固工

（令和１年度前期学科試験）

問題 7

河川護岸に関する次の記述のうち、**適当なもの**はどれか。

（1） 高水護岸は、複断面の河川において高水時に堤防の表法面を保護するものである。

（2） 護岸基礎工の天端高さは、一般に洗掘に対する保護のため平均河床高と同じ高さで施工する。

（3） 根固工は、法覆工の上下流の端部に施工して護岸を保護するものである。

（4） 法覆工は、堤防の法勾配が緩く流速が小さな場所では間知ブロックで施工する。

（令和１年度後期学科試験）

問題 8

河川護岸の法覆工に関する次の記述のうち、**適当でないもの**はどれか。

（1） コンクリートブロック張工は、工場製品のコンクリートブロックを法面に敷設する工法である。

（2） コンクリート法枠工は、法勾配の急な場所では施工が難しい工法である。

（3） コンクリートブロック張工は、一般に法勾配が急で流速の大きい場所では平板ブロックを用いる工法である。
（4） コンクリート法枠工は、法面のコンクリート格子枠の中にコンクリートを打設する工法である。

（平成30年度前期学科試験）

解答と解説　河川護岸

問題 1 ---------> 解答(2) Check □□□

（1）高水護岸は、複断面を形成する河川において堤防を保護するため、高水敷以上の堤防の表法面に施工し、高水時に堤防の表法面を防護するものである。適当でない。
（2）設問の通りで、適当である。
（3）基礎工は、護岸の法覆工を支える基礎であり、洗掘に対する法覆工の保護や裏込め土砂の流出を防ぐものである。適当でない。
（4）小口止工は、法覆工の上下流端に施工して護岸を保護するものであり、耐久性や施工性に優れた鋼矢板構造とすることが多い。河川の流水方向の一定区間ごとに設けられ、護岸を保護するものは横帯工である。適当でない。

問題 2 ---------> 解答(2) Check □□□

法覆工は、堤防及び河岸の法面をコンクリートブロック等で被覆し保護するもので、流水や流木の作用、土圧等に対して安全な構造とし、堤防の法勾配が緩く流速が小さな場所では、張ブロックで施工し、法勾配が急で流速が大きな場所では、間知ブロック等による積ブロックで施工する。そのため、（2）は適当でない。

問題 3 ---------> 解答(4) Check □□□

法覆工の法先を支える基礎部分において、土圧を受けるものを法留工といい、土圧を受けないものを基礎工という。河岸や基礎工の前面に施工し、設置個所の流勢を減じるとともに、河床を直接覆うことで急激な洗掘を防ぐために設ける構造物は、根固工である。そのため、（4）は適当でない。

問題 4 ---------> 解答(1) Check 

（1）設問通りで、適当である。
（2）間知ブロック積工は、一般的に法勾配が急な場所や流速の大きい急流部で用いられる。法勾配が緩い場所や流速の小さいところでは平版ブロックが用いられる。適当でない。
（3）石材を用いた護岸では、法勾配が1：1より急な場合は石積工、緩い場合は石張工を用いる。適当でない。
（4）連結（連節）ブロック張工は、工場製作ブロックを鉄筋等で連結し、法面に布設するもので、一般に法勾配が急な場所には不向きである。適当でない。

問題 5 ------------------------------------> 解答(4) Check □ □ □

横帯工は、河川の横断方向に、一定区間ごとに設けて、護岸の破壊が他に波及しないよう絶縁するものである。そのため、(4)は適当でない。なお、縦帯工は、護岸のり肩部に縦断方向に設けて、護岸のり肩部の破損を防ぐなどの役割がある。

問題 6 ------------------------------------> 解答(4) Check □ □ □

護岸は、流水から河岸や堤防を保護する構造物で高水護岸、低水護岸、及び堤防護岸に区分される。低水護岸は、天端工、法覆工・天端保護工、基礎工、根固工、すりつけ工、小口工などで構成されている。設問の各部の構造名称は、(イ)法覆工、(ロ)基礎工、(ハ)根固工である。よって、(4)が適当である。

問題 7 ------------------------------------> 解答(1) Check □ □ □

(1)設問通りで、適当である。
(2)護岸基礎工の天端の高さは、洪水時に洗掘が生じても護岸基礎の浮き上がりが生じないよう、過去の河床変動実績や調査等により最深河床高を評価して決定し、一般に平均河床高と同じ高さにすることはない。適当でない。
(3)根固工は、急流河川や流水方向にある水衝部などで、その地点の流勢を減じ、河床洗掘を防ぎ、基礎工などを保護するために施工する。適当でない。
(4)法覆工は、堤防の法勾配が緩く流速が小さな場所では、張ブロックで施工する。適当でない。

問題 8 ------------------------------------> 解答(3) Check □ □ □

コンクリートブロック張工は、一般に法勾配が急で流速の大きい場所では間地ブロックを用いる工法である。そのため、(3)は適当でない。なお、法勾配が緩く流速が小さな場所では、平板ブロックを用いる。

2-4 砂防

攻略のポイント

POINT 1 砂防えん堤と地すべり防止工が頻出

試験では砂防えん堤と地すべり防止工についての問題が毎回出題されている。砂防えん堤と地すべり防止対策については、どちらかの問題が出題されるのではなく、両方の問題がそれぞれ出題されることが多いため、必ず押さえておく。

POINT 2 砂防えん堤はまず構造や機能を理解する

砂防えん堤は、目的や設置位置を理解し、えん堤の構造や機能を押さえる。また、計画及び施工に関する留意点を整理しておくことも重要。砂防えん堤については、図が示されたうえで砂礫の堆積層上に施工する場合の順序を解答する問題が出題されることがある。

POINT 3 地すべり防止工は抑制工と抑止工の工種を押さえる

地すべり防止工は、まず抑制工と抑止工に関する工種を押さえる。また、それらの計画や施工上の留意点などについても整理しておく。

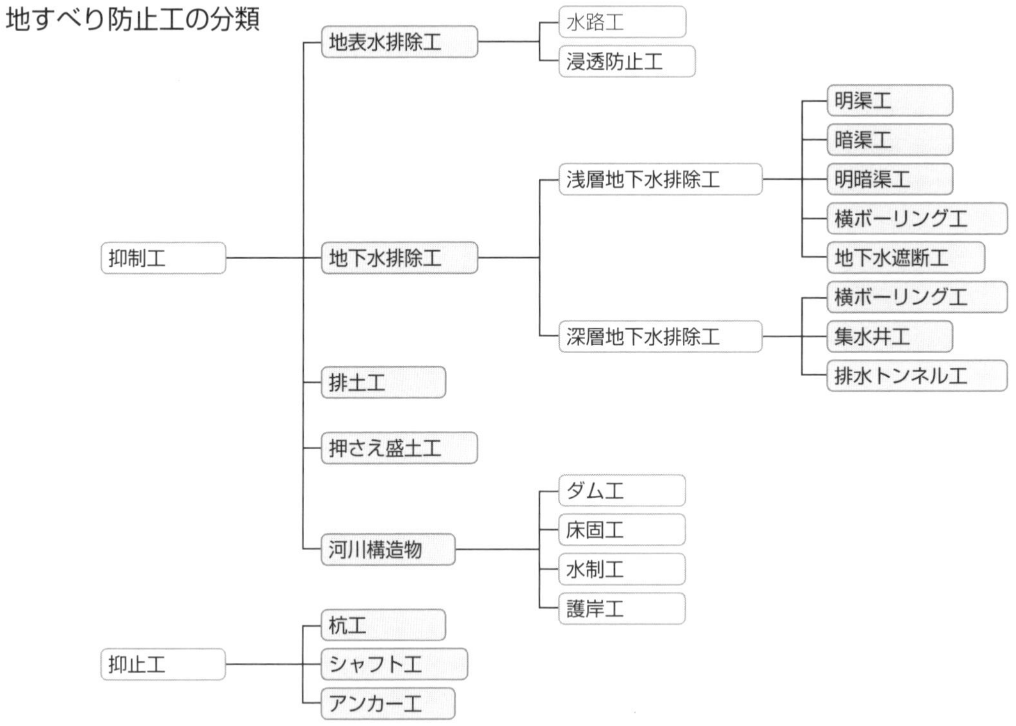

砂防えん堤

▶砂防えん堤の計画及び施工は第1次検定で毎回出題される。砂防えん堤の目的や設置位置を覚えたうえで、えん堤の構造や機能を押さえておく。

問題 1

砂防えん堤に関する次の記述のうち、**適当でないもの**はどれか。

（1） 水抜きは、一般に本えん堤施工中の流水の切替えや堆砂後の浸透水を抜いて水圧を軽減するために設けられる。

（2） 袖は、洪水を越流させないために設けられ、両岸に向かって上り勾配で設けられる。

（3） 水通しの断面は、一般に逆台形で、越流する流量に対して十分な大きさとする。

（4） 水叩きは、本えん堤からの落下水による洗掘の防止を目的に、本えん堤上流に設けられるコンクリート構造物である。

（令和４年度前期第１次検定）

問題 2

砂防えん堤に関する次の記述のうち、**適当でないもの**はどれか。

（1） 前庭保護工は、堤体への土石流の直撃を防ぐために設けられる構造物である。

（2） 袖は、洪水を越流させないようにし、水通し側から両岸に向かって上り勾配とする。

（3） 側壁護岸は、越流部からの落下水が左右の法面を侵食することを防止するための構造物である。

（4） 水通しは、越流する流量に対して十分な大きさとし、一般にその断面は逆台形である。

（令和４年度後期第１次検定）

問題 3

Check □□□

下図に示す砂防えん堤を砂礫の堆積層上に施工する場合の一般的な順序として、**適当なもの**は次のうちどれか。

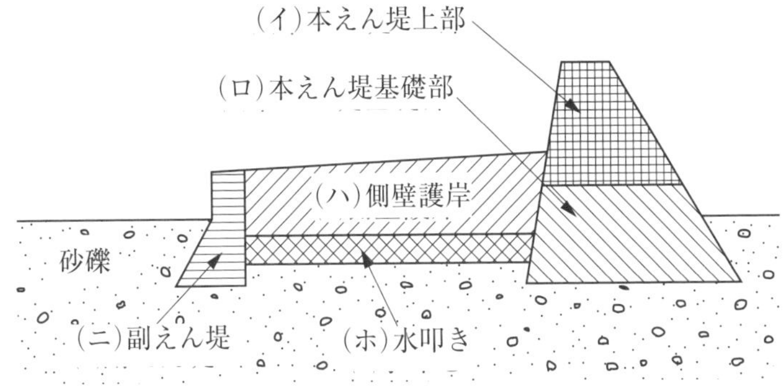

（1） (ロ)→(ニ)→(ハ)・(ホ)→(イ)

（2） (ニ)→(ロ)→(イ)　　→(ハ)・(ホ)

（3）　(ロ)→(ニ)→(イ)　　→(ハ)・(ホ)
（4）　(ニ)→(ロ)→(ハ)・(ホ)→(イ)

（令和3年度前期第1次検定）

問題 4 ---------- Check □□□

砂防えん堤に関する次の記述のうち、**適当なもの**はどれか。

（1）　袖は、洪水を越流させないため、両岸に向かって水平な構造とする。
（2）　本えん堤の堤体下流の法勾配は、一般に1：1程度としている。
（3）　水通しは、流量を越流させるのに十分な大きさとし、形状は一般に矩形断面とする。
（4）　堤体の基礎地盤が岩盤の場合は、堤体基礎の根入れは1m以上行うのが通常である。

（令和3年度後期第1次検定）

問題 5 ---------- Check

砂防えん堤に関する次の記述のうち、**適当でないもの**はどれか。

（1）　水通しは、えん堤上流からの流水の越流部として設置され、その断面は一般に逆台形である。
（2）　袖は、その天端を洪水が越流することを前提とした構造物であり、土石などの流下による衝撃に対し強固な構造とする。
（3）　水たたきは、本えん堤からの落下水による洗掘の防止を目的に、前庭部に設けられるコンクリート構造物である。
（4）　水抜きは、施工中の流水の切替えや堆砂後の浸透水を抜いて水圧を軽減するために、必要に応じて設ける。

（令和2年度後期学科試験）

問題 6 ---------- Check

砂防えん堤の構造に関する次の記述のうち、**適当でないもの**はどれか。

（1）　本えん堤の水通しは、矩形断面とし、本えん堤を越流する流量に対して十分な大きさとする。
（2）　本えん堤の袖は、洪水を越流させないようにするため、両岸に向かって上り勾配とする。
（3）　側壁護岸は、水通しからの落下水が左右の渓岸を侵食することを防ぐための構造物である。
（4）　前庭保護工は、本えん堤を越流した落下水による洗掘を防止するための構造物である。

（令和1年度前期学科試験）

問題 7 ---------- Check

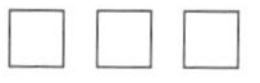

砂防えん堤に関する次の記述のうち、**適当でないもの**はどれか。

（1）　本えん堤の袖は、土石などの流下による衝撃に対して強固な構造とする。
（2）　水通しは、施工中の流水の切換えや本えん堤にかかる水圧を軽減させる構造とする。
（3）　副えん堤は、本えん堤の基礎地盤の洗掘及び下流河床低下の防止のために設ける。
（4）　水たたきは、本えん堤を落下した流水による洗掘を防止するために設ける。

（令和1年度後期学科試験）

問題 8 Check □□□

砂防えん堤に関する次の記述のうち、**適当でないもの**はどれか。

(1) 本えん堤の基礎の根入れは、岩盤では0.5m以上で行う。

(2) 砂防えん堤は、強固な岩盤に施工することが望ましい。

(3) 本えん堤下流の法勾配は、越流土砂による損傷を避けるため一般に1：0.2程度としている。

(4) 砂防えん堤は、渓流から流出する砂礫の捕捉や調節などを目的とした構造物である。

(平成30年度前期学科試験)

問題 9 Check □□□

下図に示す砂防えん堤を砂礫の堆積層上に施工する場合の一般的な順序として、次のうち**適当なもの**はどれか。

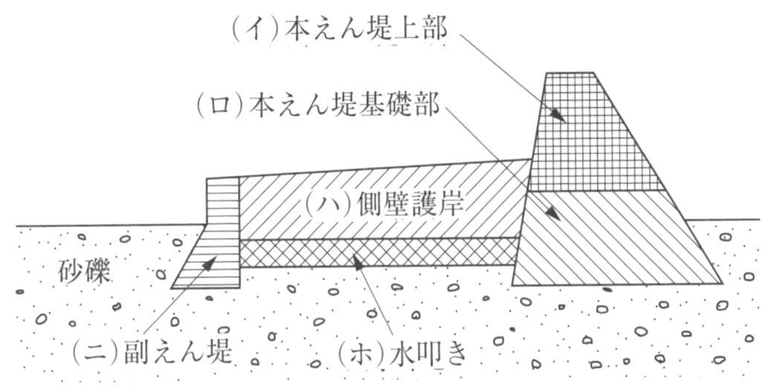

(1) (ロ) → (イ) → (ハ)・(ホ) → (ニ)

(2) (ニ) → (ロ) → (イ) → (ハ)・(ホ)

(3) (ロ) → (ニ) → (ハ)・(ホ) → (イ)

(4) (ニ) → (ロ) → (ハ)・(ホ) → (イ)

(平成30年度後期学科試験)

問題 10 Check 

砂防えん堤に関する次の記述のうち、**適当でないもの**はどれか。

(1) 水抜きは、本えん堤施工中の流水の切替えや堆砂後の浸透水を抜いて、本えん堤にかかる水圧を軽減するために設けられる。

(2) 袖は、洪水を越流させないために設けられ、両岸に向かって上り勾配で設けられる。

(3) 水たたきは、本えん堤を越流した落下水の衝撃を緩和し、洗掘を防止するために設けられる。

(4) 水通しは、一般に本えん堤を越流する流量に対して十分な大きさの矩形断面で設けられる。

(平成29年度第1回学科試験)

解答と解説　砂防えん堤

問題 1 ---------- 解答(4)　Check □□□

水叩きは、本えん堤からの落下砂礫等の衝撃を緩和し、落下水による洗堀の防止を目的に、前庭部に設けられるコンクリート構造物である。そのため、(4)は適当でない。

問題 2 ---------- 解答(1)　Check □□□

前庭保護工は、本えん堤を越流した土石流等の落下や衝突による基礎地盤の洗掘及び下流の河床低下を防ぐために堤体の下流側に設置される構造物で、「副えん堤工」と「水叩き工」が代表的である。そのため、(1)は適当でない。

問題 3 ---------- 解答(1)　Check □□□

砂礫の堆積層上に施工する砂防えん堤の一般的な施工順序は、(ロ)本えん堤基礎部から着手し、本えん堤基礎部の決められた施工高さに達したら、(ニ)副えん堤を施工する。次いで(ハ)側壁護岸・(ホ)水叩きを施工し、最後に(イ)本えん堤上部を施工する。そのため、(1)が適当である。

問題 4 ---------- 解答(4)　Check □□□

(1)本えん堤の袖は、洪水を越流させないため、両岸に向かって上り勾配とする。適当でない。
(2)本えん堤の堤体下流の法勾配は、越流土砂による損傷を受けないことが望ましく、一般に1：0.2程度としている。適当でない。
(3)本えん堤の水通しは、本えん堤を越流する流量に対して十分な大きさとし、形状は一般に台形(逆台形)断面とする。適当でない。
(4)設問通りで、適当である。

問題 5 ---------- 解答(2)　Check □□□

袖は、洪水を越流させないことを原則とし、想定される外力に対して安全な構造物とする。そのため、(2)は適当でない。なお、異常水位等で万一越流することがあっても、流水が両岸に向かわないように、袖天端は両岸に向かって上り勾配とする。

問題 6 ---------- 解答(1)　Check □□□

本えん堤の水通し断面は、一般に台形(逆台形)とし、本えん堤を越流する流量に対して十分な大きさとする。そのため、(1)は適当でない。

問題 7 解答(2) Check □□□

水抜きは、主に本えん堤施工中の流水の切換えや堆砂後の浸透水を抜いて、本えん堤にかかる水圧を軽減するために設けられる。そのため、(2)は適当でない。

問題 8 解答(1) Check □□□

砂防本えん堤の堤体基礎の根入は、一般に岩盤では1m以上行っている。そのため、(1)は適当でない。なお、砂礫盤の場合は一般に2m以上としている。

問題 9 解答(3) Check □□□

砂礫層上に施工する砂防えん堤の施工順序は、(ロ)本えん堤基礎部から着手し、出水時を勘案した施工高さに達したら、(ニ)副えん堤を施工し、次いで(ハ)側壁護岸・(ホ)水叩きを施工し、最後に(イ)本えん堤上部を施工する。そのため、(3)(ロ)→(ニ)→(ハ)・(ホ)→(イ)の順序が適当である。

問題 10 解答(4) Check □□□

水通しは、一般に本えん堤を越流する流量に対して十分な大きさの台形(逆台形)断面で設けられる。そのため、(4)は適当でない。

砂防えん堤の一般的な施工順序は、本えん堤基礎部→副えん堤→側壁護岸→水叩き→本えん堤上部の順であることを押さえておきましょう。

地すべり防止工

▶地すべり防止工は、砂防えん堤と同様に第1次検定で毎年出題される。

問題 1 Check □□□

地すべり防止工に関する次の記述のうち、**適当なもの**はどれか。

（1） 排土工は、地すべり頭部の不安定な土塊を排除し、土塊の滑動力を減少させる工法である。
（2） 横ボーリング工は、地下水の排除を目的とし、抑止工に区分される工法である。
（3） 排水トンネル工は、地すべり規模が小さい場合に用いられる工法である。
（4） 杭工は、杭の挿入による斜面の安定度の向上を目的とし、抑制工に区分される工法である。

（令和４年度前期第１次検定）

問題 2 Check □□□

地すべり防止工に関する次の記述のうち、**適当なもの**はどれか。

（1） 抑制工は、杭等の構造物により、地すべり運動の一部又は全部を停止させる工法である。
（2） 地すべり防止工では、一般的に抑止工、抑制工の順序で施工を行う。
（3） 抑止工は、地形等の自然条件を変化させ、地すべり運動を停止又は緩和させる工法である。
（4） 集水井工の排水は、原則として、排水ボーリングによって自然排水を行う。

（令和４年度後期第１次検定）

問題 3 Check □□□

地すべり防止工に関する次の記述のうち、**適当でないもの**はどれか。

（1） 抑制工は、地下水状態等の自然条件を変化させ、地すべり運動を停止・緩和する工法である。
（2） 水路工は、地表の水を水路に集め、速やかに地すべりの地域外に排除する工法である。
（3） 排土工は、地すべり脚部の不安定土塊を排除し、地すべりの滑動力を減少させる工法である。
（4） 抑止工は、杭等の構造物によって、地すべり運動の一部又は全部を停止させる工法である。

（令和３年度前期第１次検定）

問題 4 Check □□□

地すべり防止工に関する次の記述のうち、**適当でないもの**はどれか。

（1） 横ボーリング工は、地下水の排除のため、帯水層に向けてボーリングを行う工法である。
（2） 地すべり防止工では、抑止工、抑制工の順に施工するのが一般的である。
（3） 杭工は、鋼管等の杭を地すべり斜面等に挿入して、斜面の安定を高める工法である。
（4） 地すべり防止工では、抑止工だけの施工は避けるのが一般的である。

（令和３年度後期第１次検定）

問題 5 Check □□□

地すべり防止工に関する次の記述のうち、**適当なもの**はどれか。

（1） 排水トンネル工は、地すべり規模が小さい場合に用いられる工法である。
（2） 横ボーリング工は、地下水の排除を目的とした工法で、抑止工に区分される工法である。
（3） シャフト工は、大口径の井筒を山留めとして掘り下げ、鉄筋コンクリートを充てんして、シャフト(杭)とする工法である。
（4） 排土工は、土塊の滑動力を減少させることを目的に、地すべり脚部の不安定土塊を排除する工法である。

（令和2年度後期学科試験）

問題 6 Check □□□

地すべり防止工の工法に関する次の記述のうち、**適当でないもの**はどれか。

（1） 押え盛土工とは、地すべり土塊の下部に盛土を行うことにより、地すべりの滑動力に対する抵抗力を増加させる工法である。
（2） 排水トンネル工とは、地すべり土塊内にトンネルを設け、ここから帯水層に向けてボーリングを行い、トンネルを使って排水する工法である。
（3） 杭工における杭の建込み位置は、地すべり土塊下部のすべり面の勾配が緩やかな場所とする。
（4） 集水井工の排水は、原則として、排水ボーリングによって自然排水を行う。

（令和 1 年度前期学科試験）

問題 7 Check □□□

地すべり防止工に関する次の記述のうち、**適当でないもの**はどれか。

（1） 地すべり防止工では、抑制工、抑止工の順に実施し、抑止工だけの施工を避けるのが一般的である。
（2） 抑制工としては、水路工、横ボーリング工、集水井工などがあり、抑止工としては、杭工やシャフト工などがある。
（3） 横ボーリング工とは、帯水層に向けてボーリングを行い、地下水を排除する工法である。
（4） 水路工とは、地表面の水を速やかに水路に集め、地すべり地内に浸透させる工法である。

（令和 1 年度後期学科試験）

問題 8 Check □□□

地すべり防止工に関する次の記述のうち、**適当でないもの**はどれか。

（1） 抑制工は、地すべりの地形や地下水の状態などの自然条件を変化させることにより、地すべり運動を停止又は緩和させる工法である。
（2） 地すべり防止工では、抑止工、抑制工の順に施工するのが一般的である。
（3） 抑止工は、杭などの構造物を設けることにより、地すべり運動の一部又は全部を停止させる工法である。
（4） 地すべり防止工では、抑止工だけの施工は避けるのが一般的である。

（平成 30 年度前期学科試験）

問題 9 Check □□□

地すべり防止工に関する次の記述のうち、**適当でないもの**はどれか。

(1) 杭工とは、鋼管などの杭を地すべり斜面に建込み、斜面の安定性を高めるものである。
(2) シャフト工とは、大口径の井筒を地すべり斜面に設置し、鉄筋コンクリートを充てんして、シャフト(杭)とするものである。
(3) 排土工とは、地すべり頭部に存在する不安定な土塊を排除し、土塊の滑動力を減少させるものである。
(4) 集水井工とは、地下水が集水できる堅固な地盤に、井筒を設けて集水孔などで地下水を集水し、原則としてポンプにより排水を行うものである。

(平成30年度後期学科試験)

解答と解説　地すべり防止工

問題 1 ------> 解答(1)

(1)設問の通りで、適当である。
(2)横ボーリング工は、地下水の排除を目的にした工法で、浅層・深層地下水排除工などに用いられ、抑制工に区分される工法である。よって、適当でない。
(3)排水トンネル工は、トンネルからの集水ボーリングや集水井との連結などによって効果的に排水するもので、地すべり規模が大きい場合、運動速度が大きい場合などに用いられる工法である。適当でない。
(4)杭工は、鋼管等の杭を地すべり斜面等に挿入して、滑動力に対して杭の剛性により対抗させるもので、斜面の安定の向上を目的とし、抑止工に区分される工法である。適当でない。

問題 2 ------> 解答(4)

(1)地すべり防止工は抑制工と抑止工に大別される。抑制工は、地すべりの地形や地下水状態等の自然条件を変化させることにより、地すべり運動を停止又は緩和させる工法である。適当でない。
(2)地すべり防止工の施工では、抑制工、抑止工の順に施工するのが一般的である。地すべり運動が活発に継続している場合、先行する抑制工によって地すべり運動が緩和、又は停止してから抑止工を導入する。適当でない。
(3)抑止工は、杭等の構造物を設けることによって、地すべり運動の一部又は全部を停止させる工法である。適当でない。
(4)設問の通りで、適当である。

問題 3 ------> 解答(3)

排土工は、原則として地すべり頭部の不安定土塊を排除し、地すべりの滑動力を減少させる工法である。そのため、(3)は適当でない。

問題 4 ------------------------------------> 解答(2) Check □□□

地すべり防止工の施工では、抑制工、抑止工の順に施工するのが一般的で、地すべり運動が活発に継続している場合、先行する抑制工によって地すべり運動が緩和、または停止してから抑止工を導入する。そのため、(2)は適当でない。

問題 5 ------------------------------------> 解答(3) Check □□□

(1)排水トンネル工は、地すべり規模が大きい場合、地すべり運動速度が大きい場合になどに用いられる工法である。適当でない。
(2)横ボーリング工は、地下水の排除を目的にした工法で、抑制工に区分される工法である。適当でない。
(3)設問通りで、適当である。
(4)排土工は、地すべり土塊の滑動力を減少させることを目的に、地すべり頭部の不安定土塊を排除する工法である。適当でない。

問題 6 ------------------------------------> 解答(2) Check □□□

排水トンネル工は、原則として安定した基盤内に設置して、集水井との連結やトンネルから滞水層に向けて集水ボーリングなどを行い、トンネルを使って排水する工法である。そのため、(2)は適当でない。

問題 7 ------------------------------------> 解答(4) Check □□□

水路工とは、地すべり区域内の降水や地表面の水を速やかに水路に集め、地すべり区域外に排除するため、また、区域外からの流入水を排除するための工法である。そのため、(4)は適当でない。

問題 8 ------------------------------------> 解答(2) Check □□□

地すべり防止工の施工は、抑制工、抑止工の順に施工するのが一般的である。そのため、(2)は適当でない。なお、地すべり運動が活発に継続している場合は、抑制工によって地すべり運動が緩和、または停止してから抑止工を導入するのが一般的である。

問題 9 ------------------------------------> 解答(4) Check □□□

集水井工とは、地下水が集水できる堅固な地盤に井筒を設置し、横ボーリング工や井筒の壁面に設けた集水孔などで地下水を集水し、原則として排水ボーリングによる自然排水を行うものである。そのため、(4)は適当でない。

2–5 道路・舗装

攻略のポイント

POINT 1 アスファルト舗装の施工や補修が頻出

アスファルトの表層・基層の施工、アスファルト舗装の補修に関する問題は毎年出題されている。施工方法ごとに特徴や留意点が問われるので整理して覚える。

主な補修工法の区分

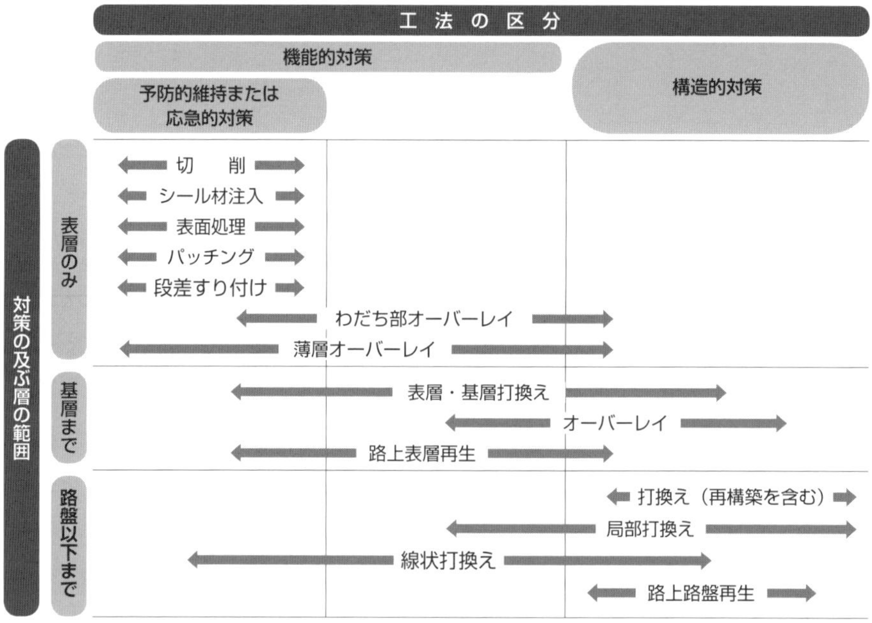

工法の区分
機能的対策
予防的維持または応急的対策
構造的対策
対策の及ぶ層の範囲
表層のみ
切削
シール材注入
表面処理
パッチング
段差すり付け
わだち部オーバーレイ
薄層オーバーレイ
基層まで
表層・基層打換え
オーバーレイ
路上表層再生
路盤以下まで
打換え（再構築を含む）
局部打換え
線状打換え
路上路盤再生

POINT 2 コンクリート舗装も毎回出題される

コンクリート舗装に関する問題も、アスファルト舗装の施工や補修と同様に毎回出題されているので、まずはコンクリート舗装版の種類と概要を押さえる。

POINT 3 路床は施工上の留意点を押さえる

路床の出題も多いので要注意。第1次検定では、路床に関する施工上の留意点が問う問題が多いため、整理して覚える。

POINT 4 下層路盤・上層路盤は目安の数値に要注意

下層路盤・上層路盤も頻度はそれほど高くないが、出題されている。下層路盤・上層路盤ともに工法と概要を覚えて、目安の数値や品質規格を押さえておく。

路床

▶第1次検定では、路床についての出題も多い。各工法の種類を覚え、施工上の留意点を押さえておく。

問題 1 Check □□□

道路のアスファルト舗装における路床の施工に関する次の記述のうち、**適当でないもの**はどれか。

（1） 盛土路床では、１層の敷均し厚さは仕上り厚で40cm以下を目安とする。
（2） 安定処理工法は、現状路床土とセメントや石灰等の安定材を混合する工法である。
（3） 切土路床では、表面から30cm程度以内にある木根や転石等を取り除いて仕上げる。
（4） 置き換え工法は、軟弱な現状路床土の一部又は全部を良質土で置き換える工法である。

（令和４年度後期第１次検定）

問題 2

道路のアスファルト舗装の路床・路盤の施工に関する次の記述のうち、**適当でないもの**はどれか。

（1） 盛土路床では、１層の敷均し厚さは仕上り厚さで20cm以下を目安とする。
（2） 切土路床では、土中の木根・転石などを取り除く範囲を表面から30cm程度以内とする。
（3） 粒状路盤材料を使用した下層路盤では、１層の仕上り厚さは30cm以下を標準とする。
（4） 粒度調整路盤材料を使用した上層路盤では、１層の仕上り厚さは15cm以下を標準とする。

（令和３年度前期第１次検定）

問題 3

道路のアスファルト舗装における構築路床の安定処理に関する次の記述のうち、**適当でないもの**はどれか。

（1） 安定材の混合終了後、モータグレーダで仮転圧を行い、ブルドーザで整形する。
（2） 安定材の散布に先立って現状路床の不陸整正や、必要に応じて仮排水溝を設置する。
（3） 所定量の安定材を散布機械又は人力により均等に散布する。
（4） 軟弱な路床土では、安定処理としてセメントや石灰などを混合し、支持力を改善する。

（令和２年度後期学科試験）

問題 4

道路のアスファルト舗装における路床、路盤の施工に関する次の記述のうち、**適当でないもの**はどれか。

（1） 盛土路床では、１層の敷均し厚さを仕上り厚さで40cm以下とする。
（2） 切土路床では、土中の木根、転石などを取り除く範囲を表面から30cm程度以内とする。
（3） 粒状路盤材料を使用した下層路盤では、１層の敷均し厚さを仕上り厚さで20cm以下とする。
（4） 路上混合方式の安定処理工を使用した下層路盤では、１層の仕上り厚さを15～30cmとする。

（令和１年度前期学科試験）

問題 5 Check

道路のアスファルト舗装における構築路床の安定処理に関する次の記述のうち、**適当でないもの**はどれか。

（1） 粒状の生石灰を用いる場合は、混合させたのち仮転圧し、ただちに再混合をする。
（2） 安定材の散布に先立って、不陸整正を行い必要に応じて雨水対策の仮排水溝を設置する。
（3） セメント又は石灰などの安定材は、所定量を散布機械又は人力により均等に散布をする。
（4） 混合終了後は、仮転圧を行い所定の形状に整形したのちに締固めをする。

（令和 1 年度後期学科試験）

問題 6

道路のアスファルト舗装における路床に関する次の記述のうち、**適当でないもの**はどれか。

（1） 盛土路床の 1 層の敷均し厚さは、仕上り厚で20cm以下を目安とする。
（2） 切土路床の場合は、表面から30cm程度以内にある木根や転石などを取り除いて仕上げる。
（3） 構築路床は、交通荷重を支持する層として適切な支持力と変形抵抗性が求められる。
（4） 路床の安定処理は、原則として中央プラントで行う。

（平成 30 年度前期学科試験）

解答と解説　路床

問題 1 ------------------------------------→ 解答(1) Check □□□

盛土路床は原地盤の上に良質土を盛り上げて築造する工法で、その１層の敷均し厚さは、仕上り厚で20cm以下を目安とする。そのため、(１)は適当でない。

問題 2 ------------------------------------→ 解答(3) Check □□□

粒状路盤材料を使用した下層路盤では、１層の仕上り厚さは20cm以下を標準とする。そのため、(３)は適当でない。

問題 3 ------------------------------------→ 解答(1) Check □□□

安定材の混合終了後、タイヤローラなどで仮転圧を行い、ブルドーザやモータグレーダで整形する。そのため、(１)は適当でない。

問題 4 ------------------------------------→ 解答(1) Check □□□

構築路床の築造方法には、盛土工法、安定処理工法及び置換え工法がある。盛土路床は原地盤の上に良質土を盛り上げて築造するもので、その１層の敷均し厚さは、仕上り厚で20cm以下を目安とする。そのため、(１)は適当でない。

問題 5 ------------------------------------→ 解答(1) Check □□□

粒状の生石灰を用いる場合は、混合させたのち仮転圧して放置し、生石灰の消化を待ってから再混合する。そのため、(１)は適当でない。

問題 6 ------------------------------------→ 解答(4) Check □□□

路床の安定処理工法は、一般に路上混合方式で行い、現状の路床土と安定材を均一に混合し、締固めて仕上げる。そのため、(４)は適当でない。

下層路盤・上層路盤

▶下層路盤・上層路盤は、出題頻度は高くないが、年度によって出題されることがあるため、施工上の留意点を押さえておく。

問題 1 Check □□□

道路のアスファルト舗装における下層・上層路盤の施工に関する次の記述のうち、**適当でないもの**はどれか。

（1） 上層路盤に用いる粒度調整路盤材料は、最大含水比付近の状態で締め固める。
（2） 下層路盤に用いるセメント安定処理路盤材料は、一般に路上混合方式により製造する。
（3） 下層路盤材料は、一般に施工現場近くで経済的に入手でき品質規格を満足するものを用いる。
（4） 上層路盤の瀝青安定処理工法は、平坦性がよく、たわみ性や耐久性に富む特長がある。

（令和４年度前期第１次検定）

問題 2 Check □□□

道路のアスファルト舗装における上層路盤の施工に関する次の記述のうち、**適当でないもの**はどれか。

（1） 粒度調整路盤は、材料の分離に留意し、均一に敷き均し、締め固めて仕上げる。
（2） 加熱アスファルト安定処理路盤は、下層の路盤面にプライムコートを施す必要がある。
（3） 石灰安定処理路盤材料の締固めは、最適含水比よりやや乾燥状態で行おこなうとよい。
（4） セメント安定処理路盤材料の締固めは、硬化が始まる前までに完了することが重要である。

（令和３年度後期第１次検定）

解答と解説 下層路盤・上層路盤

問題 1 → 解答(1) Check □□□

上層路盤に用いる粒度調整路盤材料は、乾燥しすぎている場合は、適宜散水し、最適含水比付近の状態で締め固める。そのため、（1）は適当でない。

問題 2 → 解答(3) Check □□□

石灰安定処理路盤材料の締固めは、所要の締固め度を確保するために、最適含水比よりやや湿潤状態で行うとよい。そのため、（3）は適当でない。

アスファルトの表層・基層の施工

▶第1次検定ではアスファルトの表層・基層の施工の問題が毎年出題されている。施工方法、施工上の留意点について整理して覚えておく。

問題 1 Check □□□

道路のアスファルト舗装の施工に関する次の記述のうち、**適当でないもの**はどれか。

（1） 加熱アスファルト混合物を舗設する前は、路盤又は基層表面のごみ、泥、浮き石等を取り除く。

（2） 現場に到着したアスファルト混合物は、ただちにアスファルトフィニッシャ又は人力により均一に敷き均す。

（3） 敷均し終了後は、継目転圧、初転圧、二次転圧及び仕上げ転圧の順に締め固める。

（4） 継目の施工は、継目又は構造物との接触面にプライムコートを施工後、舗設し密着させる。

（令和４年度前期第１次検定）

問題 2 Check □□□

道路のアスファルト舗装における締固めの施工に関する次の記述のうち、**適当でないもの**はどれか。

（1） 転圧温度が高過ぎると、ヘアクラックや変形等を起こすことがある。

（2） 二次転圧は、一般にロードローラで行うが、振動ローラを用いることもある。

（3） 仕上げ転圧は、不陸整正やローラマークの消去のために行う。

（4） 締固め作業は、継目転圧、初転圧、二次転圧及び仕上げ転圧の順序で行う。

（令和４年度後期第１次検定）

問題 3  □□□

道路のアスファルト舗装の施工に関する次の記述のうち、**適当でないもの**はどれか。

（1） 加熱アスファルト混合物は、通常アスファルトフィニッシャにより均一な厚さに敷き均す。

（2） 敷均し時の混合物の温度は、一般に110℃を下回らないようにする。

（3） 敷き均された加熱アスファルト混合物の初転圧は、一般にロードローラにより行う。

（4） 転圧終了後の交通開放は、一般に舗装表面の温度が70℃以下となってから行う。

（令和３年度前期第１次検定）

問題 4 Check □□□

道路のアスファルト舗装における締固めに関する次の記述のうち、**適当でないもの**はどれか。

（1） 締固め作業は、継目転圧・初転圧・二次転圧・仕上げ転圧の順序で行う。

（2） 初転圧時のローラへの混合物の付着防止には、少量の水、又は軽油等を薄く塗布する。

（3） 転圧温度が高すぎたり過転圧等の場合、ヘアクラックが多く見られることがある。

（4） 継目は、既設舗装の補修の場合を除いて、下層の継目と上層の継目を重ねるようにする。

（令和３年度後期第１次検定）

問題 5 Check □□□

道路のアスファルト舗装におけるアスファルト混合物の締固めに関する次の記述のうち、**適当でないもの**はどれか。

（1） 締固め作業は、継目転圧、初転圧、二次転圧及び仕上げ転圧の順序で行う。
（2） 初転圧は、一般にタンピングローラで行う。
（3） 二次転圧は、一般にタイヤローラで行う。
（4） 仕上げ転圧は、不陸の修正やローラマーク消去のために行う。

（令和２年度後期学科試験）

問題 6 Check □□□

アスファルト舗装道路の施工に関する次の記述のうち、**適当でないもの**はどれか。

（1） 現場に到着したアスファルト混合物は、ただちにアスファルトフィニッシャ又は人力により均一に敷き均す。
（2） 敷均し作業中に雨が降りはじめたときは、作業を中止し敷き均したアスファルト混合物を速やかに締め固める。
（3） 敷均し終了後は、所定の密度が得られるように初転圧、継目転圧、二次転圧及び仕上げ転圧の順に締め固める。
（4） 舗装継目は、密度が小さくなりやすく段差やひび割れが生じやすいので十分締め固めて密着させる。

（令和１年度前期学科試験）

問題 7 Check □□□

道路のアスファルト舗装の施工に関する次の記述のうち、**適当でないもの**はどれか。

（1） アスファルト混合物の現場到着温度は、一般に140～150℃程度とする。
（2） 初転圧の転圧温度は、一般に110～140℃とする。
（3） 二次転圧の終了温度は、一般に70～90℃とする。
（4） 交通開放の舗装表面温度は、一般に60℃以下とする。

（令和１年度後期学科試験）

問題 8 Check □□□

道路のアスファルト舗装の施工に関する次の記述のうち、**適当でないもの**はどれか。

（1） 横継目部は、施工性をよくするため、下層の継目の上に上層の継目を重ねるようにする。
（2） 混合物の締固め作業は、継目転圧、初転圧、二次転圧及び仕上げ転圧の順序で行う。
（3） 初転圧における、ローラへの混合物の付着防止には、少量の水又は軽油などを薄く塗布する。
（4） 仕上げ転圧は、不陸の修正、ローラマークの消去のために行う。

（平成 30 年度前期学科試験）

問題 9 Check □□□

道路のアスファルト舗装の施工に関する次の記述のうち、**適当でないもの**はどれか。
(1) 転圧終了後の交通開放は、舗装表面の温度が一般に70℃以下になってから行う。
(2) 敷均し時の混合物の温度は、一般に110℃を下回らないようにする。
(3) 二次転圧は、一般に8～20 t のタイヤローラで行うが、振動ローラを用いることもある。
(4) タックコートの散布量は、一般に0.3～0.6 ℓ/㎡が標準である。

(平成30年度後期学科試験)

問題 10 Check □□□

道路のアスファルト舗装における締固めの施工に関する次の記述のうち、**適当でないもの**はどれか。
(1) 初転圧は、ロードローラへの混合物の付着防止のため、ローラに少量の水を散布する。
(2) 仕上げ転圧は、平坦性をよくするためタンピングローラを用いる。
(3) 二次転圧は、一般にタイヤローラで行うが、振動ローラを用いることもある。
(4) 初転圧は、横断勾配の低い方から高い方向へ一定の速度で転圧する。

(平成29年度第1回学科試験)

解答と解説 アスファルトの表層・基層の施工

問題 1 → 解答(4) Check □□□

継目の施工は、清掃した継目又は構造物との接触面にタックコートを施工後、舗設し密着させる。そのため、(4)は適当でない。

問題 2 → 解答(2) Check □□□

アスファルト舗装における締固めの二次転圧は、一般に8～20tのタイヤローラを用いるが、8～10tの振動ローラを用いる場合もある。そのため、(2)は適当でない。

問題 3 → 解答(4) Check □□□

転圧終了後の交通開放は、開放初期の舗装変形を小さくすることを考慮して、一般に舗装表面の温度が50℃以下となってから行う。そのため、(4)は適当でない。

問題 4 → 解答(4) Check □□□

継目の施工は、既設舗装の補修や延伸の場合を除いて、下層の継目と上層の継目の位置を重ねないようにする。そのため、(4)は適当でない。

問題 5 ----→ 解答(2) Check □□□

初転圧は、一般に10～12 t 程度のロードローラで２回（１往復）程度行う。そのため、（２）は適当でない。

問題 6 ----→ 解答(3) Check □□□

加熱アスファルト混合物の締固め作業は、所定の密度が得られるように、敷均し後ただちに継目転圧、初転圧、二次転圧及び仕上げ転圧の順序で行う。そのため、（３）は適当でない。

問題 7 ----→ 解答(4) Check □□□

転圧終了後の交通開放は、舗装表面の温度が一般に50℃以下になってから行う。そのため、（４）は適当でない。

問題 8 ----→ 解答(1) Check □□□

施工継目や構造物との接合部では、締固め不十分による弱点の発生が考えられるので、縦継目部及び横継目部共に、既設舗装の補修・延伸の場合を除いて、下層の継目と上層の継目の位置が重なることのないようにする。そのため、（１）は適当でない。

問題 9 ----→ 解答(1) Check □□□

転圧終了後の交通開放は、舗装表面の温度が一般に50℃以下になってから行う。そのため、（１）は適当でない。

問題 10 ----→ 解答(2) Check □□□

仕上げ転圧は、不陸の修正及びローラマークの消去のためにタイヤローラあるいはロードローラを用いて行う。平坦性をよくするためにはタンデムローラを用いるとよいとされている。そのため、（２）は適当でない。なお、タンピングローラは表面に突起物のついたローラで、鋭敏性の低い硬い粘土、砕きやすい土丹、厚い盛土などの締固めに適する。

アスファルト舗装の補修

▶第1次検定では、アスファルト舗装の補修についても毎回出題される。各補修工法の特徴や留意点が問われるので、整理して覚える。

問題 1 Check □□□

道路のアスファルト舗装の破損に関する次の記述のうち、**適当なもの**はどれか。

(1) 道路縦断方向の凹凸は、不定形に生じる比較的短いひび割れで主に表層に生じる。
(2) ヘアクラックは、長く生じるひび割れで路盤の支持力が不均一な場合や舗装の継目に生じる。
(3) わだち掘れは、道路横断方向の凹凸で車両の通過位置が同じところに生じる。
(4) 線状ひび割れは、道路の延長方向に比較的長い波長でどこにでも生じる。

（令和４年度前期第１次検定）

問題 2 Check □□□

道路のアスファルト舗装の補修工法に関する下記の説明文に**該当するもの**は、次のうちどれか。

「局部的なくぼみ、ポットホール、段差等に舗装材料で応急的に充填する工法」

(1) オーバーレイ工法　(2) 打換え工法　(3) 切削工法　(4) パッチング工法

（令和４年度後期第１次検定）

問題 3 Check □□□

道路のアスファルト舗装の破損に関する次の記述のうち、**適当でないもの**はどれか。

(1) わだち掘れは、道路横断方向の凹凸で車両の通過位置が同じところに生じる。
(2) 道路縦断方向の凹凸は、道路の延長方向に比較的長い波長でどこにでも生じる。
(3) ヘアクラックは等間隔で規則的な比較的長いひび割れで、主に表層に生じる。
(4) 線状ひび割れは、長く生じるひび割れで路盤の支持力が不均一な場合や舗装の継目に生じる。

（令和３年度前期第１次検定）

問題 4 Check □□□

道路のアスファルト舗装の補修工法に関する次の記述のうち、**適当でないもの**はどれか。

(1) オーバーレイ工法は、不良な舗装の全部を取り除き、新しい舗装を行う工法である。
(2) パッチング工法は、ポットホール、くぼみを応急的に舗装材料で充填する工法である。
(3) 切削工法は、路面の凸部などを切削除去し、不陸や段差を解消する工法である。
(4) シール材注入工法は、比較的幅の広いひび割れに注入目地材等を充填する工法である。

（令和３年度後期第１次検定）

問題 5 Check □□□

道路のアスファルト舗装の補修工法に関する次の記述のうち、**適当でないもの**はどれか。

(1) 打換え工法は、不良な舗装の一部分、または全部を取り除き、新しい舗装を行う工法である。
(2) 切削工法は、路面の凸部を切削して不陸や段差を解消する工法である。
(3) オーバーレイ工法は、ポットホール、段差などを応急的に舗装材料で充てんする工法である。
(4) 表面処理工法は、既設舗装の表面に薄い封かん層を設ける工法である。

(令和2年度後期学科試験)

問題 6 Check □□□

道路のアスファルト舗装の破損に関する次の記述のうち、**適当でないもの**はどれか。

(1) 交差点部の道路縦断方向の凹凸は、走行車両の繰返しの制動、停止により発生する。
(2) 亀甲状のひび割れは、路床・路盤の支持力低下により発生する。
(3) ヘアクラックは、転圧温度の高過ぎ、過転圧などにより主に表層に発生する。
(4) わだち掘れは、表層と基層の接着不良により走行軌跡部に発生する。

(令和1年度前期学科試験)

問題 7 Check □□□

道路のアスファルト舗装の破損に関する次の記述のうち、**適当でないもの**はどれか。

(1) 線状ひび割れは、長く生じるひび割れで路盤の支持力が不均一な場合や舗装の継目に生じる。
(2) ヘアクラックは、規則的に生じる比較的長いひび割れで主に表層に生じる。
(3) 縦断方向の凹凸は、道路の延長方向に比較的長い波長の凹凸でどこにでも生じる。
(4) わだち掘れは、道路横断方向の凹凸で車両の通過位置が同じところに生じる。

(令和1年度後期学科試験)

問題 8 Check □□□

道路のアスファルト舗装の補修工法に関する下記の説明文に**該当するもの**は、次のうちどれか。

「不良な舗装の一部分又は全部を取り除き、新しい舗装を行う工法」

(1) オーバレイ工法
(2) 表面処理工法
(3) 打換え工法
(4) 切削工法

(平成30年度前期学科試験)

問題 9 Check □□□

道路のアスファルト舗装における破損の種類に関する次の記述のうち、**適当でないもの**はどれか。

(1) 線状ひび割れは、縦、横に長く生じるひび割れで、路盤の支持力が不均一な場合に生じる。
(2) わだち掘れは、道路の横断方向の凹凸で、車両の通過位置に生じる。
(3) ヘアクラックは、路面が沈下し面状・亀甲状に生じる。
(4) 縦断方向の凹凸は、道路の延長方向に、比較的長い波長で凹凸が生じる。

(平成 30 年度後期学科試験)

問題 10 Check □□□

道路のアスファルト舗装の破損に関する次の記述のうち、**適当でないもの**はどれか。

(1) 線状ひび割れは、縦・横に幅５㎜程度で長く生じるひび割れで、路盤の支持力が不均一な場合や舗装の継目に生じる破損である。
(2) 縦断方向の凹凸は、道路の延長方向に、比較的長い波長で生じる凹凸で、どこにでも生じる破損である。
(3) ヘアクラックは、縦・横・斜め不定形に、幅１㎜程度に生じる比較的短いひび割れで、おもに表層に生じる破損である。
(4) わだち掘れは、道路の縦断線形の小さいところにできる縦断方向の凹凸で、高速走行による車両の揺れにより生じる破損である。

(平成 29 年度第 1 回学科試験)

解答と解説　アスファルト舗装の補修

問題 1 → 解答(3)

(1)道路縦断方向の凹凸は、アスファルト混合物の品質不良、路床・路盤の支持力の不均一などが原因で、道路の延長方向に比較的長い波長でどこにでも生じる。適当でない。
(2)ヘアクラックは、比較的短い微細な線状ひび割れで、縦・横・斜め不定形におもに表層に生じる破損で、混合物の品質不良、転圧温度不適などが原因である。適当でない。
(3)設問の通りで、適当である。
(4)線状ひび割れは、縦、横に長く生じるもので、混合物の劣化・老化、基層・路盤のひび割れ、路床・路盤の支持力の不均一などがある場合や舗装の継目に生じる。適当でない。

問題 2 ------------------------------------→ 解答(4) Check □□□

(1)オーバーレイ工法は、既設舗装の上に厚さ3cm以上の加熱アスファルト混合物層を舗設する工法である。該当しない。

(2)打換え工法は、既設舗装の路盤もしくは路盤の一部までを打ち換える工法で、状況により路床の入れ換え、路床又は路盤の安定処理を行う場合もある。該当しない。

(3)切削工法は、路面の凸部等を切削除去し、不陸や段差を解消する工法で、オーバーレイ工法や表面処理工法等の事前処理として施工される場合も多い。該当しない。

(4)パッチング工法は、局部的なポットホールや段差等に対して、応急的にアスファルト混合物などを充填したり、小面積に上積したりする工法である。パッチング材料には、通常の加熱アスファルト混合物とアスファルト乳剤を用いた常温混合物がある。そのため、(4)は該当する。

問題 3 ------------------------------------→ 解答(3) Check □□□

ヘアクラックは、不定形に生じる比較的短い、微細なひび割れで、主に表層表面に発生し、その原因には、混合物の品質不良、転圧温度不適などがある。そのため、(3)は適当でない。

問題 4 ------------------------------------→ 解答(1) Check □□□

オーバーレイ工法は、既設舗装の上に、厚さ3cm以上の加熱アスファルト混合物層を舗設する工法である。既設舗装の不良な一部分または全部を取り除き、新しい舗装を行うのは、打換え工法である。そのため、(1)は適当でない。

問題 5 ------------------------------------→ 解答(3) Check □□□

パッチングおよび段差すりつけ工法は、ポットホール、段差などを応急的に舗装材料や瀝青材料などで充てんする工法である。そのため、(3)は適当でない。なお、オーバーレイ工法は、既設舗装上に3cm以上の厚さで加熱アスファルト混合物を舗設する工法である。

問題 6 ------------------------------------→ 解答(4) Check □□□

わだち掘れは道路の横断方向の凹凸で、アスファルト混合物の塑性変形、沈下、混合物層の摩耗などにより発生するものであり、車両の通過位置に生じる。そのため、(4)は適当でない。なお、表層と基層の接着不良により、交差点手前などに比較的波長の短い道路縦断方向の波状凹凸が発生することがあり、コルゲーションという。

問題 7 ------------------------------------→ 解答(2) Check □□□

ヘアクラックは、縦・横・斜め・不定形に、比較的短い微細な線状ひび割れで、おもに表層に生じる破損で舗装面全体に及ぶことがある。そのため、(2)は適当でない。

問題 8 ―――――――――→ 解答(3) Check □□□

(1)オーバレイ工法は、既設舗装の上に厚さ3cm以上の加熱アスファルト混合物層を舗設する工法である。該当しない。

(2)表面処理工法は、既設舗装の表面に加熱アスファルト混合物以外の材料を用いて3cm未満の薄い封かん層を設ける工法である。該当しない。

(3)設問の通りで、該当する。

(4)切削工法は、路面の凸部等を切削除去し、不陸や段差を解消する工法である。該当しない。

問題 9 ―――――――――→ 解答(3) Check

ヘアクラックは、舗設表面に発生する微細なひび割れで、アスファルト混合物の品質不良や転圧温度不適などの施工不良により転圧初期に発生するもので、路面が沈下し面状・亀甲状に生じるものではない。そのため、(3)は適当でない。

問題 10 ―――――――――→ 解答(4) Check □□□

わだち掘れは、車輪の通過頻度の最も高い位置に規則的に生じる破損であり、道路の横断方向の凹凸で、路床・路盤の沈下、混合物の品質不良による塑性変形などが原因である。そのため、(4)は適当でない。

アスファルト舗装の補修工法には、機能的対策を目的としたものと構造的対策を目的としたものがあります。構造的対策が必要な場合、全層に及ぶ補修工法で路床まで対象になることがあります。構造設計が必要な工法には、打換え工法、局部打換え工法、路上路盤再生工法、表層・基層打換え工法及びオーバーレイ工法があります。

コンクリート舗装

▶第１次検定では、コンクリート舗装に関する問題も頻出。コンクリート舗装版の種類と特徴、構造、施工方法などについて理解する。

問題 1 Check □□□

道路のコンクリート舗装における施工に関する次の記述のうち、**適当でないもの**はどれか。

（1） 極めて軟弱な路床は、置換工法や安定処理工法等で改良する。

（2） 路盤厚が30cm以上のときは、上層路盤と下層路盤に分けて施工する。

（3） コンクリート版に鉄網を用いる場合は、表面から版の厚さの1/3程度のところに配置する。

（4） 最終仕上げは、舗装版表面の水光りが消えてから、滑り防止のため膜養生を行う。

（令和４年度前期第１次検定）

問題 2 Check □□□

道路の普通コンクリート舗装における施工に関する次の記述のうち、**適当なもの**はどれか。

（1） コンクリート版が温度変化に対応するように、車線に直交する横目地を設ける。

（2） コンクリートの打込みにあたって、フィニッシャーを用いて敷き均す。

（3） 敷き広げたコンクリートは、フロートで一様かつ十分に締め固める。

（4） 表面仕上げの終わった舗装版が所定の強度になるまで乾燥状態を保つ。

（令和４年度後期第１次検定）

問題 3 Check □□□

道路のコンクリート舗装に関する次の記述のうち、**適当でないもの**はどれか。

（1） コンクリート舗装は、セメントコンクリート版を路盤上に施工したもので、たわみ性舗装とも呼ばれる。

（2） コンクリート舗装は、温度変化によって膨張したり収縮したりするので、一般には目地が必要である。

（3） コンクリート舗装には、普通コンクリート舗装、転圧コンクリート舗装、プレストレスコンクリート舗装等がある。

（4） コンクリート舗装は、養生期間が長く部分的な補修が困難であるが、耐久性に富むため、トンネル内等に用いられる。

（令和３年度前期第１次検定）

問題 4 Check □□□

道路のコンクリート舗装に関する次の記述のうち、**適当でないもの**はどれか。

（1） コンクリート版に温度変化に対応した目地を設ける場合、車線方向に設ける横目地と車線に直交して設ける縦目地がある。

（2） コンクリートの打込みは、一般的には施工機械を用い、コンクリートの材料分離を起こさないように、均一に隅々まで敷き広げる。

（3） コンクリートの最終仕上げとして、コンクリート舗装版表面の水光りが消えてから、ほうきやブラシ等で粗仕上げを行う。

（4） コンクリートの養生は、一般的に初期養生として膜養生や屋根養生、後期養生として被覆養生及び散水養生等を行う。

（令和3年度後期第1次検定）

問題 5 Check □□□

道路のコンクリート舗装に関する次の記述のうち、**適当でないもの**はどれか。

（1） 普通コンクリート版の横目地には、収縮に対するダミー目地と膨張目地がある。

（2） 地盤がよくない場合には、普通コンクリート版の中に鉄網を入れる。

（3） 舗装用コンクリートは、一般的にはスプレッダによって、均一に隅々まで敷き広げる。

（4） 舗装用コンクリートは、養生中の収縮が十分大きいものを使用する。

（令和2年度後期学科試験）

問題 6 Check □□□

道路の普通コンクリート舗装に関する次の記述のうち、**適当でないもの**はどれか。

（1） コンクリート舗装は、コンクリートの曲げ抵抗で交通荷重を支えるので剛性舗装ともよばれる。

（2） コンクリート舗装は、施工後、設計強度の50%以上になるまで交通開放しない。

（3） コンクリート舗装は、路盤の厚さが30cm以上の場合は、上層路盤と下層路盤に分けて施工する。

（4） コンクリート舗装は、車線方向に設ける縦目地、車線に直交して設ける横目地がある。

（令和1年度前期学科試験）

問題 7 Check 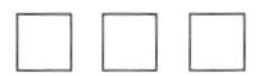

道路の普通コンクリート舗装に関する次の記述のうち、**適当でないもの**はどれか。

（1） コンクリート舗装版の厚さは、路盤の支持力や交通荷重などにより決定する。

（2） コンクリート舗装の横収縮目地は、版厚に応じて8～10m間隔に設ける。

（3） コンクリート舗装版の中の鉄網は、底面から版の厚さの1／3の位置に配置する。

（4） コンクリート舗装の養生には、初期養生と後期養生がある。

（令和1年度後期学科試験）

問題 8 ----- Check □□□

道路のコンクリート舗装の施工で用いる「主な施工機械・道具」と「作業」に関する次の組合せのうち、**適当でないもの**はどれか。

［主な施工機械・道具］　　　　　　　［作　業］

（1）　アジテータトラック……………………コンクリートの運搬
（2）　フロート………………………………コンクリートの粗面仕上げ
（3）　コンクリートフィニッシャ…………コンクリートの締固め
（4）　スプレッダ……………………………コンクリートの敷均し

（平成 30 年度前期学科試験）

問題 9 ----- Check □□□

道路の普通コンクリート舗装の施工で、コンクリート敷均し、締固め後の表面仕上げの手順として、次のうち**適当なもの**はどれか。

（1）　粗面仕上げ → 荒仕上げ → 平たん仕上げ
（2）　平たん仕上げ → 荒仕上げ → 粗面仕上げ
（3）　荒仕上げ → 粗面仕上げ → 平たん仕上げ
（4）　荒仕上げ → 平たん仕上げ → 粗面仕上げ

（平成 30 年度後期学科試験）

解答と解説　コンクリート舗装

問題 1 -----→ 解答(4) Check □□□

コンクリート舗装版の表面仕上げの施工は、荒仕上げ・平坦仕上げ・粗面仕上げの順で行う。コンクリート舗装の最終仕上げは、コンクリート舗装版表面の水光りが消えてから、ほうきやブラシ等で粗面に仕上げる。そのため、（4）は適当でない。

問題 2 -----→ 解答(1) Check 

（1）設問の通りで、適当である。
（2）コンクリート打込みにあたって、一般に敷均し機械スプレッダにより、全体がなるべく均等な密度となるよう、隅々まで敷き広げる。適当でない。
（3）敷き広げたコンクリートは、コンクリートフィニッシャを用いて、一様かつ十分に締め固める。適当でない。
（4）養生は、表面仕上げした直後からコンクリートが硬化するまで行う初期養生と、初期養生に引き続き、一定期間散水などにより湿潤状態を保つ後期養生に分けられる。表面仕上げの終わった舗装版が所定の強度になるまで湿潤状態を保つ。適当でない。

問題 3 ---→ 解答(1) Check □□□

コンクリート舗装は、セメントコンクリート版を路盤上に施工したものであり、たわみ性舗装とも呼ばれるアスファルト舗装に対して、剛性舗装とも呼ばれる。そのため、(1)は適当でない。

問題 4 ---→ 解答(1) Check □□□

コンクリート版に温度変化に対応した目地を設ける場合、車線方向に設ける縦目地と車線に直交して設ける横目地がある。そのため、(1)は適当でない。

問題 5 ---→ 解答(4) Check □□□

舗装用コンクリートは、養生中の沈下や収縮が十分小さいものを使用する。そのため、(4)は適当でない。

問題 6 ---→ 解答(2) Check □□□

コンクリート舗装は、施工後、設計強度の70%以上になるまで交通開放しない。そのため、(2)は適当でない。なお、養生期間を試験によって定める場合は、現場養生を行った供試体の曲げ強度が、配合強度から求められる所定強度の70%以上となるまでとされている。

問題 7 ---→ 解答(3) Check □□□

コンクリート舗装版の中の鉄網は、コンクリート版の上面から版の厚さの1/3の位置の深さを目標に設置する。そのため、(3)は適当でない。

問題 8 ---→ 解答(2) Check □□□

フロートは、コンクリートの平坦仕上げ作業を人力で行う場合に用いる道具である。そのため、(2)は適当でない。なお、コンクリートの粗面仕上げ機械には、ほうき目仕上げ機械、タイングルーバ、骨材露出機械などがある。

問題 9 ---→ 解答(4) Check □□□

コンクリート敷均し・締固め後の表面仕上げ施工手順は、荒仕上げ→平たん仕上げ→粗面仕上げの順である。そのため、(4)が適当である。

2–6 ダム

攻略のポイント

POINT 1 ダム建設に関する全般的な知識を身につける

ダム(コンクリートダム、フィルダム)の分類、準備工事、掘削と基礎処理など、ダム建設に関する全般的な知識を身につける。

POINT 2 ダムの型式や工法などを整理して覚える

ダムの型式、河流処理の方法、ダム基礎掘削の施工及び特徴、基礎処理のグラウチングの目的などについて理解する。

POINT 3 コンクリートダムの施工に関する問題が頻出

試験ではコンクリートダムの施工に関する出題が多い。コンクリートダムの施工及び施工上の留意点、在来の柱状工法とRCD工法、拡張レヤー(ELCM)工法などの面状工法の特徴などを理解する。

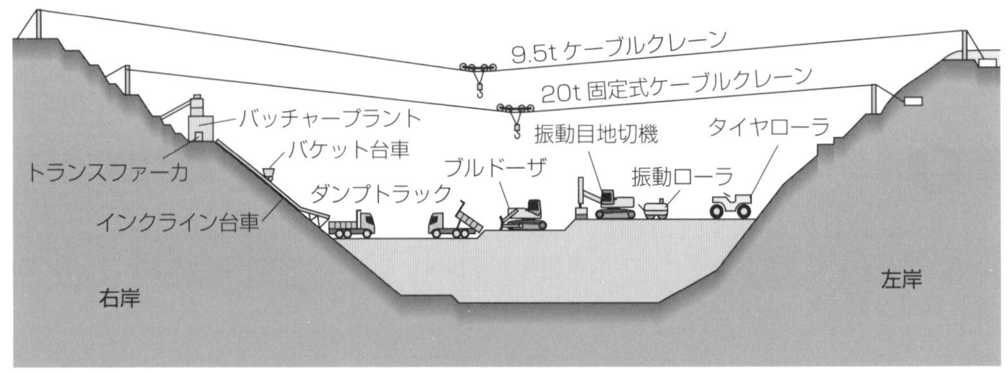

RCD工法

POINT 4 コンクリートダムは打設方式から分類して整理する

コンクリートダムは、コンクリートの打設方式から大分類し、従来型の柱状工法(ブロック工法)と面状工法に分かれることを理解する。コンクリートの打設、敷均し・締固め、打設面の養生などとあわせて押さえておく。

準備工事、掘削と基礎処理、基礎掘削の特色

▶第1次検定では、路床についての出題も多い。各工法の種類を覚え、施工上の留意点を押さえておく。

問題 1 Check □□□

ダムの施工に関する次の記述のうち、**適当でないもの**はどれか。

（1） ダム工事は、一般に大規模で長期間にわたるため、工事に必要な設備、機械を十分に把握し、施工設備を適切に配置することが安全で合理的な工事を行ううえで必要である。
（2） 転流工は、ダム本体工事を確実に、また容易に施工するため、工事期間中河川の流れを迂回させるもので、仮排水トンネル方式が多く用いられる。
（3） ダムの基礎掘削工法の１つであるベンチカット工法は、長孔ボーリングで穴をあけて爆破し、順次上方から下方に切り下げ掘削する工法である。
（4） 重力式コンクリートダムの基礎岩盤の補強・改良を行うグラウチングは、コンソリデーショングラウチングとカーテングラウチングがある。

（令和４年度前期第１次検定）

問題 2 Check 

ダムに関する次の記述のうち、**適当でないもの**はどれか。

（1） 転流工は、比較的川幅が狭く、流量が少ない日本の河川では仮排水トンネル方式が多く用いられる。
（2） ダム本体の基礎掘削工は、基礎岩盤に損傷を与えることが少なく、大量掘削に対応できるベンチカット工法が一般的である。
（3） 重力式コンクリートダムの基礎処理は、カーテングラウチングとブランケットグラウチングによりグラウチングする。
（4） 重力式コンクリートダムの堤体工は、ブロック割してコンクリートを打ち込むブロック工法と堤体全面に水平に連続して打ち込むRCD工法がある。

（令和３年度後期第１次検定）

問題 3 Check □□□

フィルダムに関する次の記述のうち、**適当でないもの**はどれか。

（1） フィルダムは、その材料に大量の岩石や土などを使用するダムであり、岩石を主体とするダムをロックフィルダムという。
（2） フィルダムは、コンクリートダムに比べて大きな基礎岩盤の強度を必要とする。
（3） 中央コア型ロックフィルダムでは、一般的に堤体の中央部に遮水用の土質材料を用いる。
（4） フィルダムは、ダム近傍でも材料を得やすいため、運搬距離が短く経済的に材料調達を行うことができる。

（令和１年度前期学科試験）

問題 **4** -- Check □□□

ダムに関する次の記述のうち、**適当なもの**はどれか。

（1） 重力式ダムは、ダム自身の重力により水圧などの外力に抵抗する形式のダムである。

（2） ダム堤体には一般に大量のコンクリートが必要となるが、ダム堤体の各部に使用されるコンクリートは、同じ配合区分のコンクリートが使用される。

（3） ダムの転流工は、比較的川幅が狭く、流量が少ない日本の河川では、半川締切り方式が採用される。

（4） コンクリートダムのRCD工法における縦継目は、ダム軸に対して直角方向に設ける。

（平成30年度後期学科試験）

解答と解説　準備工事、掘削と基礎処理、基礎掘削の特色

問題 **1** ----------------------------------→ 解答(3) Check □□□

ダムの基礎掘削工法の１つであるベンチカット工法は、平坦なベンチをまず造成し、大型削岩機で下方向に穿孔し、発破とズリ出しを繰り返して階段状に順次上方から下方に切下げ掘削する工法である。ベンチカット工法は、基礎岩盤に損傷を与えることが少ないこと、大量掘削に対応できること等から一般的な工法である。そのため、（3）は適当でない。

問題 **2** ----------------------------------→ 解答(3) Check □□□

重力式コンクリートダムの基礎処理は、主に遮水性の改良を目的とするカーテングラウチングと、主に弱部の補強を目的とするコンソリデ―ショングラウチングによりグラウチングする。そのため、（3）は適当でない。

問題 **3** ----------------------------------→ 解答(2) Check □□□

フィルダムは、コンクリートダムに比べて必ずしも大きな基礎岩盤の強度を必要としない。そのため、（2）は適当でない。なお、フィルダムの場合は堤敷幅が広く、基礎岩盤のせん断強度、不等沈下などに対する制約条件が少ない。

問題 **4** ----------------------------------→ 解答(1) Check □□□

（2）重力式コンクリートダムでは自重による安定性の確保のため、ダム堤体には一般に大量のコンクリートが必要となるがそれほど高い強度は必要とされず、ダム堤体の各部に使用されるコンクリートは、求められる特性に応じて品質の異なる配合区分を設ける。適当でない。

（3）ダムの転流工は、比較的川幅が狭く、流量が少ない日本の河川では、大多数はバイパストンネル等の仮排水路によるバイパス方式が採用され、半川締切り方式はまれである。適当でない。

（4）コンクリートダムのRCD工法における横継目は、ダム軸に対して直角方向に設ける。適当でない。なお、RCD工法などの面状工法の場合は、一般に縦継目は設けない。

コンクリートダムの施工

▶第1次検定では、コンクリートダムを施工するうえでの留意点が問われる。工法ごとの特徴を押さえておく。

問題 1 Check □□□

ダムの施工に関する次の記述のうち、**適当でないもの**はどれか。

（1） 転流工は、ダム本体工事を確実に、また容易に施工するため、工事期間中の河川の流れを迂回させるものである。

（2） コンクリートダムのコンクリート打設に用いるRCD工法は、単位水量が少なく、超硬練りに配合されたコンクリートをタイヤローラで締め固める工法である。

（3） グラウチングは、ダムの基礎岩盤の弱部の補強を目的とした最も一般的な基礎処理工法である。

（4） ベンチカット工法は、ダム本体の基礎掘削に用いられ、せん孔機械で穴をあけて爆破し順次上方から下方に切り下げていく掘削工法である。

（令和４年度後期第１次検定）

問題 2 Check □□□

コンクリートダムのRCD工法に関する次の記述のうち、**適当でないもの**はどれか。

（1） RCD用コンクリートの運搬に利用されるインクライン方法は、コンクリートをダンプトラックに積み、ダンプトラックごと斜面に設置された台車で直接堤体面上に運ぶ方法である。

（2） RCD用コンクリートの１回に連続して打ち込まれる高さをリフトという。

（3） RCD用コンクリートの敷均しは、ブルドーザ等を用いて行うのが一般的である。

（4） RCD用コンクリートの敷均し後、堤体内に不規則な温度ひび割れの発生を防ぐため、横継目を振動目地切機等を使ってダム軸と平行に設ける。

（令和３年度前期第１次検定）

問題 3

コンクリートダムにおけるRCD工法に関する次の記述のうち、**適当でないもの**はどれか。

（1） RCD工法では、コンクリートの運搬は一般にダンプトラックを使用し、ブルドーザで敷き均し、振動ローラなどで締め固める。

（2） RCD用コンクリートは、硬練りで単位セメント量が多いため、水和熱が小さく、ひび割れを防止するコンクリートである。

（3） RCD工法でのコンクリート打設後の養生は、スプリンクラーやホースなどによる散水養生を実施する。

（4） RCD工法での水平打継ぎ目は、各リフトの表面が構造的な弱点とならないように、一般的にモータースイーパーなどでレイタンスを取り除く。

（令和２年度後期学科試験）

問題 4 Check □□□

コンクリートダムのRCD工法に関する次の記述のうち、**適当でないもの**はどれか。

（1） コンクリートの運搬は、一般にダンプトラックを使用し、地形条件によってはインクライン方式などを併用する方法がある。

（2） 運搬したコンクリートは、ブルドーザなどを用いて水平に敷き均し、作業性のよい振動ローラなどで締め固める。

（3） 横継目は、ダム軸に対して直角方向に設け、コンクリートの敷き均し後、振動目地機械などを使って設置する。

（4） コンクリート打込み後の養生は、水和発熱が大きいため、パイプクーリングにより実施するのが一般的である。

（令和1年度後期学科試験）

問題 5 Check □□□

コンクリートダムに関する次の記述のうち、**適当でないもの**はどれか。

（1） ダム本体工事は、大量のコンクリートを打ち込むことから骨材製造設備やコンクリート製造設備をダム近傍に設置する。

（2） カーテングラウチングを行うための監査廊は、ダムの堤体上部付近に設ける。

（3） ダム本体の基礎の掘削は、大量掘削に対応できるベンチカット工法が一般的である。

（4） ダムの堤体工には、ブロック割りしてコンクリートを打ち込むブロック工法と堤体全面に水平に連続して打ち込むRCD工法がある。

（平成30年度前期学科試験）

問題 6 Check □□□

コンクリートダムに関する次の記述のうち、**適当でないもの**はどれか。

（1） 基礎処理工は、コンクリートダムの基礎岩盤の状態が均一ではないことから、基礎岩盤として不適当な部分の補強、改良を行うものである。

（2） 転流工は、比較的川幅が狭く、流量が少ない日本の河川では仮排水トンネル方式が多く用いられている。

（3） RCD工法は、単位水量が少なく、超硬練りに配合されたコンクリートを振動ローラで締め固める工法である。

（4） ダム本体の基礎掘削工は、基礎岩盤に損傷を与えることが少なく、大量掘削に対応できる全断面工法が一般的である。

（平成29年度第1回学科試験）

解答と解説　コンクリートダムの施工

問題 1 ------------------------------------> 解答(2) Check □□□

コンクリートダムのコンクリート打設に用いるRCD工法は、単位水量が少なく水和熱を低減させるために単位結合材料を少なくした超硬練りに配合されたコンクリートを、汎用のブルドーザ等で敷均し、振動ローラで締め固める工法である。そのため、(2)は適当でない。

問題 2 ------------------------------------> 解答(4) Check □□□

RCD用コンクリートの敷均し後、堤体内に不規則な温度ひび割れの発生を防ぐため、横継目を振動目地切機等を使ってダム軸と直角方向に設ける。そのため、(4)は適当でない。

問題 3 ------------------------------------> 解答(2) Check □□□

RCD工法は、大区画を対象に大量のコンクリートを低リフトで一度に打設する全面レヤー工法の一つである。RCD工法用のコンクリートは、硬練りで単位セメント量が少ないため、水和熱が小さく、ひび割れを防止するコンクリートである。そのため、(2)は適当でない。

問題 4 ------------------------------------> 解答(4) Check □□□

RCDコンクリートは、水和熱低減のために単位結合材量及び単位水量が少なく、超硬練りに配合されたものであり、コンクリート打込み後のパイプクーリングによる養生は実施しない。そのため、(4)は適当でない。

問題 5 ------------------------------------> 解答(2) Check □□□

カーテングラウチングを行うための監査廊は、ダムの上流面と基礎地盤に近い堤体下部に設ける。そのため、(2)は適当でない。なお、カーテングラウチングの目的は、ダムの基礎地盤及びリム部の地盤において、その地盤の遮水性を改良することにある。

問題 6 ------------------------------------> 解答(4) Check □□□

ダム本体の基礎掘削工は、基礎岩盤に損傷を与えることが少なく、大量掘削に対応できるベンチカット工法が一般的である。そのため、(4)は適当でない。なお、全断面工法は、山岳工法によるトンネル工事の掘削工法の分類における、トンネルの全断面を一度に掘削する工法である。

2-7 トンネル

攻略のポイント

POINT 1 山岳工法によるトンネルの支保工がよく出題される

山岳工法によるトンネルの支保工は出題頻度が高い。支保工とは、トンネル・橋梁などの土木工事や建築などにおいて、上または横からの荷重を支えるために用いる仮設構造物のこと。支保工の基本特性や各部の用途効果、施工に関する留意点などを押さえておく。

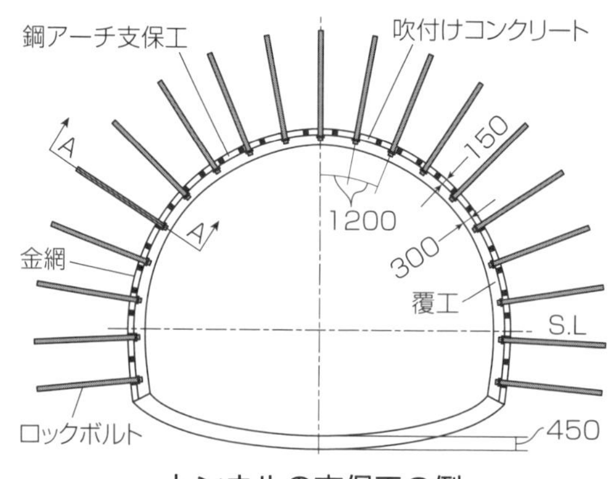

トンネルの支保工の例

POINT 2 吹付けコンクリートとロックボルトの施工を押さえる

山岳工法での標準工法とされる、吹付けコンクリートとロックボルトの施工をそれぞれ押さえておく。施工時の留意点に関する出題も多いので、違いを理解しておく。

POINT 3 掘削工法、掘削方式、ずり処理などを押さえる

山岳工法によるトンネル工事における、掘削工法、掘削方式、ずり処理の方式などについて整理する。掘削工法は、全断面工法、ベンチカット工法、導坑先進工法などに分かれているため、それぞれの留意点を押さえておく。

POINT 4 トンネル覆工に関する出題にも要注意

頻度は高くないが、過去にはトンネル覆工に関する問題も出題されている。トンネル覆工コンクリートの特徴、山岳工法によるトンネル工事における覆工コンクリートの打設方法などを押さえておく。

山岳工法によるトンネルの支保工

▶第1次検定では、山岳工法によるトンネルの支保工の問題がよく出題される。特徴や各部の用途効果、施工方法などを押さえておく。

問題 1

Check □□□

トンネルの山岳工法における掘削に関する次の記述のうち、**適当でないもの**はどれか。

(1) 吹付けコンクリートは、吹付けノズルを吹付け面に対して直角に向けて行う。

(2) ロックボルトは、特別な場合を除き、トンネル横断方向に掘削面に対して斜めに設ける。

(3) 発破掘削は、地質が硬岩質の場合等に用いられる。

(4) 機械掘削は、全断面掘削方式と自由断面掘削方式に大別できる。

（令和4年度後期第1次検定）

問題 2

トンネルの山岳工法における施工に関する次の記述のうち、**適当でないもの**はどれか。

(1) 鋼アーチ式(鋼製)支保工は、H型鋼材等をアーチ状に組み立て、所定の位置に正確に建て込む。

(2) ロックボルトは、特別な場合を除き、トンネル掘削面に対して直角に設ける。

(3) 吹付けコンクリートは、鋼アーチ式(鋼製)支保工と一体となるように注意して吹き付ける。

(4) ずり運搬は、タイヤ方式よりも、レール方式の方が大きな勾配に対応できる。

（令和3年度前期第1次検定）

問題 3

トンネルの山岳工法における支保工に関する次の記述のうち、**適当でないもの**はどれか。

(1) 吹付けコンクリートの作業においては、はね返りを少なくするために、吹付けノズルを吹付け面に斜めに保つ。

(2) ロックボルトは、掘削によって緩んだ岩盤を緩んでいない地山に固定し、落下を防止するなどの効果がある。

(3) 鋼アーチ式(鋼製)支保工は、H型鋼材などをアーチ状に組み立て、所定の位置に正確に建て込む。

(4) 支保工は、掘削後の断面維持、岩石や土砂の崩壊防止、作業の安全確保のために設ける。

（令和1年度後期学科試験）

問題 4

トンネルの施工に関する次の記述のうち、**適当でないもの**はどれか。

(1) 鋼製支保工(鋼アーチ式支保工)は、一次吹付けコンクリート施工前に建て込む。

(2) 吹付けコンクリートは、吹付けノズルを吹付け面に直角に向けて行う。

(3) 発破掘削は、主に硬岩から中硬岩の地山に適用される。

（4） ロックボルトは、ベアリングプレートが吹付けコンクリート面に密着するように、ナットなどで固定しなければならない。

（平成 30 年度前期学科試験）

問題 5 Check □□□

トンネルの施工に関する次の記述のうち、**適当でないもの**はどれか。

（1） ずり運搬は、レール方式よりも、タイヤ方式の方が大きな勾配に対応できる。
（2） 吹付けコンクリートは、地山の凹凸を残すように吹付ける。
（3） ロックボルトは、特別な場合を除き、トンネル掘削面に対して直角に設ける。
（4） 鋼製支保工(鋼アーチ式支保工)は、切羽の早期安定などの目的で行う。

（平成 30 年度後期学科試験）

問題 6

トンネルの山岳工法における支保工に関する次の記述のうち、**適当でないもの**はどれか。

（1） 支保工は、掘削後の断面を維持し、岩石や土砂の崩壊を防止するとともに、作業の安全を確保するために設ける。
（2） ロックボルトは、掘削によって緩んだ岩盤を緩んでいない地山に固定し、落下を防止するなどの効果がある。
（3） 吹付けコンクリートは、地山の凹凸を残すように吹き付けることで、作用する土圧などを地山に分散する効果がある。
（4） 鋼製(鋼アーチ式)支保工は、吹付けコンクリートの補強や掘削断面の切羽の早期安定などの目的で行う。

（平成 29 年度第 1 回学科試験）

効果的な支保工とするために、支保部材の特性を考慮して単独または組み合わせて施工する必要があります。一般に、支保工の施工順序は、地山条件がよい場合には「吹付けコンクリート」→「ロックボルト」の順に、地山条件が悪い場合には「一次吹付けコンクリート」→「鋼製支保工」→「二次吹付けコンクリート」→「ロックボルト」の順で施工します。

解答と解説　山岳工法によるトンネルの支保工

問題 1 → 解答(2) Check □□□

ロックボルトは、所定の位置、方向、深さ、孔径となるように留意して穿孔し、特別な場合を除き、トンネルの壁面に直角方向に設ける。そのため、(2)は適当でない。

問題 2 → 解答(4) Check □□□

ずり運搬は、レール方式よりも、タイヤ方式の方が大きな勾配に対応でき、レール方式の場合の勾配は通常２％程度までとされ、タイヤ方式の場合は通常15％程度までとされている。そのため、(4)は適当でない。

問題 3 → 解答(1) Check □□□

吹付けコンクリートの作業においては、はね返りを少なくするために吹付けノズルと吹付け面との距離を適正となるようにし、ノズルを吹付け面に直角に保つようにする。(1)は適当でない。

問題 4 → 解答(1) Check □□□

鋼製支保工(鋼アーチ式支保工)は、一次吹付けコンクリート施工後速やかに建て込む。そのため、(1)は適当でない。なお、鋼製支保工には、吹付けコンクリートが十分な強度を発揮するまでに生じる緩みの対策として、初期荷重を負担する役割がある。

問題 5 → 解答(2) Check □□□

吹付けコンクリートは、地山の凹凸が残らないように吹付ける。そのため、(2)は適当でない。なお、吹付け面はできるだけ平滑に仕上げ、地山の凹凸を埋めて地山応力が円滑に伝達されるようにし、鋼製支保工がある場合は吹付けコンクリートと鋼製支保工が一体となるように注意する。

問題 6 → 解答(3) Check □□□

吹付けコンクリートは、地山の凹凸をなくすように吹き付けることで、作用する土圧などを地山に分散する支保効果がある。そのため、(3)は適当でない。なお、吹付けコンクリートの作用効果には、弱層をまたいで接着することによる弱層の補強効果のほか、内圧効果、リング閉合効果などがある。

山岳トンネルの掘削、トンネル覆工

▶山岳トンネルの掘削も第１次検定で出題されることが多い。掘削方式、掘削工法、ずり処理の方式などについて整理して理解する。

問題 1 Check □□□

トンネルの山岳工法における覆工コンクリートの施工の留意点に関する次の記述のうち、**適当でないもの**はどれか。

（1） 覆工コンクリートのつま型枠は、打込み時のコンクリートの圧力に耐えられる構造とする。
（2） 覆工コンクリートの打込みは、一般に地山の変位が収束する前に行う。
（3） 覆工コンクリートの型枠の取外しは、コンクリートが必要な強度に達した後に行う。
（4） 覆工コンクリートの養生は、打込み後、硬化に必要な温度及び湿度を保ち、適切な期間行う。

（令和４年度前期第１次検定）

問題 2 Check □□□

トンネルの山岳工法における掘削に関する次の記述のうち、**適当でないもの**はどれか。

（1） ベンチカット工法は、トンネル全断面を一度に掘削する方法である。
（2） 導坑先進工法は、トンネル断面を数個の小さな断面に分け、徐々に切り広げていく工法である。
（3） 発破掘削は、爆破のためにダイナマイトやANFO等の爆薬が用いられる。
（4） 機械掘削は、騒音や振動が比較的少ないため、都市部のトンネルにおいて多く用いられる。

（令和３年度後期第１次検定）

問題 3 Check □□□

トンネルの山岳工法の観察・計測に関する次の記述のうち、**適当でないもの**はどれか。

（1） 観察・計測の頻度は、掘削直前から直後は疎に、切羽が離れるに従って密に設定する。
（2） 観察・計測は、掘削にともなう地山の変形などを把握できるように計画する。
（3） 観察・計測の結果は、施工に反映するために、計測データを速やかに整理する。
（4） 観察・計測の結果は、支保工の妥当性を確認するために活用できる。

（令和２年度後期学科試験）

問題 4 Check

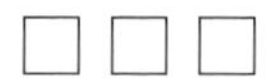

トンネルの山岳工法における掘削に関する次の記述のうち、**適当でないもの**はどれか。

（1） 機械掘削には、全断面掘削機と自由断面掘削機の２種類がある。
（2） 発破掘削は、地質が硬岩質などの場合に用いられる。
（3） ベンチカット工法は、トンネル断面を上半分と下半分に分けて掘削する方法である。
（4） 導坑先進工法は、トンネル全断面を一度に掘削する方法である。

（令和１年度前期学科試験）

解答と解説　山岳トンネルの掘削、トンネル覆工

問題 1 ------------------------------→ 解答(2)　Check □□□

覆工コンクリートの施工時期は、支保工の挙動や覆工の目的等を考慮して定める必要があり、一般に地山の内空変位が収束したことを確認した後に施工する。そのため、(2)は適当でない。

問題 2 ------------------------------→ 解答(1)　Check 

ベンチカット工法は、一般にトンネルの断面を上半断面(上半)と下半断面(下半)に2分割して掘進する方法である。そのため、(1)は適当でない。なお、設問の文章は、全断面工法の説明である。

問題 3 ------------------------------→ 解答(1)　Check □□□

観察・計測頻度は、切羽の進行に伴う地山と支保工の挙動の経時変化が把握できるように、掘削直前から直後は密に、切羽が離れるに従って疎になるように設定する。そのため、(1)は適当でない。

問題 4 ------------------------------→ 解答(4)　Check □□□

導坑先進工法は、トンネル掘削断面をいくつかの区分に分け、順序立てて掘進する方法である。そのため、(4)は適当でない。なお、導坑先進工法は導坑掘削時に湧水量や支保工に作用する土圧などの確認が可能であり、地質や湧水状態を調査する必要のある場合や、地山が軟弱で切羽の自立が困難な場合などに用いられる。また、全断面工法はトンネルの全断面を一度に掘削する工法であり、小断面のトンネルや、安定した地山の場合に用いられる。

主なトンネル工法には、山岳工法、シールド工法、開削工法があります。山岳工法では、吹付けコンクリートとロックボルトを主体とする工法が標準とされています。

2–8 海岸

●●● 攻略のポイント ●●●

POINT 1 海岸堤防(護岸)と消波工に関する出題が多い

近年は、海岸堤防(護岸)または消波工からの出題が多い。海岸堤防(護岸)については、図が示されたうえで、構造名称を解答する問題が出題されることも多いので、構造と機能をあわせて覚えておく。

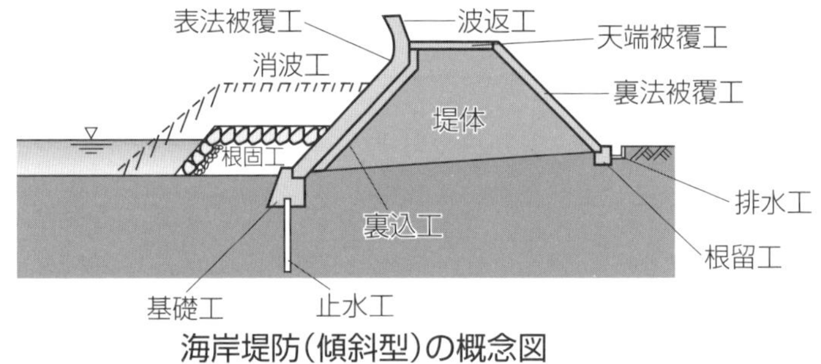

海岸堤防(傾斜型)の概念図

POINT 2 海岸堤防の構造と施工上の留意点を押さえる

海岸堤防は、根固工、基礎工、堤体工、表法被覆工、波返工、天端被覆工、裏法被覆工、根留工、排水工などの部分から構成される。それぞれの機能、構造、施工上の留意点を整理して押さえておく。

POINT 3 消波工の目的と概要を理解する

消波工は、構造や施工に関する留意点を押さえる。消波工の構造は消波機能や消波ブロックの積み方、据付けなどとあわせて覚える。

POINT 4 侵食対策施設についても押さえておく

漂砂制御施設、養浜など、侵食対策施設についても押さえておく。出題頻度は高くないが、海岸堤防(護岸)や消波工の問題とあわせて出題されることもある。

海岸堤防(護岸)

▶海岸堤防(護岸)は、傾斜堤の図をもとに構造名称を問う問題がよく出題されるため、各部の機能とあわせて理解する。

問題 1 

下図は傾斜型海岸堤防の構造を示したものである。図の(イ)～(ハ)の構造名称に関する次の組合せのうち、**適当なもの**はどれか。

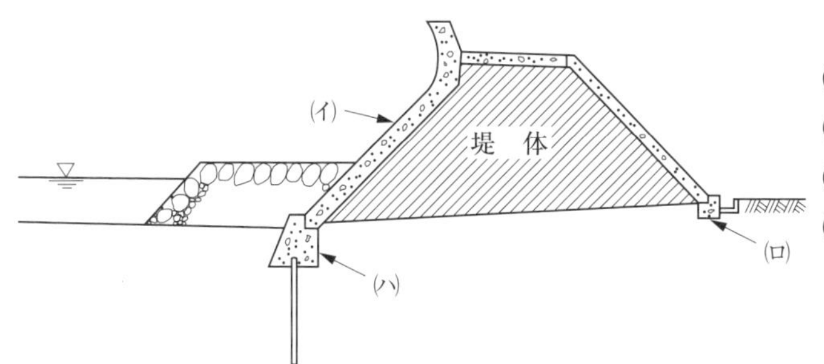

	(イ)	(ロ)	(ハ)
(1)	裏法被覆工……	根留工……	基礎工
(2)	表法被覆工……	基礎工……	根留工
(3)	表法被覆工……	根留工……	基礎工
(4)	裏法被覆工……	基礎工……	根留工

(令和4年度後期第1次検定)

問題 2 Check □□□

海岸堤防の形式に関する次の記述のうち、**適当でないもの**はどれか。

(1)　緩傾斜型は、堤防用地が広く得られる場合や、海水浴等に利用する場合に適している。
(2)　混成型は、水深が割合に深く、比較的軟弱な基礎地盤に適している。
(3)　直立型は、比較的軟弱な地盤で、堤防用地が容易に得られない場合に適している。
(4)　傾斜型は、比較的軟弱な地盤で、堤体土砂が容易に得られる場合に適している。

(令和3年度前期第1次検定)

問題 3 

海岸堤防の形式に関する次の記述のうち、**適当でないもの**はどれか。

(1)　緩傾斜型は、堤防用地が広く得られる場合や、海水浴場等に利用する場合に適している。
(2)　混成型は、水深が割合に深く、比較的軟弱な基礎地盤に適している。
(3)　直立型は、比較的良好な地盤で、堤防用地が容易に得られない場合に適している。
(4)　傾斜型は、比較的軟弱な地盤で、堤体土砂が容易に得られない場合に適している。

(令和3年度後期第1次検定)

問題 4　Check □□□

下図は傾斜型海岸堤防の構造を示したものである。図の(イ)～(ハ)の構造名称に関する次の組合せのうち、**適当なもの**はどれか。

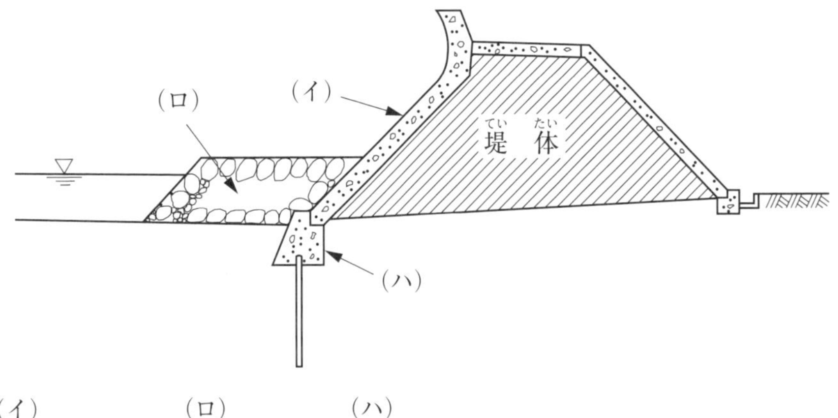

	(イ)	(ロ)	(ハ)
(1)	裏法被覆工	根固工	基礎工
(2)	表法被覆工	基礎工	根固工
(3)	表法被覆工	根固工	基礎工
(4)	裏法被覆工	基礎工	根固工

(令和2年度後期学科試験)

問題 5　Check □□□

下図は傾斜型海岸堤防の構造を示したものである。図の(イ)～(ニ)の構造名称に関する次の組合せのうち、**適当なもの**はどれか。

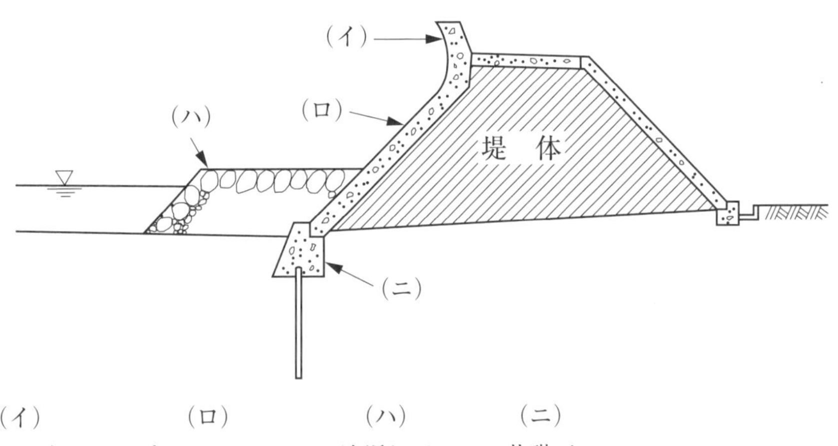

	(イ)	(ロ)	(ハ)	(ニ)
(1)	表法被覆工	根固工	波返し工	基礎工
(2)	波返し工	表法被覆工	基礎工	根固工
(3)	表法被覆工	基礎工	波返し工	根固工
(4)	波返し工	表法被覆工	根固工	基礎工

(平成30年度後期学科試験)

解答と解説 海岸堤防(護岸)

問題 1 ------→ 解答(3) Check □□□

海岸堤防は、堤防の前面勾配による型式分類では、勾配が1割(1：1)より急なものを直立型、1割より緩いものを傾斜型、傾斜型のうち3割(1：3)より緩やかなものを緩傾斜型という。傾斜型海岸堤防の各部の構造名称は、(イ)表法被覆工、(ロ)根留工、(ハ)基礎工である。そのため、(3)の組合せが適当である。

問題 2 ------→ 解答(3) Check □□□

直立型は、堤防前面の法勾配が1：1より急なもので、比較的堅固な地盤で、堤防用地が容易に得られない場合に適している。そのため、(3)は適当でない。

問題 3 ------→ 解答(4) Check □□□

傾斜型は、比較的軟弱な地盤で、堤体土砂が容易に得られる場合や、堤防用地が容易に得られる場合等に適している。そのため、(4)は適当でない。

問題 4 ------→ 解答(3) Check □□□

海岸堤防の前面勾配による型式分類では、傾斜型、直立型、及び混成型の3種類に分類され、勾配が1割(1：1)より緩いものを傾斜型という。設問の傾斜型海岸堤防の図に示された各部の構造名称は、(イ)表法被覆工、(ロ)根固工、(ハ)基礎工である。よって、組合せは(3)が適当である。

問題 5 ------→ 解答(4) Check 

傾斜型海岸堤防の構造名称は、(イ)波返し工、(ロ)表法被覆工、(ハ)根固工、(ニ)基礎工である。そのため、(4)が適当である。

傾斜型海岸堤防の図から構造名称を解答する問題は頻出ですが、毎回、ほぼ同じ図が示されています。過去問題で対策しておけば問題なく解答できます。

消波工

▶第1次検定では、消波工の問題も海岸堤防（護岸）と同様によく出題される。消波工の目的と概要を理解したうえで、施工の留意点を押さえる。

問題 1 Check □□□

海岸における異形コンクリートブロック（消波ブロック）による消波工に関する次の記述のうち、**適当なもの**はどれか。

（1） 乱積みは、層積みに比べて据付けが容易であり、据付け時は安定性がよい。
（2） 層積みは、規則正しく配列する積み方で外観が美しいが、安定性が劣っている。
（3） 乱積みは、高波を受けるたびに沈下し、徐々にブロックのかみ合わせがよくなり安定する。
（4） 層積みは、乱積みに比べて据付けに手間がかかるが、海岸線の曲線部等の施工性がよい。

（令和4年度前期第1次検定）

問題 2 Check □□□

海岸における異形コンクリートブロックによる消波工に関する次の記述のうち、**適当でないもの**はどれか。

（1） 異形コンクリートブロックを層積みで施工する場合は、据付けに手間がかかり、海岸線の曲線部などの施工が難しい。
（2） 異形コンクリートブロックは、海岸堤防の消波工のほかに、海岸の侵食対策としても多く用いられる。
（3） 異形コンクリートブロックを乱積みで施工する場合は、層積みに比べて据付け時の安定性がよい。
（4） 異形コンクリートブロックの据付け方には、一長一短があるので異形コンクリートブロックの特性や現地の状況などを調査して決める。

（令和1年度前期学科試験）

問題 3 Check

海岸における異形コンクリートブロックによる消波工に関する次の記述のうち、**適当でないもの**はどれか。

（1） 消波工は、波の打上げ高さを小さくすることや、波による圧力を減らすために堤防の前面に設けられる。
（2） 異形コンクリートブロックは、ブロックとブロックの間を波が通過することにより、波のエネルギーを減少させる。
（3） 乱積みは、荒天時の高波を受けるたびに沈下し、徐々にブロックどうしのかみ合わせが悪くなり不安定になってくる。
（4） 層積みは、規則正しく配列する積み方で整然と並び外観が美しく、設計どおりの据付けができ安定性がよい。

（令和1年度後期学科試験）

問題 4 ---------------- Check □□□

海岸堤防の異形コンクリートブロックによる消波工の施工に関する次の記述のうち、**適当なもの**はどれか。

（1） 乱積みは、荒天時の高波を受けるたびに沈下し、徐々にブロックのかみ合わせが悪くなり不安定になってくる。
（2） 層積みは、規則正しく配列する積みかたで外観は美しいが、ブロックの安定性が劣る。
（3） 乱積みは、層積みと比べて据付けが容易であり、据付け時のブロックの安定性がよい。
（4） 層積みは、乱積みに比べて据付けに手間がかかり、海岸線の曲線部などの施工が難しい。

（平成 30 年度前期学科試験）

解答と解説 消波工

問題 1 ----------------→ 解答(3) Check □□□

（1）乱積みは、捨石の均し面にある少々の凹凸は支障にならず、層積みと比べて据付けが容易であるが、空隙率が大きく据付け時のブロックの安定性が劣る。適当でない。
（2）層積みは、規則正しく配列する積み方で整然とし外観が美しく、乱積みに比べて空隙が少なく安定性がすぐれている。適当でない。
（4）層積みで施工する場合は、捨石の均し精度を要するなど、乱積みに比べて据付けに手間がかかり、海岸線の曲線部や隅角部などでは据付けが難しく施工性が悪い。適当でない。

問題 2 ----------------→ 解答(3) Check □□□

異形コンクリートブロックを乱積みで施工する場合は、層積みに比べて据付け時の安定性が劣る。そのため、（3）は適当でない。

問題 3 ----------------→ 解答(3) Check □□□

乱積みは、荒天時の高波を受けるたびに沈下し、徐々にブロックどうしのかみ合わせがよくなり落ち着いてくる。そのため、（3）は適当でない。

問題 4 ----------------→ 解答(4) Check □□□

（1）乱積みは、据付け直後は一般に空隙が設計値よりやや大きくなるが、荒天時の高波を受けるたびに沈下し、徐々にブロックのかみ合わせがよくなり落ち着いてくる。適当でない。
（2）層積みは、ブロックの向きを規則正しく配列する積みかたで外観が美しく、乱積みに比べて空隙が少なくブロックの安定性がすぐれている。適当でない。
（3）乱積みは、捨石均し面に少々の凹凸があっても支障がなく、層積みと比べて据付けが容易であるが、空隙率が大きく据付け時のブロックの安定性が劣る。適当でない。

2-9 港湾

攻略のポイント

POINT 1 ケーソン式混成堤の施工に関する出題が多い

近年は、ケーソン式混成堤の施工に関する出題が多い。護岸や岸壁等の主要な港湾施設の構造物本体にはケーソンが用いられることが多いので、ケーソンの施工に関する理解を深めておく。ケーソン本体の施工は、一般に、陸上またはドック等のケーソンヤードで製作したケーソンを、進水→仮置き→曳航→据付け→中詰→蓋コンクリート→上部工の順で施工することも押さえておく。

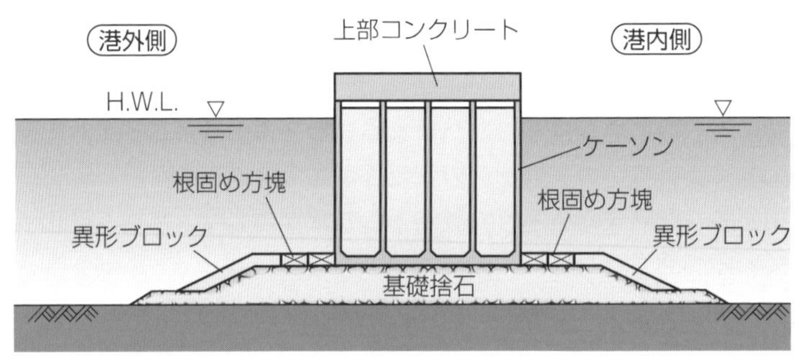

混成堤

POINT 2 防波堤の主な構造形式を覚える

港湾の防波堤は構造形式によって、直立堤、傾斜堤、混成堤、消波ブロック被覆堤、重力式防波堤に分類される。それぞれの構造を理解し、特徴や留意点を押さえておく。

POINT 3 港湾工事は施工方法と施工上の留意点を覚える

港湾工事におけるケーソン、水中コンクリート、基礎捨石、根固めなどの施工方法及び施工上の留意点について整理して覚える。

POINT 4 浚渫船に関する出題も見られる

頻度はそれほど高くないが浚渫船に関する出題も見られる。浚渫船の種類と作業方法、特にグラブ浚渫船の施工方法について押さえておく。グラブ浚渫船は中小規模の浚渫に適し、適用範囲が極めて広く浚渫深度や土質の制限も少なく、岸壁など構造物前面の浚渫や狭い場所での浚渫も可能であることを理解する。

防波堤及び港湾工事

▶第1次検定では、ケーソン式混成堤の施工に関する出題が頻出。構造形式と特徴を押さえておく。

問題 1 Check □□□

ケーソン式混成堤の施工に関する次の記述のうち、**適当でないもの**はどれか。

（1） ケーソンは、えい航直後の据付けが困難な場合には、波浪のない安定した時期まで沈設して仮置きする。
（2） ケーソンは、海面がつねにおだやかで、大型起重機船が使用できるなら、進水したケーソンを据付け場所までえい航して据え付けることができる。
（3） ケーソンは、注水開始後、着底するまで中断することなく注水を連続して行い、速やかに据え付ける。
（4） ケーソンの中詰め後は、波により中詰め材が洗い流されないように、ケーソンのふたとなるコンクリートを打設する。

（令和４年度後期第１次検定）

問題 2

ケーソン式混成堤の施工に関する次の記述のうち、**適当でないもの**はどれか。

（1） ケーソンは、海面がつねにおだやかで、大型起重機船が使用できるなら、進水したケーソンを据付け場所までえい航して据え付けることができる。
（2） ケーソンは、波が静かなときを選び、一般にケーソンにワイヤをかけて引き船でえい航する。
（3） ケーソンの中詰め材の投入には、一般に起重機船を使用する。
（4） ケーソンの底面が据付け面に近づいたら、注水を一時止め、潜水士によって正確な位置を決めたのち、ふたたび注水して正しく据え付ける。

（令和３年度前期第１次検定）

問題 3

ケーソン式混成堤の施工に関する次の記述のうち、**適当でないもの**はどれか。

（1） 据え付けたケーソンは、すぐに内部に中詰めを行って、ケーソンの質量を増し、安定性を高める。
（2） ケーソンのそれぞれの隔壁には、えい航、浮上、沈設を行うため、水位を調整しやすいように、通水孔を設ける。
（3） 中詰め後は、波によって中詰め材が洗い出されないように、ケーソンの蓋となるコンクリートを打設する。
（4） ケーソンの据付けにおいては、注水を開始した後は、中断することなく注水を連続して行い、速やかに据え付ける。

（令和３年度後期第１次検定）

問題 4　Check □□□

ケーソン式混成堤の施工に関する次の記述のうち、**適当でないもの**はどれか。

（1）　ケーソンの構造は、水位を調整しやすいように、それぞれの隔壁に通水孔を設ける。

（2）　ケーソンは、注水開始後、着底するまで中断することなく注水を連続して行い据え付ける。

（3）　ケーソンは、据え付けたらすぐに、内部に中詰めを行い、安定性を高めなければならない。

（4）　ケーソンの中詰め材は、土砂、割り石、コンクリート、プレパックドコンクリートなどを使用する。

（令和2年度後期学科試験）

問題 5　Check □□□

ケーソン式混成堤の施工に関する次の記述のうち、**適当でないもの**はどれか。

（1）　ケーソンは、注水により据付ける場合には注水開始後、中断することなく注水を連続して行い速やかに据付ける。

（2）　ケーソンは、海面がつねにおだやかで、大型起重機船が使用できるなら、進水したケーソンを据付け場所までえい航して据付けることができる。

（3）　ケーソンは、据付け後すぐにケーソン内部に中詰めを行って質量を増し、安定を高めなければならない。

（4）　ケーソンは、波の静かなときを選び、一般にケーソンにワイヤをかけて、引き船でえい航する。

（令和1年度後期学科試験）

問題 6　Check 

ケーソン式混成堤の施工に関する次の記述のうち、**適当でないもの**はどれか。

（1）　ケーソンの底面が据付け面に近づいたら、注水を一時止め、潜水士によって正確な位置を決めたのち、ふたたび注水して正しく据え付ける。

（2）　ケーソンの中詰め後は、波により中詰め材が洗い流されないように、ケーソンにふたとなるコンクリートを打設する。

（3）　ケーソン据付け直後は、ケーソンの内部が水張り状態で重量が大きく安定しているので、できるだけ遅く中詰めを行う。

（4）　ケーソンは、波浪や風などの影響でえい航直後の据付けが困難な場合には、波浪のない安定した時期まで沈設して仮置きする。

（平成30年度前期学科試験）

解答と解説 防波堤及び港湾工事

問題 1 → 解答(3) Check □□□

ケーソンの据付けでは、注水を開始した後は、ケーソンの底面が据付け面直前の位置に近づいたら注水を一旦止め、最終的なケーソンの引寄せを行い、潜水士による正確な位置決めののち、再び注水して正しく据え付ける。そのため、(3)は適当でない。

問題 2 → 解答(3) Check □□□

ケーソンの中詰め材の投入には、一般にグラブ付自航運搬船であるガット船を使用する。そのため、(3)は適当でない。

問題 3 → 解答(4) Check □□□

ケーソンの据付けにおいては、注水を開始した後は、底面が据付け面直前の位置まで近づいたら、注水を一時中断し、最終的なケーソンの引寄せ及び潜水士による正確な位置決めを行ったのち、注水を再開して正しく据え付ける。そのため、(4)は適当でない。

問題 4 → 解答(2) Check □□□

ケーソンは、注水開始後、底面が据付け面直前10～20cmの位置までに近づいたら注水を一時止め、最終的なケーソン引寄せを行い正確な位置を決めた後に、再び注水して正しく据え付ける。そのため、(2)は適当でない。

問題 5 → 解答(1) Check □□□

ケーソンは、注水により据付ける場合には注水開始後、底面が据付け面直前10～20cmの位置まで近づいたら注水を一時止め、最終的なケーソン引寄せを行い、潜水士によって正確な位置を決めたのち、再び注水して正しく据え付ける。そのため、(1)は適当でない。

問題 6 → 解答(3) Check □□□

ケーソン据付け直後は、ケーソンの内部が水張り状態で浮力の作用により波浪の影響を受けやすく、安定を高めるために、据付け後速やかに中詰めを行って質量を増す必要がある。そのため、(3)は適当でない。

浚渫

▶頻度はそれほど高くないが、第1次検定では浚渫に関する問題も出題される。特にグラブ浚渫船の施工方法についての出題が多い。

問題 1

Check □□□

グラブ浚渫船による施工に関する次の記述のうち、**適当なもの**はどれか。

（1） グラブ浚渫船は、ポンプ浚渫船に比べ、底面を平坦に仕上げるのが容易である。

（2） グラブ浚渫船は、岸壁等の構造物前面の浚渫や狭い場所での浚渫には使用できない。

（3） 非航式グラブ浚渫船の標準的な船団は、グラブ浚渫船と土運船のみで構成される。

（4） 出来形確認測量は、音響測深機等により、グラブ浚渫船が工事現場にいる間に行う。

（令和4年度前期第1次検定）

問題 2

Check □□□

グラブ浚渫船の施工に関する次の記述のうち、**適当なもの**はどれか。

（1） グラブ浚渫船は、ポンプ浚渫船に比べ、底面を平たんに仕上げるのが難しい。

（2） グラブ浚渫船は、岸壁などの構造物前面の浚渫や狭い場所での浚渫には使用できない。

（3） 非航式グラブ浚渫船の標準的な船団は、グラブ浚渫船と土運船のみで構成される。

（4） グラブ浚渫後の出来形確認測量には、原則として音響測探機は使用できない。

（令和1年度前期学科試験）

問題 3

Check □□□

グラブ浚渫の施工に関する次の記述のうち、**適当なもの**はどれか。

（1） 出来形確認測量は、原則として音響測深機により、工事現場にグラブ浚渫船がいる間に行う。

（2） グラブ浚渫船は、岸壁など構造物前面の浚渫や狭い場所での浚渫には使用できない。

（3） 非航式グラブ浚渫船の標準的な船団は、グラブ浚渫船と土運船で構成される。

（4） グラブ浚渫船は、ポンプ浚渫船に比べ、底面を平たんに仕上げるのが容易である。

（平成30年度後期学科試験）

解答と解説　浚渫

問題 1 ----------→ 解答(4)　Check □□□

(1)グラブ浚渫船は、ポンプ浚渫船に比べ、底面を平坦に仕上げるのが難しい。適当でない。
(2)グラブ浚渫船は、中小規模の浚渫工事に適しており、適用範囲が極めて広く、岸壁等の構造物前面の浚渫や狭い場所での浚渫にも使用できる。適当でない。
(3)非航式グラブ浚渫船の標準的な船団は、グラブ浚渫船、引船、土運船及び揚錨船の組合せで構成される。適当でない。
(4)設問の通りで、適当である。

問題 2 ----------→ 解答(1)　Check □□□

(1)設問通りで、適当である。
(2)グラブ浚渫船は、岸壁など構造物前面の浚渫や狭い場所での浚渫にも使用できる。適当でない。なお、グラブ浚渫船は中小規模の浚渫工事に適しており、適用範囲が極めて広い。
(3)非航式グラブ浚渫船の標準的な船団は、グラブ浚渫船、引船、土運船及び揚錨船の組合せで構成される。適当でない。
(4)グラブ浚渫後の出来形確認測量には、原則として音響測探機を使用して行う。適当でない。

問題 3 ----------→ 解答(1)　Check 

(1)設問の通りで、適当である。
(2)グラブ浚渫船は、適用範囲が極めて広く、岸壁など構造物前面の浚渫や狭い場所での浚渫にも使用でき、中小規模の浚渫工事に適する。適当でない。
(3)非航式グラブ浚渫船の標準的な船団は、グラブ浚渫船、土運船、引船及び揚錨船で構成される。適当でない。
(4)グラブ浚渫船は、ポンプ浚渫船に比べ、底面を平坦に仕上げるのが困難である。適当でない。

グラブ浚渫船は、土砂をつかむグラブバケットの種類と適用する土質についても整理して覚えましょう。

2-10 鉄道・地下構造物

攻略のポイント

POINT 1 営業線近接工事等に関する問題が頻出

第１次検定では、営業線近接工事等に関する問題が毎回出題される。在来線の線路内及び営業線近接工事の保安対策、線路下横断工事の施工などを押さえておく。

POINT 2 シールド工法に関する問題も頻出

シールド工法に関する出題も毎回出題される。シールド工法における工法の種類と特徴、並びに施工上の留意点について押さえる。

シールド形式の種類

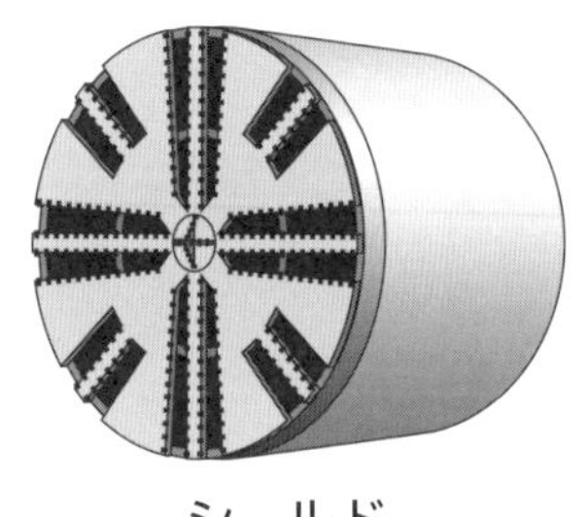
シールド

シールドの形式			
シールド工法	密閉型（機械掘り式）	土圧式	土圧シールド
			泥土圧シールド
		泥水式シールド	
	開放型	部分開放型	ブラインド式シールド※
		全面開放型	手掘り式シールド
			半機械掘り式シールド
			機械掘り式シールド

※部分開放型のブラインド式シールドは、近年、施工実績がない。

POINT 3 土構造物は盛土と路盤を押さえる

盛土や路盤に関する問題は、それぞれの種類と区分、留意点を押さえる。鉄道の軌道に関する問題も出題されることがある。

POINT 4 軌道の用語を覚える

第１次検定では、鉄道の「軌道の用語」と「説明」に関する組み合わせの形式の問題が出題されることが多いので、軌道に関する用語を押さえておく。

土構造物

▶第１次検定では、盛土及び路盤に関する設計標準、鉄道の軌道などに関する問題が出題される。

問題 1 Check □□□

鉄道工事における砕石路盤に関する次の記述のうち、**適当でないもの**はどれか。

（1） 砕石路盤は軌道を安全に支持し、路床へ荷重を分散伝達し、有害な沈下や変形を生じない等の機能を有するものとする。

（2） 砕石路盤では、締固めの施工がしやすく、外力に対して安定を保ち、かつ、有害な変形が生じないよう、圧縮性が大きい材料を用いるものとする。

（3） 砕石路盤の施工は、材料の均質性や気象条件等を考慮して、所定の仕上り厚さ、締固めの程度が得られるように入念に行うものとする。

（4） 砕石路盤の施工管理においては、路盤の層厚、平坦性、締固めの程度等が確保できるよう留意するものとする。

（令和４年度前期第１次検定）

問題 2 Check □□□

鉄道の軌道に関する次の記述のうち、**適当でないもの**はどれか。

（1） ロングレールとは、軌道の欠点である継目をなくすために、溶接でつないでレールを200m以上としたものである。

（2） 有道床軌道とは、軌道の保守作業を軽減するため開発された省力化軌道で、プレキャストのコンクリート版を用いた軌道構造である。

（3） マクラギは、軌間を一定に保持し、レールから伝達される列車荷重を広く道床以下に分散させる役割を担うものである。

（4） 路盤とは、道床を直接支持する部分をいい、３％程度の排水勾配を設けることにより、道床内の水を速やかに排除する役割を担うものである。

（令和３年度前期第１次検定）

問題 3 Check □□□

鉄道工事における道床バラストに関する次の記述のうち、**適当でないもの**はどれか。

（1） 道床の役割は、マクラギから受ける圧力を均等に広く路盤に伝えることや、排水を良好にすることである。

（2） 道床に用いるバラストは、単位容積重量や安息角が小さく、吸水率が大きい、適当な粒径、粒度を持つ材料を使用する。

（3） 道床バラストに砕石が用いられる理由は、荷重の分布効果に優れ、マクラギの移動を抑える抵抗力が大きいためである。

（4） 道床バラストを貯蔵する場合は、大小粒が分離ならびに異物が混入しないようにしなければならない。

（令和３年度後期第１次検定）

問題 4 Check □□□

鉄道工事における道床、路盤及び路床の施工上の留意事項に関する次の記述のうち、**適当でないもの**はどれか。

（1） バラスト道床は、強固で耐摩耗性に優れた砕石を選び、入念な締固めが必要である。

（2） バラスト道床は、安価で施工・保守が容易であるが、定期的な軌道の修正・修復が必要である。

（3） 路盤は、十分強固で適当な弾性を有し、排水を考慮する必要がある。

（4） 路床は、路盤及び道床を確実に支えるため、水平に仕上げる必要がある。

（令和 1 年度前期学科試験）

問題 5 Check □□□

鉄道の路盤の役割に関する次の記述のうち、**適当でないもの**はどれか。

（1） 軌道を十分強固に支持する。

（2） まくら木を緊密にむらなく保持する。

（3） 路床への荷重の分散伝達をする。

（4） 排水勾配を設け道床内の水を速やかに排除する。

（令和 1 年度後期学科試験）

問題 6 Check □□□

鉄道の道床バラストに関する次の記述のうち、道床バラストに砕石が使われる理由として**適当でないもの**はどれか。

（1） 荷重の分布効果に優れている。

（2） 列車荷重や振動に対して崩れにくい。

（3） 保守の省力化に優れている。

（4） マクラギの移動を抑える抵抗力が大きい。

（平成 30 年度後期学科試験）

解答と解説 土構造物

問題 1 → 解答(2) Check □□□

碎石路盤では、支持力が大きく、噴泥が生じにくい材料の単一層からなる構造とし、締固めの施工がしやすく、外力に対して安定を保ち、かつ、有害な変形が生じないよう、圧縮性が小さい材料を用いるものとする。そのため、(2)は適当でない。

問題 2 → 解答(2) Check □□□

有道床軌道とは、道床バラスト、まくらぎ及びレールで構成される軌道構造である。軌道の保守作業を軽減するため開発された省力化軌道で、プレキャストのコンクリート版を用いた軌道構造の記述は、直結型のスラブ軌道を示している。そのため、(2)は適当でない。

問題 3 → 解答(2) Check □□□

道床に用いるバラストは、単位容積重量や安息角が大きく吸水率が小さい、適当な粒径、粒度を持つ材料を使用する。そのため、(2)は適当でない。なお、バラストは、大粒径比率と小粒径比率がともに多くない、適切な粒径が望ましい。

問題 4 → 解答(4) Check □□□

路床は、路盤及び道床を確実に支えるための部分であり、雨水等の排水のため、路床表面には線路横断方向に３％程度の排水勾配を設ける。そのため、(4)は適当でない。

問題 5 → 解答(2) Check □□□

まくら木を緊密にむらなく保持するのは、道床の役割である。そのため、(2)は適当でない。なお道床の役割には、まくら木に伝わる列車荷重を路盤に広く、かつ均等に分散させることがある(有道床軌道)。

問題 6 → 解答(3) Check □□□

有道床軌道では、バラストの変形により軌道変位が生じるため、突き固めによる定期的な保守作業などが必要になり、それらを容易に行えることは長所であるが、逆に、それらの作業が前提であることは保守業務の省力化の面では短所でもある。そのため、(3)は適当でない。

軌道の保守

▶第1次検定では、鉄道の「軌道の用語」と「説明」の組み合わせの形式で出題されることが多いので、関連する用語をしっかりと覚えておく。

問題 1 Check □□□

「鉄道の用語」と「説明」に関する次の組合せのうち、**適当でないもの**はどれか。

［鉄道の用語］　［説　明］

（1）線路閉鎖工事…………線路内で、列車や車両の進入を中断して行う工事のこと

（2）軌間……………………レールの車輪走行面より下方の所定距離以内における左右レール頭部間の最短距離のこと

（3）緩和曲線………………鉄道車両の走行を円滑にするために直線と円曲線、又は二つの曲線の間に設けられる特殊な線形のこと

（4）路盤……………………自然地盤や盛土で構築され、路床を支持する部分のこと

（令和4年度後期第1次検定）

問題 2 Check □□□

鉄道の「軌道の用語」と「説明」に関する次の組合せのうち、**適当でないもの**はどれか。

［軌道の用語］　［説　明］

（1）カント量…………車両が曲線を通過するときに、遠心力により外方に転倒するのを防止するために外側のレールを高くする量

（2）緩和曲線…………鉄道車両の走行を円滑にするために直線と円曲線、又は二つの曲線の間に設けられる特殊な線形のこと

（3）バラスト…………まくらぎと路盤の間に用いられる砂利、砕石などの粒状体のこと

（4）スラック…………曲線上の車輪の通過をスムーズにするために、レール頭部を切削する量

（令和2年度後期学科試験）

問題 3 Check □□□

鉄道の軌道に関する「用語」と「説明」との次の組合せのうち、**適当なもの**はどれか。

［用　語］　［説　明］

（1）ロングレール…………………長さ200m以上のレール

（2）定尺レール……………………長さ30mのレール

（3）軌間……………………………両側のレール頭部中心間の距離

（4）レールレベル（RL）…………路盤の高さを示す基準面

（平成30年度前期学科試験）

解答と解説　軌道の保守

問題 1 ------------------------------------> 解答(4) Check □□□

路盤は、道床を直接支持し路床に荷重を分散伝達する部分をいい、十分な支持力をもつ均質な層であることが必要となり、コンクリート路盤、アスファルト路盤、砕石路盤等の種類がある。また、排水勾配を設けることにより、道床内の水の排除機能がある。そのため、(4)の組合せは適当でない。

問題 2 ------------------------------------> 解答(4) Check 

スラックは、軌道の曲線及び分岐において車両の走行を容易にするために、外側のレールを基準として軌間を内方に拡大することをいう。そのため、(4)は適当でない。

問題 3 ------------------------------------> 解答(1) Check 

(1)設問の通りで、適当である。
(2)定尺レールは、長さ25mのレールである。適当でない。
(3)軌間は、レール面から所定距離以内(車輪の接触位置)における両側レール頭部間の最短距離である。適当でない。
(4)レールレベル(RL)は、軌道のレール頭頂面の高さである。適当でない。なお、軌道を支える路盤の高さを示す基準面は施工基面といい、フォーメイションレベル(FL)ともいう。

「軌道の保守」は、軌道保守業務の総称です。検査、保守作業の計画、軌道材料の補修や交換及び軌道変位の整正に分類されています。軌道は、車両の走行などによって軌道を構成する各部の材料には変位、摩耗、変形、腐食等が生じるため、変位部分をもとに戻したり、交換や修理などを行ったりする軌道保守作業及び維持管理が必要になります。

営業線近接工事等

▶第１次検定では、営業線近接工事等に関する問題が毎回出題される。線路内及び営業線近接工事の保安対策、線路下横断工事の施工などについて理解する。

問題 1 Check □□□

鉄道の営業線近接工事における工事従事者の任務に関する下記の説明文に**該当する工事従事者の名称**は、次のうちどれか。

「工事又は作業終了時における列車又は車両の運転に対する支障の有無の工事管理者等への確認を行う。」

（1） 線閉責任者
（2） 停電作業者
（3） 列車見張員
（4） 踏切警備員

（令和４年度前期第１次検定）

問題 2 Check □□□

鉄道の営業線近接工事に関する次の記述のうち、**適当でないもの**はどれか。

（1） 保安管理者は、工事指揮者と相談し、事故防止責任者を指導し、列車の安全運行を確保する。
（2） 重機械の運転者は、重機械安全運転の講習会修了証の写しを添えて、監督員等の承認を得る。
（3） 複線以上の路線での積みおろしの場合は、列車見張員を配置し、車両限界をおかさないように材料を置かなければならない。
（4） 列車見張員は、信号炎管・合図灯・呼笛・時計・時刻表・緊急連絡表を携帯しなければならない。

（令和４年度後期第１次検定）

問題 3 Check □□□

営業線内工事における工事保安体制に関する次の記述のうち、**適当でないもの**はどれか。

（1） 工事管理者は、工事現場ごとに専任の者を常時配置しなければならない。
（2） 軌道作業責任者は、作業集団ごとに専任の者を常時配置しなければならない。
（3） 列車見張員及び特殊列車見張員は、工事現場ごとに専任の者を配置しなければならない。
（4） 停電責任者は、工事現場ごとに専任の者を配置しなければならない。

（令和３年度前期第１次検定）

問題 4 Check □□□

鉄道営業線における建築限界と車両限界に関する次の記述のうち、**適当でないもの**はどれか。

（1） 建築限界とは、建造物等が入ってはならない空間を示すものである。
（2） 曲線区間における建築限界は、車両の偏いに応じて縮小しなければならない。

（3） 車両限界とは、車両が超えてはならない空間を示すものである。
（4） 建築限界は、車両限界の外側に最小限必要な余裕空間を確保したものである。

（令和３年度後期第１次検定）

問題 5 Check □□□

鉄道（在来線）の営業線路内及び営業線近接工事の保安対策に関する次の記述のうち、**適当でないもの**はどれか。

（1） 列車接近合図を受けた場合は、列車見張員による監視を強化し安全に作業を行うこと。
（2） 重機械の使用を変更する場合は、必ず監督員などの承諾を受けて実施すること。
（3） ダンプ荷台やクレーンブームは、これを下げたことを確認してから走行すること。
（4） 工事用自動車を使用する場合は、工事用自動車運転資格証明書を携行すること。

（令和２年度後期学科試験）

問題 6 Check □□□

鉄道（在来線）の営業線内又はこれに近接して工事を施工する場合の保安対策に関する次の記述のうち、**適当でないもの**はどれか。

（1） １名の列車見張員では見通し距離を確保できない場合は、見通し距離を確保できる位置に中継列車見張員を増員する。
（2） 工事現場において事故発生により列車運行に支障するおそれが生じた場合は、直ちに列車防護の手配を取るとともに関係箇所へ連絡し、その指示を受ける。
（3） 建設用大型機械を使用する作業では、営業する列車が通過する際に、安全に十分に注意を払いながら作業する。
（4） 工事管理者は、工事現場ごとに専任の者を常時配置し、工事の内容及び施工方法などにより必要に応じて複数配置する。

（令和１年度前期学科試験）

問題 7 Check □□□

鉄道（在来線）の営業線内及びこれに近接した工事に関する次の記述のうち、**適当でないもの**はどれか。

（1） 工事管理者は、「工事管理者資格認定証」を有する者でなければならない。
（2） 営業線に近接した重機械による作業は、列車の近接から通過の完了まで作業を一時中止する。
（3） 工事場所が信号区間では、バール・スパナ・スチールテープなどの金属による短絡（ショート）を防止する。
（4） 複線以上の路線での積おろしの場合は、列車見張員を配置し車両限界をおかさないように材料を置く。

（令和１年度後期学科試験）

問題 8 Check □□□

鉄道の営業線近接工事における工事従事者の任務に関する下記の説明文に**該当する工事従事者の名称**

は、次のうちどれか。

「列車などが所定の位置に接近したときは、あらかじめ定められた方法により、作業員などに対し列車接近の合図をしなければならない。」

（1）　工事管理者

（2）　誘導員

（3）　列車見張員

（4）　主任技術者

（平成 30 年度前期学科試験）

問題 9 Check □□□

営業線内工事における工事保安体制に関する次の記述のうち、工事従事者の配置について**適当でないもの**はどれか。

（1）　工事管理者は、工事現場ごとに専任の者を常時配置しなければならない。

（2）　線閉責任者は、工事現場ごとに専任の者を常時配置しなければならない。

（3）　軌道工事管理者は、工事現場ごとに専任の者を常時配置しなければならない。

（4）　列車見張員及び特殊列車見張員は、工事現場ごとに専任の者を配置しなければならない。

（平成 30 年度後期学科試験）

解答と解説　営業線近接工事等

問題 1 → 解答(1) Check □□□

営業線近接工事における工事従事者の任務に関し、線閉責任者については、『工事又は作業終了時における列車又は車両の運転に対する支障の有無の工事管理者等への確認』がある。そのため、（1）が適当である。そのほか、線閉工事申込書の作成、駅長等との打合せ及び線路閉鎖手続等に定められる任務等がある。

問題 2 → 解答(3) Check □□□

複線以上の路線での積おろしの場合は、列車見張員を配置し、隣接線の列車に注意するとともに、建築限界に支障がないように機器及び材料等を置かなければならない。そのため、（3）は適当でない。

問題 3 → 解答(4) Check □□□

停電責任者は、き電停止工事を施行する場合に配置する。条件により、工事管理者等による兼務が可能になる。そのため、（4）は適当でない。

問題4 解答(2) Check □□□

曲線区間における建築限界は、車両の偏いに応じて拡大しなければならない。そのため、(2)は適当でない。なお、曲線部には、一般にカントを設けているので、これに応じて建築限界も傾斜させる。

問題5 解答(1) Check □□□

列車接近合図を列車見張員等が受けた場合、列車接近承知の合図を返すとともに、次の列車見張員等へ列車接近の合図を順送する。従事員は、待避が必要な位置で作業を行う場合、列車見張員から列車接近の合図を受けたときは、直ちに相互に応答するとともに、支障物がないことを確認し、指定された避難箇所に避難する。そのため、(1)は適当でない。

問題6 解答(3) Check □□□

建設用大型機械を使用する作業では、営業する列車が通過する際に、列車の接近時から通過するまで、一時施工を中止する。そのため、(3)は適当でない。なお、列車の振動、風圧等によって、不安定、危険な状態になるおそれのある工事または乗務員に不安を与えるおそれのある工事は、列車の接近時から通過するまで、一時施工を中止するとされている。

問題7 解答(4) Check □□□

複線以上の路線での積おろしの場合は、列車見張員を配置し隣接線の列車に注意するとともに、建築限界を支障しないように機器及び材料等を置く。そのため、(4)は適当でない。

問題8 解答(3) Check □□□

(1)該当しない。
(2)該当しない。
(3)設問の通りで、該当する。なお、列車見張員の任務は説明文のほか、指定された位置での列車等の進来・通過の監視、列車の乗務員への退避完了の合図などの業務があり、さらに、「請負工事等従事員接触防止マニュアル」における任務もある。
(4)該当しない。

問題9 解答(2) Check □□□

線閉責任者は、線路閉鎖工事を施工する場合、保守用車両等及び線路点検車を使用する場合、道床バラスト走行散布等の場合及び保守作業を施工する場合に配置することが定められているが、工事現場ごとに専任の者を常時配置することは規定されていない。そのため、(2)は適当でない。

地下構造物（シールド工法）

▶第１次検定では、シールド工法に関する問題も毎回出題される。空欄に当てはまる用語の組み合わせを解答する形式の問題も出題される。

問題 1 Check □□□

シールド工法の施工に関する次の記述のうち、**適当でないもの**はどれか。

（1） セグメントの外径は、シールドの掘削外径よりも小さくなる。

（2） 覆工に用いるセグメントの種類は、コンクリート製や鋼製のものがある。

（3） シールドのテール部には、シールドを推進させるジャッキを備えている。

（4） シールド推進後に、セグメント外周に生じる空隙にはモルタル等を注入する。

（令和４年度前期第１次検定）

問題 2 Check □□□

シールド工法に関する次の記述のうち、**適当でないもの**はどれか。

（1） シールド工法は、開削工法が困難な都市の下水道工事や地下鉄工事をはじめ、海底道路トンネルや地下河川の工事等で用いられる。

（2） シールド工法に使用される機械は、フード部、ガーダー部、テール部からなる。

（3） 泥水式シールド工法では、ずりがベルトコンベアによる輸送となるため、坑内の作業環境は悪くなる。

（4） 土圧式シールド工法は、一般に粘性土地盤に適している。

（令和４年度後期第１次検定）

問題 3 Check □□□

シールド工法の施工に関する下記の文章の［　　］の（イ）、（ロ）に当てはまる次の組合せのうち、**適当なもの**はどれか。

「土圧式シールド工法は、カッターチャンバー排土用の［（イ）］内に掘削した土砂を充満させて、切羽の土圧と平衡を保ちながら掘進する工法である。一方、泥水式シールド工法は、切羽に隔壁を設けて、この中に泥水を循環させ、切羽の安定を保つと同時に、カッターで切削された土砂を泥水とともに坑外まで［（ロ）］する工法である。」

	（イ）	（ロ）
（1）	スクリューコンベヤ	流体輸送
（2）	排泥管	ベルトコンベヤ輸送
（3）	スクリューコンベヤ	ベルトコンベヤ輸送
（4）	排泥管	流体輸送

（令和３年度前期第１次検定）

問題 4 Check □□□

シールド工法に関する次の記述のうち、**適当でないもの**はどれか。

（1） シールドのフード部には、切削機構を備えている。
（2） シールドのガーダー部には、シールドを推進させるジャッキを備えている。
（3） シールドのテール部には、覆工作業ができる機構を備えている。
（4） フード部とガーダー部がスキンプレートで仕切られたシールドを密閉型シールドという。

（令和３年度後期第１次検定）

問題 5 Check □□□

シールド工法に関する次の記述のうち、**適当でないもの**はどれか。

（1） シールド工法は、開削工法が困難な都市の下水道工事や地下鉄工事などで用いられる。
（2） 切羽とシールド内部が隔壁で仕切られたシールドは、密閉型シールドと呼ばれる。
（3） 土圧式シールド工法は、スクリューコンベヤで排土を行う工法である。
（4） 泥水式シールド工法は、大きい径の礫を排出するのに適している工法である。

（令和２年度後期学科試験）

問題 6 Check □□□

シールド工法に関する次の記述のうち、**適当でないもの**はどれか。

（1） シールド工法は、開削工法が困難な都市の下水道、地下鉄、道路工事などで多く用いられる。
（2） 開放型シールドは、フード部とガーダー部が隔壁で仕切られている。
（3） シールド工法に使用される機械は、フード部、ガーダー部、テール部からなる。
（4） 発進立坑は、シールド機の掘削場所への搬入や掘削土の搬出などのために用いられる。

（令和１年度前期学科試験）

問題 7 Check □□□

シールド工法に関する次の記述のうち、**適当でないもの**はどれか。

（1） 泥水式シールド工法は、巨礫の排出に適している工法である。
（2） 土圧式シールド工法は、切羽の土圧と掘削土砂が平衡を保ちながら掘進する工法である。
（3） 土圧シールドと泥土圧シールドの違いは、添加材注入装置の有無である。
（4） 泥水式シールド工法は、切削された土砂を泥水とともに坑外まで流体輸送する工法である。

（令和１年度後期学科試験）

問題 8 Check □□□

シールドトンネル工事に関する下記の文章の［　　］の（イ）、（ロ）に当てはまる次の語句の組合せのうち、**適当なもの**はどれか。

「シールド工法は、シールド機前方で地山を掘削しながらセグメントをシールドジャッキで押すことにより推力を得るものであり、シールドジャッキの選定と［（イ）］は、シールドの操向性、セグメントの種類及びセグメント （ロ） の施工性などを考慮して決めなければならない。」

（イ）　　　　　（ロ）

（1）　ストローク…………製作
（2）　配置…………………組立て
（3）　配置…………………製作
（4）　ストローク…………組立て

（平成30年度前期学科試験）

解答と解説　地下構造物（シールド工法）

問題 1 → 解答(3)　Check □□□

シールドは、切羽側からフード部、ガーター部及びテール部に分けられる。ガーター部には、シールドを推進させるジャッキを備えている。そのため、（3）は適当でない。なお、テール部はセグメントを組み立てる部分であり、エレクターやテールシールを備えている。

問題 2 → 解答(3)　Check □□□

泥水式シールド工法は、切羽に隔壁を設けて、この中に泥水を循環させ、切羽の安定を保つと同時に、カッターで切断された土砂を泥水とともに坑外まで流体輸送する工法である。そのため、（3）は適当でない。

問題 3 → 解答(1)　Check □□□

「土圧式シールド工法は、カッターチャンバー排土用の（イ）スクリューコンベヤ内に掘削した土砂を充満させて、切羽の土圧と平衡を保ちながら掘進する工法である。一方、泥水式シールド工法は、切羽に隔壁を設けて、この中に泥水を循環させ、切羽の安定を保つと同時に、カッターで切断された土砂を泥水とともに坑外まで（ロ）流体輸送する工法である」。そのため、（1）の組合せが適当である。

問題 4 → 解答(4)　Check □□□

フード部とガーター部が隔壁で仕切られたシールドを密閉型シールドという。そのため、（4）は適当でない。なお、スキンプレートは、シールドの内部を保護するシールド鋼殻の外板部である。

問題 5 → 解答(4)　Check □□□

泥水式シールド工法の場合、巨礫はシールドに取り込めずトラブルの原因となることがあり、礫径をボーリング等により事前調査し把握しておく必要がある。そのため、（4）は適当でない。なお、対応手段として、巨礫は別途クラッシャーによって破砕するか、礫処理装置などで除去し、配管等で閉塞が生じないようにする必要がある。

問題 6 解答(2) Check □□□

密閉型シールドは、フード部とガーダー部が隔壁で仕切られている。そのため、(2)は適当でない。

問題 7 解答(1) Check □□□

泥水式シールド工法の場合、巨礫はシールドに取り込めずトラブルの原因となることがあり、礫径をボーリング等により事前調査し把握しておく必要がある。そのため、(1)は適当でない。

問題 8 解答(2) Check 

シールドジャッキは、その選定にあたってはなるべくコンパクトな構造となるように考慮し、等間隔に配置してセグメント全周に均等荷重を与えられるように考慮する。しかし、操向性等を確保するために、土質条件によっては間隔の違った配置とすることもあり、曲線、勾配、蛇行修正等の場所では部分的なジャッキだけで掘進することもあるので、シールドジャッキの1本の推力、本数及び配置は余裕をもって計画する必要がある。また、シールドジャッキの選定と配置については、セグメント「組立て」に際して組立て位置のシールドジャッキを引き込むので、シールドが押し戻されぬよう、残ったジャッキの推力と切羽の保持圧力とのバランスを考慮する必要がある。シールドジャッキの「ストローク」はセグメント組立てに関係し、その長さはセグメントの幅に所用の余裕を考慮する必要があるが、ストローク自体は、直接操向性には関わらない。「製作」については、セグメントは工場製品であり「セグメント製作の施工性」は、シールドジャッキの選定と配置には直接関係することはない。よって、(イ)は配置、(ロ)は組立てが入るので、(2)が適当である。

地下構造物には、ビルの地階のように地上の構造物と一体になっているものと、地下鉄や共同溝のように地中に埋設された構造物があります。都市における埋設構造物は、ほとんどが道路等の公共用地の地下を利用していますが、それらはトンネル工法で施工されている場合が多くなっています。

2-11 上・下水道

攻略のポイント

POINT 1 上水道の施工と下水道の施工は毎回、出題される

第１次検定では、上水道の施工、下水道の施工のどちらも毎回、出題されている。関連する用語も多いので、しっかり覚える。

POINT 2 上水道の施工は配水管の布設などを押さえる

上水道の配水管の布設に関する埋設深さなど、道路法に関連する規定及び施工上の留意点を整理しておく。

POINT 3 下水道の施工は管渠の種類と特徴を押さえる

下水道の管渠の埋設にあたって、管渠の種類、土質の性状及び基礎工の種類との組み合わせ、管渠の接合方法とその特徴などを整理しておく。

POINT 4 図の名称を解答する形式の問題も出題される

下水道の施工は、示された図をもとに名称を解答する形式の出題もある。剛性管渠における基礎の種類、遠心力鉄筋コンクリート管の継手の名称を解答する問題などが出題されている。

剛性管渠の基礎工の種類

砂基礎

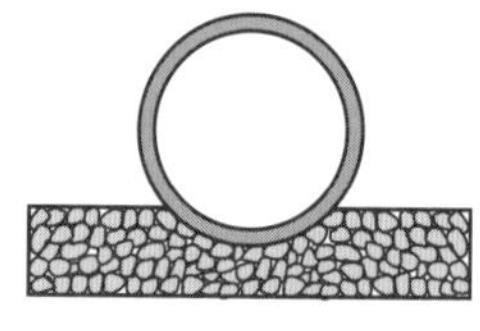
砕石基礎

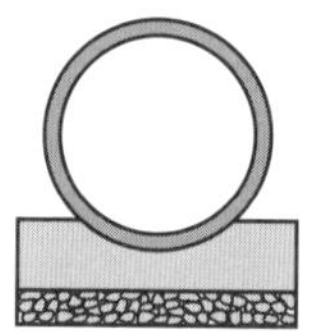
コンクリート基礎

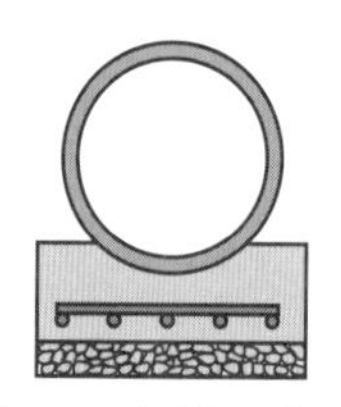
鉄筋コンクリート基礎

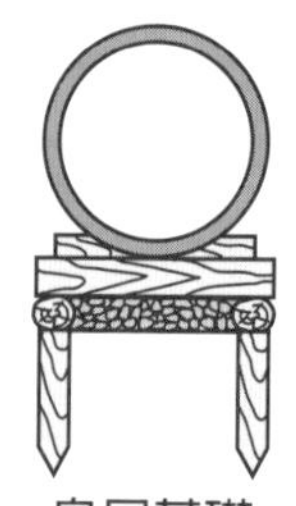
鳥居基礎

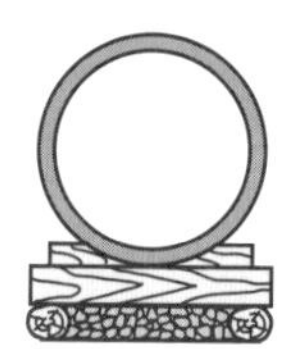
はしご胴木基礎

上水道の施工

▶第１次検定では、上水道の施工に関する問題が毎回、出題される。配水管の種類と特徴を押さえ、関連用語を覚える。

問題 1 Check □□□

上水道の管布設工に関する次の記述のうち、**適当でないもの**はどれか。

（1） 塩化ビニル管の保管場所は、なるべく風通しのよい直射日光の当たらない場所を選ぶ。
（2） 管のつり下ろしで、土留め用切梁を一時取り外す場合は、必ず適切な補強を施す。
（3） 鋼管の据付けは、管体保護のため基礎に砕石を敷き均して行う。
（4） 埋戻しは片埋めにならないように注意し、現地盤と同程度以上の密度になるよう締め固める。

（令和４年度前期第１次検定）

問題 2 Check □□□

上水道の管布設工に関する次の記述のうち、**適当でないもの**はどれか。

（1） 管の布設は、原則として低所から高所に向けて行う。
（2） ダクタイル鋳鉄管の据付けでは、管体の管径、年号の記号を上に向けて据え付ける。
（3） 一日の布設作業完了後は、管内に土砂、汚水等が流入しないよう木蓋等で管端部をふさぐ。
（4） 鋳鉄管の切断は、直管及び異形管ともに切断機で行うことを標準とする。

（令和４年度後期第１次検定）

問題 3 Check □□□

上水道に用いる配水管の特徴に関する次の記述のうち、**適当なもの**はどれか。

（1） 鋼管は、溶接継手により一体化ができるが、温度変化による伸縮継手等が必要である。
（2） ダクタイル鋳鉄管は、継手の種類によって異形管防護を必要とし、管の加工がしやすい。
（3） 硬質塩化ビニル管は、高温度時に耐衝撃性が低く、接着した継手の強度や水密性に注意する。
（4） ポリエチレン管は、重量が軽く、雨天時や湧水地盤では融着継手の施工が容易である。

（令和３年度前期第１次検定）

問題 4 Check □□□

上水道の導水管や配水管の特徴に関する次の記述のうち、**適当でないもの**はどれか。

（1） ステンレス鋼管は、強度が大きく、耐久性があり、ライニングや塗装が必要である。
（2） ダクタイル鋳鉄管は、強度が大きく、耐腐食性があり、衝撃に強く、施工性がよい。
（3） 硬質塩化ビニル管は、耐腐食性や耐電食性にすぐれ、質量が小さく加工性がよい。
（4） 鋼管は、強度が大きく、強靭性があり、衝撃に強く、加工性がよい。

（令和３年度後期第１次検定）

問題 5 ---- Check □□□

上水道管きょの据付けに関する次の記述のうち、**適当でないもの**はどれか。

（1）　管を掘削溝内につり下ろす場合は、溝内のつり下ろし場所に作業員を立ち入らせない。

（2）　管のつり下ろし時に土留め用切ばりを一時取り外す必要がある場合は、必ず適切な補強を施す。

（3）　鋼管の据付けは、管体保護のため基礎に砕石を敷き均して行う。

（4）　管の据付けに先立ち、十分管体検査を行い、亀裂その他の欠陥がないことを確認する。

（令和２年度後期学科試験）

問題 6 ---- Check □□□

上水道に用いる配水管の種類と特徴に関する次の記述のうち、**適当でないもの**はどれか。

（1）　ステンレス鋼管は、ライニングや塗装を必要とする。

（2）　鋼管は、溶接継手により一体化でき、地盤の変動には管体の強度及び変形能力で対応する。

（3）　ダクタイル鋳鉄管は、管体強度が大きく、じん性に富み、衝撃に強い。

（4）　硬質ポリ塩化ビニル管は、耐食性に優れ、重量が軽く施工性に優れる。

（令和１年度前期学科試験）

問題 7 ---- Check □□□

上水道の管布設工に関する次の記述のうち、**適当でないもの**はどれか。

（1）　管の布設にあたっては、受口のある管は受口を高所に向けて配管する。

（2）　鋳鉄管の切断は、直管及び異形管ともに切断機で行うことを標準とする。

（3）　ダクタイル鋳鉄管の据付けにあたっては、管体の表示記号を確認するとともに、管径、年号の記号を上に向けて据え付ける。

（4）　管周辺の埋戻しは、片埋めにならないように敷き均して現地盤と同程度以上の密度となるように締め固める。

（令和１年度後期学科試験）

問題 8 ---- Check □□□

上水道に用いる配水管と継手の特徴に関する次の記述のうち、**適当なもの**はどれか。

（1）　鋼管に用いる溶接継手は、管と一体化して地盤の変動に対応できる。

（2）　硬質塩化ビニル管は、質量が大きいため施工性が悪い。

（3）　ステンレス鋼管は、異種金属と接続させる場合は絶縁処理を必要としない。

（4）　ダクタイル鋳鉄管に用いるメカニカル継手は、伸縮性や可とう性がないため地盤の変動に対応できない。

（平成30年度前期学科試験）

問題 9 ---- Check □□□

上水道管の布設工事に関する次の記述のうち、**適当でないもの**はどれか。

（1） ダクタイル鋳鉄管の据付けにあたっては、表示記号のうち、管径、年号の記号を上に向けて据え付ける。
（2） 一日の布設作業完了後は、管内に土砂、汚水などが流入しないよう木蓋などで管端部をふさぐ。
（3） 管の切断は、管軸に対して直角に行う。
（4） 管の布設作業は、原則として高所から低所に向けて行い、受口のある管は受口を低所に向けて配管する。

（平成30年度後期学科試験）

解答と解説　上水道の施工

問題 1 ------------→ 解答(3) Check □□□

鋼管の据付けにあたっては、管体保護のため基礎に良質の砂を敷き均して行う。そのため、（3）は適当でない。

問題 2 ------------→ 解答(4) Check □□□

管の切断は管軸に対して直角に行い、鋳鉄管の切断は専用の切断機で行うことを標準とし、異形管は切断しない。そのため、（4）は適当でない。

問題 3 ------------→ 解答(1) Check □□□

（1）設問通りで、適当である。
（2）ダクタイル鋳鉄管は、継手の種類によって異形管防護を必要とし、施工性はよいが、重量が比較的重いこと、直管の曲げ配管は避けること、異形管は切断しないことなどの条件があり、加工は必ずしも容易ではない。適当でない。
（3）硬質塩化ビニル管は、重量が軽く施工性はよいが、低温度時に耐衝撃性が低下するため、接着した接手の強度や水密性に注意する。適当でない。
（4）ポリエチレン管は、重量は軽いが、融着作業中の接合部では水が付着することは厳禁とされており、雨天時や湧水地盤で融着接合する必要がある場合は、テントによる雨よけや十分なポンプアップによる水替等の対策を講じなければならない。適当でない。

問題 4 ------------→ 解答(1) Check □□□

ステンレス鋼管は、強度が大きく、耐久性があり、ライニングや塗装は必要としない。そのため、（1）は適当でない。なお、溶接性能については、溶接継ぎ手に時間がかかり、異種金属と接続させる場合には絶縁処理を必要とするなどの条件がある。

問題 5 解答(3) Check □□□

鋼管の据付けは、管体保護のため基礎に良質の砂を敷き均して行う。そのため、(3)は適当でない。

問題 6 解答(1) Check □□□

ステンレス鋼管は、ライニングや塗装を必要としない。そのため、(1)は適当でない。なお、ステンレス鋼管は、管体強度が大きく耐久性があるが、溶接継手に時間がかかり、異種金属と接続させる場合には絶縁処理を必要とする。

問題 7 解答(2) Check □□□

管の切断は管軸に対して直角に行い、鋳鉄管の切断は、切断機で行うことを標準とし、異形管は切断しない。そのため、(2)は適当でない。

問題 8 解答(1) Check □□□

(1)設問の通りで、適当である。

(2)硬質塩化ビニル管は、重量が軽く施工性がよい。適当でない。なお、硬質塩化ビニル管は、内面粗度の変化がなく耐食性に優れているが、特定の有機溶剤、熱及び紫外線に弱く、低温時において耐衝撃性が低下する。

(3)ステンレス鋼管は、異種金属と接続させる場合には絶縁処理を必要とする。適当でない。

(4)ダクタイル鋳鉄管に用いるメカニカル継手は、伸縮性や可とう性があるため地盤の変動に追従し対応できる。適当でない。

問題 9 解答(4) Check □□□

管の布設作業は、縦断勾配のある場合、原則として低所から高所に向けて行い、受口のある管は受口を高所に向けて配管する。そのため、(4)は適当でない。

水道施設とは、上水道のための取水施設、貯水施設、導水施設、浄水施設、送水施設及び配水施設のことをいいます。また、給水装置とは、需要者に水を供給するために配水管から分岐して設置された給水管及びこれに直結する給水用具のことをいいます。

下水道の施工

▶第1次検定では、下水道の施工に関する問題も毎回、出題される。工法名と説明の組み合わせを解答する形式、図をもとに名称を解答する形式の問題なども出題される。

問題 1 Check □□□

下水道管渠の剛性管の施工における「地盤区分(代表的な土質)」と「基礎工の種類」に関する次の組合せのうち、**適当でないもの**はどれか。

［地盤区分(代表的な土質)］　　　　［基礎工の種類］

（1） 硬質土(硬質粘土、礫混じり土及び礫混じり砂)…………砂基礎
（2） 普通土(砂、ローム及び砂質粘土)…………………………鳥居基礎
（3） 軟弱土(シルト及び有機質土)………………………………はしご胴木基礎
（4） 極軟弱土(非常に緩いシルト及び有機質土)………………鉄筋コンクリート基礎

（令和4年度前期第1次検定）

問題 2 Check □□□

下水道管渠の接合方式に関する次の記述のうち、**適当でないもの**はどれか。

（1） 水面接合は、管渠の中心を接合部で一致させる方式である。
（2） 管頂接合は、流水は円滑であるが、下流ほど深い掘削が必要となる。
（3） 管底接合は、接合部の上流側の水位が高くなり、圧力管となるおそれがある。
（4） 段差接合は、マンホールの間隔等を考慮しながら、階段状に接続する方式である。

（令和4年度後期第1次検定）

問題 3 Check □□□

下水道管渠の更生工法に関する下記の(イ)、(ロ)の説明とその工法名の次の組合せのうち、**適当なもの**はどれか。

（イ） 既設管渠内に表面部材となる硬質塩化ビニル材等をかん合して製管し、製管させた樹脂パイプと既設管渠との間隙にモルタル等の充填材を注入することで管を構築する。
（ロ） 既設管渠より小さな管径の工場製作された二次製品の管渠を牽引・挿入し、間隙にモルタル等の充填材を注入することで管を構築する。

（イ）　　　　（ロ）

（1） 形成工法……………さや管工法
（2） 製管工法……………形成工法
（3） 形成工法……………製管工法
（4） 製管工法……………さや管工法

（令和3年度前期第1次検定）

問題 4 Check

下水道管渠の剛性管における基礎工の施工に関する次の記述のうち、**適当でないもの**はどれか。

（1） 礫混じり土及び礫混じり砂の硬質土の地盤では、砂基礎が用いられる。

（2） シルト及び有機質土の軟弱土の地盤では、コンクリート基礎が用いられる。

（3） 地盤が軟弱な場合や土質が不均質な場合には、はしご胴木基礎が用いられる。

（4） 非常に緩いシルト及び有機質土の極軟弱土の地盤では、砕石基礎が用いられる。

（令和３年度後期第１次検定）

問題 5  

下水道の剛性管きょを施工する際の下記の「基礎地盤の土質区分」と「基礎の種類」の組合せとして、**適当なもの**は次のうちどれか。

［基礎地盤の土質区分］

（イ） 硬質粘土、礫混じり土及び礫混じり砂などの硬質土

（ロ） 非常にゆるいシルト及び有機質土などの極軟弱土

［基礎の種類］

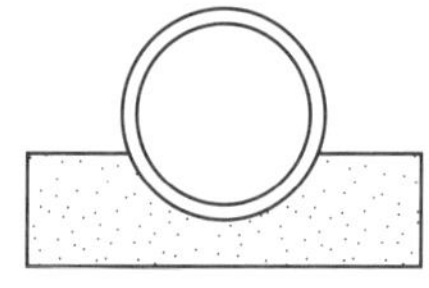

砂基礎

コンクリート基礎

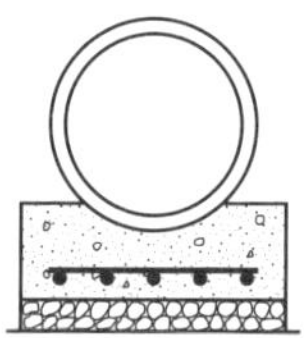

鉄筋コンクリート基礎

（イ）　　（ロ）

（1） 砂基礎…………………………鉄筋コンクリート基礎

（2） 鉄筋コンクリート基礎………砂基礎

（3） 鉄筋コンクリート基礎………コンクリート基礎

（4） 砂基礎…………………………コンクリート基礎

（令和２年度後期学科試験）

問題 6 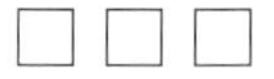

下図の概略図に示す下水道の遠心力鉄筋コンクリート管（ヒューム管）の（イ）～（ハ）の継手の名称に関する次の組合せのうち、**適当なもの**はどれか。

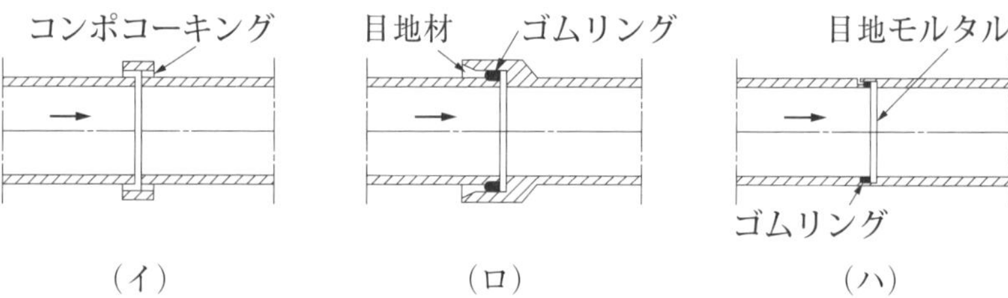

（イ）　（ロ）　（ハ）

	(イ)	(ロ)	(ハ)
(1)	カラー継手	いんろう継手	ソケット継手
(2)	いんろう継手	カラー継手	ソケット継手
(3)	カラー継手	ソケット継手	いんろう継手
(4)	ソケット継手	カラー継手	いんろう継手

(令和1年度前期学科試験)

解答と解説　下水道の施工

問題 1 ---→ 解答(2) Check □□□

(1)硬質粘土、礫混じり土及び礫混じり砂の硬質土の地盤に対しては、砂基礎、砕石基礎及びコンクリート基礎が分類されている。そのため、適当である。

(2)砂、ローム及び砂質粘土の普通土の地盤に対しては、砂基礎、砕石基礎及びコンクリート基礎が分類されている。そのため、適当でない。

(3)シルト及び有機質土の軟弱土の地盤に対しては、砂基礎、砕石基礎、はしご胴木基礎、コンクリート基礎が分類されている。そのため、適当である。

(4)非常に緩いシルト及び有機質土の極軟弱土の地盤に対しては、はしご胴木基礎、鳥居基礎、鉄筋コンクリート基礎が分類されている。そのため、適当である。

問題 2 ---→ 解答(1) Check □□□

管渠径が変化する場合又は2本の管渠が合流する場合の接合方法は、水面接合又は管頂接合とすることを原則とする。水面接合は、水理学的に上下流管渠内の計画水位を概ね一致させ接合する方法であり、管中心接合は、上下流管渠の中心を一致させて接合する方式である。そのため、(1)は適当でない。

問題 3 ---→ 解答(4) Check □□□

(イ)は製管工法、(ロ)はさや管工法の説明である。そのため、(4)の組合せが適当である。なお、形成工法は、硬化性樹脂を含侵させたライナーや硬化性の材料を既設管渠内に引き込み、拡張・圧着させた後に硬化させて製管する工法である。

問題 4 ---→ 解答(4) Check □□□

非常に緩いシルト及び有機質土の極軟弱土の地盤では、鉄筋コンクリート基礎、はしご胴木基礎、鳥居基礎が用いられる。そのため、(4)は適当でない。

問題 5 解答(1) Check 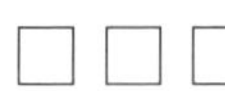

下水道の剛性管きょを施工する際の「基礎地盤の土質区分」と「基礎の種類」の区分例を、以下に示す。

表－1　管の種類と基礎

管種＼地盤		硬質土及び普通土	軟弱土	極軟弱土
剛性管	鉄筋コンクリート管 レジンコンクリート管	砂基礎 砕石基礎 コンクリート基礎	砂基礎 砕石基礎 はしご胴木基礎 コンクリート基礎	はしご胴木基礎 鳥居基礎 鉄筋コンクリート基礎
	陶管	砂基礎 砕石基礎	砕石基礎 コンクリート基礎	

表－2　地盤の区分例

地盤	代表的な土質
硬質土	硬質粘土、礫混じり土及び礫混じり砂
普通土	砂、ローム及び砂質粘土
軟弱土	シルト及び有機質土
極軟弱土	非常に緩い、シルト及び有機質土

剛性管の場合、硬質土に対しては、砂基礎、砕石基礎及びコンクリート基礎が区分され、極軟弱土に対しては、はしご胴木基礎、鳥居基礎及び鉄筋コンクリート基礎が区分されている。(イ)硬質土に対する砂基礎と、(ロ)極軟弱土に対する鉄筋コンクリート基礎の組合せが、上記の区分を満足する。よって、組合せは(1)が適当である。

問題 6 解答(3) Check □□□

下水道の遠心力鉄筋コンクリート管(ヒューム管)の直管は、継手の形状によって区分され、継手の種類には、カラー継手、ソケット継手、及びいんろう継手がある。図に示された継手の名称は、(イ)カラー継手、(ロ)ソケット継手、(ハ)いんろう継手である。よって、(3)が適当である。

第3章

法規

3-1 労働基準法

●●● 攻略のポイント ●●●

POINT 1 労働契約の契約期間、解雇制限などを押さえる

労働契約の総則（定義）を理解したうえで、契約期間、労働条件の明示、解雇制限、解雇予告などを押さえる。出題頻度は高くないが、労働基準法を理解するための基礎知識であるため、理解を深めておく。

POINT 2 賃金に関する支払い、休業手当を押さえる

賃金に関する支払い、非常時払い、休業手当、出来高制の保障給について理解する。第１次検定でもよく出題されているので、確認しておく。

POINT 3 時間外労働や休日労働などを押さえる

労働時間、休憩時間、休日、時間外労働及び休日労働について整理しておく。第１次検定でも毎回、出題されているので押さえておく。

POINT 4 年少者の就業制限に関する問題もよく出題される

年少者の就業制限に関する問題は、近年よく出題されているので押さえておく。また、災害補償に関する出題も多いので要注意。

労働条件は、労働者と使用者が、対等の立場で決定する

総則、労働契約、賃金等

▶第１次検定では、賃金に関する出題が多い。賃金の支払いに関する記述を読み、労働基準法上、正しいもの（または誤っているもの）を選ぶ問題などが出題されている。

問題 1　Check □□□

就業規則に関する記述のうち、労働基準法上、**誤っているもの**はどれか。

（1）　使用者は、常時使用する労働者の人数にかかわらず、就業規則を作成しなければならない。

（2）　就業規則は、法令又は当該事業場について適用される労働協約に反してはならない。

（3）　使用者は、就業規則の作成又は変更について、労働者の過半数で組織する労働組合がある場合にはその労働組合の意見を聴かなければならない。

（4）　就業規則には、賃金（臨時の賃金等を除く）の決定、計算及び支払の方法等に関する事項について、必ず記載しなければならない。

（令和４年度前期第１次検定）

問題 2　Check □□□

賃金の支払いに関する次の記述のうち、労働基準法上、**誤っているもの**はどれか。

（1）　賃金とは、賃金、給料、手当、賞与その他名称の如何を問わず、労働の対償として使用者が労働者に支払うすべてのものをいう。

（2）　賃金は、通貨で、直接又は間接を問わず労働者に、その全額を毎月１回以上、一定の期日を定めて支払わなければならない。

（3）　使用者は、労働者が女性であることを理由として、賃金について、男性と差別的取扱いをしてはならない。

（4）　平均賃金とは、これを算定すべき事由の発生した日以前３箇月間にその労働者に対し支払われた賃金の総額を、その期間の総日数で除した金額をいう。

（令和３年度前期第１次検定）

問題 3　Check

労働者に対する賃金の支払いに関する次の記述のうち、労働基準法上、**正しいもの**はどれか。

（1）　賃金とは、賃金、給料、手当など使用者が労働者に支払うものをいい、賞与はこれに含まれない。

（2）　使用者は、労働者が災害を受けた場合に限り、支払期日前であっても、労働者が請求した既往の労働に対する賃金を支払わなければならない。

（3）　使用者の責に帰すべき事由による休業の場合には、使用者は、休業期間中当該労働者に、その平均賃金の40％以上の手当を支払わなければならない。

（4）　使用者が労働時間を延長し、又は休日に労働させた場合には、原則として賃金の計算額の２割５分以上５割以下の範囲内で、割増賃金を支払わなければならない。

（令和１年度後期学科試験）

解答と解説　総則、労働契約、賃金等

問題1 → 解答(1)　Check □□□

常時10人以上の労働者を使用する使用者は、就業規則を作成し、行政官庁に届け出なければならない（労働基準法第89条）。常時10人以上の労働者を使用する使用者による。そのため、（1）は誤っている。

問題2 → 解答(2)　Check □□□

賃金は、通貨で、直接労働者に、その全額を支払わなければならない。賃金は、毎月１回以上、一定の期日を定めて支払わなければならない（労働基準法第24条第１項第２項）と規定している。よって、（2）は誤っている。

問題3 → 解答(4)　Check □□□

（1）賃金とは、賃金、給料、手当、賞与その他名称の如何を問わず、労働の対償として使用者が労働者に支払うすべてのものをいう（労働基準法第11条）と規定している。賞与も含む。誤っている。

（2）使用者は、労働者が出産、疾病、災害その他厚生労働省令で定める非常の場合の費用に充てるために請求する場合においては、支払期日前であっても、既往の労働に対する賃金を支払わなければならない（労働基準法第25条）と規定している。災害の場合だけに限らない。誤っている。

（3）使用者の責に帰すべき事由による休業の場合においては、使用者は、休業期間中当該労働者に、その平均賃金の100分の60（60%）以上の手当を支払わなければならない（労働基準法第26条）と規定している。誤っている。

（4）使用者が、労働時間を延長し、又は休日に労働させた場合においては、その時間又はその日の労働については、通常の労働時間又は労働日の賃金の計算額の２割５分以上５割以下の範囲内でそれぞれ政令で定める率以上の率で計算した割増賃金を支払わなければならない（労働基準法第37条）と規定している。正しい。

未成年者に代わって、親が雇用契約を結んではいけません。また、給料を受け取ることも禁止されています。一方、未成年者にとって不利な状態に置かれていると判断できる場合には、親や労働基準監督署が雇用契約の解除をすることは認められています。

労働時間・休憩・休日・年次有給休暇

▶第１次検定では、労働時間・休憩・休日・年次有給休暇に関する問題がよく出題される。労働基準法上、正しいもの（または誤っているもの）を選ぶ問題が出題されている。

問題 1

労働時間、休憩、休日、年次有給休暇に関する次の記述のうち、労働基準法上、**誤っているもの**はどれか。

（1）　使用者は、労働者に対して、労働時間が８時間を超える場合には少なくとも１時間の休憩時間を労働時間の途中に与えなければならない。

（2）　使用者は、労働者に対して、原則として毎週少なくとも１回の休日を与えなければならない。

（3）　使用者は、労働組合との協定により、労働時間を延長して労働させる場合でも、延長して労働させた時間は１箇月に150時間未満でなければならない。

（4）　使用者は、雇入れの日から６箇月間継続勤務し全労働日の８割以上出勤した労働者には、10日の有給休暇を与えなければならない。

（令和４年度後期第１次検定）

問題 2

労働時間及び休日に関する次の記述のうち、労働基準法上、**正しいもの**はどれか。

（1）　使用者は、労働者に対して、毎週少なくとも１回の休日を与えるものとし、これは４週間を通じ４日以上の休日を与える使用者についても適用する。

（2）　使用者は、坑内労働においては、労働者が坑口に入った時刻から坑口を出た時刻までの時間を、休憩時間を除き労働時間とみなす。

（3）　使用者は、労働者に休憩時間を与える場合には、原則として、休憩時間を一斉に与え、自由に利用させなければならない。

（4）　使用者は、労働者を代表する者との書面又は口頭による定めがある場合は、１週間に40時間を超えて、労働者を労働させることができる。

（令和３年度後期第１次検定）

問題 3

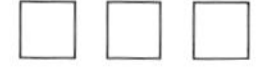

労働基準法に定められている労働時間、休憩、年次有給休暇に関する次の記述のうち、**正しいもの**はどれか。

（1）　使用者は、原則として労働時間の途中において、休憩時間を労働者ごとに開始時刻を変えて与えることができる。

（2）　使用者は、災害その他避けることのできない事由によって、臨時の必要がある場合においては、制限なく労働時間を延長させることができる。

（3）　使用者は、１週間の各日については、原則として労働者に、休憩時間を除き１日について８時間を超えて、労働させてはならない。

（4）　使用者は、雇入れの日から起算して３箇月間継続勤務し全労働日の８割以上出勤した労働者に対して、有給休暇を与えなければならない。

（令和２年度後期学科試験）

問題 4

Check □□□

労働時間、休憩、休日に関する次の記述のうち、労働基準法上、**誤っているもの**はどれか。

（1） 使用者は、原則として労働時間が８時間を超える場合においては少くとも45分の休憩時間を労働時間の途中に与えなければならない。

（2） 使用者は、原則として労働者に、休憩時間を除き１週間について40時間を超えて、労働させてはならない。

（3） 使用者は、原則として１週間の各日については、労働者に、休憩時間を除き１日について８時間を超えて、労働させてはならない。

（4） 使用者は、原則として労働者に対して、毎週少くとも１回の休日を与えなければならない。

（令和１年度前期学科試験）

問題 5

Check □□□

労働時間及び休日に関する次の記述のうち、労働基準法上、**正しいもの**はどれか。

（1） 使用者は、労働者に対して４週間を通じ３日以上の休日を与える場合を除き、毎週少なくとも１回の休日を与えなければならない。

（2） 使用者は、原則として、労働時間の途中において、休憩時間の開始時刻を労働者ごとに決定することができる。

（3） 使用者は、災害その他避けることのできない事由によって、臨時の必要がある場合においては、制限なく労働時間を延長させることができる。

（4） 使用者は、原則として、労働者に休憩時間を除き１週間について40時間を超えて、労働させてはならない。

（平成 30 年度後期学科試験）

労働基準法とは、労働者を保護するために労働条件の最低基準を定めた法律です。労働者の生存権を保障するために、労働契約や賃金、労働時間、休日および年次有給休暇、災害補償、就業規則など、労働条件の基準が定められています。

解答と解説　労働時間・休憩・休日・年次有給休暇

問題 1 解答(3) Check □□□

使用者は、労働組合との協定により労働時間を延長して労働させることができる時間は、1箇月について45時間及び1年について360時間とする(労働基準法第36条第4項)。よって、(3)は誤っている。

問題 2 解答(3) Check □□□

(1)使用者は、労働者に対して、毎週少なくとも1回の休日を与えなければならないとし、4週間を通じ4日以上の休日を与える使用者については適用しない(労働基準法第35条第1項・第2項)と規定している。よって、誤っている。

(2)坑内労働については、労働者が坑口に入った時刻から坑口を出た時刻までの時間を、休憩時間を含め労働時間とみなす(労働基準法第38条第2項)と規定している。よって、誤っている。

(3)設問通りで、正しい。

(4)使用者は、当該事業場に、労働者の過半数で組織する労働組合がある場合においてはその労働組合、労働者の過半数で組織する労働組合がない場合においては労働者の過半数を代表する者との書面による協定により、または就業規則その他これに準ずるものにより、1箇月以内の一定の期間を平均し1週間当たりの労働時間が前条第1項の労働時間を超えない定めをしたときは、同条の規定にかかわらず、その定めにより、特定された週において同項の労働時間又は特定された日において同条第2項の労働時間を超えて、労働させることができる(労働基準法第32条の2第1項)と規定している。口頭による定めは不可である。よって、誤っている。

問題 3 解答(3) Check 

(1)使用者は、使用者に対し休憩時間を、一斉に与えなければならない。ただし、当該事業場に、労働者の過半数で組織する労働組合がある場合においてはその労働組合、労働者の過半数で組織する労働組合がない場合においては労働者の過半数を代表する者との書面による協定があるときは、この限りでない(労働基準法第34条第2項)と規定している。よって、誤っている。

(2)災害その他避けることのできない事由によって、臨時の必要がある場合においては、使用者は、行政官庁の許可を受けて、その必要の限度において労働時間を延長し、又は休日に労働させることができる(労働基準法第33条第1項)と規定している。よって、誤っている。

(3)使用者は、1週間の各日については、労働者に、休憩時間を除き1日について8時間を超えて、労働させてはならない(労働基準法第32条第2項)と規定している。よって、正しい。

(4)使用者は、その雇入れの日から起算して6箇月間継続勤務し全労働日の8割以上出勤した労働者に対して、継続し、又は分割した10労働日の有給休暇を与えなければならない(労働基準法第39条第1項)と規定している。よって、誤っている。

問題 4 ―――――――――――――――― 解答(1) Check □□□

使用者は、労働時間が６時間を超える場合においては少くとも45分、８時間を超える場合においては少くとも１時間の休憩時間を労働時間の途中に与えなければならない(労働基準法第34条第１項)と規定している。よって、(1)は誤っている。

問題 5 ―――――――――――――――― 解答(4) Check □□□

(１)使用者は、労働者に対して、毎週少くとも１回の休日を与えなければならない。この規定は、４週間を通じ４日以上の休日を与える使用者については適用しない(労働基準法第35条)。よって、誤っている。

(２)使用者は、労働時間が６時間を超える場合においては少くとも45分、８時間を超える場合においては少くとも１時間の休憩時間を労働時間の途中に与えなければならない。休憩時間は、一斉に与えなければならない(労働基準法第34条第２項)。よって、誤っている。

(３)災害その他避けることのできない事由によって、臨時の必要がある場合においては、使用者は、行政官庁の許可を受けて、その必要の限度において労働時間を延長し、又は休日に労働させることができる(労働基準法第33条第１項)。よって、誤っている。

(４)設問の通りで、正しい。

監督もしくは管理の地位にある労働者については、労働時間、休憩及び休日に関する規定は適用されません。ただし、深夜労働をさせた場合には深夜業の割増賃金を支払う必要があります。

年少者の就業制限、女性、妊産婦の就業制限

▶第1次検定では、年少者の就業制限に関する問題が、近年よく出題される。青少年者の深夜業、危険有害業務の就業制限などについて押さえる。

問題 1 Check □□□

年少者の就業に関する次の記述のうち、労働基準法上、**正しいもの**はどれか。

(1) 使用者は、児童が満15歳に達する日まで、児童を使用することはできない。

(2) 親権者は、労働契約が未成年者に不利であると認められる場合においても、労働契約を解除することはできない。

(3) 後見人は、未成年者の賃金を未成年者に代って請求し受け取らなければならない。

(4) 使用者は、満18才に満たない者に、運転中の機械や動力伝導装置の危険な部分の掃除、注油をさせてはならない。

（令和4年度前期第1次検定）

問題 2 Check □□□

年少者の就業に関する次の記述のうち、労働基準法上、**誤っているもの**はどれか。

(1) 使用者は、満18才に満たない者について、その年齢を証明する戸籍証明書を事業場に備え付けなければならない。

(2) 親権者又は後見人は、未成年者に代って使用者との間において労働契約を締結しなければならない。

(3) 満18才に満たない者が解雇の日から14日以内に帰郷する場合は、使用者は、必要な旅費を負担しなければならない。

(4) 未成年者は、独立して賃金を請求することができ、親権者又は後見人は、未成年者の賃金を代って受け取ってはならない。

（令和3年度後期第1次検定）

問題 3

満18歳に満たない者の就業に関する次の記述のうち、労働基準法上、**誤っているもの**はどれか。

(1) 使用者は、年齢を証明する親権者の証明書を事業場に備え付けなければならない。

(2) 使用者は、クレーン、デリック又は揚貨装置の運転の業務に就かせてはならない。

(3) 使用者は、動力により駆動される土木建築用機械の運転の業務に就かせてはならない。

(4) 使用者は、足場の組立、解体又は変更の業務（地上又は床上における補助作業の業務を除く。）に就かせてはならない。

（令和2年度後期学科試験）

問題 4　Check □□□

年少者・女性の就業に関する次の記述のうち、労働基準法上、**誤っているもの**はどれか。

（1） 使用者は、満18歳に満たない者に、運転中の機械の危険な部分の掃除、注油、検査若しくは修繕をさせてはならない。

（2） 使用者は、交替制によって使用する満16歳以上の男性を除き、原則として満18歳に満たない者を午後10時から午前５時までの間において使用してはならない。

（3） 使用者は、満18歳以上の女性を、地上又は床上における補助作業を除き、足場の組立て、解体又は変更の業務に就かせてはならない。

（4） 使用者は、満16歳未満の女性を、継続して８kg以上の重量物を取り扱う業務に就かせてはならない。

（令和１年度後期学科試験）

問題 5　Check □□□

年少者の就業に関する次の記述のうち、労働基準法上、**誤っているもの**はどれか。

（1） 使用者は、原則として、児童が満15歳に達した日以後の最初の３月31日が終了してから、これを使用することができる。

（2） 使用者は、原則として、満18歳に満たない者を、午後10時から午前５時までの間において使用してはならない。

（3） 使用者は、満16歳に達した者を、著しくじんあい若しくは粉末を飛散する場所における業務に就かせることができる。

（4） 使用者は、満18歳に満たない者を坑内で労働させてはならない。

（平成 30 年度後期学科試験）

解答と解説　年少者の就業制限、女性、妊産婦の就業制限

問題 1　解答(4)　Check 

（1）使用者は、児童が満15歳に達した日以後の最初の3月31日が終了するまで、これを使用してはならない(労働基準法第56条第1項)。そのため、適当でない。

（2）親権者若しくは後見人又は行政官庁は、労働契約が未成年者に不利であると認める場合においては、将来に向ってこれを解除することができる(労働基準法第58条第2項)。そのため、適当でない。

（3）未成年者は、独立して賃金を請求することができ、親権者又は後見人は、未成年者の賃金を代って受け取つてはならない(労働基準法第59条)。そのため、適当でない。

（4）使用者は、満18才に満たない者に、運転中の機械若しくは動力伝導装置の危険な部分の掃除、注油、検査若しくは修繕をさせ、運転中の機械若しくは動力伝導装置にベルト若しくはロープの取付け若しくは取りはずしをさせ、動力によるクレーンの運転をさせ、その他厚生労働省令で定める危険な業務に就かせ、又は厚生労働省令で定める重量物を取り扱う業務に就かせてはならない(労働基準法第78条)。設問通りで、適当である。

問題 2 解答(2) Check □□□

親権者または後見人は、未成年者に代って労働契約を締結してはならない(労働基準法第58条第1項)と規定している。そのため、(2)は誤っている。

問題 3 解答(1) Check □□□

(1)使用者は、使用する児童については、修学に差し支えないことを証明する学校長の証明書及び親権者又は後見人の同意書を事業場に備え付けなければならない(労働基準法第57条第2項)と規定している。よって、誤っている。

問題 4 解答(3) Check □□□

使用者は、満18歳未満の女性を、足場の組立、解体又は変更の業務(地上又は床上における補助作業の業務を除く。)に就かせてはならない(労働基準法第62条第1項、年少者労働基準規則第8条第25号)と規定している。満18歳未満の女性である。よって、(3)は誤っている。

問題 5 解答(3) Check □□□

使用者は、満18才に満たない者を、毒劇薬、毒劇物その他有害な原料若しくは材料又は爆発性、発火性若しくは引火性の原料若しくは材料を取り扱う業務、著しくじんあい若しくは粉末を飛散し、若しくは有害ガス若しくは有害放射線を発散する場所又は高温若しくは高圧の場所における業務その他安全、衛生又は福祉に有害な場所における業務に就かせてはならない(労働基準法第62条第2項)。よって、(3)は誤っている。

災害補償

▶第１次検定では、災害補償に関する出題も多い。療養補償、休業補償、障害保障など、保障ごとに整理して覚える。

問題 1 Check □□□

災害補償に関する次の記述のうち、労働基準法上、**誤っているもの**はどれか。

（1） 労働者が業務上負傷し、又は疾病にかかった場合においては、使用者は、その費用で必要な療養を行い、又は必要な療養の費用を負担しなければならない。

（2） 労働者が重大な過失によって業務上負傷し、かつ使用者がその過失について行政官庁へ届出た場合には、使用者は障害補償を行わなくてもよい。

（3） 労働者が業務上負傷した場合、その補償を受ける権利は、労働者の退職によって変更されることはない。

（4） 業務上の負傷、疾病又は死亡の認定等に関して異議のある者は、行政官庁に対して、審査又は事件の仲裁を申し立てることができる。

（令和４年度後期第１次検定）

問題 2 Check □□□

災害補償に関する次の記述のうち、労働基準法上、**正しいものは**どれか。

（1） 労働者が業務上死亡した場合は、使用者は、遺族に対して、平均賃金の５年分の遺族補償を行わなければならない。

（2） 労働者が業務上の負傷、又は疾病の療養のため、労働することができないために賃金を受けない場合は、使用者は、労働者の賃金を全額補償しなければならない。

（3） 療養補償を受ける労働者が、療養開始後３年を経過しても負傷又は疾病がなおらない場合は、使用者は、その後の一切の補償を行わなくてよい。

（4） 労働者が重大な過失によって業務上負傷し、且つその過失について行政官庁の認定を受けた場合は、使用者は、休業補償又は障害補償を行わなくてもよい。

（令和３年度前期第１次検定）

問題 3 Check □□□

災害補償に関する次の記述のうち、労働基準法上、**正しいもの**はどれか。

（1） 労働者が業務上負傷し療養のため、労働することができないために賃金を受けない場合には、使用者は、平均賃金の全額の休業補償を行わなければならない。

（2） 労働者が業務上負傷し治った場合に、その身体に障害が残ったときは、使用者は、その障害が重度な場合に限って、障害補償を行わなければならない。

（3） 労働者が重大な過失によって業務上負傷し、且つ使用者がその過失について行政官庁の認定を受けた場合においては、休業補償又は障害補償を行わなくてもよい。

（4） 労働者が業務上負傷した場合に、労働者が災害補償を受ける権利は、この権利を譲渡し、又は差し押さえることができる。

（令和１年度前期学科試験）

問題 4 Check □□□

災害補償に関する次の記述のうち、労働基準法上、**誤っているもの**はどれか。

（1） 労働者が業務上負傷し、又は疾病にかかった場合においては、使用者は、その費用で療養を行い、又は必要な療養の費用を負担しなければならない。

（2） 労働者が業務上負傷し、治った場合において、その身体に障害が存するときは、使用者は、その障害の程度に応じて、障害補償を行わなければならない。

（3） 労働者が重大な過失によって業務上負傷し、使用者がその過失について行政官庁の認定を受けた場合においては、休業補償又は障害補償を行わなくてもよい。

（4） 労働者が業務上負傷した場合における使用者からの補償を受ける権利は、労働者が退職したときにその権利を失う。

（平成 30 年度前期学科試験）

問題 5 Check □□□

労働者が業務上負傷し、又は疾病にかかった場合の災害補償に関する次の記述のうち、労働基準法上、**正しいもの**はどれか。

（1） 使用者は、労働者の療養期間中の平均賃金の全額を休業補償として支払わなければならない。

（2） 使用者は、労働者が治った場合、その身体に障害が残ったとき、その障害が重度な場合に限って障害補償を行わなければならない。

（3） 使用者は、労働者が重大な過失によって業務上負傷し、且つ使用者がその過失について行政官庁の認定を受けた場合においては、障害補償を行わなければならない。

（4） 使用者は、療養補償により必要な療養を行い、又は必要な療養の費用を負担しなければならない。

（平成 29 年度第 1 回学科試験）

問題 6 Check □□□

労働基準法上、災害補償に関する次の記述のうち、**正しいもの**はどれか。

（1） 療養補償を受ける労働者の休業期間の補償は、賃金の全額を休業補償として支払わなくてはならない。

（2） 療養補償を受ける労働者が、療養開始後定められた期間を経過して疾病がなおらない場合、その後使用者は一切の補償を打ち切らなければならない。

（3） 労働者が災害補償を受ける権利は、これを譲渡し、又は差し押さえることができる。

（4） 労働者が災害補償を受ける権利は、労働者の退職によって変更されることはない。

（平成 29 年度第 2 回学科試験）

解答と解説　災害補償

問題 1　解答(2)　Check □□□

労働者が重大な過失によって業務上負傷し、又は疾病にかかり、且つ使用者がその過失について行政官庁の認定を受けた場合においては、休業補償又は障害補償を行わなくてもよい(労働基準法第78条)。認定を受けた場合で、届け出た場合ではない。よって、(2)は誤っている。

問題 2　解答(4)　Check □□□

(1)労働者が業務上死亡した場合においては、使用者は、遺族に対して、平均賃金の1000日分の遺族補償を行わなければならない(労働基準法第79条)と規定している。5年分ではない。よって、誤っている。

(2)労働者が業務上負傷し、または疾病にかかり、治った場合において、その身体に障害が存するときは、使用者は、その障害の程度に応じて、平均賃金によって定める日数を乗じて得た金額の障害補償を行わなければならない(労働基準法第77条)と規定している。全額補償ではない。よって、誤っている。

(3)療養補償を受ける労働者が、療養開始後3年を経過しても負傷または疾病が治らない場合においては、使用者は、平均賃金の1200日分の打切補償を行い、その後はこの法律の規定による補償を行わなくてもよい(労働基準法第81条)と規定している。その後一切の補償ではなく、打切補償が必要である。よって、誤っている。

(4)設問通りで、適当である。

問題 3　解答(3)　Check □□□

(1)労働者が前条の規定による療養のため、労働することができないために賃金を受けない場合においては、使用者は、労働者の療養中平均賃金の100の60の休業補償を行わなければならない(労働基準法第76第1項)と規定している。よって、誤っている。

(2)労働者が業務上負傷し、又は疾病にかかり、治った場合において、その身体に障害が存するとき、使用者は、その障害の程度に応じて、傷害補償を行わなければならない(労働基準法第77条)と規定している。よって、誤っている。

(3)労働者が重大な過失によって業務上負傷し、又は疾病にかかり、且つ使用者がその過失について行政官庁の認定を受けた場合においては、休業補償又は障害補償を行わなくてもよいと規定している(労働基準法第78条)。よって、正しい。

(4)労働者が業務上負傷した場合に、労働者が災害補償を受ける権利は、これを譲渡し、又は差し押えてはならない(労働基準法第83条第2項)と規定している。よって、誤っている。

問題 4 ------------→ 解答(4) Check □□□

補償を受ける権利は、労働者の退職によって変更されることはない(労働基準法第83条第１項)。よって、誤っている。

問題 5 ------------→

(１)労働者が療養のため、労働することができないために賃金を受けない場合においては、使用者は、労働者の療養中平均賃金の100分の60の休業補償を行わなければならない(労働基準法第76条第１項)。誤っている。

(２)労働者が業務上負傷し、または疾病にかかり、治った場合において、その身体に障害が存するとき、使用者は、その障害の程度に応じて、傷害補償を行わなければならない(労働基準法第77条)。誤っている。

(３)労働者が重大な過失によって業務上負傷し、または疾病にかかり、かつ使用者がその過失について行政官庁の認定を受けた場合においては、休業補償または障害補償を行わなくてもよい(労働基準法第78条)。誤っている。

(４)労働者が業務上負傷し、または疾病にかかった場合においては、使用者は、その費用で必要な療養を行い、または必要な療養の費用を負担しなければならない(労働基準法第75条第１項)。正しい。

問題 6 ------------→

(１)療養補償を受ける労働者の休業期間の補償は、労働者の療養中平均賃金の100分の60である(労働基準法第76条第１項)。全額ではない。誤っている。

(２)療養補償を受ける労働者が、療養開始後３年を経過しても負傷または疾病が治らない場合、使用者は平均賃金の1,200日分の打切り補償を行えばその後は労働基準法の規定による補償を行わなくてもよい(労働基準法第81条)。誤っている。

(３)労働者が災害補償を受ける権利は、これを譲渡または差し押さえてはならない(労働基準法第83条第２項)。誤っている。

(４)設問通りで正しい(労働基準法第83条第１項)。

3-2 労働安全衛生法

攻略のポイント

POINT 1 安全衛生管理体制について理解する

第１次検定では、安全衛生管理体制に関する出題が頻出。安全衛生管理組織(労働安全衛生法第10条～第19条)について押さえておく。

POINT 2 安全管理者、衛生管理者、安全衛生推進者などの役割を押さえる

安全管理者、衛生管理者、安全衛生推進者、産業医など、安全衛生管理組織にかかわる人の役割を整理して覚える。

POINT 3 安全衛生管理体制の構築に必要な作業や業務を押さえる

作業主任者の選任を必要とする作業、安全衛生教育における特別教育を必要とする業務に関する問題が頻出なので押さえておく。

POINT 4 作業主任者の選任を必要とする作業に関する問題が頻出

作業主任者の選任を必要とする作業に関する問題が頻出なので必ず押さえておく。作業主任者は、都道府県労働局長の免許を受けた者または都道府県労働局長の登録を受けた者が行う技能講習を修了した者から選任する。作業主任者が疾病や事故その他やむを得ない事由によって職務を行うことができないときは、事業者は代理者を選任しなければならない。

POINT 5 監督等に関する出題にも要注意

監督等に関する問題が出題されることもあるため、計画の届出を要する設備と機械及び厚生労働大臣、労働基準監督署長への届出工事を理解する。

安全衛生管理体制、監督等

▶第１次検定では、安全衛生管理体制に関する出題が頻出。安全衛生管理体制を理解するとともに、各管理者、責任者の業務内容を理解する。

問題 1　Check □□□

事業者が、技能講習を修了した作業主任者でなければ就業させてはならない作業に関する次の記述のうち労働安全衛生法上、**該当しないもの**はどれか。

（1）　高さが３m以上のコンクリート造の工作物の解体又は破壊の作業
（2）　掘削面の高さが２m以上となる地山の掘削の作業
（3）　土止め支保工の切りばり又は腹起こしの取付け又は取り外しの作業
（4）　型枠支保工の組立て又は解体の作業

（令和４年度前期第１次検定）

問題 2　Check □□□

作業主任者の**選任を必要としない作業**は、労働安全衛生法上、次のうちどれか。

（1）　土止め支保工の切りばり又は腹起こしの取付け又は取り外しの作業
（2）　掘削面の高さが２m以上となる地山の掘削の作業
（3）　道路のアスファルト舗装の転圧の作業
（4）　高さが５m以上のコンクリート造の工作物の解体又は破壊の作業

（令和４年度後期第１次検定）

問題 3　Check □□□

事業者が労働者に対して特別の教育を行わなければならない業務に関する次の記述のうち、労働安全衛生法上、**該当しないもの**はどれか。

（1）　エレベーターの運転の業務
（2）　つり上げ荷重が１ｔ未満の移動式クレーンの運転の業務
（3）　つり上げ荷重が５ｔ未満のクレーンの運転の業務
（4）　アーク溶接作業の業務

（令和３年度前期第１次検定）

問題 4　Check □□□

労働安全衛生法上、作業主任者の選任を**必要としない作業**は、次のうちどれか。

（1）　高さが２m以上の構造の足場の組立て、解体又は変更の作業
（2）　土止め支保工の切りばり又は腹起しの取付け又は取り外しの作業
（3）　型枠支保工の組立て又は解体の作業
（4）　掘削面の高さが２m以上となる地山の掘削作業

（令和３年度後期第１次検定）

問題 5

Check □□□

労働安全衛生法上、**作業主任者の選任を必要としない作業**は、次のうちどれか。

（1） 高さが５m以上のコンクリート造の工作物の解体又は破壊の作業

（2） 既製コンクリート杭の杭打ちの作業

（3） 土止め支保工の切りばり又は腹起こしの取付け又は取り外しの作業

（4） 高さが５m以上の構造の足場の組立て、解体又は変更の作業

（令和２年度後期学科試験）

問題 6

Check □□□

事業者が労働者に対して特別の教育を行わなければならない業務に関する次の記述のうち、労働安全衛生法上、**該当しないもの**はどれか。

（1） アーク溶接機を用いて行う金属の溶接、溶断等の業務

（2） ボーリングマシンの運転の業務

（3） ゴンドラの操作の業務

（4） 赤外線装置を用いて行う透過写真の撮影による点検の業務

（令和１年度前期学科試験）

問題 7

Check □□□

労働安全衛生法上、作業主任者を選任すべき作業に**該当しないもの**は、次のうちどれか。

（1） つり上げ荷重５ｔ以上の移動式クレーンの運転作業（道路上を走行させる運転を除く）

（2） 高さが５m以上のコンクリート造の工作物の解体又は破壊の作業

（3） 潜函工法その他の圧気工法で行われる高圧室内作業

（4） 土止め支保工の切りばり又は腹起こしの取付け又は取り外しの作業

（令和１年度後期学科試験）

解答と解説　安全衛生管理体制、監督等

問題 1

解答(1)　Check □□□

労働安全衛生法第14条、同法施行令第６条によれば、（1）は、技能講習を修了した作業主任者を就業させなくてもよい作業で、該当しない。

問題 2

解答(3)　Check □□□

労働安全衛生法第14条、同法施行令第６条によれば、（3）は、作業主任者の選任を必要としない作業である。

問題 3 ------------------------------------→ 解答(1) Check □□□

事業者が労働者に対して特別の教育を行わなければならない業務は、労働安全衛生法第59条第３項に定められ、労働安全規則第36条に具体的な業務が定められている。つり上げ荷重が１ｔ未満の移動式クレーンの運転業務(規則第36条害16号)、つり上げ荷重が５ｔ未満のクレーンの運転業務(規則36条第15号イ)、アーク溶接作業の業務(規則第36条第３号)は該当する業務であるが、(１)のエレベータの運転業務は該当しない。

問題 4 ------------------------------------→ 解答(1) Check □□□

(１)つり足場(ゴンドラのつり足場を除く。)、張出し足場または高さが５ｍ以上の構造の足場の組立て、解体または変更の作業は、作業主任者の選任を必要とする(労働安全衛生法第６条15号)と規定している。２ｍ以上ではない。

(２)土止め支保工の切りばりまたは腹起こしの取付けまたは取り外しの作業は、作業主任者の選任を必要とする(労働安全衛生法第６条10号)と規定している。

(３)型枠支保工(支柱、はり、つなぎ、筋かい等の部材により構成され、建設物におけるスラブ、桁等のコンクリートの打設に用いる型枠を支持する仮設の設備をいう。)の組立てまたは解体の作業は、作業主任者の選任を必要とする(労働安全衛生法第６条14号)と規定している。

(４)掘削面の高さが２ｍ以上となる地山の掘削(ずい道及びたて坑以外の坑の掘削を除く。)の作業は、作業主任者の選任を必要とする(労働安全衛生法第６条９号)と規定している。

問題 5 ------------------------------------→ 解答(2) Check □□□

(２)既製コンクリート杭の杭打ち作業は、作業主任者の選任を必要しない作業である(労働安全衛生法第14条、労働安全衛生法施行令第６条)。

問題 6 ------------------------------------→ 解答(4) Check □□□

(４)赤外線装置を用いて行う透過写真の撮影による点検の業務は、該当しない。

問題 7 ------------------------------------→ 解答(1) Check □□□

つり上げ荷重５ｔ以上の移動式クレーンの運転作業(道路上を走行させる運転を除く)は、作業主任者を選任すべき作業に該当しない(労働安全衛生法第14条、労働安全衛生規則第６条)。

3-3 建設業法

攻略のポイント

POINT 1 建設工事の請負契約に関する出題が多い

近年の第１次検定では、建設工事の請負契約に関する出題が多い。請負契約書の作成と記載すべき内容、元請負人の義務について整理して覚える。

POINT 2 施工技術の確保に関する出題も多い

第１次検定では、施工技術の確保に関する出題も多い。施工技術の確保として、主任技術者や監理技術者の設置、専任の主任技術者・監理技術者を置かなければならない工事について理解しておく。

POINT 3 元請負人の義務を整理する

元請負人の義務について出題されることが多いため、整理して覚えておく。下請負人の意見の聴取、下請代金の支払い期日、完了検査、引き渡しなどについて押さえる。

POINT 4 主任技術者の資格要件を押さえる

建設業の許可に関する問題は、主任技術者の資格要件について出題されることも多い。必要な実務要件の年数を覚える。

主任技術者・監理技術者の設置基準と資格要件

許可区分	一般建設業（29業種）	特定建設業（29業種）		
		特定建設業（29業種）	指定建設業以外（22業種）	指定建設業（7業種）
工事請負の方式	①元請（発注者からの直接請負）下請金額が建築工事業で**7,000万円未満**、その他業種で**4,500万円未満** ②下請 ③自社施工	①元請（発注者からの直接請負）下請金額が建築工事業で**7,000万円未満**、その他業種で**4,500万円未満** ②下請 ③自社施工	①元請（発注者からの直接請負）下請金額が**4,500万円以上**	①元請（発注者からの直接請負）下請金額が建築工事業で**7,000万円以上**、その他業種で**4,500万円以上**
現場に置くべき技術者	**主任技術者**	**主任技術者**	**監理技術者**	**監理技術者**
上記技術者の資格要件	（法第７条２号イ、ロ、ハ）	（法第７条２号イ、ロ、ハ）	（法第15条２号イ、ロ、ハ）	（法第15条２号イ、ハ）
	＊一般建設業と特定建設業の許可基準で営業所に置く専任の技術者と同じ			

建設工事の請負契約

▶第１次検定では、建設工事の請負契約に関する出題が、近年では多く見られる。請負契約書の作成と記載すべき内容、元請負人の義務について理解する。

問題 1 Check □□□

建設業法に関する次の記述のうち、**誤っているもの**はどれか。

（1） 建設業者は、請負契約を締結する場合、主な工種のみの材料費、労務費等の内訳により見積りを行うことができる。

（2） 元請負人は、作業方法等を定めるときは、事前に、下請負人の意見を聞かなければならない。

（3） 現場代理人と主任技術者はこれを兼ねることができる。

（4） 建設工事の施工に従事する者は、主任技術者又は監理技術者がその職務として行う指導に従わなければならない。

（令和３年度前期第１次検定）

問題 2 Check □□□

建設業法に関する次の記述のうち、**誤っているもの**はどれか。

（1） 建設工事の請負契約が成立した場合、必ず書面をもって請負契約書を作成する。

（2） 建設業者は、請け負った建設工事を、一括して他人に請け負わせてはならない。

（3） 主任技術者は、工事現場における工事施工の労務管理をつかさどる。

（4） 建設業者は、施工技術の確保に努めなければならない。

（令和３年度後期第１次検定）

問題 3 

建設業法に関する次の記述のうち、**誤っているもの**はどれか。

（1） 建設業者は、建設工事の担い手の育成及び確保その他の施工技術の確保に努めなければならない。

（2） 建設業の許可は、５年ごとにその更新を受けなければ、その期間の経過によって、その効力を失う。

（3） 元請負人は、下請負人から建設工事が完成した旨の通知を受けたときは、30日以内で、かつ、できる限り短い期間内に検査を完了しなければならない。

（4） 発注者から直接建設工事を請け負った建設業者は、必ずその工事現場における建設工事の施工の技術上の管理をつかさどる主任技術者又は監理技術者を置かなければならない。

（令和２年度後期学科試験）

問題 4 Check □□□

建設業法に関する次の記述のうち、**誤っているもの**はどれか。

（1） 建設業とは、元請、下請その他いかなる名義をもってするかを問わず、建設工事の完成を請け負う営業をいう。

（2） 軽微な建設工事のみを請け負うことを営業とする者を除き、建設業を営もうとする者は、すべて国土交通大臣の許可を受けなければならない。

（3） 建設業者は、その請け負った建設工事を、いかなる方法をもってするかを問わず、原則として一括して他人に請け負わせてはならない。

（4） 施工体系図は、各下請負人の施工の分担関係を表示したものであり、作成後は当該工事現場の見やすい場所に掲示しなければならない。

（令和１年度前期学科試験）

解答と解説　建設工事の請負契約

問題 1 解答(1) Check □□□

建設業者は、建設工事の請負契約を締結するに際して、工事内容に応じ、工事の種別ごとの材料費、労務費その他の経費の内訳並びに工事の工程ごとの作業及びその準備に必要な日数を明らかにして、建設工事の見積りを行うよう努めなければならない（建設業法第20条第１項）と規定している。主な工種のみではない。よって、（１）は誤っている。

問題 2 解答(3) Check □□□

建設業者は、その請け負った建設工事を施工するときは、当該工事現場における建設工事の施工の技術上の管理をつかさどるもの（以下「主任技術者」という。）を置かなければならない（建設業法第26条第１項）と規定している。工事施工の労務管理ではない。そのため、（３）は誤っている。

問題 3 解答(3) Check □□□

（３）元請負人は、下請負人からその請け負った建設工事が完成した旨の通知を受けたときは、当該通知を受けた日から20日以内で、かつ、できる限り短い期間内に、その完成を確認するための検査を完了しなければならない（建設業法第24条の４、第１項）と規定している。よって、誤っている。

問題 4 解答(2) Check □□□

建設業を営もうとする者は、２以上の都道府県の区域内に営業所（本店又は支店若しくは政令で定めるこれに準ずるものをいう。）を設けて営業をしようとする場合にあっては国土交通大臣の、１の都道府県の区域内にのみ営業所を設けて営業をしようとする場合にあっては当該営業所の所在地を管轄する都道府県知事の許可を受けなければならない。ただし、政令で定める軽微な建設工事のみを請け負うことを営業とする者は、この限りでない（建設業法第３条第１項）と規定している。よって、（２）は誤っている。

施工技術の確保

▶第１次検定では、施工技術の確保に関する出題も多い。主任技術者・監理技術者の設置が必要な工事などについて理解する。

問題 1 Check □□□

建設業法に定められている主任技術者及び監理技術者の職務に関する次の記述のうち、**誤っているもの**はどれか。

（1） 当該建設工事の施工計画の作成を行わなければならない。
（2） 当該建設工事の施工に従事する者の技術上の指導監督を行わなければならない。
（3） 当該建設工事の工程管理を行わなければならない。
（4） 当該建設工事の下請代金の見積書の作成を行わなければならない。

（令和４年度前期第１次検定）

問題 2 Check □□□

建設業法に関する次の記述のうち、**誤っているもの**はどれか。

（1） 建設業とは、元請、下請その他いかなる名義をもってするかを問わず、建設工事の完成を請け負う営業をいう。
（2） 建設業者は、当該工事現場の施工の技術上の管理をつかさどる主任技術者を置かなければならない。
（3） 建設工事の施工に従事する者は、主任技術者がその職務として行う指導に従わなければならない。
（4） 公共性のある施設に関する重要な工事である場合、請負代金の額にかかわらず、工事現場ごとに専任の主任技術者を置かなければならない。

（令和４年度後期第１次検定）

問題 3 

建設業法に関する次の記述のうち、**誤っているもの**はどれか。

（1） 発注者から直接建設工事を請け負った特定建設業者は、主任技術者又は監理技術者を置かなければならない。
（2） 主任技術者及び監理技術者は、当該建設工事の施工計画の作成などの他、当該建設工事に関する下請契約の締結を行わなければならない。
（3） 発注者から直接建設工事を請け負った特定建設業者は、下請契約の請負代金額が政令で定める金額以上になる場合、監理技術者を置かなければならない。
（4） 工事現場における建設工事の施工に従事する者は、主任技術者又は監理技術者がその職務として行う指導に従わなければならない。

（令和１年度後期学科試験）

問題 4 Check □□□

建設業法に関する次の記述のうち、**誤っているもの**はどれか。

（1） 主任技術者は、現場代理人の職務を兼ねることができない。

（2） 建設業法には、建設業の許可、請負契約の適正化、元請負人の義務、施工技術の確保などが定められている。

（3） 主任技術者は、建設工事の施工計画の作成、工程管理、品質管理その他の技術上の管理などを誠実に行わなければならない。

（4） 建設工事の施工に従事する者は、主任技術者がその職務として行う指導に従わなければならない。

（平成 30 年度前期学科試験）

問題 5 Check □□□

建設業法に関する次の記述のうち、**誤っているもの**はどれか。

（1） 建設業者は、その請け負った建設工事を施工するときは、当該工事現場における建設工事の施工の技術上の管理をつかさどる主任技術者等を置かなければならない。

（2） 建設業者は、施工技術の確保に努めなければならない。

（3） 公共性のある施設に関する重要な工事である場合は、請負代金額にかかわらず、工事現場ごとに専任の主任技術者を置かなければならない。

（4） 元請負人は、請け負った建設工事を施工するために必要な工程の細目、作業方法を定めようとするときは、あらかじめ下請負人の意見を聞かなければならない。

（平成 30 年度後期学科試験）

解答と解説　施工技術の確保

問題 1 → 解答(4) Check □□□

主任技術者及び監理技術者は、工事現場における建設工事を適正に実施するため、当該建設工事の施工計画の作成、工程管理、品質管理その他の技術上の管理及び当該建設工事の施工に従事する者の技術上の指導監督の職務を誠実に行わなければならない(建設業法第26条の4第1項)。当該建設工事の下請け代金の見積書の作成は職務に含まれていない。そのため、（4）は誤っている。

問題 2 → 解答(4) Check 

公共性のある施設若しくは工作物又は多数の者が利用する施設若しくは工作物に関する重要な建設工事で工事1件の請負代金が建築一式で8,000万円以上、その他の工事で4,000万円以上のものについては、主任技術者または監理技術者は、工事現場ごとに、専任のものでなければならない(建設業法第26条第3項)。よって、（4）は誤っている。

問題 3 解答(2) Check □□□

主任技術者及び監理技術者は、工事現場における建設工事を適正に実施するため、当該建設工事の施工計画の作成、工程管理、品質管理その他の技術上の管理及び当該建設工事の施工に従事する者の技術上の指導監督の職務を誠実に行わなければならない(建設業法第26条の４第１項)と規定している。当該建設工事に関する下請契約の締結は主任技術者及び監理技術者の職務ではない。よって、(２)は誤っている。

問題 4 解答(1) Check □□□

主任技術者が、現場代理人の職務を兼ねることができないという規定はない。よって、誤っている。

問題 5 解答(3) Check

公共性のある施設若しくは工作物又は多数の者が利用する施設若しくは工作物に関する重要な建設工事で工事１件の請負代金が建築一式工事で8,000万円以上、その他の工事で4,000万円以上のものについては、主任技術者又は監理技術者は、工事現場ごとに、専任の者でなければならない(建設業法第26条第３項)。よって、(３)は誤っている。

近年の工事費の上昇などを背景に、監理技術者等の専任を要する請負代金額等の見直しがありました。金額要件が以下のように変更されています(令和5年1月1日より施行)。

	令和4年12月末まで	令和5年1月1日以降
特定建設業の許可・監理技術者の配置・施工体制台帳の作成を要する下請代金額の下限	4,000万円 (6,000万円)	4,500万円 (7,000万円)
主任技術者及び監理技術者の専任を要する請負代金額の下限	3,500万円 (7,000万円)	4,000万円 (8,000万円)
特定専門工事の下請代金額の上限	3,500万円	4,000万円

※(　)内は建築一式工事の場合

3–4 道路関係法

攻略のポイント

POINT 1 道路占有の許可に関する問題がよく出題される

近年の第１次検定では、道路占有の許可に関する問題などが出題される。道路管理者の許可を受ける必要がある工作物や物件、施設について覚える。

POINT 2 道路の保全は、車両の幅等の最高限度を押さえる

第１次検定では、道路の保全に関する出題も多い。特に車両の幅等の最高限度を問う問題が多いので、車両の幅、重量、高さ、長さ、最小回転半径などの数字を押さえておく。

POINT 3 道路の掘削に関する出題にも要注意！

道路占有者が道路を掘削する場合の方法について出題されることもあるので、えぐり掘、溝掘、つぼ掘、推進工法などを押さえておく。

POINT 4 関連する用語の定義を覚えておく

道路関係法を理解するうえで必要な用語を覚える。実務でも必要となる用語が多いため、しっかりと押さえておく。

用語の定義

▶出題頻度は高くないが、道路関係法を理解するうえで必要な基礎知識であるため、関連する用語の定義を確実に覚えておく。

Check □□□

道路法に関する次の記述のうち、**誤っているもの**はどれか。

（1）　道路上の規制標識は、規制の内容に応じて道路管理者又は都道府県公安委員会が設置する。

（2）　道路管理者は、道路台帳を作成しこれを保管しなければならない。

（3）　道路案内標識などの道路情報管理施設は、道路附属物に該当しない。

（4）　道路の構造に関する技術的基準は、道路構造令で定められている。

（令和1年度後期学科試験）

解答と解説　用語の定義

Check □□□

「道路の附属物」とは、道路の構造の保全、安全かつ円滑な道路の交通の確保その他道路の管理上必要な施設又は工作物で、道路情報管理施設（道路上の道路情報提供装置、車両監視装置、気象観測装置、緊急連絡施設その他これらに類するものをいう。）を含む（道路法第2条第22項第4号）と規定している。よって、（3）は誤っている。

道路とは、「一般交通の用に供する道」のことをいいます。道路の種類には、「高速自動車国道」「一般国道」「都道府県道」「市町村道」があります。

道路の占用と使用

▶第1次検定では、道路占有の許可に関する問題などが出題される。道路法令上、専有の許可が必要な工作物や物件、施設などを押さえておく。

問題 1 ---------- Check □□□

道路に工作物又は施設を設け、継続して道路を使用する行為に関する次の記述のうち、道路法令上、占用の許可を**必要としないもの**はどれか。

（1） 道路の維持又は修繕に用いる機械、器具又は材料の常置場を道路に接して設置する場合

（2） 水管、下水道管、ガス管を設置する場合

（3） 電柱、電線、広告塔を設置する場合

（4） 高架の道路の路面下に事務所、店舗、倉庫、広場、公園、運動場を設置する場合

（令和4年度前期第1次検定）

問題 2 ---------- Check

道路に工作物又は施設を設け、継続して道路を使用する行為に関する次の記述のうち、道路法令上、占用の許可を**必要としないもの**はどれか。

（1） 工事用板囲、足場、詰所その他工事用施設を設置する場合。

（2） 津波からの一時的な避難場所としての機能を有する堅固な施設を設置する場合。

（3） 看板、標識、旗ざお、パーキング・メータ、幕及びアーチを設置する場合。

（4） 車両の運転者の視線を誘導するための施設を設置する場合。

（令和2年度後期学科試験）

問題 3 ---------- Check

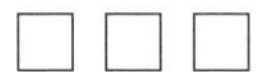

道路の占用許可に関し、道路法上、道路管理者に提出すべき申請書に記載する事項に**該当しないもの**は、次のうちどれか。

（1） 占用の目的

（2） 占用の期間

（3） 工事実施の方法

（4） 建設業の許可番号

（令和1年度前期学科試験）

解答と解説　道路の占用と使用

問題 1 -------→ 解答(1) Check □□□

道路に次の各号のいずれかに掲げる工作物、物件又は施設を設け、継続して道路を使用しようとする場合においては、道路管理者の許可を受けなければならない(道路法第32条第1項)。

①電柱、電線、変圧塔、郵便差出箱、公衆電話所、広告塔その他これらに類する工作物
②水管、下水道管、ガス管その他これらに類する物件
③鉄道、軌道、自動運行補助施設その他これらに類する施設
④歩廊、雪よけその他これらに類する施設
⑤地下街、地下室、通路、浄化槽その他これらに類する施設
⑥露店、商品置場その他これらに類する施設
⑦前各号に掲げるもののほか、道路の構造又は交通に支障を及ぼすおそれのある工作物、物件又は施設で政令で定めるもの

よって、(1)は、占用の許可を必要としない。

問題 2 -------→ 解答(4) Check □□□

(4)車両の運転者の視線を誘導するための施設を設置する場合は、占用許可を必要としない(道路法第32条第1項、道路法施行令第7条)。

問題 3 -------→ 解答(4) Check □□□

許可を受けようとする者は、下記各号に掲げる事項を記載した申請書を道路管理者に提出しなければならない(道路法第32条第2項)と規定している。

1　道路の占用の目的　　2　道路の占用の期間　　3　道路の占用の場所
4　工作物、物件又は施設の構造　　5　工事実施の方法　　6　工事の時期
7　道路の復旧方法

よって、(4)建設業の許可番号は該当しない。

道路の保全

▶第1次検定では、車両の最高限度に関する記述などがよく出題される。車両の幅や重量、高さ、長さ、最小回転半径などを押さえておく。

問題 1 Check □□□

車両の最高限度に関する次の記述のうち、車両制限令上、**誤っているもの**はどれか。ただし、高速自動車国道を通行するセミトレーラ連結車又はフルトレーラ連結車、及び道路管理者が国際海上コンテナの運搬用のセミトレーラ連結車の通行に支障がないと認めて指定した道路を通行する車両を除くものとする。

（1） 車両の最小回転半径の最高限度は、車両の最外側のわだちについて12mである。
（2） 車両の長さの最高限度は、15mである。
（3） 車両の軸重の最高限度は、10tである。
（4） 車両の幅の最高限度は、2.5mである。

（令和4年度後期第1次検定）

問題 2 Check □□□

車両の最高限度に関する次の記述のうち、車両制限令上、**誤っているもの**はどれか。
ただし、道路管理者が道路の構造の保全及び交通の危険の防止上支障がないと認めて指定した道路を通行する車両を除く。

（1） 車両の輪荷重は、５ｔである。
（2） 車両の高さは、3.8mである。
（3） 車両の最小回転半径は、車両の最外側のわだちについて10mである。
（4） 車両の幅は、2.5mである。

（令和3年度前期第1次検定）

問題 3 Check

道路法令上、道路占用者が道路を掘削する場合に**用いてはならない方法**は、次のうちどれか。

（1） えぐり掘
（2） 溝掘
（3） つぼ掘
（4） 推進工法

（令和3年度後期第1次検定）

問題 4 Check □□□

車両の幅等の最高限度に関する記述のうち、車両制限令上、**誤っているもの**はどれか。
ただし、高速自動車国道又は道路管理者が道路の構造の保全及び交通の危険防止上支障がないと認めて指定した道路を通行する車両、及び高速自動車国道を通行するセミトレーラ連結車又はフルトレーラ連結車を除く車両とする。

（1） 車両の輪荷重は、5 t
（2） 車両の高さは、3.8m
（3） 車両の長さは、12m
（4） 車両の幅は、4.5m

（平成 30 年度前期学科試験）

問題 5 Check □□□

車両の総重量等の最高限度に関する次の記述のうち、車両制限令上、**正しいもの**はどれか。ただし、高速自動車国道又は道路管理者が道路の構造の保全及び交通の危険防止上支障がないと認めて指定した道路を通行する車両、及び高速自動車国道を通行するセミトレーラ連結車又はフルトレーラ連結車を除く車両とする。

（1） 車両の総重量は、10 t
（2） 車両の長さは、20m
（3） 車両の高さは、4.7m
（4） 車両の幅は、2.5m

（平成 30 年度後期学科試験）

問題 6 Check □□□

車両制限令に定められている車両の幅等の最高限度に関する次の記述のうち、**誤っているもの**はどれか。

（1） 車両の軸重は、15 t である。
（2） 車両の幅は、2.5m である。
（3） 車両の輪荷重は、5 t である。
（4） 車両の最小回転半径は、車両の最外側のわだちについて12m である。

（平成 29 年度第 2 回学科試験）

解答と解説　道路の保全

問題 1 ------------------------------------> 解答(2)　Check □□□

車両の幅等の最高限度が規定されている。(車両制限令第3条)

①幅：2.5m以下

②重量：総重量20t以下(高速道路棟25以下)、軸量10t以下、輪荷重5t以下

③高さ：3.8以下、道路管理者が道路の構造の保全及び交通の危険防止上支障がないと認めて指定した道路を通行する車両にあっては4.1m以下

④長さ：12m以下

⑤最小回転半径：車両の最外側のわだちについて12m以下

よって、(２)は誤っている。

問題 2 ------------------------------------> 解答(3)　Check 

道路法第47条第１項および車両制限令第３条に車両の幅、重量、高さ、長さ及び最小回転半径の最高限度が定められている。

①幅　2.5m以下

②重量　次に掲げる値

イ　総重量　高速自動車国道又は道路管理者が道路の構造の保全及び交通の危険の防止上支障がないと認めて指定した道路を通行する車両にあっては25ｔ以下で車両の長さ及び軸距に応じて当該車両の通行により道路に生ずる応力を勘案して国土交通省令で定める値、その他の道路を通行する車両にあっては20ｔ以下

ロ　軸重　10ｔ以下

ハ　隣り合う車軸に係る軸重の合計　隣り合う車軸に係る軸距が1.8m未満である場合にあっては18ｔ(隣り合う車軸に係る軸距が1.3m以上であり、かつ、当該隣り合う車軸に係る軸重がいずれも9.5ｔ以下である場合にあっては、19ｔ以下)、1.8m以上である場合にあっては20ｔ以下

③輪荷重　５ｔ以下

④高さ　道路管理者が道路の構造の保全及び交通の危険の防止上支障がないと認めて指定した道路を通行する車両にあっては4.1m以下、その他の道路を通行する車両にあっては3.8m以下

⑤長さ　12m以下

⑥最小回転半径　車両の最外側のわだちについて12m以下

よって、(３)は、誤っている。

問題 3 解答(1) Check □□□

道路を掘削する場合においては、溝掘、つぼ掘または推進工法その他これに準ずる方法によるものとし、えぐり掘の方法によらないこと(道路法施行令第13条２号)と規定している。そのため、(１)は用いてはならない方法である。

問題 4 解答(4) Check □□□

車両の幅等の最高限度が規定されている(車両制限令第３条)。

輪荷重は５ｔ以下、高さは3.8m以下、長さは12m以下、幅は2.5m以下と規定されている。

よって、(４)は誤っている。

問題 5 解答(4) Check □□□

車両の幅等の最高限度が規定されている。(車両制限令第３条)

①幅：2.5m以下

②重量：総重量20ｔ以下(高速道路等25ｔ以下)軸量10ｔ以下、輪荷重５以下

③高さ：3.8m以下、道路管理者が道路の構造の保全及び交通の危険の防止上支障がないと認めて指定した道路を通行する車両にあっては4.1m以下。

④長さ：12m以下

⑤最小回転半径：車両の最外側のわだちについて12m以下

よって、(４)は正しい。

問題 6 解答(1) Check □□□

車両の軸重の最高限度は10ｔである(車両制限令第３条)。そのため、(１)は誤っている。

道路の構造を保全し、または交通の危険を防止するため、通行できる車両の幅、重量、高さ、長さ及び最小回転半径の制限が、車両制限令によって定められています。

3-5 河川関係法

攻略のポイント

POINT 1 河川区域内の使用及び規則を押さえる

河川の流水の占有許可、土地の占有許可、工作物の新築等の許可、土地の掘削等の許可など、河川法で定められた許可について押さえておく。なお、河川法で定める許可は、河川区域内の地上、地下及び空中に及ぶことにも注意が必要。

POINT 2 河川保全区域における行為の制限を押さえる

河川保全区域、河川保全区域における行為の制限などに関する出題も見られる。河川保全区域内における行為で、許可が必要なものと不要なものについて整理する。

POINT 3 河川法の目的、1級河川と2級河川の定義などを覚える

河川関係法を理解するうえで必要な用語を覚える。1級河川と2級河川の定義など、実務でも必要となる用語が多いため、しっかりと押さえておく。

POINT 4 1級河川の管理は国土交通大臣、2級河川は都道府県知事

1級河川の管理は国土交通大臣が行い、2級河川の管理は都道府県知事が行うことを覚える。また準用河川、普通河川についても押さえておく。

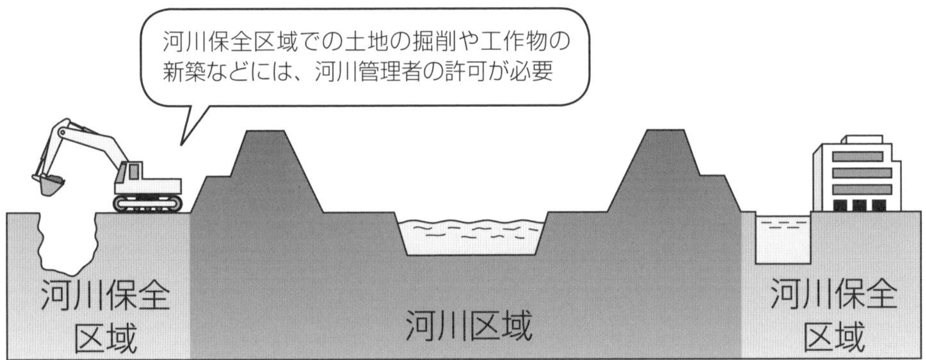
河川保全区域での土地の掘削や工作物の
新築などには、河川管理者の許可が必要
河川保全
区域
河川区域
河川保全
区域

定義、河川の管理

▶河川法の目的、河川及び河川管理施設、1級河川と2級河川など、河川関係法を理解するうえでの基礎知識となるので、定義を押さえておく。

問題 1

Check □□□

河川法に関する次の記述のうち、**誤っているもの**はどれか。

（1）　１級及び２級河川以外の準用河川の管理は、市町村長が行う。

（2）　河川法上の河川に含まれない施設は、ダム、堰、水門等である。

（3）　河川区域内の民有地での工事材料置場の設置は河川管理者の許可を必要とする。

（4）　河川管理施設保全のため指定した、河川区域に接する一定区域を河川保全区域という。

（令和４年度後期第１次検定）

問題 2

河川法に関する次の記述のうち、**正しいもの**はどれか。

（1）　一級河川の管理は、原則として、国土交通大臣が行う。

（2）　河川法の目的は、洪水防御と水利用の２つであり河川環境の整備と保全は目的に含まれない。

（3）　準用河川の管理は、原則として、都道府県知事が行う。

（4）　洪水防御を目的とするダムは、河川管理施設には該当しない。

（令和３年度前期第１次検定）

河川工事とは、河川の流水による公共の利益を増進するため、または公害を除却もしくは軽減するために河川について行う工事のことをいいます。

解答と解説　定義、河川の管理

問題 1 ------------------------------------→ 解答(2) Check □□□

河川に含まれる施設として、ダム、堰、水門、堤防、護岸、床止め、樹林帯その他河川の流水によって生ずる公利を増進し、又は公害を除却し、若しくは軽減する効用を有するものをいう(河川法第3条第2項)。よって、(2)は誤っている。

問題 2 ------------------------------------→ 解答(1) Check □□□

(1)設問通りで、正しい。

(2)この法律は、河川について、洪水、津波、高潮等による災害の発生が防止され、河川が適正に利用され、流水の正常な機能が維持され、及び河川環境の整備と保全がされるようにこれを総合的に管理することにより、国土の保全と開発に寄与し、もつて公共の安全を保持し、かつ、公共の福祉を増進することを目的とする(河川法第1条)と規定している。よって、誤っている。

(3)一級河川及び二級河川以外の河川で市町村長が指定したもの(以下「準用河川」という。)については、この法律中二級河川に関する規定を準用する。この場合において、これらの規定中「都道府県知事」とあるのは「市町村長」と、「都道府県」とあるのは「市町村」と、「国土交通大臣」とあるのは「都道府県知事」と読み替えるものとする(河川法第100条)と規定している。原則として、市町村長が行う。よって、誤っている。

(4)「河川管理施設」とは、ダム、堰、水門、堤防、護岸、床止め、樹林帯その他河川の流水によって生ずる公利を増進し、または公害を除却し、もしくは軽減する効用を有する施設をいう(河川法第3条)と規定している。よって、誤っている。

1級河川とは、国土保全上または国民経済上特に重要な水系で、政令で指定したものにかかわる河川で国土交通大臣が指定したものをいいます。

河川の使用及び河川に関する規則

▶第1次検定では、河川管理者の許可に関する問題が多く出題される。河川管理者の許可が必要な事項をまとめて覚えておく。

問題 1 Check □□□

河川法に関する河川管理者の許可について、次の記述のうち**誤っているもの**はどれか。

（1） 河川区域内の土地において民有地に堆積した土砂などを採取する時は、許可が必要である。

（2） 河川区域内の土地において農業用水の取水機能維持のため、取水口付近に堆積した土砂を排除する時は、許可は必要ない。

（3） 河川区域内の土地において推進工法で地中に水道管を設置する時は、許可は必要ない。

（4） 河川区域内の土地において道路橋工事のための現場事務所や工事資材置場等を設置する時は、許可が必要である。

（令和４年度前期第１次検定）

問題 2 Check □□□

河川法上、河川区域内において、**河川管理者の許可を必要としないもの**は、次のうちどれか。

（1） 道路橋の橋梁架設工事に伴う河川区域内の工事資材置き場の設置

（2） 河川区域内における下水処理場の排水口付近に積もった土砂の排除

（3） 河川区域内の土地における竹林の伐採

（4） 河川区域内上空の送電線の架設

（令和３年度後期第１次検定）

問題 3 Check □□□

河川区域内における河川管理者の許可に関する次の記述のうち、河川法上、**正しいもの**はどれか。

（1） 河川の上空に送電線を架設する場合は、河川管理者の許可を受ける必要はない。

（2） 取水施設の機能を維持するために取水口付近に堆積した土砂等を排除する場合は、河川管理者の許可を受ける必要はない。

（3） 河川の地下を横断して下水道管を設置する場合は、河川管理者の許可を受ける必要はない。

（4） 道路橋の橋脚工事を行うための工事資材置場を河川区域内に新たに設置する場合は、河川管理者の許可を受ける必要はない。

（令和１年度後期学科試験）

問題 4 ----- Check □□□

河川法に関する次の記述のうち、**河川管理者の許可を必要としないもの**はどれか。

（1） 河川区域内の上空に設けられる送電線の架設

（2） 河川区域内に設置されている下水処理場の排水口付近に積もった土砂の排除

（3） 新たな道路橋の橋脚工事に伴う河川区域内の工事資材置き場の設置

（4） 河川区域内の地下を横断する下水道トンネルの設置

（平成 30 年度後期学科試験）

問題 5 ----- Check □□□

河川法に関する次の記述のうち、**誤っているもの**はどれか。

（1） １級及び２級河川以外の準用河川の管理は、市町村長が行う。

（2） 河川区域内で道路橋工事用桟橋を設置する場合は、河川管理者の許可を受けなくてよい。

（3） 河川の上空を横断する送電線を設置する場合は、河川管理者の許可を受けなければならない。

（4） 河川保全区域とは、河川管理施設を保全するために河川管理者が指定した区域である。

（平成 29 年度第 1 回学科試験）

解答と解説　河川の使用及び河川に関する規則

問題 1 -----> 解答(3) Check □□□

河川区域内の土地において土地の掘削、盛土若しくは切土その他土地の形状を変更する行為をしようとする者は、河川管理者の許可を受けなければならない(河川法第27条第1項)。そのため、（3）は誤っている。

問題 2 -----> 解答(2) Check

（1）河川区域内の土地を占用しようとする者は、国土交通省令で定めるところにより、河川管理者の許可を受けなければならない(河川法第24条)と規定している。

（2）取水施設または排水施設の機能を維持するために行う取水口または排水口の付近に積もつた土砂等の排除は軽易な行為として、河川管理者の許可を必要としない(河川法施行令第15条の４第１項２号)。

（3）河川区域内の土地において土地の掘削、盛土もしくは切土その他土地の形状を変更する行為または竹木の栽植もしくは伐採をしようとする者は、国土交通省令で定めるところにより、河川管理者の許可を受けなければならない(河川法第27条第１項)と規定している。

（4）河川区域内の土地を占用しようとする者は、国土交通省令で定めるところにより、河川管理者の許可を受けなければならない(河川法第24条)と規定している。河川区域内において、河川法は、地上、地下及び空中に及ぶ。

問題 3 ----------> 解答(2) Check 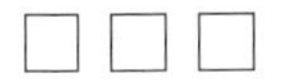

（1）河川区域内の土地において工作物を新築し、改築し、又は除却しようとする者は、国土交通省令で定めるところにより、河川管理者の許可を受けなければならない（河川法第26条第１項）と規定している。河川上空を横断する送電線の設置も、河川法の許可が必要。よって、誤っている。

（2）取水施設の機能を維持するために取水口付近に堆積した土砂等の排除は、政令で定める軽易な行為とみなされ、河川管理者の許可を受ける必要はない（河川法第27条第１項ただし書き、同法施行令第15条の４第１項第２号）と規定している。よって、正しい。

（3）河川区域内の土地において土地の掘削、盛土若しくは切土その他土地の形状を変更する行為は河川管理者の許可を受けなければならない（河川法第27条第１項）と規定している。河川の地下を横断する下水道管の設置も含まれる。よって、誤っている。

（4）河川区域内の土地を占用しようとする者は、国土交通省令で定めるところにより、河川管理者の許可を受けなければならない（河川法第24条）と規定されている。工事用材料置き場を設置し土地を占用する場合も適用される。よって、誤っている。

問題 4 ----------> 解答(2) Check □ □ □

許可を受けて設置された取水施設又は排水施設の機能を維持するために行う取水口又は排水口の付近に積もつた土砂等の排除は、軽易な行為として河川管理者の許可を必要としない（河川法第27条第１項、同法施行令第15条の４第２項）。よって、（２）は許可を必要としない。

問題 5 ----------> 解答(2) Check □ □ □

河川区域内の土地を占用しようとする者は、国土交通省令で定めるところにより、河川管理者の許可を受けなければならない。河川区域内に工事用道路とするために土地を占用する場合や、道路橋工事用桟橋を設ける場合には河川管理者の許可を受けなければならない（河川法第24条）。

河川保全区域

▶河川保全区域に関する問題は、河川保全区域の指定、河川保全区域における行為の制限について押さえておく。

問題 1 Check □□□

河川法に関する次の記述のうち、**正しいもの**はどれか。

（1） 河川法上の河川には、ダム、堰、水門、堤防、護岸、床止め等の河川管理施設は含まれない。

（2） 河川保全区域とは、河川管理施設を保全するために河川管理者が指定した一定の区域である。

（3） 二級河川の管理は、原則として、当該河川の存する市町村長が行う。

（4） 河川区域には、堤防に挟まれた区域と堤内地側の河川保全区域が含まれる。

（令和２年度後期学科試験）

問題 2 Check □□□

河川法に関する次の記述のうち、**誤っているもの**はどれか。

（1） 河川の管理は、原則として、一級河川を国土交通大臣、二級河川を都道府県知事がそれぞれ行う。

（2） 河川は、洪水、津波、高潮等による災害の発生が防止され、河川が適正に利用され、流水の正常な機能が維持され、及び河川環境の整備と保全がされるように総合的に管理される。

（3） 河川区域には、堤防に挟まれた区域と堤内地側の河川保全区域が含まれる。

（4） 河川法上の河川には、ダム、堰、水門、床止め、堤防、護岸等の河川管理施設も含まれる。

（令和１年度前期学科試験）

問題 3 Check □□□

河川法に関する次の記述のうち、**正しいもの**はどれか。

（1） 河川法の目的は、洪水や高潮等による災害防御と水利用であり、河川環境の整備と保全は含まれていない。

（2） 河川保全区域は、河岸又は河川管理施設を保全するために河川管理者が指定した区域である。

（3） 洪水防御を目的とするダムは、河川管理施設には該当しない。

（4） すべての河川は、国土交通大臣が河川管理者として管理している。

（平成 30 年度前期学科試験）

解答と解説　河川保全区域

問題1　解答(2)　Check □□□

(1)河川管理施設とは、ダム、堰、水門、堤防、護岸、床止め等のその他河川の流水によって生ずる公利を増進し、又は公害を除却し、若しくは軽減する効用を有する施設をいう(河川法第3条第2項)と規定している。よって、誤っている。

(2)河川管理者は、河岸又は河川管理施設を保全するため必要があると認めるときは、河川区域に隣接する一定の区域を河川保全区域として指定することができる(河川法第54条第1項)と規定している。よって、正しい。

(3)この法律において「二級河川」とは、都道府県知事が指定したものをいい、原則として、当該河川の存する都道府県知事が行う(河川法第5条第1項)と規定している。よって、誤っている。

(4)河川区域とは、河川の流水が継続して存する土地及び地形、草木の生茂の状況その他その状況が河川の流水が継続して存する土地に類する状況を呈している土地(河岸の土地を含み、洪水その他異常な天然現象により一時的に当該状況を呈している土地を除く。)の区域、河川管理施設の敷地である土地の区域、堤外の土地の区域のうち、河川管理者が指定した区域をいう(河川法第6条第1項1、2、3号)と規定している。よって、誤っている。

問題2　解答(3)　Check □□□

河川管理者は、河岸又は河川管理施設を保全するため必要があると認めるときは、河川区域に隣接する一定の区域を河川保全区域として指定することができる(河川法第54条第1項)と規定している。よって、(3)は誤っている。

問題3　解答(2)　 □□□

(1)河川法の目的は、河川について、洪水、津波、高潮等による災害の発生が防止され、河川が適正に利用され、流水の正常な機能が維持され、及び河川環境の整備と保全がされるようにこれを総合的に管理することにより、国土の保全と開発に寄与し、もつて公共の安全を保持し、かつ、公共の福祉を増進することである(河川法第1条)。よって、誤っている。

(2)河川管理者は、河岸又は河川管理施設を保全するため必要があると認めるときは、河川区域に隣接する一定の区域を河川保全区域として指定することができる(河川法第54条第1項)。よって、正しい。

(3)河川管理施設とは、ダム、堰、水門、堤防、護岸、床止め、樹林帯その他河川の流水によって生ずる公利を増進し、又は公害を除却し、若しくは軽減する効用を有する施設をいう(河川法第3条第1項)。よって、誤っている。

(4)河川の管理は、1級河川は国土交通大臣が、2級河川については都道府県知事が河川管理者となる(河川法第9条、10条、11条)。よって、誤っている。

3-6 建築基準法

POINT 1 建築基準法の定義に関する出題が続いている

第1次検定では、近年は建築基準法の定義に関する出題が続いている。毎回、似たような問題が出題されているので、しっかりと覚えておく。

POINT 2 空欄に入る数値の組み合わせを解答する出題もある

建築基準法に定められている建築物の敷地と道路に関する出題は、文章の空欄に入る数値の組み合わせを解答する形式もある。「都市計画区域等における道路は原則、幅員４ｍ以上」「都市計画区域内の建築物の敷地は原則、道路に２ｍ以上接しなければならない」の２点を押さえておく。

POINT 3 建築基準法の用語の定義を覚える

建築基準法の用語の定義を覚える。建築物、建築設備、容積率と建ぺい率などについて押さえておく。

POINT 4 仮設建築物に対する建築基準法の適用除外と適用規定の出題も

過去には仮設建築物に対する建築基準法の適用除外と適用規定に関する問題が出題されていた。今後、出題される可能性もあるので要注意。

定義

▶第１次検定では、ここ数年は建築基準法の定義に関する出題が続いている。用語の定義、その他の規定を覚える。

問題 1　Check □□□

建築基準法の用語に関して、次の記述のうち**誤っているもの**はどれか。

（1）　特殊建築物とは、学校、体育館、病院、劇場、集会場、百貨店などをいう。

（2）　建築物の主要構造部とは、壁、柱、床、はり、屋根又は階段をいい、局部的な小階段、屋外階段は含まない。

（3）　建築とは、建築物を新築し、増築し、改築し、又は移転することをいう。

（4）　建築主とは、建築物に関する工事の請負契約の注文者であり、請負契約によらないで自らその工事をする者は含まない。

（令和４年度後前期第１次検定）

問題 2　Check □□□

建築基準法に関する次の記述のうち、**誤っているもの**はどれか。

（1）　道路とは、原則として、幅員４m以上のものをいう。

（2）　建築物の延べ面積の敷地面積に対する割合を容積率という。

（3）　建築物の敷地は、原則として道路に１m以上接しなければならない。

（4）　建築物の建築面積の敷地面積に対する割合を建ぺい率という。

（令和４年度後後期第１次検定）

問題 3　Check □□□

建築基準法の用語の定義に関する次の記述のうち、**誤っているもの**はどれか。

（1）　建築物は、土地に定着する工作物のうち、屋根及び柱若しくは壁を有するもの、これに附属する門若しくは塀などをいう。

（2）　居室は、居住のみを目的として継続的に使用する室をいう。

（3）　建築設備は、建築物に設ける電気、ガス、給水、排水、換気、汚物処理などの設備をいう。

（4）　特定行政庁は、原則として、建築主事を置く市町村の区域については当該市町村の長をいい、その他の市町村の区域については都道府県知事をいう。

（令和３年度前期第１次検定）

問題 4　Check □□□

建築基準法上、主要構造部に**該当しないもの**は、次のうちどれか。

（1）　床　　（2）　階段　　（3）　付け柱　　（4）　屋根

（令和３年度後期第１次検定）

問題 5 Check □□□

建築基準法に定められている建築物の敷地と道路に関する下記の文章の［　　］の（イ）、（ロ）に当てはまる次の数値の組合せのうち、**正しいもの**はどれか。

都市計画区域内の道路は、原則として幅員［（イ）］m以上のものをいい、建築物の敷地は、原則として道路に［（ロ）］m以上接しなければならない。

（イ）　（ロ）

（1）　3……………2

（2）　3……………3

（3）　4……………2

（4）　4……………3

（令和２年度後期学科試験）

問題 6 Check □□□

建築基準法に関する次の記述のうち、**誤っているもの**はどれか。

（1）　建築物に附属する塀は、建築物ではない。

（2）　学校や病院は、特殊建築物である。

（3）　都市計画区域内の道路は、原則として幅員４m以上のものをいう。

（4）　都市計画区域内の建築物の敷地は、原則として道路に２m以上接しなければならない。

（令和１年度前期学科試験）

問題 7 Check □□□

建築基準法に関する次の記述のうち、**誤っているもの**はどれか。

（1）　容積率は、敷地面積の建築物の延べ面積に対する割合をいう。

（2）　建築物の主要構造部は、壁、柱、床、はり、屋根又は階段をいう。

（3）　建築設備は、建築物に設ける電気、ガス、給水、冷暖房などの設備をいう。

（4）　建ぺい率は、建築物の建築面積の敷地面積に対する割合をいう。

（令和１年度後期学科試験）

解答と解説　定義

問題 1 → 解答(4) Check □□□

建築主　建築物に関する工事の請負契約の注文者又は請負契約によらないで自らその工事をする者をいう（建築基準法第2条第16号）。そのため、（4）は誤っている。

問題 2 ---> 解答(3) Check □□□

建築物の敷地は、原則として、幅員4m以上の道路に2m以上接すること(建築基準法第43条第2項第1号)。よって、(3)誤っている。

問題 3 ---> 解答(2) Check □□□

居室は、居住、執務、作業、集会、娯楽その他これらに類する目的のために継続的に使用する室をいう(建築基準法第2条第1項第4号)と規定している。よって、(2)は誤っている。

問題 4 ---> 解答(3) Check □□□

主要構造部は、壁、柱、床、はり、屋根または階段をいい、建築物の構造上重要でない間仕切壁、間柱、付け柱、揚げ床、最下階の床、回り舞台の床、小ばり、ひさし、局部的な小階段、屋外階段その他これらに類する建築物の部分を除くものとする(建築基準法第2条第1項第5号)と規定している。そのため、(3)の付け柱は、主要構造部に該当しない。

問題 5 ---> 解答(3) Check □□□

都市計画区域内の道路は、原則として、幅員4m以上(特定行政庁がその地方の気候若しくは風土の特殊性又は土地の状況により必要と認めて都道府県都市計画審議会の議を経て指定する区域内においては、6m以上)のもの(地下におけるものを除く。)をいう(建築基準法第42条)と規定し、建築物の敷地は、道路に2m以上接しなければならない(建築基準法第43条)と規定している。よって、(3)が正しい。

問題 6 ---> 解答(1) Check □□□

建築物とは、土地に定着する工作物のうち、屋根及び柱若しくは壁を有するもの、これに附属する門若しくは塀、観覧のための工作物又は地下若しくは高架の工作物内に設ける事務所、店舗、興行場、倉庫その他これらに類する施設をいい、建築設備を含むものとする(建築基準法第2条第1号)と規定している。よって、(1)は誤っている。

問題 7 ---> 解答(1) Check □□□

容積率は、建築物の延べ面積の敷地面積に対する割合をいう(建築基準法第52条)と規定している。よって、(1)は誤っている。

3-7 火薬類取締法

攻略のポイント

POINT 1 火薬類の取扱いに関する出題が頻出

第1次検定では、火薬類の取扱いに関する出題が多い。火薬類の消費と取扱いについて押さえておく。

POINT 2 容器の構造について理解する

火薬類を収納する容器に関する出題も多いので、容器の構造について理解する。火薬や爆薬、導爆線などは、火工品と異なる容器に収納することを押さえておく。

POINT 3 ダイナマイトに関する出題も多い

ダイナマイトの取扱いに関する出題もよく見られる。凍結したダイナマイトの取扱い、固化したダイナマイトの取扱いなどが問われるため、整理して覚えておく。

POINT 4 火薬類取扱所や火工所の規定を覚える

火薬類取扱所や火工所の規定は、それぞれ整理して覚える。また、発破や電気発破に関する出題も多いので、押さえておく。

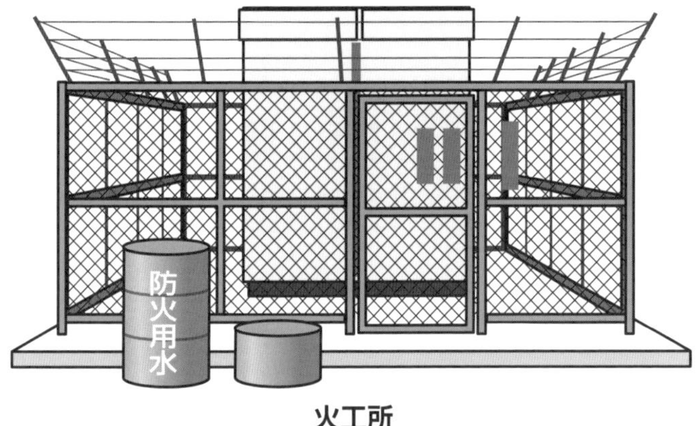

火工所

火薬類の貯蔵、運搬、制限、破棄等

▶第1次検定では、火薬庫の貯蔵に関する出題が多い。また、火薬庫の設置、火薬類の運搬などもあわせて覚える。

問題 1 Check □□□

火薬類取締法上、火薬類の取扱いに関する次の記述のうち、**正しいもの**はどれか。

（1） 火薬庫を設置しようとするものは、所轄の警察署に届け出なければならない。
（2） 爆発し、発火し、又は燃焼しやすい物は、火薬庫の境界内に堆積させなければならない。
（3） 火薬庫内には、火薬類以外のものを貯蔵してはならない。
（4） 火薬庫内では、温度の変化を少なくするため夏期は換気をしてはならない。

（令和３年度前期第１次検定）

問題 2 Check □□□

火薬類取締法上、火薬類の取扱いに関する次の記述のうち、**誤っているもの**はどれか。

（1） 火薬類を運搬するときは、火薬と火工品とは、いかなる場合も同一の容器に収納すること。
（2） 火薬類を収納する容器は、内面には鉄類を表さないこと。
（3） 固化したダイナマイト等は、もみほぐすこと。
（4） 火薬類の取扱いには、盗難予防に留意すること。

（令和２年度後期学科試験）

問題 3 Check □□□

火薬類取締法上、火薬類の取扱いに関する次の記述のうち、**誤っているもの**はどれか。

（1） 火薬類は、他の物と混包し、又は火薬類でないようにみせかけて、これを所持し、運搬してはならない。
（2） 火薬庫を設置しようとする者は、経済産業大臣の許可を受けなければならない。
（3） 火薬類を収納する容器は、木その他電気不良導体で作った丈夫な構造のものとし、内面には鉄類を表さないこと。
（4） 火薬類取扱所内には、見やすい所に取扱いに必要な法規及び心得を掲示すること。

（平成 29 年度第２回学科試験）

解答と解説 火薬類の貯蔵、運搬、制限、破棄等

問題 1 ---------- 解答(3) Check □□□

(1)火薬庫を設置し、移転しまたはその構造もしくは設備を変更しようとする者は、経済産業省令で定めるところにより、都道府県知事の許可を受けなければならない(火薬取締法第12条第1項)と規定している。よって、誤っている。

(2)火薬庫の境界内には、爆発し、発火し、または燃焼しやすい物をたい積しないこと(火薬取締法施行規則第21条第1項第2号)と規定している。よって、誤っている。

(3)設問通りで、正しい。

(4)火薬庫内では、換気に注意し、できるだけ温度の変化を少なくし、特に無煙火薬又はダイナマイトを貯蔵する場合には、最高最低寒暖計を備え、夏期または冬期における温度の影響を少なくするような措置を講ずること(火薬取締法施行規則第21条第1項第7号)と規定している。よって、誤っている。

問題 2 ---------- 解答(1) Check □□□

(1)火薬類を運搬するときは、火薬、爆薬、導爆線又は制御発破用コードと火工品とは、それぞれ異った容器に収納すること(火薬取締法施行規則第51条第2号)と規定している。よって、誤っている。

問題 3 ---------- 解答(2) Check □□□

火薬庫を設置しようとする者が許可を受ける相手は都道府県知事である(火薬類取締法第12条第1項)。そのため、(2)は誤っている。

火薬類の製造所または火薬庫においては、製造業者または火薬庫の所有者もしくは占有者の指定する場所以外の場所での喫煙や火気の取扱いは禁止されています。また、製造業者または火薬庫の所有者もしくは占有者の承諾を得ないで、発火しやすい物を携帯して火薬類の製造所または火薬庫への立ち入りも禁止されています。

火薬類の消費、取扱い・火薬類取扱所、火工所・火薬類の発破、不発等

▶第1次検定では、火薬類の取扱い規定に関する出題が多い。特にダイナマイトの取扱いについての出題が多いので押さえておく。

問題 1 Check □□□

火薬類の取扱いに関する次の記述のうち、火薬類取締法上、**誤っているもの**はどれか。

（1） 火薬庫の境界内には、必要がある者のほかは立ち入らない。
（2） 火薬庫の境界内には、爆発、発火、又は燃焼しやすい物をたい積しない。
（3） 火工所に火薬類を保存する場合には、必要に応じて見張人を配置する。
（4） 消費場所において火薬類を取り扱う場合、固化したダイナマイト等は、もみほぐす。

（令和４年度前期第１次検定）

問題 2 Check □□□

火薬類の取扱いに関する次の記述のうち、火薬類取締法上、**誤っているもの**はどれか。

（1） 火工所以外の場所において、薬包に雷管を取り付ける作業を行わない。
（2） 消費場所において火薬類を取り扱う場合、固化したダイナマイト等はもみほぐしてはならない。
（3） 火工所に火薬類を存置する場合には、見張人を常時配置する。
（4） 火薬類の取扱いには、盗難予防に留意する。

（令和４年度後期第１次検定）

問題 3 Check □□□

火薬類取締法上、火薬類の取扱いに関する次の記述のうち、**誤っているもの**はどれか。

（1） 消費場所においては、薬包に雷管を取り付ける等の作業を行うために、火工所を設けなければならない。
（2） 火工所に火薬類を存置する場合には、見張り人を必要に応じて配置しなければならない。
（3） 火工所以外の場所においては、薬包に雷管を取り付ける作業を行ってはならない。
（4） 火工所には、原則として薬包に雷管を取り付けるために必要な火薬類以外の火薬類を持ち込んではならない。

（令和３年度後期第１次検定）

問題 4 Check 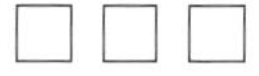

火薬類の取扱いに関する次の記述のうち、火薬類取締法上、**誤っているもの**はどれか。

（1） 火薬庫の境界内には、必要がある者のほかは立ち入らない。
（2） 火薬類取扱所を設ける場合は、１つの消費場所に１箇所とする。
（3） 火工所以外の場所において、薬包に雷管を取り付ける作業を行わない。
（4） 火工所に火薬類を存置する場合には、必要に応じて見張人を配置する。

（令和１年度前期学科試験）

問題 5 Check □□□

火薬類の取扱いに関する次の記述のうち、火薬類取締法上、**誤っているもの**はどれか。

（1） 火薬庫内には、火薬類以外の物を貯蔵しない。

（2） 火薬庫の境界内には、爆発、発火、又は燃焼しやすい物を堆積しない。

（3） 火薬類を収納する容器は、木その他電気不良導体で作った丈夫な構造のものとし、内面には鉄類を表さない。

（4） 固化したダイナマイト等は、もみほぐしてはならない。

（令和1年度後期学科試験）

問題 6 Check □□□

火薬類取締法上、火薬類の貯蔵上の取扱いに関する次の記述のうち、**誤っているもの**はどれか。

（1） 火薬庫の境界内には、必要がある者以外は立ち入らない。

（2） 火薬庫の境界内には、爆発、発火、又は燃焼しやすい物を堆積しない。

（3） 火薬庫内には、火薬類以外の物を貯蔵しない。

（4） 火薬庫内は、温度の変化を少なくするため、夏期は換気はしない。

（平成30年度前期学科試験）

問題 7 Check □□□

火薬類取締法上、火薬類の取扱いに関する次の記述のうち、**誤っているもの**はどれか。

（1） 火薬類を収納する容器は、木その他電気不良導体で作った丈夫な構造のものとし、内面には鉄類を表さないこと。

（2） 火薬類を存置し、又は運搬するときは、火薬、爆薬、導火線と火工品とを同一の容器に収納すること。

（3） 固化したダイナマイト等は、もみほぐすこと。

（4） 18歳未満の者は、火薬類の取扱いをしてはならない。

（平成30年度後期学科試験）

火薬類取扱所は、火薬類の管理及び発破の準備を行うための施設のことをいいます。また、火工所は薬包への雷管の取付け等を行う施設のことをいいます。混同しないように、違いを正しく理解しておきましょう。

解答と解説　火薬類の消費、取扱い・火薬類取扱所、火工所・火薬類の発破、不発等

問題 1 ------------------------------------→ 解答(3) Check □□□

火工所に火薬類を存置する場合には、見張人を常時配置すること（火薬取締法施行規則第52条の2第3項第3号）。そのため、（3）は誤っている。

問題 2 ------------------------------------→ 解答(2) Check □□□

消費場所において火薬類を取り扱う場合、固化したダイナマイト等は、もみほぐすこと（火薬取締法施行規則第51条第7号）。よって、（2）は誤っている。

問題 3 ------------------------------------→ 解答(2) Check □□□

火工所に火薬類を存置する場合には、見張人を常時配置すること（火薬取締法施行規則第52条の2第3項第3号）と規定している。そのため、（2）は誤っている。

問題 4 ------------------------------------→ 解答(4) Check □□□

火工所に火薬類を存置する場合には、見張人を常時配置すること（火薬取締法施行規則第52条の2第3項第3号）と規定している。よって、（4）は誤っている。

問題 5 ------------------------------------→ 解答(4) Check □□□

固化したダイナマイト等は、もみほぐすこと（火薬取締法施行規則第51条第7号）と規定している。よって、（4）は誤っている。

問題 6 ------------------------------------→ 解答(4) Check □□□

火薬庫内では、換気に注意し、できるだけ温度の変化を少なくし、特に無煙火薬又はダイナマイトを貯蔵する場合には、最高最低寒暖計を備え、夏期又は冬期における温度の影響を少なくするような措置を講ずること（火薬取締法施行規則第21条第7号。）よって、誤っている。

問題 7 ------------------------------------→ 解答(2) Check □□□

火薬類を存置し、又は運搬するときは、火薬、爆薬、導爆線又は制御発破用コードと火工品とは、それぞれ異った容器に収納すること（火薬取締法施行規則第51条第2号）。よって、（2）は誤っている。

3-8 騒音規制法

●●● 攻略のポイント ●●●

POINT 1 特定建設作業に関する規定からの出題が多い

第１次検定では、特定建設作業に関する規定についての出題が多い。近年では、指定地域内における特定建設作業の規制基準、特定建設作業を伴う建設工事の届出などがよく出題されている。

POINT 2 特定建設作業の対象になるものを覚える

杭打ち機、びょう打ち機、削岩機、バックホウ、トラクタショベル、ブルドーザなど、騒音規制法で特定建設作業の対象となるものを覚える。第１次検定では、特定建設作業の対象とならない作業を解答する形式の問題が多い。

POINT 3 指定区域と区分別規制時間を押さえる

指定区域は、作業禁止時間帯や１日あたりの作業時間、連続日数、休日作業などについて規制されているので、第１号区域と第２号区域の違いを押さえておく。

【指定区域と区分別規制時間(騒音規制法第15条第１項に基づく基準)】

指定区域	作業禁止時間帯	１日あたりの作業時間	連続日数	日曜日・その他休日作業
第１号区域	**午後７時～翌午前７時**	**10時間**	**６日以内**	**作業禁止**
第２号区域	**午後10時～翌午前６時**	**14時間**	**６日以内**	**作業禁止**

POINT 4 騒音規制法は、環境保全対策の分野で出題されることもある

騒音規制法の内容については、環境保全対策の分野と密接に関連している。本書の第６章の「環境保全対策」の問題と解答・解説をあわせて確認する。

定義と地域の指定

▶騒音規制法上、特定建設作業の対象とならない作業について出題される。バックホウ、トラクタショベル、ブルドーザは特定建設作業の対象である点を押さえる。

問題 1 Check □□□

騒音規制法上、建設機械の規格などにかかわらず特定建設作業の**対象とならない作業**は、次のうちどれか。ただし、当該作業がその作業を開始した日に終わるものを除く。

（1） ブルドーザを使用する作業
（2） バックホゥを使用する作業
（3） 空気圧縮機を使用する作業
（4） 舗装版破砕機を使用する作業

（令和4年度前期第1次検定）

問題 2 Check □□□

騒音規制法上、建設機械の規格や作業の状況などにかかわらず指定地域内において特定建設作業の**対象とならない作業**は、次のうちどれか。
ただし、当該作業がその作業を開始した日に終わるものを除く。

（1） さく岩機を使用する作業
（2） バックホゥを使用する作業
（3） 舗装版破砕機を使用する作業
（4） ブルドーザを使用する作業

（平成30年度前期学科試験）

問題 3 

騒音規制法上、指定地域内において**特定建設作業の対象とならない作業**は、次のうちどれか。
ただし、当該作業がその作業を開始した日に終わるものを除く。

（1） びょう打機を使用する作業
（2） ディーゼルハンマによる杭打ち作業
（3） 1日の移動距離が50mを超えない振動ローラによる路盤の締固め作業
（4） 1日の移動距離が50mを超えないさく岩機による構造物の取り壊し作業

（平成29年度第2回学科試験）

解答と解説　定義と地域の指定

問題 1 ------------------------------------ 解答(4) Check □□□

特定建設作業は、騒音規制法第2条第3項、同法施行令第2条別表第2に規定している。

1　くい打機(もんけんを除く)、くい抜機又はくい打くい抜機(圧入式くい打くい抜機を除く)を使用する作業(くい打機をアースオーガーと併用する作業を除く)

2　びょう打機を使用する作業

3　さく岩機を使用する作業(作業地点が連続的に移動する作業にあっては、1日における当該作業に係る2地点間の最大距離が50mを超えない作業に限る)

4　空気圧縮機(電動機以外の原動機を用いるものであつて、その原動機の定格出力が15kw以上のものに限る)を使用する作業(さく岩機の動力として使用する作業を除く)

5　コンクリートプラント(混練機の混練容量が0.45㎥以上のものに限る)又はアスファルトプラント(混練機の混練重量が200kg以上のものに限る)を設けて行う作業(モルタルを製造するためにコンクリートプラントを設けて行う作業を除く)

6　バックホウ(一定の限度を超える大きさの騒音を発生しないものとして環境大臣が指定するものを除き、原動機の定格出力が80kw以上のものに限る)を使用する作業

7　トラクターショベル(一定の限度を超える大きさの騒音を発生しないものとして環境大臣が指定するものを除き、原動機の定格出力が70kw以上のものに限る)を使用する作業

8　ブルドーザー(一定の限度を超える大きさの騒音を発生しないものとして環境大臣が指定するものを除き、原動機の定格出力が40kw以上のものに限る)を使用する作業

よって、(4)の舗装版破砕機を使用する作業は、特定建設作業の対象とならない作業である。

問題 2 ------------------------------------ 解答(3) Check □□□

騒音規制法における「特定建設作業」とは、「騒音規制法第2条第3項、同施行令第2条、別表第2」に定められている。(3)は特定建設作業の対象とならない建設機械である。

問題 3 ------------------------------------ 解答(3) Check □□□

1日の移動距離が50mを超えない振動ローラによる路盤の締固め作業は、指定地域内において特定建設作業の対象とならない作業である(騒音規制法第2条第3項、同法施行令第2条、別表第2)。よって、(3)が正解。

特定建設作業に関する規定

▶第1次検定では、特定建設作業に関する規定についての出題が多い。指定地域内における特定建設作業の規制基準、建設工事の届出などが出題される。

問題 1 Check □□□

騒音規制法上、指定地域内における特定建設作業の規制基準に関する次の記述のうち、**正しいもの**はどれか。

（1） 特定建設作業の敷地の境界線において騒音の大きさは、85デシベルを超えてはならない。
（2） 1号区域では夜間・深夜作業の禁止時間帯は、午後7時から翌日の午前9時である。
（3） 1号区域では1日の作業時間は、3時間を超えてはならない。
（4） 連続作業の制限は、同一場所においては7日である。

（令和3年度前期第1次検定）

問題 2 Check □□□

騒音規制法上、指定地域内において特定建設作業を伴う建設工事を施工する者が、作業開始前に市町村長に実施の届出をしなければならない期限として、**正しいもの**は次のうちどれか。

（1） 3日前まで
（2） 5日前まで
（3） 7日前まで
（4） 10日前まで

（令和3年度後期第1次検定）

問題 3 Check □□□

騒音規制法上、指定地域内において特定建設作業を施工しようとする者が、届け出なければならない事項として、**該当しないもの**は次のうちどれか。

（1） 特定建設作業の場所
（2） 特定建設作業の実施期間
（3） 特定建設作業の概算工事費
（4） 騒音の防止の方法

（令和1年度前期学科試験）

問題 4 Check □□□

騒音規制法上、指定地域内における特定建設作業を伴う建設工事を施工しようとする者が行う、特定建設作業の実施に関する届出先として、**正しいもの**は次のうちどれか。

（1） 環境大臣
（2） 都道府県知事
（3） 市町村長
（4） 労働基準監督署長

（令和1年度後期学科試験）

問題 5 Check □□□

騒音規制法上、指定地域内において特定建設作業を伴う建設工事を施工しようとする者が、作業開始前に市町村長に届け出なければならない事項として、**該当しないもの**は次のうちどれか。

（1） 建設工事の概算工事費
（2） 工事工程表
（3） 作業場所の見取り図
（4） 騒音防止の対策方法

（平成 30 年度後期学科試験）

問題 6

騒音規制法上、指定地域内において特定建設作業を伴う建設工事を施工しようとする者が、作業開始前に市町村長に実施の届出をしなければならない期限として**正しいもの**は、次のうちどれか。

（1） 3日前まで
（2） 7日前まで
（3） 14日前まで
（4） 21日前まで

（平成 29 年度第 1 回学科試験）

解答と解説　特定建設作業に関する規定

問題 1 → 解答(1) Check □□□

特定建設作業(法第２条関係)は以下のように定められている。

建設工事として行われる作業のうち、著しい騒音を発生する作業であって騒音規制法施行令の別表第２に掲げる作業(ただし、当該作業がその作業を開始した日に終わるもの(深夜12時をまたぐものは除く。)は除く)。

問題 2 → 解答(3) Check □□□

指定地域内において特定建設作業を伴う建設工事を施工しようとする者は、当該特定建設作業の開始の日の７日前までに、環境省令で定めるところにより、次の事項を市町村長に届け出なければならない(法第14条第１項)と規定している。

問題 3 ――――――――――――――――――――――――――→ 解答(3) Check □□□

指定地域内において特定建設作業を伴う建設工事を施工しようとする者は、当該特定建設作業の開始の日の７日前までに、次の事項を市町村長に届け出なければならない(騒音規制法第14条第１項)と規定している。

1　氏名又は名称及び住所並びに法人にあっては、その代表者の氏名
2　建設工事の目的に係る施設又は工作物の種類
3　特定建設作業の場所及び実施の期間
4　騒音の防止の方法
5　その他環境省令で定める事項

よって、(３)の特定建設作業の概算工事費は該当しない。

問題 4 ――――――――――――――――――――――――――→ 解答(3) Check □□□

指定地域内において特定建設作業を伴う建設工事を施工しようとする者は、当該特定建設作業の開始の日の７日前までに、市町村長に届け出なければならない(騒音規制法第14条第１項)と規定している。よって、届出先は、(３)の市町村長である。

問題 5 ――――――――――――――――――――――――――→ 解答(1) Check □□□

騒音規制法第 14 条第１項には、建設工事の概算工事費を届け出なければならないという規定はない。よって、(１) が該当しない。

問題 6 ――――――――――――――――――――――――――→ 解答(2) Check □□□

指定地域内において特定建設作業を伴う建設工事を施工しようとする者は、当該特定建設作業の開始の日の７日前までに市町村長に届け出なければならない(騒音規制法第14条第１項)。よって、(２)が正しい。

騒音規制法、次節の振動規制法の内容は、第6章の「環境保全対策」の分野にて出題されることもあります。

3–9 振動規制法

攻略のポイント

POINT 1 特定建設作業に関連する問題が頻出

第１次検定では、指定地域内で行う特定建設作業に関連する問題が頻出。出題される問題が比較的決まっているので、頻出問題を押さえておく。

POINT 2 特定建設作業の対象になるものを覚える

杭打ち機や杭抜き機を使用する作業、鋼球を使用した破壊作業、舗装版破砕機やブレーカを使用する作業など、振動規制法で特定建設作業の対象となるものを覚える。

POINT 3 規制基準の測定位置と振動の大きさを押さえる

振動規制法で定められている規制基準の測定位置と振動の大きさについて押さえる。指定区域での規制振動は75デシベルである点を覚えておく。

POINT 4 指定区域と区分別規制時間を押さえる

指定区域は、作業禁止時間帯や１日あたりの作業時間、連続日数、休日作業などについて規制されているので、第１号区域と第２号区域の違いを押さえておく。学校や病院の敷地に近接した区域での特定建設作業の禁止時間帯について問う出題が多い。

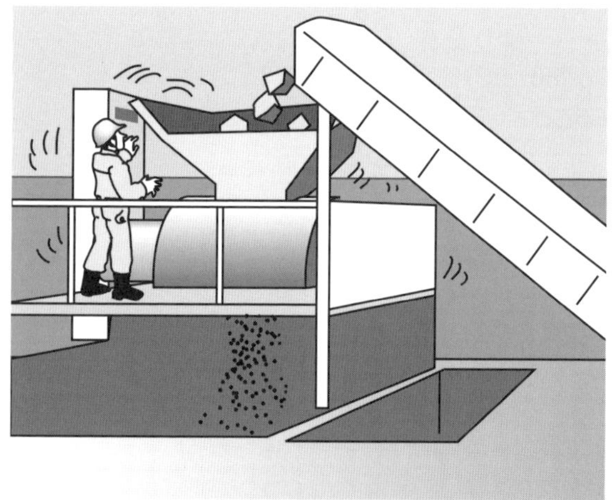

破砕機

定義と地域の指定

▶第１次検定では、指定地域内で行う特定建設作業に関連する問題が頻出。特定建設作業の対象にならない建設機械の作業を解答する問題などが出題される。

問題 1 Check □□□

振動規制法上、特定建設作業の規制基準に関する「測定位置」と「振動の大きさ」との組合せとして、次のうち**正しいもの**はどれか。

［測定位置］　［振動の大きさ］

（1） 特定建設作業の場所の敷地の境界線…………85dBを超えないこと
（2） 特定建設作業の場所の敷地の中心部…………75dBを超えないこと
（3） 特定建設作業の場所の敷地の中心部…………85dBを超えないこと
（4） 特定建設作業の場所の敷地の境界線…………75dBを超えないこと

（令和４年度前期第１次検定）

問題 2 Check □□□

振動規制法に定められている特定建設作業の**対象となる建設機械**は、次のうちどれか。ただし、当該作業がその作業を開始した日に終わるものを除き、１日における当該作業に係る２地点間の最大移動距離が50mを超えない作業とする。

（1） ジャイアントブレーカ　（2） ブルドーザ　（3） 振動ローラ　（4） 路面切削機

（令和４年度後期第１次検定）

問題 3 Check □□□

振動規制法上、指定地域内において特定建設作業の**対象とならない作業**は、次のうちどれか。
ただし、当該作業がその作業を開始した日に終わるものを除く。

（1） 油圧式くい抜機を除くくい抜機を使用する作業
（2） １日の２地点間の最大移動距離が50mを超えない手持式ブレーカによる取り壊し作業
（3） １日の２地点間の最大移動距離が50mを超えない舗装版破砕機を使用する作業
（4） 鋼球を使用して工作物を破壊する作業

（令和１年度後期学科試験）

問題 4 Check □□□

振動規制法上、特定建設作業の**対象とならない建設機械の作業**は、次のうちどれか。ただし、当該作業がその作業を開始した日に終わるものを除くとともに、１日における当該作業に係る２地点間の最大移動距離が50mを超えない作業とする。

（1） ディーゼルハンマ　（2） 舗装版破砕機
（3） ソイルコンパクタ　（4） ジャイアントブレーカ

（平成30年度後期学科試験）

解答と解説　定義と地域の指定

問題 1 ------------------------------------> 解答(4) Check □□□

振動規制法上、特定建設作業の規制基準に関する「測定位置」と「振動の大きさ」は、特定建設作業の振動が、特定建設作業の場所の敷地の境界線において、75デシベルを超える大きさのものでないこと(振動規制法施行規則第11条、別表1)。よって、(4)が正しい。

問題 2 ------------------------------------> 解答(1) Check □□□

振動規制法における「特定建設作業」は、振動規制法第2条第3項、同施行令第2条、別表第2)に規定している

1．くい打機(もんけん及び圧入式くい打機を除く)、くい抜機(油圧式くい抜機を除く)又はくい打くい抜機(圧入式くい打くい抜機を除く)を使用する作業
2．鋼球を使用して建築物その他の工作物を破壊する作業
3．舗装版破砕機を使用する作業(作業地点が連続的に移動する作業にあっては、１日における当該作業に係る２地点間の最大距離が50メートルを超えない作業に限る)
4．ブレーカー(手持式のものを除く)を使用する作業(作業地点が連続的に移動する作業にあっては、１日における当該作業に係る２地点間の最大距離が50メートルを超えない作業に限る)よって、(１)のジャイアントブレーカは特定建設作業の対象となる建設機械である。

問題 3 ------------------------------------> 解答(2) Check □□□

指定地域内において特定建設作業の対象となる作業(振動規制法第２条、同法施行令第２条別表２)を規定している。

規定に、ブレーカー(手持式のものを除く。)を使用する作業(作業地点が連続的に移動する作業にあっては、１日における当該作業に係る２地点間の最大距離が50mを超えない作業に限る。)とある。よって、(２)は、手持ち式のものを除くとあり、特定建設作業の対象とならない作業である。

問題 4 ------------------------------------> 解答(3) Check □□□

振動規制法上、ソイルコンパイタは特定建設作業の対象とならない建設機械の作業である。よって、(３)が正しい。

特定建設作業に関する規定

▶第1次検定では、特定建設作業の実施に関する届出先を解答する出題が多い。また特定建設作業の規制基準に関する出題も見られる。

問題 1 Check □□□

振動規制法上、指定地域内において特定建設作業を施工しようとする者が行う特定建設作業の実施に関する届出先として、**正しいもの**は次のうちどれか。

（1） 国土交通大臣
（2） 環境大臣
（3） 都道府県知事
（4） 市町村長

（令和３年度前期第１次検定）

問題 2 Check □□□

振動規制法上、特定建設作業の規制基準に関する測定位置と振動の大きさに関する次の記述のうち、**正しいもの**はどれか。

（1） 特定建設作業の場所の中心部で75dBを超えないこと。
（2） 特定建設作業の場所の敷地の境界線で75dBを超えないこと。
（3） 特定建設作業の場所の中心部で85dBを超えないこと。
（4） 特定建設作業の場所の敷地の境界線で85dBを超えないこと。

（令和２年度後期学科試験）

解答と解説　特定建設作業に関する規定

問題 1 → 解答(4) Check □□□

指定地域内において特定建設作業を伴う建設工事を施工しようとする者は、当該特定建設作業の開始の日の７日前までに、環境省令で定めるところにより、次の事項を市町村長に届け出なければならない(振動規制法第14条第１項)と規定している。そのため、(４)が正しい。

問題 2 → 解答(2) Check □□□

特定建設作業の規制に関する基準において、特定建設作業の振動が、特定建設作業の場所の敷地の境界線において、75dBを超える大きさのものでないこと(振動規制法第15条第１項、同法施行規則第11条別表第１の１号)と規定している。よって、(２)が正しい。

3–10 港則法／海洋汚染等及び海上災害の防止に関する法律（海洋汚染防止法）

攻略のポイント

POINT 1 毎回、港則法に関する問題が出題される

第１次検定では、毎回、港則法に関する問題が出題される。一方、海洋汚染防止法に関する問題は出題されていない。ただし、海洋汚染や海上災害の防止に関する基本的な知識は押さえておく。

POINT 2 航路及び航法に関する問題が頻出

港則法で規定された航路や航法について覚える。船舶の航行には事故を防止するため、港則法によって細かく規制されている。航路や航法の規制は試験でもよく出題されているので、整理して覚える。

POINT 3 特定港における港長の許可・届出の有無を整理する

特定港における港長の許可・届出の有無についての出題も多い。「特定港内で港長の許可を要するもの」「特定港、特定港内で港長に届出を要するもの」「手続きの必要がないもの」で整理して覚えておく。

POINT 4 危険物を積載する船舶の航行を押さえる

港則法では、危険物を積載する船舶の航行についても厳しく規制されている。試験に出題されることも多いので、押さえておく。

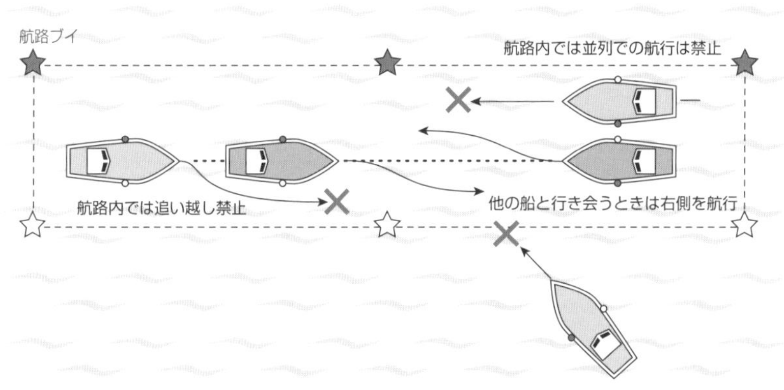
航路ブイ
航路内では並列での航行は禁止
航路内では追い越し禁止
他の船と行き会うときは右側を航行

港則法

▶第1次検定では、毎回、港則法に関する問題が出題される。港則法の航路及び航法、危険物を積載する船舶の航行、工事等の許可などを押さえる。

問題 1 Check □□□

特定港における港長の許可又は届け出に関する次の記述のうち、港則法上、**正しいもの**はどれか。

（1） 特定港内又は特定港の境界付近で工事又は作業をしようとする者は、港長の許可を受けなければならない。

（2） 船舶は、特定港内において危険物を運搬しようとするときは、港長に届け出なければならない。

（3） 船舶は、特定港を入港したとき又は出港したときは、港長の許可を受けなければならない。

（4） 特定港内で、汽艇等を含めた船舶を修繕し、又は係船しようとする者は、港長の許可を受けなければならない。

（令和4年度前期第1次検定）

問題 2 Check □□□

船舶の航路及び航法に関する次の記述のうち、港則法上、**誤っているもの**はどれか。

（1） 船舶は、航路内においては、他の船舶を追い越してはならない。

（2） 汽艇等以外の船舶は、特定港を通過するときには港長の定める航路を通らなければならない。

（3） 船舶は、航路内においては、原則としてえい航している船舶を放してはならない。

（4） 船舶は、航路内においては、並列して航行してはならない。

（令和4年度後期第1次検定）

問題 3 Check □□□

港則法上、船舶の航路、及び航法に関する次の記述のうち、**誤っているもの**はどれか。

（1） 船舶は、航路内において他の船舶と行き会うときは、左側を航行しなければならない。

（2） 船舶は、航路内においては、原則として投びょうし、又はえい航している船舶を放してはならない。

（3） 船舶は、港内においては停泊船舶を右げんに見て航行するときは、できるだけ停泊船舶に近寄って航行しなければならない。

（4） 船舶は、航路内においては、他の船舶を追い越してはならない。

（令和3年度前期第1次検定）

問題 4 Check □□□

港則法上、特定港内での航路、及び航法に関する次の記述のうち、**誤っているもの**はどれか。

（1） 航路から航路外に出ようとする船舶は、航路を航行する他の船舶の進路を避けなければならない。

（2） 船舶は、港内において防波堤、埠頭、又は停泊船舶などを右げんに見て航行するときは、できるだけこれに遠ざかって航行しなければならない。

（3） 船舶は、航路内においては、原則として投びょうし、またはえい航している船舶を放してはならない。

（4） 船舶は、航路内において他の船舶と行き会うときは、右側を航行しなければならない。

（令和3年度後期第1次検定）

問題 5

Check □ □ □

港則法に関する次の記述のうち、**誤っているもの**はどれか。

（1） 船舶は、航路内においては、他の船舶を追い越してはならない。

（2） 船舶は、航路内においては、原則として投びょうし、又はえい航している船舶を放してはならない。

（3） 船舶は、航路内において、他の船舶と行き会うときは右側航行しなければならない。

（4） 汽艇等を含めた船舶は、特定港を通過するときは、国土交通省令で定める航路を通らなければならない。

（令和2年度後期学科試験）

問題 6

Check □ □ □

港内の船舶の航路及び航法に関する次の記述のうち、港則法上、**誤っているもの**はどれか。

（1） 港内又は港の境界附近における船舶の交通の妨げとなるおそれのある強力な灯火をみだりに使用してはならない。

（2） 船舶は、航路内において、他の船舶と行き会うときは、左側を航行しなければならない。

（3） 汽艇等以外の船舶は、特定港に出入し、又は特定港を通過するときは、原則として規則で定める航路を通らなければならない。

（4） 船舶は、航路内においては、他の船舶を追い越してはならない。

（令和1年度前期学科試験）

問題 7

港則法上、特定港で行う場合に**港長の許可を受ける必要のないもの**は、次のうちどれか。

（1） 特定港内又は特定港の境界附近で工事又は作業をしようとする者

（2） 船舶が、特定港において危険物の積込、積替又は荷卸をするとき

（3） 特定港内において使用すべき私設信号を定めようとする者

（4） 船舶が、特定港を出港しようとするとき

（令和1年度後期学科試験）

問題 8 Check □□□

港則法に関する次の記述のうち、**正しいもの**はどれか。

（1） 船舶は、特定港内において危険物を運搬しようとするときは、港長に届け出なければならない。

（2） 船舶は、特定港に入港したときは、港長の許可を受けなければならない。

（3） 船舶は、特定港において危険物の積込又は荷卸をするには、港長に届け出なければならない。

（4） 特定港内で工事又は作業をしようとする者は、港長の許可を受けなければならない。

（平成 30 年度前期学科試験）

解答と解説 港則法

問題 1 → 解答(1) Check □□□

（1）特定港内又は特定港の境界附近で工事又は作業をしようとする者は、港長の許可を受けなければならない（港則法第31条第1項）と規定している。よって、正しい。

（2）船舶は、特定港内又は特定港の境界付近において危険物を運搬しようとするときは、港長の許可を受けなければならない（港則法第22条第4項）と規定している。そのため、誤っている。

（3）船舶は、特定港に入港したとき又は特定港を出港しようとするときは、国土交通省令の定めるところにより、港長に届け出なければならない（港則法第4条）と規定している。そのため、誤っている。

（4）特定港内においては、汽艇等以外の船舶を修繕し、又は係船しようとする者は、その旨を港長に届け出なければならない（港則法第7条第1項）と規定している。そのため、誤っている。

問題 2 → 解答(2) Check □□□

汽艇等以外の船舶は、特定港に出入し、又は特定港を通過するには、国土交通省令で定める航路によらなければならない。港長の定める航路ではない。（港　則法第11条）と規定している。よって、（2）は誤っている。

問題 3 → 解答(1) Check □□□

船舶は、航路内において、他の船舶と行き会うときは、右側を航行しなければならない（港則法第13条第３項）と規定している。そのため、（1）は誤っている。

問題 4 → 解答(2) Check □□□

船舶は、港内においては、防波堤、ふとうその他の工作物の突端又は停泊船舶を右げんに見て航行するときは、できるだけこれに近寄り、左げんに見て航行するときは、できるだけこれに遠ざかって航行しなければならない（港則法第17条）と規定している。そのため、（2）は誤っている。

問題 5 解答(4) Check □□□

汽艇等以外の船舶は、特定港に出入し、又は特定港を通過するには、国土交通省令で定める航路によらなければならない(港則法第11条)と規定している。よって、誤っている。

問題 6 解答(2) Check □□□

船舶は、航路内において、他の船舶と行き会うときは、右側を航行しなければならない(港則法第13条第３項)と規定している。よって、(２)は誤っている。

問題 7 解答(4) Check □□□

船舶の特定港からの出港に関しては、港長の許可を受ける必要はない。よって、(４)が港長の許可を受ける必要のないものである。

問題 8 解答(4) Check □□□

(１)船舶は、特定港内又は特定港の境界附近において危険物を運搬しようとするときは、港長の許可を受けなければならない(港則法第22条第４項)。港長への届出ではなく許可である。よって、誤っている。

(２)船舶は、特定港に入港したとき又は特定港を出港しようとするときは、国土交通省令の定めるところにより、港長に届け出なければならない(港則法第４条)。港長の許可ではなく、届出である。よって、誤っている。

(３)船舶は、特定港において危険物の積込、積替又は荷卸をするには、港長の許可を受けなければならない(港則法第22条第１項)。港長への届出ではなく許可である。よって、誤っている。

(４)特定港内又は特定港の境界附近で工事又は作業をしようとする者は、港長の許可を受けなければならない(港則法第31条第１項)。よって、正しい。

第2部　分野別 検定試験対策

第4章

共通分野

4−1　測量

4−2　契約

4−3　設計

4−1 測量

●●● 攻略のポイント ●●●

POINT 1 水準測量で地盤高を求める問題が頻出

第１次検定では、水準測量を行い、その結果から地盤高を求める問題が頻出。標高差の求め方を理解すれば計算自体は難しくないので、解き方を押さえておく。

POINT 2 図や表の数値を使って解答する問題が出題される

水準測量によって地盤高を求める問題は、図や表で示された数値を使って解答する問題が出題される。過去問題を繰り返し解いて、解答パターンを理解しておく。

POINT 3 直近の試験ではトラバース測量の問題が出題されている

近年は水準測量に関する出題が続いていたが、令和５年度と令和４年度の試験ではトラバース測量の問題が出題されている。今後も出題が予想されるので押さえておく。

POINT 4 測量機器の種類についても押さえておく

第１次検定の「測量」では、水準測量に関する出題が続いているが、実務で必要な基本知識も多いので覚えておく。高低差を測る測量機器、測角と測距の測量器械、衛星測位システムなどに関する理解を深める。

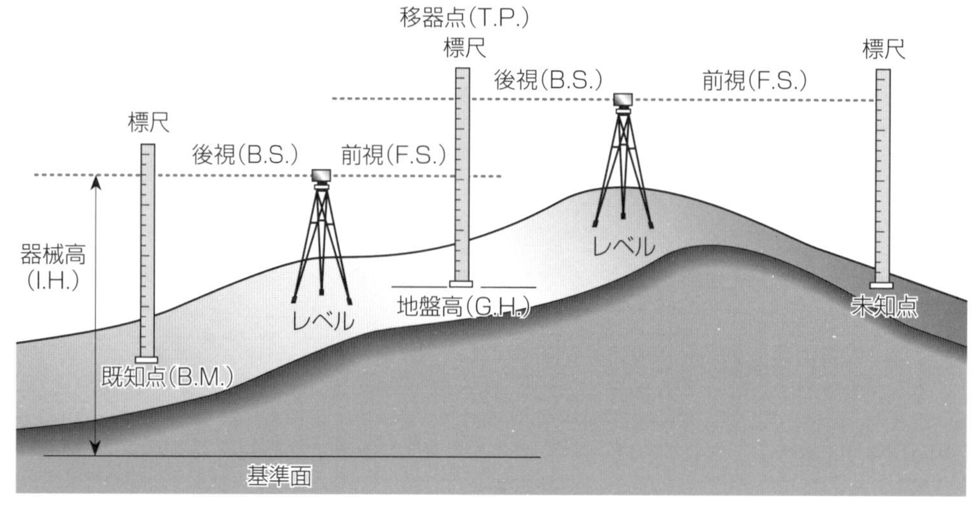

水準測量

水準測量／トラバース測量

▶第１次検定では、水準測量の問題が頻出なので、計算方法を覚える。令和５年度と令和４年度はトラバース測量の問題が出題されている。

問題 1 Check □□□

トラバース測量を行い下表の観測結果を得た。
測線ABの方位角は183° 50′ 40″である。**測線BCの方位角**は次のうちどれか。

測点	観測角		
A	116°	55′	40″
B	100°	5′	32″
C	112°	34′	39″
D	108°	44′	23″
E	101°	39′	46″

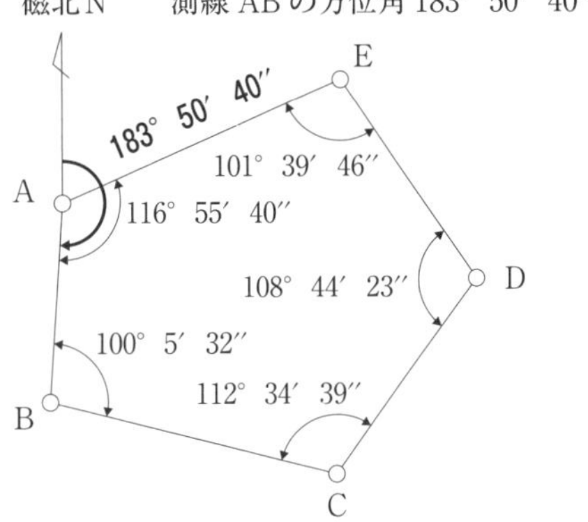

（1） 103° 52′ 10″
（2） 103° 54′ 11″
（3） 103° 56′ 12″
（4） 103° 58′ 13″

（令和４年度前期第１次検定）

問題 2 Check □□□

トラバース測量において下表の観測結果を得た。閉合誤差は0.007mである。閉合比は次のうちどれか。ただし、**閉合比**は有効数字４桁目を切り捨て、３桁に丸める。

側線	距離 I（m）	方位角			緯距 L（m）	経距 D（m）
AB	37.373	180°	50′	40″	−37.289	−2.506
BC	40.625	103°	56′	12″	−9.785	39.429
CD	39.078	36°	30′	51″	31.407	23.252
DE	38.803	325°	15′	14″	31.884	−22.115
EA	41.378	246°	54′	60″	−16.223	−38.065
計	197.257				−0.005	−0.005

閉合誤差 = 0.007 m

（1） 1／26100
（2） 1／27200
（3） 1／28100
（4） 1／29200

（令和４年度後期第１次検定）

問題 3

Check □□□

測点No.５の地盤高を求めるため、測点No.１を出発点として水準測量を行い下表の結果を得た。**測点No.５の地盤高**は次のうちどれか。

測点No.	距離（m）	後視（m）	前視（m）	高低差（m）		備考
				＋	－	
1		0.9				測点No.１…地盤高　9.0m
	20					
2		1.7	2.3			
	30					
3		1.6	1.9			
	20					
4		1.3	1.1			
	30					
5			1.5			測点No.５…地盤高  m

（1）　6.4m　　（2）　6.8m　　（3）　7.3m　　（4）　7.7m

（令和３年度前期第１次検定）

問題 4

Check □□□

下図のようにNo.０からNo.３までの水準測量を行い、図中の結果を得た。**No.3の地盤高**は次のうちどれか。なお、No.０の地盤高は12.0mとする。

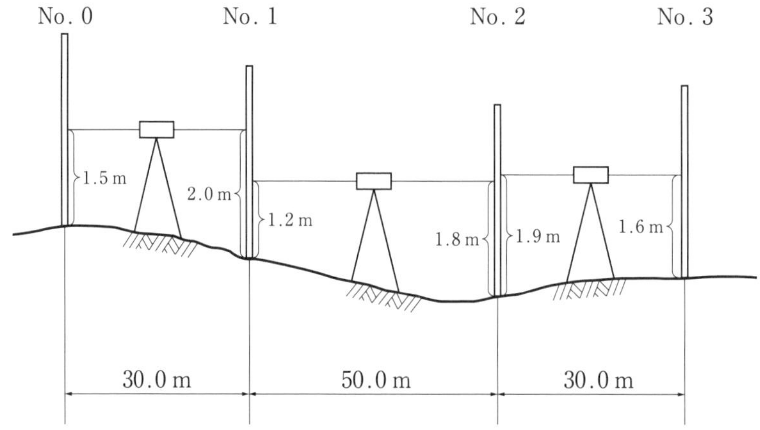

（1）　10.6m　　（2）　10.9m　　（3）　11.2m　　（4）　11.8m

（令和３年度後期第１次検定）

地盤高を求める問題は、問題を繰り返し解いて、解答パターンを覚えることが大切です。試験でも頻出なので必ず押さえておきましょう。

問題 5 Check □□□

測点No. 5 の地盤高を求めるため、測点No. 1 を出発点として水準測量を行い下表の結果を得た。**測点No. 5 の地盤高**は、次のうちどれか。

測点No.	距離(m)	後視(m)	前視(m)	高低差(m) +	高低差(m) −	備考
1		0.8				測点No. 1 …地盤高　8.0m
	20					
2		1.6	2.2			
	30					
3		1.5	1.8			
	20					
4		1.2	1.0			
	30					
5			1.3			測点No. 5 …地盤高 □ m

（1） 6.4m　　（2） 6.8m　　（3） 7.2m　　（4） 7.6m　　（令和 2 年度後期学科試験）

問題 6 

下図のようにNo. 0 からNo. 3 までの水準測量を行い、図中の結果を得た。**No. 3 の地盤高**は次のうちどれか。なお、No. 0 の地盤高は10.0mとする。

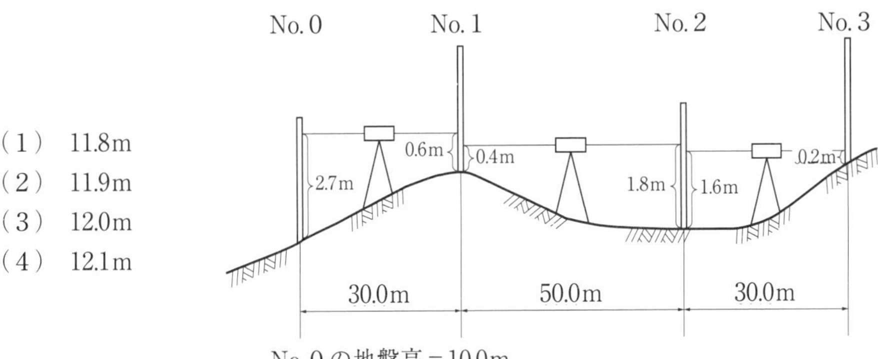

（1） 11.8m
（2） 11.9m
（3） 12.0m
（4） 12.1m

（令和 1 年度前期学科試験）

問題 7 Check □□□

測点No. 1 から測点No. 5 までの水準測量を行い、下表の結果を得た。
測点No. 5 の地盤高は、次のうちどれか。

測点No.	距離(m)	後視(m)	前視(m)	高低差(m) +	高低差(m) −	備考
1		0.8				測点No. 1 …地盤高　10.0m
	20					
2		1.2	2.0			
	30					
3		1.6	1.7			
	20					
4		1.6	1.4			
	30					
5			1.7			測点No. 5 …地盤高 □ m

（1） 7.6m　　（2） 8.0m　　（3） 8.4m　　（4） 9.0m　　（令和 1 年度後期学科試験）

解答と解説　水準測量／トラバース測量

問題 1 ------------------------------------→ 解答(3)　Check □□□

103° 56' 12″ である。(３)が適当である。

問題 2 ------------------------------------→ 解答(3)　Check □□□

トラバース測量では全測線長に対する閉合誤差で表され、精度の目安となる値を閉合比といい、1／P＝閉合誤差／距離で表される。よって0.007／197.257＝28180≒28100より1／28100と計算される。そのため、(３)は適当である。

問題 3 ------------------------------------→ 解答(4)　Check □□□

標高差は、後視の合計と前視の合計の差により求める。

測点	後視(m)	前視(m)	高低差		地盤高(m)	備　考
			昇(＋)	降(－)		
1	0.9				9.0	高低差＝(後視)－(前視)
2	1.7	2.3		1.4	7.6	
3	1.6	1.9		0.2	7.4	
4	1.3	1.1	0.5		7.9	
5		1.5		0.2	7.7	
合計	5.5	6.8	0.5	1.8		

NO 5 (地盤高) = 9.0 + (0.5 − 1.8) = 7.7

そのため、(４)が正しい。

問題 4 ------------------------------------→ 解答(3)　Check □□□

下表の計算にまとめ、標高差は後視の合計と前視の合計の差により求める。

測点	後視(m)	前視(m)	高低差		地盤高(m)	備　考
			昇(＋)	降(－)		
0	1.5				12.0	高低差＝(後視)－(前視)
1	1.2	2.0		0.5	11.5	
2	1.9	1.8		0.6	10.9	
3		1.6	0.3		11.2	
合計	4.2	5.4	0.3	1.1		

NO 5 (地盤高) = 12.0 + (0.3 − 1.1) = 11.2

そのため、(３)が正しい。

問題 5 → 解答(2) Check □□□

標高差は、後視の合計と前視の合計の差により求める。

測点No.	後視(m)	前視(m)	高低差		地盤高(m)	備　考
			昇(+)	降(−)		
1	0.8				8.0	高低差＝(後視)−(前視)
2	1.6	2.2		1.4	6.6	
3	1.5	1.8		0.2	6.4	
4	1.2	1.0	0.5		6.9	
5		1.3		0.1	6.8	
合計			0.5	1.7		

No.5(地盤高)＝8.0＋(0.5−1.7)＝6.8　そのため、(2)が正しい。

問題 6 → 解答(4) Check □□□

標高差は、後視の合計と前視の合計の差により求める。

測点	後視(m)	前視(m)	高低差		地盤高(m)
			昇(+)	降(−)	
No.0	2.7				10.0
No.1	0.4	0.6	2.1		12.1
No.2	1.6	1.8		1.4	10.7
No.3		0.2	1.4		12.1
合計	4.7	2.6			

No.3(地盤高)＝10.0＋(4.7−2.6)＝12.1　そのため、(4)が正しい。

問題 7 → 解答(3) Check □□□

下表の計算にまとめ、標高差は後視の合計と前視の合計の差により求める。

測点	後視(m)	前視(m)	高低差		地盤高(m)
			昇(+)	降(−)	
No.1	0.8				10.0
No.2	1.2	2.0		1.2	8.8
No.3	1.6	1.7		0.5	8.3
No.4	1.6	1.4	0.2		8.5
No.5		1.7		0.1	8.4
合計			0.2	1.8	

No.5(地盤高)＝10.0＋(0.2−1.8)＝8.4　そのため、(3)が正しい。

4–2 契約

攻略のポイント

POINT 1 公共工事標準請負契約約款に関する問題が頻出

第１次検定では、公共工事標準請負契約約款に関する問題が頻出。契約は、発注者と請負者は常に対等な立場であるということが基本条件であることを理解し、主な規定内容を整理しておく。

POINT 2 主要な規定に関する問題が出題される

公共工事標準請負契約約款は、契約の保証、一括下請負の禁止、特許検討の使用、設計図の変更、一般的損害、検査及び引渡しなど、主要な規定を押さえておく。

POINT 3 公共工事標準請負契約約款に関連する用語を覚える

契約保証金、特許権、実用新案権、意匠権、商標権など、公共工事標準請負契約約款に関連する用語を覚えておく。

POINT 4 設計図書について押さえる

設計図書とは、仕様書、設計図、現場説明書、質問回答書のことであることを理解し、それぞれの内容について押さえる。第１次検定では、設計図書に含まれるものとその内容について問われることが多いので、整理して理解しておく。

契約は発注者と請負者の
両方の合意により成立する

発注者

請負者

契約書

公共工事標準請負契約約款

▶第１次検定では、公共工事標準請負契約約款に関する問題が頻出。関連する用語を覚え、主要な規定について押さえておく。

問題 1 Check □□□

公共工事標準請負契約約款に関する次の記述のうち、**誤っているもの**はどれか。

（1） 設計図書とは、図面、仕様書、現場説明書及び現場説明に対する質問回答書をいう。
（2） 工事材料の品質については、設計図書にその品質が明示されていない場合は、上等の品質を有するものでなければならない。
（3） 発注者は、工事完成検査において、必要があると認められるときは、その理由を受注者に通知して、工事目的物を最小限度破壊して検査することができる。
（4） 現場代理人と主任技術者及び専門技術者は、これを兼ねることができる。

（令和４年度前期第１次検定）

問題 2 Check □□□

公共工事で発注者が示す設計図書に**該当しないもの**は、次のうちどれか。

（1） 現場説明書　（2） 特記仕様書　（3） 設計図面　（4） 見積書

（令和４年度後期第１次検定）

問題 3 Check □□□

公共工事標準請負契約約款に関する次の記述のうち、**正しいもの**はどれか。

（1） 監督員は、いかなる場合においても、工事の施工部分を破壊して検査することができる。
（2） 発注者は、工事の施工部分が設計図書に適合しない場合、受注者がその改造を請求したときは、その請求に従わなければならない。
（3） 設計図書とは、図面、仕様書、現場説明書及び現場説明に対する質問回答書をいう。
（4） 受注者は、工事現場内に搬入した工事材料を監督員の承諾を受けないで工事現場外に搬出することができる。

（令和３年度前期第１次検定）

問題 4 Check □□□

公共工事標準請負契約約款に関する次の記述のうち、**誤っているもの**はどれか。

（1） 受注者は、不用となった支給材料又は貸与品を発注者に返還しなければならない。
（2） 発注者は、工事の完成検査において、工事目的物を最小限度破壊して検査することができる。
（3） 現場代理人、主任技術者(監理技術者)及び専門技術者は、これを兼ねることができない。
（4） 発注者は、必要があるときは、設計図書の変更内容を受注者に通知して、設計図書を変更することができる。

（令和３年度後期第１次検定）

問題 5 Check □□□

公共工事標準請負契約約款に関する次の記述のうち、**誤っているもの**はどれか。

（1） 発注者は、必要があると認められるときは、設計図書の変更内容を受注者に通知して設計図書を変更することができる。

（2） 発注者は、特別の理由により工期を短縮する必要があるときは、工期の短縮変更を受注者に請求することができる。

（3） 現場代理人と主任技術者及び専門技術者は、これを兼ねても工事の施工上支障はないので、これらを兼任できる。

（4） 請負代金額の変更については、原則として発注者と受注者の協議は行わず、発注者が決定し受注者に通知できる。

（令和２年度後期学科試験）

問題 6 Check □□□

公共工事標準請負契約約款に関する次の記述のうち、**正しいもの**はどれか。

（1） 受注者は、一般に工事の全部若しくはその主たる部分を一括して第三者に請け負わせることができる。

（2） 発注者は、工事の完成を確認するため、工事目的物を最小限度破壊して検査を行う場合、検査及び復旧に直接要する費用を負担する。

（3） 発注者は、現場代理人の工事現場における運営などに支障がなく、発注者との連絡体制が確保される場合には、現場代理人について工事現場に常駐を要しないこととすることができる。

（4） 受注者は、工事の完成、設計図書の変更等によって不用となった支給材料は、発注者に返還を要しない。

（令和１年度前期学科試験）

問題 7 Check □□□

公共工事標準請負契約約款に関する次の記述のうち、**誤っているもの**はどれか。

（1） 設計図書において監督員の検査を受けて使用すべきものと指定された工事材料の検査に直接要する費用は、受注者が負担しなければならない。

（2） 受注者は工事の施工に当たり、設計図書の表示が明確でないことを発見したときは、ただちにその旨を監督員に通知し、その確認を請求しなければならない。

（3） 発注者は、設計図書において定められた工事の施工上必要な用地を受注者が工事の施工上必要とする日までに確保しなければならない。

（4） 工事材料の品質については、設計図書にその品質が明示されていない場合は、上等の品質を有するものでなければならない。

（令和１年度後期学科試験）

問題 8 Check □□□

公共工事標準請負契約約款に関する次の記述のうち、**誤っているもの**はどれか。

（1） 現場代理人とは、契約を取り交わした会社の代理として、任務を代行する責任者をいう。
（2） 設計図書とは、図面、仕様書、契約書、現場説明書及び現場説明に対する質問回答書をいう。
（3） 発注者は、工事完成検査において、工事目的物を最小限度破壊して検査することができる。
（4） 受注者は、不用となった支給材料又は貸与品を発注者に返還しなければならない。

（平成 30 年度前期学科試験）

問題 9 Check □□□

公共工事標準請負契約約款に関する次の記述うち、**誤っているもの**はどれか。

（1） 受注者は、設計図書と工事現場の不一致の事実が発見された場合は、監督員に書面により通知して、発注者による確認を求めなければならない。
（2） 発注者は、必要があるときは、設計図書の変更内容を受注者に通知して、設計図書を変更することができる。
（3） 受注者は、工事現場内に搬入した工事材料を監督員の承諾を受けないで工事現場外に搬出することができる。
（4） 発注者は、天災等の受注者の責任でない理由により工事を施工できない場合は、受注者に工事の一時中止を命じなければならない。

（平成 30 年度後期学科試験）

「公共工事の入札及び契約の適正化の促進に関する法律」に関する出題は見られませんが、今後、出題される可能性があります。

解答と解説　公共工事標準請負契約約款

問題 1　解答(2)　Check □□□

工事材料の品質については、公共工事標準請負契約約款第十一条の工事材料の品質及び検査等より、設計図書にその品質が明示されていない場合は、中等の品質を有するものでなければならない。そのため、(２)は誤っている。

問題 2　解答(4)　Check □□□

公共工事標準請負契約約款第一条より「設計図書(別冊の図面、仕様書、現場説明書及び現場説明に対する質問回答書をいう)」とある。見積書は受注者が提出ものである。(４)が該当しない。

問題 3　解答(3)　Check □□□

公共工事標準請負契約約款において、それぞれ定められている。

(１)同約款(第31条第２項)において、「発注者は、工事の完成検査において、工事目的物を最小限度破壊して検査することができる。」と規定されている。そのため、正しくない。

(２)同約款(第17条第１項)において、「受注者は、工事の施工部分が設計図書に適合しない場合において、監督員がその改造を請求したときは、その請求に従わなければならない。」と規定されている。そのため、正しくない。

(３)同約款(第１条第１項)において、「設計図書とは、図面、仕様書、現場説明書及び現場説明に対する質問回答書をいう。」と規定されている。そのため、正しい。

(４)同約款(第13条第４項)において、「受注者は、工事現場内に搬入した工事材料を監督員の承諾を受けないで工事現場外に搬出してはならない。」と規定されている。そのため、正しくない。

問題 4　解答(3)　Check □□□

公共工事標準請負契約約款において、それぞれ定められている。同約款(第10条第４項)において、「現場代理人、主任技術者(監理技術者)及び専門技術者は、これを兼ねることができる。」と規定されている。そのため、(３)は誤っている。

問題 5　解答(4)　Check □□□

公共工事標準請負契約約款(第24条(Ｂ)第１項)において、「請負代金額の変更については、原則として発注者と受注者が協議して行う。ただし、協議が整わない場合は発注者が決定し受注者に通知できる。」と定められている。そのため、(４)は誤っている。

問題 6 ---- 解答(3) Check □□□

公共工事標準請負契約約款において、下記のように定められている。

(1)受注者は、一般に工事の全部若しくはその主たる部分を一括して第三者に委任し、又は請け負わせてはならない(同約款第6条)。誤っている。

(2)発注者は、工事の完成を確認するため、工事目的物を最小限度破壊して検査を行うことが出来る。その場合、検査及び復旧に直接要する費用は受注者が負担する(同約款第31条第2項、第3項)。誤っている。

(3)発注者は、現場代理人の工事現場における運営などに支障がなく、発注者との連絡体制が確保される場合には、現場代理人について工事現場に常駐を要しないこととすることができる(同約款第10条第3項)。正しい。

(4)受注者は、工事の完成、設計図書の変更等によって不用となった支給材料は、発注者に返還しなければならない(同約款第15条第9項)。誤っている。

問題 7 ---- 解答(4) Check □□□

工事材料の品質については、設計図書にその品質が明示されていない場合は、中等の品質を有するものでなければならない(公共工事標準請負契約約款第15条第9項)。そのため、(4)が誤っている。

問題 8 ---- 解答(2) Check □□□

公共工事標準請負契約約款(第1条)において、発注者が示す設計図書は「現場説明書」、「設計図面」、「仕様書」、「質問回答書」である。契約書は設計図書には含まれない。そのため、(2)は誤っている。

問題 9 ---- 解答(3) Check □□□

公共工事標準請負契約約款(第13条第4項)において、「受注者は、工事現場内に搬入した工事材料を監督員の承諾を受けないで工事現場外に搬出してはならない。」と定められている。そのため、(3)は誤っている。

契約は、発注者と請負者の両方の合意によって成立します。契約では、工事内容や工期、請負代金の額、支払いの時期・方法などの必要事項を契約書に記載し、署名または記名押印のうえ、発注者・請負者の相互に交付します。

4-3 設計

●●● 攻略のポイント ●●●

POINT 1 土木設計図の読み方に関する問題が頻出

第1次検定では、土木設計図の読み方に関する問題が毎回、出題される。各種の土木設計図に見慣れていることが重要なため、過去の試験で出題された問題を確認しておく。

POINT 2 土木設計図を読んで解答する問題が出題される

試験では、土木設計図が示され、それを読んで解答する形式の問題が出題される。特に、設計図を読んで正しい名称の組み合わせを解答する問題が多い。近年では、道路橋の断面図が示され、構造名称を解答する問題が何度も出題されている。

POINT 3 設計図の形状表示記号を覚える

設計図における形状表示記号を覚える。形状表示記号のみを解答させる形式の問題は見られないが、土木設計図の読み方の問題を解答するうえで、形状表示記号についての知識は必要。また、実務を行う際にも必要であるため、しっかり覚えておく。

POINT 4 溶接部における記号と溶接内容を押さえる

近年は出題されていないが、過去の試験では溶接部における記号と溶接内容について出題されたこともある。すみ肉溶接、全周すみ肉溶接、全周現場すみ肉溶接について理解しておく。

土木設計図の読み方

▶第1次検定では、土木設計図の読み方に関する問題が毎回、出題される。土木設計図が示され、それに関する名称などを解答する問題が多い。

問題 1 

下図は標準的なブロック積擁壁の断面図であるが、ブロック積擁壁各部の名称と寸法記号の表記として2つとも**適当なもの**は、次のうちどれか。

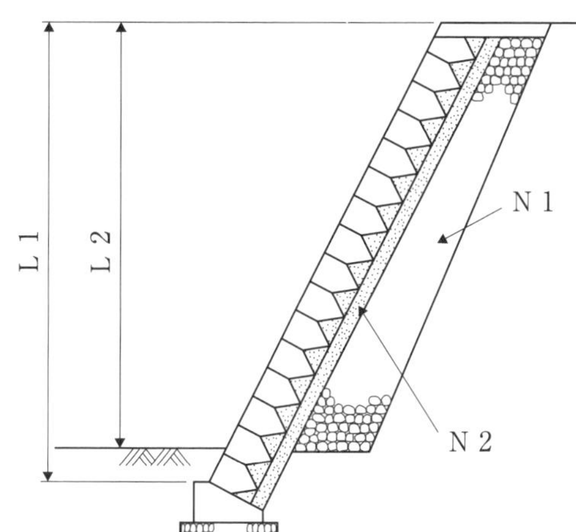

（1） 擁壁の直高L 1、裏込め材N 2
（2） 擁壁の直高L 2、裏込めコンクリートN 1
（3） 擁壁の直高L 1、裏込めコンクリートN 2
（4） 擁壁の直高L 2、裏込め材N 1

（令和4年度前期第1次検定）

問題 2 

下図は橋の一般的な構造を表したものであるが、(イ)～(ニ)の橋の長さを表す名称に関する組合せとして、**適当なもの**は次のうちどれか。

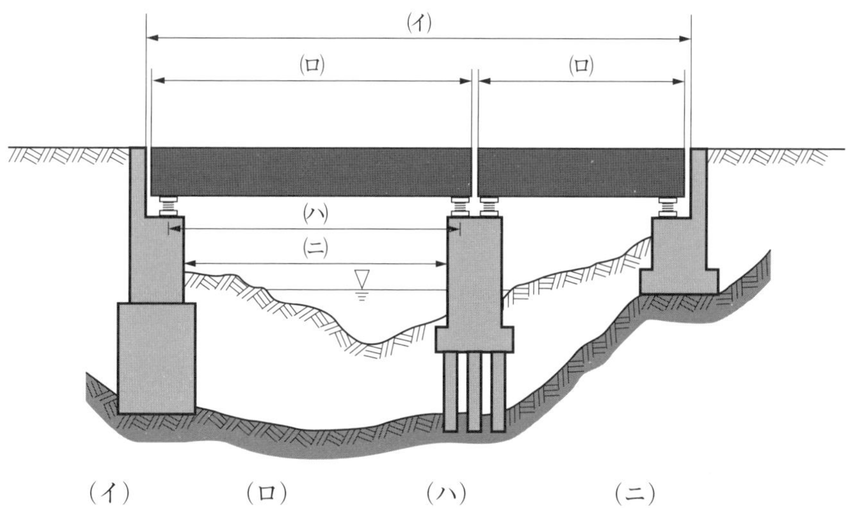

	(イ)	(ロ)	(ハ)	(ニ)
(1)	橋長	桁長	径間長	支間長
(2)	桁長	橋長	支間長	径間長
(3)	橋長	桁長	支間長	径間長
(4)	支間長	桁長	橋長	径間長

（令和4年度後期第1次検定）

問題 3

下図は逆T型擁壁の断面図であるが、逆T型擁壁各部の名称と寸法記号の表記として２つとも**適当なもの**は、次のうちどれか。

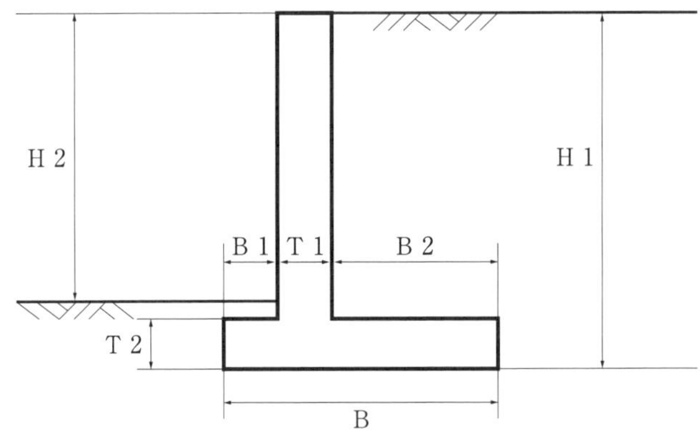

（１） 擁壁の高さH２、つま先版幅B１
（２） 擁壁の高さH１、たて壁厚T１
（３） 擁壁の高さH２、底版幅B
（４） 擁壁の高さH１、かかと版幅B

（令和３年度前期第１次検定）

問題 4

下図は道路橋の断面図を示したものであるが、(イ)～(ニ)の構造名称に関する組合せとして、適当なものは次のうちどれか。

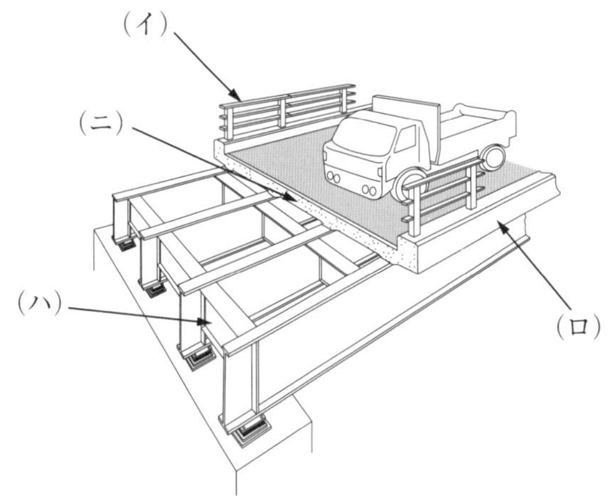

	(イ)	(ロ)	(ハ)	(ニ)
（１）	高欄…………	地覆…………	横桁…………	床版
（２）	地覆…………	横桁…………	高欄…………	床版
（３）	高欄…………	地覆…………	床版…………	横桁
（４）	横桁…………	床版…………	地覆…………	高欄

（令和３年度後期第１次検定）

問題 5 Check □□□

下図は道路橋の断面図を示したものであるが、(イ)～(ニ)の構造名称に関する次の組合せのうち、**適当なもの**はどれか。

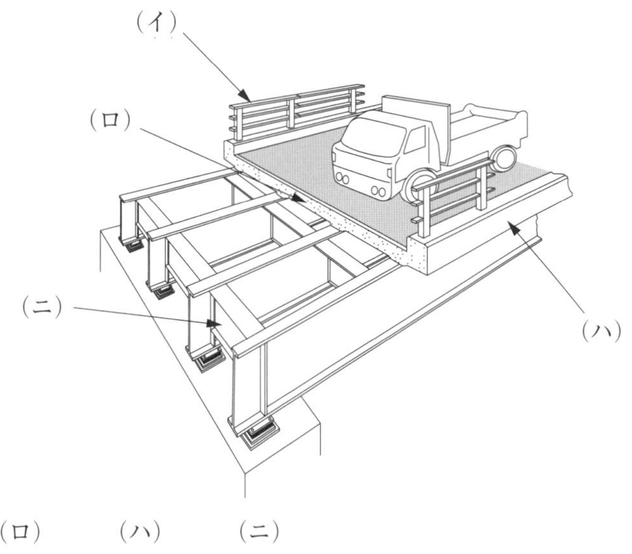

	(イ)	(ロ)	(ハ)	(ニ)
(1)	高欄………	地覆………	床版………	横桁
(2)	横桁………	床版………	高欄………	地覆
(3)	高欄………	床版………	地覆………	横桁
(4)	地覆………	横桁………	高欄………	床版

(令和2年度後期学科試験)

問題 6 Check □□□

下図は逆T型擁壁の断面図であるが、逆T型擁壁各部の名称と寸法記号の表記として2つとも**適当なもの**は、次のうちどれか。

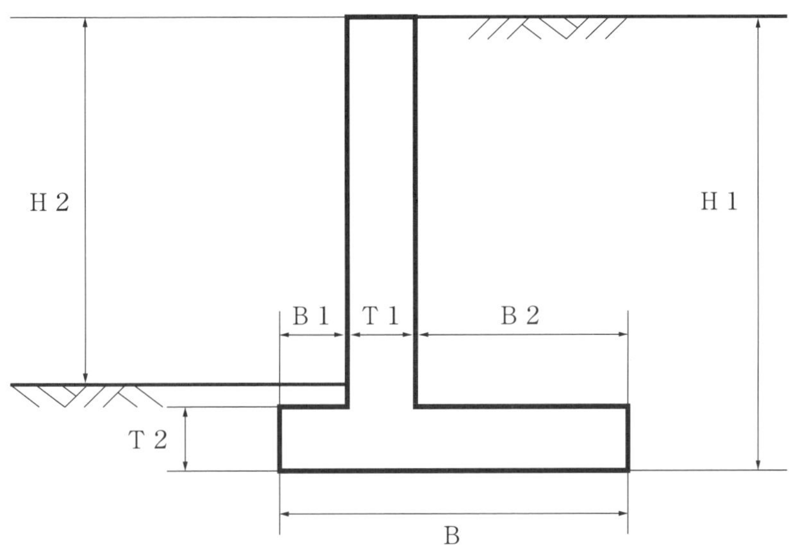

（1） 擁壁の高さＨ１、つま先版幅Ｂ１
（2） 擁壁の高さＨ１、底版幅Ｂ２
（3） 擁壁の高さＨ２、たて壁厚Ｂ１
（4） 擁壁の高さＨ２、かかと版幅Ｂ２

（令和１年度前期学科試験）

問題 7 Check □□□

下図は道路橋の断面図を示したものであるが、(イ)～(ニ)の構造名称に関する次の組合せのうち、**適当なもの**はどれか。

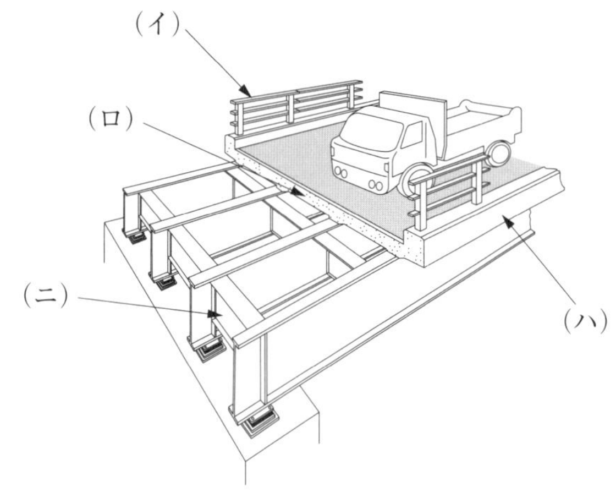

	(イ)	(ロ)	(ハ)	(ニ)
（1）	地覆……	横桁……	床版……	高欄
（2）	高欄……	床版……	地覆……	横桁
（3）	横桁……	床版……	地覆……	高欄
（4）	高欄……	地覆……	床版……	横桁

（令和１年度後期学科試験）

土木設計図の読み方は、毎年、同じような問題が出題されています。道路橋の断面図の問題は、構造名称を問われることが多いので、必ず押さえておきましょう。

問題 8 Check □□□

下図は逆Ｔ型擁壁の断面図であるが、逆Ｔ型擁壁各部の名称と寸法記号の表記として２つとも**適当なもの**は、次のうちどれか。

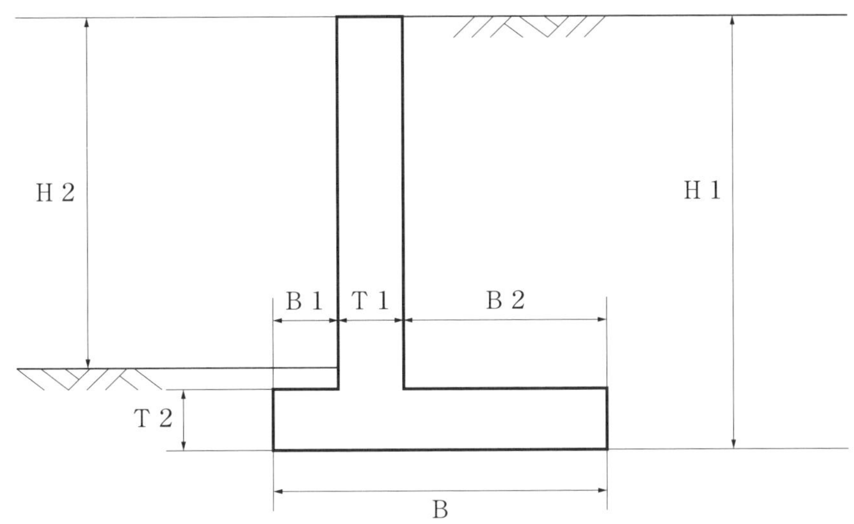

（１） 擁壁の高さＨ２、つま先版幅Ｂ１
（２） 擁壁の高さＨ１、底版幅Ｂ２
（３） 擁壁の高さＨ２、たて壁厚Ｂ１
（４） 擁壁の高さＨ１、かかと版幅Ｂ２

（平成30年度前期学科試験）

解答と解説 土木設計図の読み方

問題 1 解答(3) Check □□□

擁壁の直高はＬ1、裏込めコンクリートはＮ2。（３）が適当である。

問題 2 解答(3) Check □□□

（イ）は橋長、（ロ）は桁長、（ハ）は支間長、（ニ）径間長である。そのため、（３）は適当である。

問題 3 ---------------------------------------> 解答(2) Check □ □ □

断面図において擁壁各部の名称と寸法記号の表記は下記の通りである。
Ｈ１：擁壁の高さ　　Ｈ２：たて壁地表面高さ
Ｂ：底版幅　　Ｂ１：つまさき版幅　　Ｂ２：かかと版幅
Ｔ１：たて壁厚　　Ｔ２：底版厚
以上より２つとも適当なものは、(２)である。

問題 4 ---------------------------------------> 解答(1) Check □ □ □

断面図において道路橋各部の構造名称表記は下記の通りである。
(イ)高欄　　(ロ)地覆　　(ハ)横桁　　(ニ)床版　　　そのため、(１)の組合せが適当である。

問題 5 ---------------------------------------> 解答(3) Check □ □ □

断面図において各構造部の名称は下記のとおりである。
(イ)……高欄　(ロ)……床板　(ハ)……地覆　(ニ)……横桁。そのため、４つとも適当なものは(３)である。

問題 6 ---------------------------------------> 解答(1) Check □ □ □

断面図において擁壁各部の名称と寸法記号の表記は下記のとおりである。
Ｈ１：擁壁の高さ　　Ｈ２：たて壁地表面高さ　　Ｂ：底版幅　　Ｂ１：つまさき版幅
Ｂ２：かかと版幅　　Ｔ１：たて壁厚　　Ｔ２：底版厚
そのため、２つとも適当なものは（１）である。

問題 7 ---------------------------------------> 解答(2) Check □ □ □

断面図において道路橋各部の構造名称の表記は下記で表される。
(イ)：高欄　　(ロ)：床板　　(ハ)：地覆　　(ニ)：横桁
そのため全てに適当なものは（２）である。

問題 8 ---------------------------------------> 解答(4) Check □ □ □

断面図において擁壁各部の名称と寸法記号の表記は下記のとおりである。
Ｈ１：擁壁の高さ　　Ｈ２：たて壁地表面高さ　　Ｂ：底版幅　　Ｂ１：つまさき版幅
Ｂ２：かかと版幅　Ｔ１：たて壁厚　　Ｔ２：底版厚
そのため、２つとも適当なものは（４）である。

第2部　分野別 検定試験対策

第5章

施工管理

5-1 施工計画

攻略のポイント

POINT 1 建設機械計画に関する問題が頻出

第1次検定では、建設機械計画に関する問題が頻出。建設機械の作業に関する記述を適当・不適当を解答する問題のほか、建設機械の作業能力を算定する問題がよく出題されるため、算定式を覚えて解答できるようにしておく。

POINT 2 仮設備計画に関する問題もよく出題される

第1次検定では、仮設工事、工事の仮設に関する問題もよく出題されている。任意仮設と指定仮設の違い、直接仮設工事と間接仮設工事の違いなどを整理して覚える。

POINT 3 施工計画作成における留意事項を整理する

第1次検定では、施工計画作成の一般的な手順に関する問題も出題される。施工計画を作成する際の留意事項とあわせて整理しておく。

POINT 4 施工体制台帳と施工体系図の作成を押さえる

施工体制台帳、施工体系図の作成における基本事項に関する問題が出題されることもあるので、基本事項を押さえておく。

建設機械の選択・組み合わせ

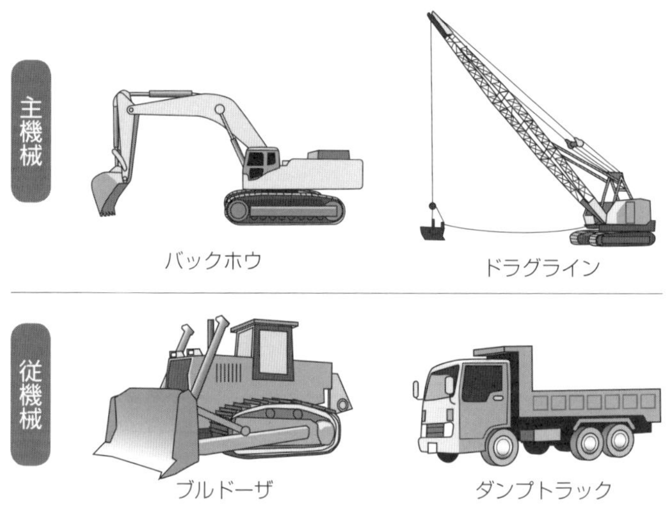

施工計画作成の基本事項

▶第1次検定では、施工計画作成の一般的な手順に関する問題がよく出題される。施工計画を作成する際の基本事項を押さえる。

問題 1

Check □□□

施工計画の作成に関する下記の文章中の［　　］の(イ)～(ニ)に当てはまる語句の組合せとして、**適当なもの**は次のうちどれか。

- 事前調査は、契約条件・設計図書の検討、［（イ）］が主な内容であり、また調達計画は、労務計画、機械計画、［（ロ）］が主な内容である。
- 管理計画は、品質管理計画、環境保全計画、［（ハ）］が主な内容であり、また施工技術計画は、作業計画、［（ニ）］が主な内容である。

	(イ)	(ロ)	(ハ)	(ニ)
(1)	工程計画	安全衛生計画	資材計画	仮設備計画
(2)	現地調査	安全衛生計画	資材計画	工程計画
(3)	工程計画	資材計画	安全衛生計画	仮設備計画
(4)	現地調査	資材計画	安全衛生計画	工程計画

(令和3年度後期第1次検定)

問題 2

Check □□□

施工計画作成の留意事項に関する次の記述のうち、**適当でないもの**はどれか。

(1)　施工計画は、企業内の組織を活用して、全社的な技術水準で検討する。

(2)　施工計画は、過去の同種工事を参考にして、新しい工法や新技術は考慮せずに検討する。

(3)　施工計画は、経済性、安全性、品質の確保を考慮して検討する。

(4)　施工計画は、一つのみでなく、複数の案を立て、代替案を考えて比較検討する。

(令和2年度後期学科試験)

問題 3

Check □□□

施工計画に関する次の記述のうち、**適当でないもの**はどれか。

(1)　環境保全計画は、法規に基づく規制基準に適合するように計画することが主な内容である。

(2)　事前調査は、契約条件・設計図書を検討し、現地調査が主な内容である。

(3)　調達計画は、労務計画、資材計画、安全衛生計画が主な内容である。

(4)　品質管理計画は、設計図書に基づく規格値内に収まるよう計画することが主な内容である。

(令和1年度後期学科試験)

問題 4 Check □□□

施工計画に関する次の記述のうち、**適当でないもの**はどれか。

（1） 調達計画には、機械の種別、台数などの機械計画、資材計画がある。

（2） 現場条件の事前調査には、近接施設への騒音振動の影響などの調査がある。

（3） 契約条件の事前調査には、設計図書の内容、地質などの調査がある。

（4） 仮設備計画には、材料置き場、占用地下埋設物、土留め工などの仮設備の設計計画がある。

（平成30年度後期学科試験）

解答と解説 施工計画作成の基本事項

問題 1 解答(4) Check □□□

イ	現地調査	ロ	資材計画	ハ	安全衛生計画	ニ	工程計画

施工計画作成における「現場条件の事前調査検討事項」に関する問題である。よって、（4）の組合せが適当である。

問題 2 解答(2) Check □□□

施工計画は、過去の経験を活かしながらも、それにとらわれることはなく、新技術、新工法、改良に対する努力を行いながら検討する。そのため、（2）は適当でない。

問題 3 解答(3) Check □□□

調達計画は、労務計画、機械、資材計画が主な内容であり、安全衛生計画は、安全管理計画の分野である。そのため、（3）は適当でない。

問題 4 解答(3)(4) Check □□□

（3）契約条件の事前調査には、設計図書の内容などの調査があるが、地質調査は現場条件の調査である。

（4）仮設備計画には、土留め工などの仮設備の設計計画があるが、材料置き場、占用地下埋設物の調査は現場条件の調査である。

そのため、（3）と（4）が適当でない。

事前調査検討事項

▶第1次検定では、施工計画作成のための事前調査に関する問題がよく出題される。語句の組み合わせを解答する形式の問題も出題される。

問題 1

Check □□□

施工計画作成のための事前調査に関する下記の文章中の［　　］の(イ)～(ニ)に当てはまる語句の組合せとして、**適当なもの**は次のうちどれか。

- ［(イ)］の把握のため、地域特性、地質、地下水、気象等の調査を行う。
- ［(ロ)］の把握のため、現場周辺の状況、近隣構造物、地下埋設物等の調査を行う。
- ［(ハ)］の把握のため、調達の可能性、適合性、調達先等の調査を行う。また、［(ニ)］の把握のため、道路の状況、運賃及び手数料、現場搬入路等の調査を行う。

	(イ)	(ロ)	(ハ)	(ニ)
(1)	近隣環境	自然条件	資機材	輸送
(2)	自然条件	近隣環境	資機材	輸送
(3)	近隣環境	自然条件	輸送	資機材
(4)	自然条件	近隣環境	輸送	資機材

(令和3年度前期第1次検定)

問題 2

Check □□□

施工計画作成のための事前調査に関する次の記述のうち、**適当でないもの**はどれか。

(1) 近隣環境の把握のため、現場周辺の状況、近隣施設などの調査を行う。
(2) 工事内容の把握のため、設計図書及び仕様書の内容などの調査を行う。
(3) 現場の自然条件の把握のため、地質調査、地下埋設物などの調査を行う。
(4) 労務・資機材の把握のため、労務の供給、資機材などの調達先などの調査を行う。

(令和1年度前期学科試験)

問題 3

Check □□□

施工計画作成のための事前調査に関する次の記述のうち、**適当でないもの**はどれか。

(1) 近隣環境の把握のため、現場用地の状況、近接構造物、労務の供給などの調査を行う。
(2) 工事内容の把握のため、設計図面及び仕様書の内容などの調査を行う。
(3) 現場の自然条件の把握のため、地質調査、地下水、湧水などの調査を行う。
(4) 輸送、用地の把握のため、道路状況、工事用地などの調査を行う。

(平成30年度前期学科試験)

問題 4 Check □□□

施工計画作成のための事前調査に関する次の記述のうち、**適当でないもの**はどれか。

（1） 輸送、用地の把握のため、道路状況、工事用地などの調査を行う。
（2） 工事内容の把握のため、現場事務所用地、設計図面及び仕様書の内容などの調査を行う。
（3） 近隣環境の把握のため、近接構造物、地下埋設物などの調査を行う。
（4） 資機材の把握のため、調達の可能性、適合性、調達先などの調査を行う。

（平成 29 年度第 1 回学科試験）

解答と解説　事前調査検討事項

問題 1 → 解答(2) Check □□□

イ	自然条件	ロ	近隣環境	ハ	資機材	ニ	輸送

施工計画作成における「現場条件の事前調査検討事項」に関する問題である。よって、（2）の組合せが適当である。

問題 2 → 解答(3) Check □□□

現場の自然条件の把握のためには、地形、気象等の調査を行う。地下埋設物の調査は、自然条件ではない。そのため、（3）は適当でない。

問題 3 → 解答(1) Check □□□

近隣環境の把握のため、現場用地の状況、近接構造物などの調査を行うことは、現場条件の事前調査検討事項であるが、労務供給などの調査は近隣環境ではなく労務環境の把握のためである。そのため、（1）は適当でない。

問題 4 → 解答(2) Check □□□

契約書、設計図面及び仕様書の内容を検討することは、契約条件の事前調査検討事項であるが、現場事務所用地の調査は、施設や建物等の把握のために行う事前調査検討事項である。そのため、（2）は適当でない。

施工体制台帳、施工体系図の作成

▶第１次検定では、出題頻度はそれほど高くないが、施工体制台帳、施工体系図の作成における基本事項に関する問題が出題される。

問題 1　Check □□□

公共工事において建設業者が作成する施工体制台帳及び施工体系図に関する次の記述のうち、**適当でないもの**はどれか。

（1）　施工体制台帳は、下請負人の商号又は名称などを記載し、作成しなければならない。
（2）　施工体系図は、変更があった場合には、工事完成検査までに変更を行わなければならない。
（3）　施工体系図は、工事関係者及び公衆が見やすい場所に掲げなければならない。
（4）　施工体制台帳は、その写しを発注者に提出しなければならない。

（令和１年度後期学科試験）

問題 2　Check □□□

施工体制台帳の作成に関する次の記述のうち、**適当でないもの**はどれか。

（1）　公共工事を受注した元請負人が下請契約を締結したときは、その金額にかかわらず施工の分担がわかるよう施工体制台帳を作成しなければならない。
（2）　施工体制台帳には、下請負人の商号又は名称、工事の内容及び工期、技術者の氏名などについて記載する必要がある。
（3）　受注者は、発注者から工事現場の施工体制が施工体制台帳の記載に合致しているかどうかの点検を求められたときは、これを受けることを拒んではならない。
（4）　施工体制台帳の作成を義務づけられた元請負人は、その写しを下請負人に提出しなければならない。

（平成30年度前期学科試験）

解答と解説　施工体制台帳、施工体系図の作成

問題 1　→ 解答(2)　Check □□□

施工体系図は、変更があった場合には、遅滞なく速やかに変更を行わなければならない。そのため、（２）は適当でない。

問題 2　→ 解答(4)　Check □□□

「建設業法第24条の７第１項」において、「施工体制台帳の作成を義務づけられた元請負人は、再下請け通知書を作成し、下請負人自身も施工体制台帳を作成しなければならない。」と定められている。そのため、（４）は適当でない。

仮設備計画

▶第１次検定では、仮設備計画に関する問題もよく出題されている。仮設備計画の内容及び条件を整理しておく。

問題 1 Check □□□

仮設工事に関する次の記述のうち、**適当でないもの**はどれか。

（1） 材料は、一般の市販品を使用し、可能な限り規格を統一し、他工事にも転用できるような計画にする。
（2） 直接仮設工事と間接仮設工事のうち、安全施設や材料置場等の設備は、間接仮設工事である。
（3） 仮設は、使用目的や期間に応じて構造計算を行い、労働安全衛生規則の基準に合致するかそれ以上の計画とする。
（4） 指定仮設と任意仮設のうち、任意仮設では施工者独自の技術と工夫や改善の余地が多いので、より合理的な計画を立てることが重要である。

（令和４年度前期第１次検定）

問題 2 Check □□□

仮設備工事の直接仮設工事と間接仮設工事に関する下記の文章中の［　　］の(イ)～(ニ)に当てはまる語句の組合せとして、**適当なもの**は次のうちどれか。

・［（イ）］は直接仮設工事である。
・労務宿舎は［（ロ）］である。
・［（ハ）］は間接仮設工事である。
・安全施設は［（ニ）］である。

	(イ)	(ロ)	(ハ)	(ニ)
（1）	支保工足場…………	間接仮設工事…………	現場事務所…………	直接仮設工事
（2）	監督員詰所…………	直接仮設工事…………	現場事務所…………	間接仮設工事
（3）	支保工足場…………	直接仮設工事…………	工事用道路…………	直接仮設工事
（4）	監督員詰所…………	間接仮設工事…………	工事用道路…………	間接仮設工事

（令和４年度前期第１次検定）

問題 3 Check □□□

仮設工事に関する次の記述のうち、**適当でないもの**はどれか。

（1） 仮設工事の材料は、一般の市販品を使用し、可能な限り規格を統一するが、他工事には転用しないような計画にする。
（2） 仮設工事には直接仮設工事と間接仮設工事があり、現場事務所や労務宿舎等の設備は、間接仮設工事である。
（3） 仮設工事は、使用目的や期間に応じて構造計算を行い、労働安全衛生規則の基準に合致するか、それ以上の計画とする。

（4） 仮設工事における指定仮設と任意仮設のうち、任意仮設では施工者独自の技術と工夫や改善の余地が多いので、より合理的な計画を立てることが重要である。

（令和３年度前期第１次検定）

問題 4

Check □□□

仮設工事に関する次の記述のうち、**適当でないもの**はどれか。

（1） 直接仮設工事と間接仮設工事のうち、現場事務所や労務宿舎等の設備は、間接仮設工事である。

（2） 仮設備は、使用目的や期間に応じて構造計算を行うので、労働安全衛生規則の基準に合致しなくてよい。

（3） 指定仮設と任意仮設のうち、任意仮設では施工者独自の技術と工夫や改善の余地が多いので、より合理的な計画を立てることが重要である。

（4） 材料は、一般の市販品を使用し、可能な限り規格を統一し、他工事にも転用できるような計画にする。

（令和３年度後期第１次検定）

問題 5

Check □□□

仮設工事に関する次の記述のうち、**適当でないもの**はどれか。

（1） 仮設工事には、任意仮設と指定仮設があり、施工業者独自の技術と工夫や改善の余地が多いので、より合理的な計画を立てられるのは任意仮設である。

（2） 仮設工事は、使用目的や期間に応じて構造計算を行い、労働安全衛生規則の基準に合致するかそれ以上の計画としなければならない。

（3） 仮設工事の材料は、一般の市販品を使用し、可能な限り規格を統一し、他工事にも転用できるような計画にする。

（4） 仮設工事には直接仮設工事と間接仮設工事があり、現場事務所や労務宿舎などの設備は、直接仮設工事である。

（令和２年度後期学科試験）

問題 6

工事の仮設に関する次の記述のうち、**適当でないもの**はどれか。

（1） 仮設には、直接仮設と間接仮設があり、現場事務所や労務宿舎などの快適な職場環境をつくるための設備は、直接仮設である。

（2） 仮設は、使用目的や期間に応じて構造計算を行い、労働安全衛生規則の基準に合致するかそれ以上の計画としなければならない。

（3） 仮設は、目的とする構造物を建設するために必要な施設であり、原則として工事完成時に取り除かれるものである。

（4） 仮設には、指定仮設と任意仮設があり、指定仮設は変更契約の対象となるが、任意仮設は一般に変更契約の対象にはならない。

（令和１年度前期学科試験）

解答と解説　仮設備計画

問題 1 ------------------------------------→ 解答(2)　Check □□□

直接仮設工事と間接仮設工事のうち、安全施設や材料置場等の設備は、直接仮設工事である。間接仮設工事は現場作業に直接関係ない仮設設備で現場事務所、仮囲い、材料置場などがある。そのため、(2)は適当でない。

問題 2 ------------------------------------→ 解答(1)　Check □□□

イ	支保工足場	ロ	間接仮設工事	ハ	現場事務所	ニ	直接仮設工事

よって、(1)の組合せが適当である。

問題 3 ------------------------------------→ 解答(1)　Check □□□

仮設工事の材料は、できるだけ経済性を重視して他工事にも転用でき、可能な限り規格を統一し、一般の市販品を使用するように努める。そのため、(1)は適当でない。

問題 4 ------------------------------------→ 解答(2)　Check □□□

仮設備は、重要度、使用目的や使用期間に応じて構造計算を行い、労働安全衛生規則の基準に合致するかそれ以上の計画としなければならない。そのため、(2)は適当でない。

問題 5 ------------------------------------→ 解答(4)　Check □□□

仮設工事には、直接仮設工事と間接仮設工事があるが、現場事務所や労務宿舎などの設備は、間接仮設工事に含まれる。そのため、(4)が適当でない。

問題 6 ------------------------------------→ 解答(1)　Check □□□

仮設には、直接仮設と間接仮設があり、現場事務所や労務宿舎などの快適な職場環境をつくるための設備は、工事全体に共通するもので、間接仮設である。そのため、(1)は適当でない。

仮設備とは、構造物をつくるための手段として一時的に設置されるものです。工事完了後は基本的には撤去されます。

建設機械計画

▶第１次検定では、建設機械計画に関する問題の出題頻度が高い。建設機械の作業能力を算定する問題もよく出題されるので、算定式をしっかり覚える。

問題 1 Check □□□

平坦な砂質地盤でブルドーザを用いて掘削押土する場合、時間当たり作業量Q(m^3/h)を算出する計算式として下記の［　　］の(イ)～(ニ)に当てはまる数値の組合せとして、**適当なもの**は次のうちどれか。

・ブルドーザの時間当たり作業量Q(m^3/h)

$$Q = \frac{［(イ)］ \times ［(ロ)］ \times E}{［(ハ)］} \times 60 = ［(ニ)］ m^3/h$$

q ：１回当たりの掘削押土量(３m^3)

f ：土量換算係数＝１/L

(土量の変化率ほぐし土量L＝1.25)

E ：作業効率(0.7)

Cm：サイクルタイム(２分)

	(イ)	(ロ)	(ハ)	(ニ)
(１)	2	0.8	3	22.4
(２)	2	1.25	3	35.0
(３)	3	0.8	2	50.4
(４)	3	1.25	2	78.8

(令和４年度前期第１次検定)

問題 2 Check □□□

建設機械の走行に必要なコーン指数の値に関する下記の文章中の［　　］の(イ)～(ニ)に当てはまる語句の組合せとして、**適当なもの**は次のうちどれか。

・ダンプトラックより普通ブルドーザ(15t級)の方がコーン指数は［(イ)］。

・スクレープドーザより［(ロ)］の方がコーン指数は小さい。

・超湿地ブルドーザより自走式スクレーパ(小型)の方がコーン指数は［(ハ)］。

・普通ブルドーザ(21t級)より［(ニ)］の方がコーン指数は大きい。

	(イ)	(ロ)	(ハ)	(ニ)
(１)	大きい	自走式スクレーパ(小型)	小さい	ダンプトラック
(２)	小さい	超湿地ブルドーザ	大きい	ダンプトラック
(３)	大きい	超湿地ブルドーザ	小さい	湿地ブルドーザ
(４)	小さい	自走式スクレーパ(小型)	大きい	湿地ブルドーザ

(令和４年度後期第１次検定)

問題 3 Check □□□

建設機械の作業能力・作業効率に関する下記の文章中の［　　］の(イ)～(ニ)に当てはまる語句の組合せとして、**適当なもの**は次のうちどれか。

- 建設機械の作業能力は、単独、又は組み合わされた機械の［（イ）］の平均作業量で表す。また、建設機械の［（ロ）］を十分行っておくと向上する。
- 建設機械の作業効率は、気象条件、工事の規模、［（ハ）］等の各種条件により変化する。
- ブルドーザの作業効率は、砂の方が岩塊・玉石より［（ニ）］。

	（イ）	（ロ）	（ハ）	（ニ）
（1）	時間当たり	整備	運転員の技量	大きい
（2）	施工面積	整備	作業員の人数	小さい
（3）	時間当たり	暖機運転	作業員の人数	小さい
（4）	施工面積	暖機運転	運転員の技量	大きい

（令和３年度前期第１次検定）

問題 4 Check □□□

建設機械の走行に必要なコーン指数に関する下記の文章中の［　　］の（イ）～（ニ）に当てはまる語句の組合せとして、**適当なもの**は次のうちどれか。

- 建設機械の走行に必要なコーン指数は、［（イ）］より［（ロ）］の方が小さく、［（イ）］より［（ハ）］の方が大きい。
- 走行頻度の多い現場では、より［（ニ）］コーン指数を確保する必要がある。

	（イ）	（ロ）	（ハ）	（ニ）
（1）	ダンプトラック	自走式スクレーパ	超湿地ブルドーザ	大きな
（2）	普通ブルドーザ(21ｔ級)	自走式スクレーパ	ダンプトラック	小さな
（3）	普通ブルドーザ(21ｔ級)	湿地ブルドーザ	ダンプトラック	大きな
（4）	ダンプトラック	湿地ブルドーザ	超湿地ブルドーザ	小さな

（令和３年度後期第１次検定）

問題 5 Check □□□

ダンプトラックを用いて土砂を運搬する場合、時間当たり作業量（地山土量）Qとして、次のうち**正しいもの**はどれか。

ただし、土質は普通土（土量変化率Ｌ＝1.2　Ｃ＝0.9とする）

$$Q = \frac{q \times f \times E \times 60}{Cm} \ (m^3/h)$$

ここに　q：１回の積載土量　5.0㎥　　f：土量換算係数

E：作業効率　0.9　　Cm：サイクルタイム（25min）

（1）　9㎥/h

（2）　10㎥/h

（3）　11㎥/h

（4）　12㎥/h

（令和２年度後期学科試験）

問題 6 Check □□□

施工計画の作成にあたり、建設機械の走行に必要なコーン指数が**最も大きい建設機械**は次のうちどれか。

（1） 普通ブルドーザ(21 t 級)
（2） ダンプトラック
（3） 自走式スクレーパ(小型)
（4） 湿地ブルドーザ

（令和１年度前期学科試験）

問題 7 Check □□□

建設機械の作業に関する次の記述のうち、**適当でないもの**はどれか。

（1） トラフィカビリティーとは、建設機械の走行性をいい、一般にＮ値で判断される。
（2） 建設機械の作業効率は、現場の地形、土質、工事規模などの現場条件により変化する。
（3） リッパビリティーとは、ブルドーザに装着されたリッパによって作業できる程度をいう。
（4） 建設機械の作業能力は、単独の機械又は組み合された機械の時間当たりの平均作業量で表される。

（令和１年度後期学科試験）

問題 8 Check □□□

平坦な砂質地盤でブルドーザを用いて、掘削押土する場合の時間当たり作業量Ｑとして、**適当なもの**は次のうちどれか。

ブルドーザの時間当たり作業量Ｑ(㎥／ｈ)

$$Q = \frac{q \times f \times E \times 60}{Cm}$$

ただし、ブルドーザの作業量の算定の条件は、次の値とする。

ｑ：１回当たりの掘削押土量(㎥)　３㎥
Ｅ：作業効率　0.7
Cm：サイクルタイム　２分
ｆ：土量換算係数 $= \frac{1}{L}$ (土量の変化率　ほぐし土量 $L = 1.25$)

（1） 40.4㎥／ｈ
（2） 50.4㎥／ｈ
（3） 60.4㎥／ｈ
（4） 70.4㎥／ｈ

（平成30年度前期学科試験）

解答と解説　建設機械計画

問題 1 ---------- 解答(3)　Check □□□

イ	3	ロ	0.8	ハ	2	ニ	50.4

よって、(3)の組合せが適当である。

問題 2 ---------- 解答(2)　Check □□□

イ	小さい	ロ	超湿地ブルドーザ	ハ	大きい	ニ	ダンプトラック

よって、(2)の組合せが適当である。

問題 3 ---------- 解答(1)　Check □□□

イ	時間当たり	ロ	整備	ハ	運転員の技量	ニ	大きい

「建設機械の作業能力算定」に関する問題である。よって、(1)の組合せが適当である。

問題 4 ---------- 解答(3)　Check □□□

イ	普通ブルドーザ(21 t 級)	ロ	湿地ブルドーザ	ハ	ダンプトラック	ニ	大きな

「建設機械の作業能力算定」に関する問題である。よって、(3)の組合せが適当である。

問題 5 ---------- 解答(1)　Check □□□

ダンプトラックの時間当り作業能力は下式で表される。

$$Q = \frac{q \times f \times E \times 60}{Cm}$$

ここで、Q：1時間当たり作業量(m³/h)

q：1回当り積載土量(m³)＝5.0m³

E：作業効率＝0.9

Cm：サイクルタイム＝25min

f：土量換算係数＝1／L(L＝1.2)

$$Q = \frac{q \times f \times E \times 60}{Cm} = 5.0 \times (1/1.2) \times 0.9 \times 60 / 25 = 9.0\text{m}^3/\text{h}$$

そのため、(1)が正しい。

問題 6 ------→ 解答(2) Check □□□

各建設機械の走行に必要なコーン指数は下表で表される。

番号	建設機械	コーン指数q_c(kN/m²)
(1)	普通ブルドーザ(21 t 級)	700以上
(2)	ダンプトラック	1200以上
(3)	自走式スクレーパ(小型)	1000以上
(4)	湿地ブルドーザ	300以上

そのため、最も大きいのは(2)のダンプトラックである。

問題 7 ------→ 解答(1) Check □□□

トラフィカビリティーとは、建設機械の土の上での走行性を表し、締固めた土をコーンペネトロメータにより測定した値、コーン指数q_cで判断する。そのため、(1)は適当でない。

問題 8 ------→ 解答(2) Check □□□

ブルドーザの時間当たり作業能力は下式で表される。

$$Q = \frac{q \times f \times E \times 60}{Cm}$$

ここで、Q：1時間当たり作業量(m³／h)

q：1回当り掘削押土量(m³)＝3.0m³

E：作業効率＝0.7

Cm：サイクルタイム＝2分

L：土量変化率＝1.2

f：土量換算係数＝1／L(ほぐし土量L＝1.25)

$$Q = \frac{q \times f \times E \times 60}{Cm} = 3.0 \times 1/1.25 \times 0.7 \times 60/2 = 50.4 \text{m}^3/\text{h}$$

そのため、(2)が適当である。

建設機械の作業能力の算定は、過去問題を繰り返し解くなどして計算に慣れておきましょう。

5-2 建設機械

攻略のポイント

POINT 1 建設機械の特徴と用途に関する問題が頻出

第１次検定では、建設機械の特徴と用途に関する問題が毎回、出題されている。建設機械は、工事の種類別、作業別にそれぞれ特徴と用途が異なる。掘削、積込み、締固め及び運搬に使用する建設機械の種類と特徴を整理しておく。

POINT 2 掘削機械の種類を押さえる

掘削機械の種類と特徴を整理する。バックホウ、ショベル、クラムシェル、ドラグラインなどの主な掘削機械を押さえておく。

POINT 3 積込み機械や締固め機械の種類を押さえる

積込み機械や締固め機械の種類と特徴を整理する。クローラ(履帯)式トラクタショベルやホイール(車輪)式トラクタショベルなどの主な積込み機械、ロードローラ、タイヤローラ、振動ローラ、タンピングローラ、振動コンパクタなどの主な締固め機械を押さえておく。

POINT 4 運搬機械の種類を押さえる

運搬機械の種類と特徴を整理する。ストレートドーザ、アングルドーザ、チルトドーザ、Uドーザ、レーキドーザ、リッパドーザなどの主な運搬機械を押さえておく。

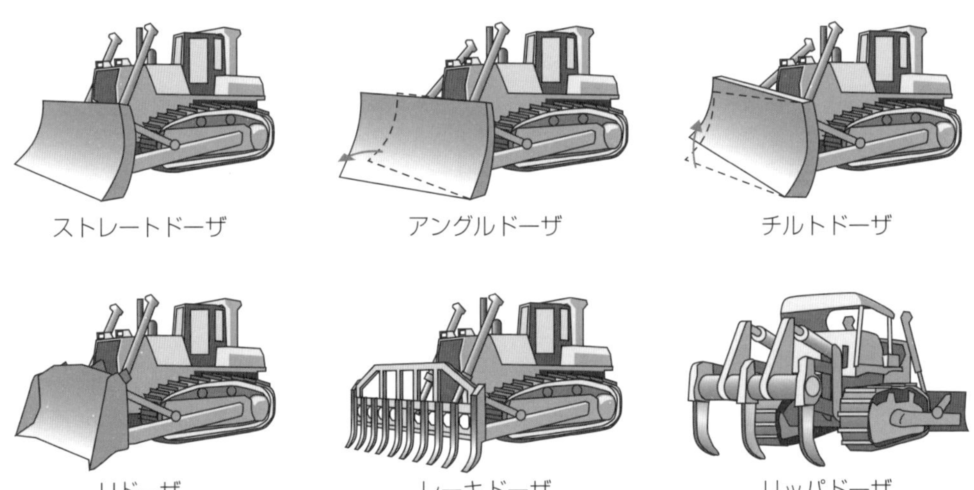

建設機械の特徴と用途

▶第１次検定では、建設機械の特徴と用途に関する問題が毎回、出題されている。建設機械の種類と特徴を整理して覚える。

問題 1

Check □ □ □

建設機械に関する次の記述のうち、**適当でないもの**はどれか。

（1） トラクターショベルは、土の積込み、運搬に使用される。
（2） ドラグラインは、機械の位置より低い場所の掘削に適し、砂利の採取等に使用される。
（3） クラムシェルは、水中掘削など広い場所での浅い掘削に使用される。
（4） バックホゥは、固い地盤の掘削ができ、機械の位置よりも低い場所の掘削に使用される。

（令和４年度前期第１次検定）

問題 2

Check □ □ □

建設機械に関する次の記述のうち、適当でないものはどれか。

（1） ランマは、振動や打撃を与えて、路肩や狭い場所等の締固めに使用される。
（2） タイヤローラは、接地圧の調節や自重を加減することができ、路盤等の締固めに使用される。
（3） ドラグラインは、機械の位置より高い場所の掘削に適し、水路の掘削等に使用される。
（4） クラムシェルは、水中掘削等、狭い場所での深い掘削に使用される。

（令和４年度後期第１次検定）

問題 3

Check □ □ □

建設機械の用途に関する次の記述のうち、**適当でないもの**はどれか。

（1） フローティングクレーンは、台船上にクレーン装置を搭載した型式で、海上での橋梁架設等に用いられる。
（2） ブルドーザは、トラクタに土工板(ブレード)を取りつけた機械で、土砂の掘削・押土及び短距離の運搬作業等に用いられる。
（3） タンピングローラは、ローラの表面に多数の突起をつけた機械で、盛土材やアスファルト混合物の締固め等に用いられる。
（4） ドラグラインは、機械の位置より低い場所の掘削に適し、水路の掘削やしゅんせつ等に用いられる。

（令和３年度前期第１次検定）

問題 4

建設機械の用途に関する次の記述のうち、**適当でないもの**はどれか。

（1） バックホゥは、機械の位置よりも低い位置の掘削に適し、かたい地盤の掘削ができる。
（2） トレーラーは、鋼材や建設機械等の質量の大きな荷物を運ぶのに使用される。

（3） クラムシェルは、オープンケーソンの掘削等、広い場所での浅い掘削に適している。
（4） モーターグレーダは、砂利道の補修に用いられ、路面の精密仕上げに適している。

（令和３年度後期第１次検定）

問題 5 Check □□□

建設機械の用途に関する次の記述のうち、**適当でないもの**はどれか。

（1） バックホゥは、かたい地盤の掘削ができ、掘削位置も正確に把握できるので、基礎の掘削や溝掘りなどに広く使用される。
（2） タンデムローラは、破砕作業を行う必要がある場合に最適であり砕石や砂利道などの一次転圧や仕上げ転圧に使用される。
（3） ドラグラインは、機械の位置より低い場所の掘削に適し、水路の掘削、砂利の採取などに使用される。
（4） 不整地運搬車は、車輪式(ホイール式)と履帯式(クローラ式)があり、トラックなどが入れない軟弱地や整地されていない場所に使用される。

（令和２年度後期学科試験）

問題 6 Check □□□

建設機械の用途に関する次の記述のうち、**適当でないもの**はどれか。

（1） ドラグラインは、ワイヤロープによってつり下げたバケットを手前に引き寄せて掘削する機械で、しゅんせつや砂利の採取などに使用される。
（2） ブルドーザは、作業装置として土工板を取り付けた機械で、土砂の掘削・運搬(押土)、積込みなどに用いられる。
（3） モータグレーダは、路面の精密な仕上げに適しており、砂利道の補修、土の敷均しなどに用いられる。
（4） バックホゥは、機械が設置された地盤より低い場所の掘削に適し、基礎の掘削や溝掘りなどに使用される。

（令和１年度前期学科試験）

問題 7 Check □□□

建設機械に関する次の記述のうち、**適当でないもの**はどれか。

（1） 振動ローラは、鉄輪を振動させながら砂や砂利などの転圧を行う機械で、ハンドガイド型が最も多く使用されている。
（2） スクレーパは、土砂の掘削・積込み、運搬、敷均しを一連の作業として行うことができる。
（3） ブルドーザは、土砂の掘削・押土及び短距離の運搬に適しているほか、除雪にも用いられる。
（4） スクレープドーザは、ブルドーザとスクレーパの両方の機能を備え、狭い場所や軟弱地盤での施工に使用される。

（令和１年度後期学科試験）

問題 8 Check □□□

建設機械に関する次の記述のうち、**適当でないもの**はどれか。

（1） バックホゥは、かたい地盤の掘削ができ、機械の位置よりも低い場所の掘削に適する。
（2） ドラグラインは、軟らかい地盤の掘削など、機械の位置よりも低い場所の掘削に適する。
（3） ローディングショベルは、掘削力が強く、機械の位置よりも低い場所の掘削に適する。
（4） クラムシェルは、シールド工事の立坑掘削など、狭い場所での深い掘削に適する。

（平成 30 年度前期学科試験）

問題 9 Check □□□

建設機械に関する次の記述のうち、**適当でないもの**はどれか。

（1） ランマは、振動や打撃を与えて、路肩や狭い場所などの締固めに使用される。
（2） クラムシェルは、水中掘削など広い場所での浅い掘削に使用される。
（3） トラクターショベルは、土の積込み、運搬に使用される。
（4） タイヤローラは、接地圧の調節や自重を加減することができ、路盤などの締固めに使用される。

（平成 30 年度後期学科試験）

問題 10 Check □□□

建設工事における建設機械の「機械名」と「性能表示」に関する次の組合せのうち、**適当なもの**はどれか。

［機械名］　　　　［性能表示］
（1） ロードローラ…………質量（t）
（2） バックホゥ……………バケット質量（kg）
（3） ダンプトラック………車両重量（t）
（4） クレーン………………ブーム長（m）

（平成 29 年度第 1 回学科試験）

試験では、毎回似たような問題が出題されています。工事の種類別、作業別に使用する建設機械の特徴と用途に関する問題が頻出です。建設機械の種類が多いため、掘削、積込み、締固め及び運搬に分けて、使用する建設機械の種類と特徴を整理しておきましょう。

解答と解説　建設機械の特徴と用途

問題 1　解答(3)　Check □□□

クラムシェルは、水中掘削など狭い場所での深い掘削に使用される。そのため、(3)は適当でない。

問題 2　解答(3)　Check □□□

ドラグラインは、バケットを遠くへ投げることができ、水中掘削、しゅん渫作業が可能で、機械の位置より低い場所の掘削に適し、砂利の採取等に使用される。そのため、(3)は適当でない。

問題 3　解答(3)　Check □□□

タンピングローラは、ローラの表面に多数の突起をつけた機械で、硬い粘土や厚い盛土の締固めに適する。そのため、(3)は適当でない。

問題 4　解答(3)　Check □□□

クラムシェルは狭い場所での深い掘削に適し、立坑掘削、岸壁掘削に適する。そのため、(3)は適当でない。

問題 5　解答(2)　Check □□□

タンデムローラは、一般の土質の締固めに適した締固め機械であり、破砕作業には適さない。破砕作業には、タンピングローラが適する。そのため、(2)が適当でない。

問題 6　解答(2)　Check □□□

各建設機械の特徴については、下表のとおりである。

番号	建設機械	特　徴	適　否
(1)	ドラグライン	掘削場所にバケットを落下させロープで引寄せるもので、広く浅い掘削や機械より低い所の掘削に適し、しゅんせつや砂利の採取に用いられる。	適当である
(2)	ブルドーザ	作業装置として土工板を取り付けた機械で、土砂の掘削・運搬(押土)などに用いられるが、積込みには適さない。	適当でない
(3)	モータグレーダ	路面の精密な仕上げや不陸整正に適しており、砂利道の補修、土の敷均しなどに用いられる。	適当である
(4)	バックホゥ	機械の位置より低い所の掘削に適し、硬い地盤、構造物の基礎の掘削や溝掘りなどに用いられる。	適当である

そのため、(2)が適当でない。

問題 7 解答(1) Check □□□

振動ローラは、振動による締固めを行う機械で、ハンドガイド型は狭いエリアの締固めに利用されるが、11 t 級の一般の振動ローラの利用が多い。そのため、(1)は適当でない。

問題 8 解答(3) Check □□□

各建設機械の特徴については下表のとおりである。

番号	建設機械	特徴	適　否
(1)	バックホゥ	機械の位置より低い所の掘削に適し、硬い地盤、構造物の基礎の掘削や溝掘りなどに用いられる。	適当である
(2)	ドラグライン	広く浅い掘削や機械より低い所の掘削に適し、軟らかい地盤の水路掘削に用いられる。	適当である
(3)	ローディングショベル	バケットを前方に押しながら上下に動かし掘削するもので、機械の位置より高い場所の掘削に適し、山の切り崩しに使用されることが多い。	適当でない
(4)	クラムシェル	狭い場所での深い掘削に適し、立坑掘削、基礎掘削に適する。	適当である

問題 9 解答(2) Check □□□

クラムシェルは狭い場所での深い掘削に適し、立坑掘削、基礎掘削に適する。そのため、(2)が適当でない。

問題 10 解答(1) Check □□□

各建設機械の性能表示は下表のとおりである。

番号	建設機械	性能表示	適　否
(1)	ロードローラ	質量(t)	適当である
(2)	バックホウ	バケット容量(m^3)	適当でない
(3)	ダンプトラック	車両総重量(t)	適当でない
(4)	クレーン	吊下荷重(t)	適当でない

5-3 工程管理

●●● 攻略のポイント ●●●

POINT 1 工程表の種類と特徴を押さえる

主な工程表として、ガントチャート工程表、バーチャート工程表、斜線式工程表、ネットワーク式工程表、累計出来高曲線工程表、工程管理曲線工程表などがある。第１次検定では、文章の空欄に入る工程表の名称を解答する形式の問題が出題されているので、工程表の種類と特徴を整理して押さえておく。

POINT 2 工程管理の基本事項を押さえる

第１次検定では、文章の空欄に入る工程管理の基本事項について、適切な語句の組み合わせを解答する形式の問題が出題されている。工程管理の基本事項、工程計画の手順などを押さえておく。

POINT 3 ネットワーク式工程表から工期を求める問題が頻出

第１次検定では工程表から工期を求める問題が毎回、出題されている。示されたネットワーク式工程表から工期（作業日数）を解答するので、計算方法を覚える。毎回、同じような問題が出題されているため、解き方を覚えて確実に正解できるようにする。

POINT 4 PDCAサイクルを理解する

PDCAサイクルは、工程管理や品質管理の一般的手法である。Plan（計画）・Do（実施）・Check（検討）・Action（処置）のサイクルを理解する。

工程管理一般

▶第1次検定では、工程管理一般に関する問題が毎回、出題されている。工程管理の基本事項をしっかりと押さえておく。

問題 1 Check □□□

工程管理に関する下記の文章中の［　　］の(イ)～(ニ)に当てはまる語句の組合せとして、**適当なもの**は次のうちどれか。

・工程表は、工事の施工順序と［(イ)］をわかりやすく図表化したものである。
・工程計画と実施工程の間に差が生じた場合は、その［(ロ)］して改善する。
・工程管理では、［(ハ)］を高めるため、常に工程の進行状況を全作業員に周知徹底する。
・工程管理では、実施工程が工程計画よりも［(ニ)］程度に管理する。

	(イ)	(ロ)	(ハ)	(ニ)
(1)	所要日数	原因を追及	経済効果	やや下回る
(2)	所要日数	原因を追及	作業能率	やや上回る
(3)	実行予算	材料を変更	経済効果	やや下回る
(4)	実行予算	材料を変更	作業能率	やや上回る

（令和4年度前期第1次検定）

問題 2 Check □□□

工程表の種類と特徴に関する下記の文章中の［　　］の(イ)～(ニ)に当てはまる語句の組合せとして、**適当なもの**は次のうちどれか。

・［(イ)］は、各工事の必要日数を棒線で表した図表である。
・［(ロ)］は、工事全体の出来高比率の累計を曲線で表した図表である。
・［(ハ)］は、各工事の工程を斜線で表した図表である。
・［(ニ)］は、工事内容を系統だてて作業相互の関連、順序や日数を表した図表である。

	(イ)	(ロ)	(ハ)	(ニ)
(1)	バーチャート	グラフ式工程表	出来高累計曲線	ネットワーク式工程表
(2)	ネットワーク式工程表	出来高累計曲線	バーチャート	グラフ式工程表
(3)	ネットワーク式工程表	グラフ式工程表	バーチャート	出来高累計曲線
(4)	バーチャート	出来高累計曲線	グラフ式工程表	ネットワーク式工程表

（令和4年度後期第1次検定）

問題 3 Check □□□

工程表の種類と特徴に関する下記の文章中の［　　］の(イ)～(ニ)に当てはまる語句の組合せとして、**適当なもの**は次のうちどれか。

・［（イ）］は、縦軸に作業名を示し、横軸にその作業に必要な日数を棒線で表した図表である。
・［（ロ）］は、縦軸に作業名を示し、横軸に各作業の出来高比率を棒線で表した図表である。
・［（ハ）］工程表は、各作業の工程を斜線で表した図表であり、［（ニ）］は、作業全体の出来高比率の累計をグラフ化した図表である。

（イ）　（ロ）　（ハ）　（ニ）
（1）　ガントチャート……………出来高累計曲線……………バーチャート……………グラフ式
（2）　ガントチャート……………出来高累計曲線……………グラフ式…………………バーチャート
（3）　バーチャート………………ガントチャート……………グラフ式…………………出来高累計曲線
（4）　バーチャート………………ガントチャート……………バーチャート……………出来高累計曲線

（令和３年度前期第１次検定）

問題4　Check □□□

工程管理の基本事項に関する下記の文章中の［　　］の（イ）～（ニ）に当てはまる語句の組合せとして、**適当なもの**は次のうちどれか。
・工程管理にあたっては、［（イ）］が、［（ロ）］よりも、やや上回る程度に管理をすることが最も望ましい。
・工程管理においては、常に工程の［（ハ）］を全作業員に周知徹底させて、全作業員に［（ニ）］を高めるように努力させることが大切である。

（イ）　（ロ）　（ハ）　（ニ）
（1）　実施工程……………工程計画……………進行状況……………作業能率
（2）　実施工程……………工程計画……………作業能率……………進行状況
（3）　工程計画……………実施工程……………進行状況……………作業能率
（4）　作業能率……………進行状況……………実施工程……………工程計画

（令和３年度後期第１次検定）

問題5　Check □□□

工程管理に関する次の記述のうち、**適当でないもの**はどれか。
（1）　工程表は、常に工事の進捗状況を把握でき、予定と実績の比較ができるようにする。
（2）　工程管理では、作業能率を高めるため、常に工程の進捗状況を全作業員に周知徹底する。
（3）　計画工程と実施工程に差が生じた場合は、その原因を追及して改善する。
（4）　工程管理では、実施工程が計画工程よりも、下回るように管理する。

（令和２年度後期学科試験）

問題6　Check □□□

工程管理曲線（バナナ曲線）に関する次の記述のうち、**適当でないもの**はどれか。
（1）　出来高累計曲線は、一般的にＳ字型となり、工程管理曲線によって管理する。
（2）　工程管理曲線の縦軸は出来高比率で、横軸は時間経過比率である。
（3）　実施工程曲線が上方限界を下回り、下方限界を超えていれば許容範囲内である。
（4）　実施工程曲線が下方限界を下回るときは、工程が進み過ぎている。

（令和１年度前期学科試験）

問題 7 Check □□□

工程管理に関する次の記述のうち、**適当でないもの**はどれか。

（1） 工程表は、工事の施工順序と所要の日数などを図表化したものである。
（2） 工程計画と実施工程の間に差が生じた場合は、あらゆる方面から検討し、また原因がわかったときは、速やかにその原因を除去する。
（3） 工程管理にあたっては、実施工程が工程計画より、やや上まわるように管理する。
（4） 工程表は、施工途中において常に工事の進捗状況が把握できれば、予定と実績の比較ができなくてもよい。

（令和1年度後期学科試験）

問題 8 Check □□□

工程表の種類と特徴に関する次の記述のうち、**適当でないもの**はどれか。

（1） ガントチャートは、各工事の進捗状況が一目でわかるようにその工事の予定と実績日数を表した図表である。
（2） 出来高累計曲線は、工事全体の実績比率の累計を曲線で表した図表である。
（3） グラフ式工程表は、各工事の工程を斜線で表した図表である。
（4） バーチャートは、工事内容を系統だて作業相互の関連の手順や日数を表した図表である。

（平成30年度前期学科試験）

解答と解説 工程管理一般

問題 1 解答(2) Check □□□

イ	所要日数	ロ	原因を追究	ハ	作業能率	ニ	やや上回る

よって、（2）の組合せが適当である。

問題 2 解答(4) Check □□□

イ	バーチャート	ロ	出来高累計曲線	ハ	グラフ式工程表	ニ	ネットワーク式工程表

よって、（4）の組合せが適当である。

問題 3 解答(3) Check □□□

イ	バーチャート	ロ	ガントチャート	ハ	グラフ式	ニ	出来高累計曲線

工程管理における「工程表の種類と特徴」に関する問題である。よって、（3）の組合せが適当である。

問題 4 ---------------------------------→ 解答(1) Check □□□

イ	実施工程	ロ	工程計画	ハ	進行状況	ニ	作業能力

工程管理における「基本事項」に関する問題である。よって、(1)の組合せが適当である。

問題 5 ---------------------------------→ 解答(4) Check □□□

工程管理では、ある程度の余裕を持たせることが必要であり、実施工程が工程計画より、やや上回るように管理する。そのため、(4)が適当でない。

問題 6 ---------------------------------→ 解答(4) Check □□□

実施工程曲線が下方限界を下回るときは、工程が遅れており工程を見直す必要がある。そのため、(4)は適当でない。

問題 7 ---------------------------------→ 解答(4) Check □□□

工程表は、施工途中において常に工事の進捗状況を把握し、その都度修正する必要がある。予定と実績の比較を常に行うことにより、工程のみならず品質、経済性の管理が可能となる。そのため、(4)は適当でない。

問題 8 ---------------------------------→ 解答(1)(4) Check □□□

各工程表の内容と特徴を整理すると下記のとおりとなる。

(1)ガントチャート工程表：縦軸に工種(工事名、作業名)、横軸に作業の達成度を%で表示する。各作業の必要日数は分からず、工期に影響する作業は不明である。適当でない

(2)出来高累計曲線：縦軸に工事全体の累計出来高(%)、横軸に工期(%)をとり、出来高を曲線に示す。毎日の出来高と、工期の関係の曲線は山形、予定工程曲線はS字形となるのが理想である。適当である。

(3)グラフ式工程表：横軸に日数(工期)をとり、縦軸に各作業の完成率(%)を斜線で表示した工程表で、予定と実績の差をグラフ化して直視的に表現できる。適当である。

(4)バーチャート工程表:縦軸に工種(工事名、作業名)、横軸に作業の達成度を所要日数で表示する。系統だった作業相互の関連の手順や、工期に影響する作業は不明である。適当でない。

そのため、(1)と(4)が適当でない。

工程表

▶第１次検定では、示されたネットワーク式工程表から工程全体の工期（作業日数）を求める問題が毎回、出題されている。

問題 1　Check □□□

下図のネットワーク式工程表について記載している下記の文章中の［　　］の（イ）～（ニ）に当てはまる語句の組合せとして、**適当なもの**は次のうちどれか。
ただし、図中のイベント間のA～Gは作業内容、数字は作業日数を表す。

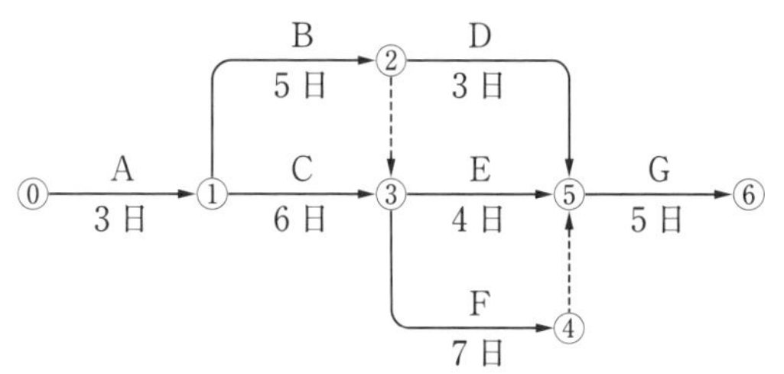

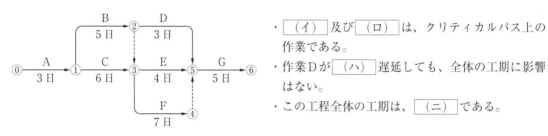

・［（イ）］及び［（ロ）］は、クリティカルパス上の作業である。
・作業Dが［（ハ）］遅延しても、全体の工期に影響はない。
・この工程全体の工期は、［（ニ）］である。

	（イ）	（ロ）	（ハ）	（ニ）
（1）	作業C	作業F	5日	21日間
（2）	作業B	作業D	5日	16日間
（3）	作業B	作業D	6日	16日間
（4）	作業C	作業F	6日	21日間

（令和４年度前期第１次検定）

問題 2　Check □□□

下図のネットワーク式工程表について記載している下記の文章中の［　　］の（イ）～（ニ）に当てはまる語句の組合せとして、**正しいもの**は次のうちどれか。ただし、図中のイベント間のA～Gは作業内容、数字は作業日数を表す。

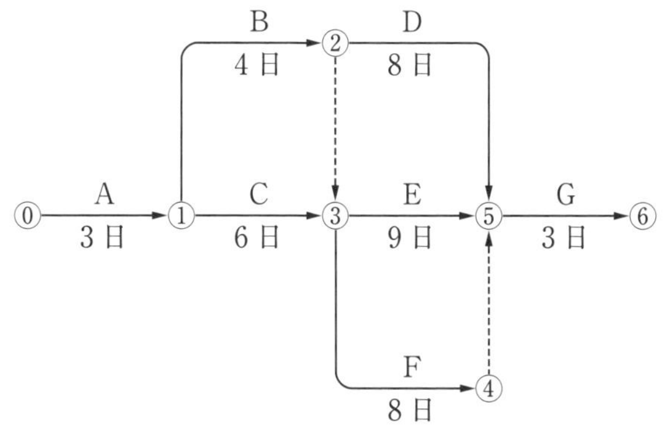

・［（イ）］及び［（ロ）］は、クリティカルパス上の作業である。
・作業Bが［（ハ）］遅延しても、全体の工期に影響はない。
・この工程全体の工期は、［（ニ）］である。

	（イ）	（ロ）	（ハ）	（ニ）
（1）	作業B	作業D	3日	20日間
（2）	作業C	作業E	2日	21日間
（3）	作業B	作業D	3日	21日間
（4）	作業C	作業E	2日	20日間

（令和４年度後期第１次検定）

問題 3 -- Check □ □ □

建設工事に用いる工程表に関する次の文章の［　　］の(イ)～(ホ)に当てはまる**適切な語句を、下記の語句から選び**解答欄に記入しなさい。

(1)　横線式工程表には、バーチャートとガントチャートがあり、バーチャートは縦軸に部分工事をとり、横軸に必要な［（イ）］を棒線で記入した図表で、各工事の工期がわかりやすい。ガントチャートは縦軸に部分工事をとり、横軸に各工事の［（ロ）］を棒線で記入した図表で、各工事の進捗状況がわかる。

(2)　ネットワーク式工程表は、工事内容を系統的に明確にし、作業相互の関連や順序、［（ハ）］を的確に判断でき、［（ニ）］工事と部分工事の関連が明確に表現できる。また、［（ホ）］を求めることにより重点管理作業や工事完成日の予測ができる。

［語句］

アクティビティ、	経済性、	機械、	人力、	施工時期、
クリティカルパス、	安全性、	全体、	費用、	掘削、
出来高比率、	降雨日、	休憩、	日数、	アロー

（令和4年度第2次検定）

問題 4 -- 

下図のネットワーク式工程表について記載している下記の文章中の［　　］の(イ)～(ニ)に当てはまる語句の組合せとして、**正しいもの**は次のうちどれか。
ただし、図中のイベント間のA～Gは作業内容、数字は作業日数を表す。

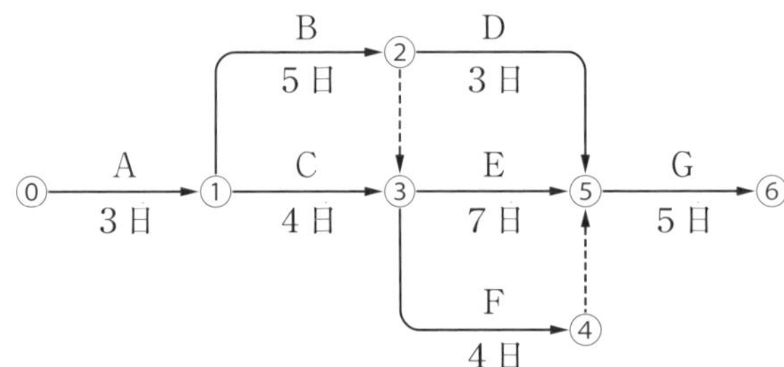

- ［（イ）］及び［（ロ）］は、クリティカルパス上の作業である。
- 作業Fが［（ハ）］遅延しても、全体の工期に影響はない。
- この工程全体の工期は、［（ニ）］である。

	(イ)	(ロ)	(ハ)	(ニ)
(1)	作業C	作業D	3日	19日間
(2)	作業B	作業E	3日	20日間
(3)	作業B	作業D	4日	19日間
(4)	作業C	作業E	4日	20日間

（令和3年度前期第1次検定）

問題 5 Check □□□

下図のネットワーク式工程表について記載している下記の文章中の［　　］の(イ)～(ニ)に当てはまる語句の組合せとして、**正しいもの**は次のうちどれか。
ただし、図中のイベント間のA～Gは作業内容、数字は作業日数を表す。

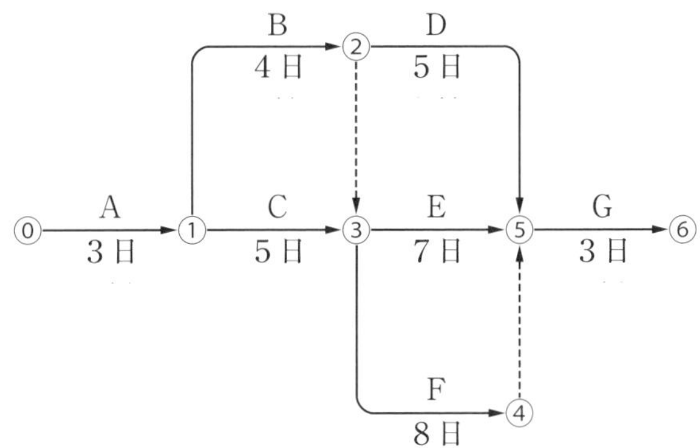

・［(イ)］及び［(ロ)］は、クリティカルパス上の作業である。
・作業Bが［(ハ)］遅延しても、全体の工期に影響はない。
・この工程全体の工期は、［(ニ)］である。

	(イ)	(ロ)	(ハ)	(ニ)
(1)	作業C	作業D	1日	18日
(2)	作業B	作業D	2日	19日
(3)	作業C	作業F	1日	19日
(4)	作業B	作業F	2日	18日

(令和3年度後期第1次検定)

問題 6 Check

下図のネットワーク式工程表に示す工事の**クリティカルパスとなる日数**は、次のうちどれか。
ただし、図中のイベント間のA～G は作業内容、数字は作業日数を表す。

(1)　20日
(2)　21日
(3)　22日
(4)　23日

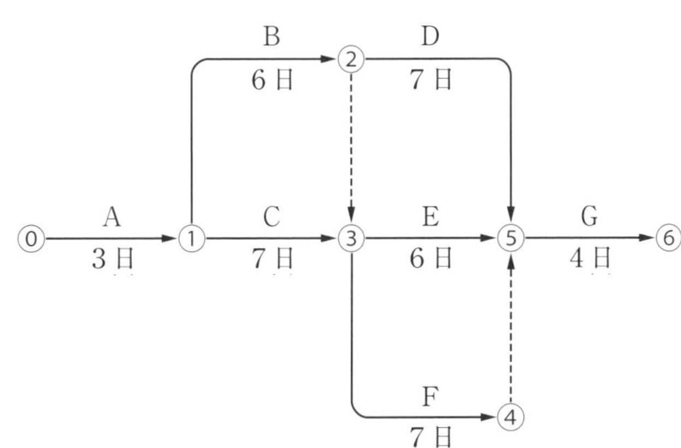

(令和2年度後期学科試験)

問題 7 Check □□□

下図のネットワーク式工程表に示す工事の**クリティカルパスとなる日数**は、次のうちどれか。
ただし、図中のイベント間のA～Gは作業内容、数字は作業日数を表す。

（1） 23日
（2） 22日
（3） 21日
（4） 20日

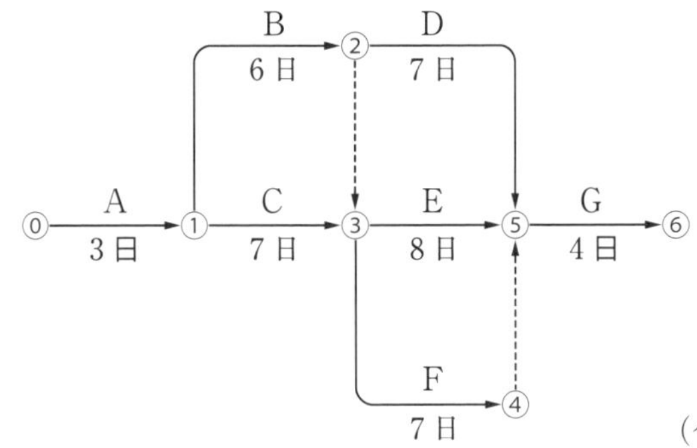

（令和１年度前期学科試験）

解答と解説 工程表

問題 1 解答(1) Check □□□

イ	作業C	ロ	作業F	ハ	5日	ニ	21日間

よって、（1）の組合せが適当である。

問題 2 解答(2) Check □□□

イ	作業C	ロ	作業E	ハ	2日	ニ	21日間

よって、（2）の組合せが適当である。

問題 3 解答 Check □□□

■建設工事に用いる工程表

【解答例】

（イ）	（ロ）	（ハ）	（ニ）	（ホ）
日数	**出来高比率**	**施工時期**	**全体**	**クリティカルパス**

【解説】『２級土木施工　第１次＆第２次検定 徹底図解テキスト』（ナツメ社）の「第５章　施工管理」（P.315）を参照する。

問題 4 解答(2) Check □□□

イ	作業B	ロ	作業E	ハ	3日	ニ	20日間

工程管理における「ネットワーク式工程表」に関する問題である。よって、(2)の組合せが適当である。

問題 5 解答(3) Check □□□

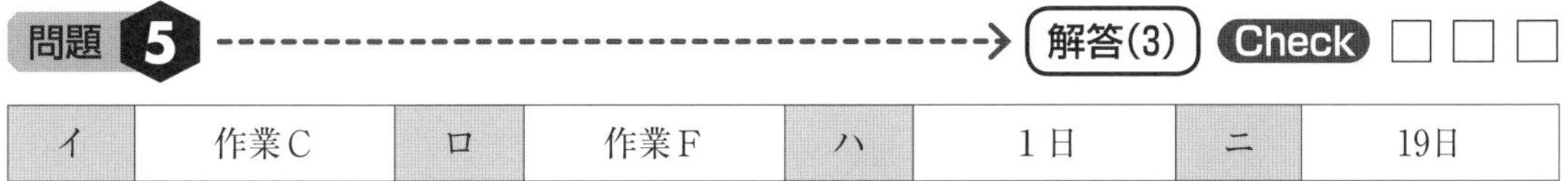

イ	作業C	ロ	作業F	ハ	1日	ニ	19日

工程管理における「ネットワーク式工程表」に関する問題である。よって、(3)の組合せが適当である。

問題 6 解答(2) Check □□□

クリティカルパスとは、作業開始から終了までの経路の中で、日数が最も長い経路である。本工程表では、「⓪→①→③→④→⑤→⑥、3＋7＋7＋4＝21日」が最も長くなり、クリティカルパスの日数は(2)の21日である。

問題 7 解答(1) Check □□□

クリティカルパスとは、作業開始から終了までの経路の中で、日数が最も長い経路である。本工程表では、「⓪→①→②→③→⑤→⑥　3＋8＋8＋4＝23日」が最も長くなり、クリティカルパスの日数は(1)の23日である。

第1次検定では、ネットワーク式工程表から所要日数を算定する問題が毎回出題されています。ネットワーク式工程表は、過去問題などを繰り返し解いて、計算の方法を覚えましょう。

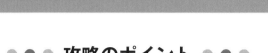

5-4 安全管理

攻略のポイント

POINT 1 各種土木工事の安全対策に関する問題が頻出

第１次検定では、各種土木工事の安全対策に関する問題が頻出。クレーン作業安全対策、掘削作業安全対策、解体作業安全対策について整理して覚える。

POINT 2 仮設工事の安全対策に関する問題の出題も多い

第１次検定では、足場工における安全対策及び墜落危険防止、型枠支保工及び土止め支保工(土留め支保工)における安全対策などがよく出題されるので、整理して押さえておく。

POINT 3 第2次検定での出題にも要注意

安全管理に関する問題は、第２次検定でも出題されることがある。語句及び数値の記述が主な出題内容であるため、正しい語句や数値を押さえておく。

POINT 4 作業主任者の職務等の安全衛生管理体制を把握する

第1次検定では、安全衛生管理体制に関する問題も出題されることが多い。作業主任者の職務をについて押さえておく。

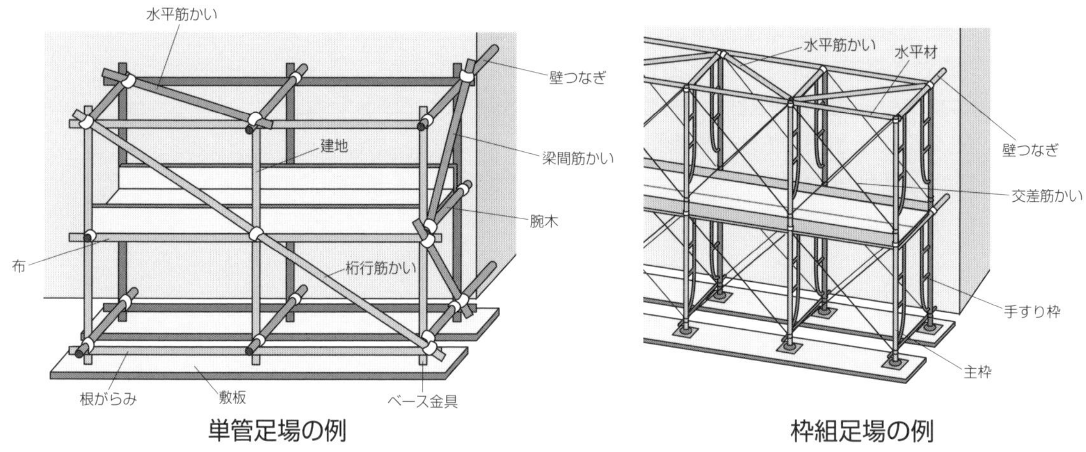

単管足場の例　　枠組足場の例

安全衛生管理体制

▶第１次検定では、作業主任者の職務等がよく出題される。また、現場における労働災害防止のための留意点についても押さえておく。

問題 1　Check □□□

複数の事業者が混在している事業場の安全衛生管理体制に関する下記の文章中の［　　］の(イ)～(ニ)に当てはまる語句の組合せとして、労働安全衛生法上、**正しいもの**は次のうちどれか。

- 事業者のうち、一つの場所で行う事業で、その一部を請負人に請け負わせている者を［(イ)］という。
- ［(イ)］のうち、建設業等の事業を行う者を［(ロ)］という。
- ［(ロ)］は、労働災害を防止するため、［(ハ)］の運営や作業場所の巡視は［(ニ)］に行う。

	(イ)	(ロ)	(ハ)	(ニ)
(1)	元方事業者	特定元方事業者	技能講習	毎週作業開始日
(2)	特定元方事業者	元方事業者	協議組織	毎作業日
(3)	特定元方事業者	元方事業者	技能講習	毎週作業開始日
(4)	元方事業者	特定元方事業者	協議組織	毎作業日

（令和３年度前期第１次検定）

問題 2　Check □□□

保護帽の使用に関する次の記述のうち、**適当でないもの**はどれか。

(1)　保護帽は、頭によくあったものを使用し、あごひもは必ず正しく締める。
(2)　保護帽は、見やすい箇所に製造者名、製造年月日等が表示されているものを使用する。
(3)　保護帽は、大きな衝撃を受けた場合でも、外観に損傷がなければ使用できる。
(4)　保護帽は、改造あるいは加工したり、部品を取り除いてはならない。

（令和１年度後期学科試験）

問題 3　Check □□□

特定元方事業者が、その労働者及び関係請負人の労働者の作業が同一の場所において行われることによって生じる労働災害を防止するために講ずべき措置に関する次の記述のうち、労働安全衛生法上、**正しいもの**はどれか。

(1)　作業間の連絡及び調整を行う。
(2)　労働者の安全又は衛生のための教育は、関係請負人の自主性に任せる。
(3)　一次下請け、二次下請けなどの関係請負人ごとに、協議組織を設置させる。
(4)　作業場所の巡視は、毎週の作業開始日に行う。

（平成 30 年度前期学科試験）

問題 4 Check □□□

建設工事における保護具の使用に関する次の記述のうち、**適当でないもの**はどれか。

（1） 保護帽は、大きな衝撃を受けた場合には、損傷の有無を確認して使用する。

（2） 安全帯に使用するフックは、できるだけ高い位置に取り付ける。

（3） 保護帽は、規格検定合格ラベルの貼付けを確認し使用する。

（4） 胴ベルト型安全帯は、できるだけ腰骨の近くで、ずれが生じないよう確実に装着する。

（平成 29 年度第 1 回学科試験）

解答と解説 安全衛生管理体制

問題 1 解答(4) Check □□□

イ	元方事業者	ロ	特定元方事業者	ハ	協議組織	ニ	毎作業日

安全管理における「安全管理体制」に関する問題である(「労働安全衛生法 第29条以降」参照)。よって、(4)の組合せが適当である。

問題 2 解答(3) Check □□□

保護帽は、一度でも大きな衝撃を受けた場合、外観に損傷がなくても使用できない。そのため、(3)は適当でない。

問題 3 解答(1) Check □□□

「労働安全衛生法第30条」において、特定元方事業者が統括管理する業務としては下記の項目が定められている。

①協議組織の設置及び運営、②作業間の連絡及び調整、③作業場所の巡視、④関係請負人が行う労働者の安全又は衛生教育の指導及び援助、⑤工程計画及び機械、設備等の配置計画、⑥労働災害の防止。そのため、(1)の作業間の連絡及び調整が正しい。(2)の安全衛生教育は直接行う。(3)の協議組織は、1事業場において設置するものであり、関係請負人毎ではない。(4)の作業場所の巡視は常時行う。

問題 4 解答(1) Check □□□

保護帽は、一度でも大きな衝撃を受けた場合には使用してはならない。そのため、(1)は適当でない。

仮設工事の安全対策

▶第１次検定では、足場工及び墜落防止に関する出題頻度が高い。第２次検定の学科記述では、墜落防止の安全対策についての語句、数値の記述問題が出題される。

問題 1 Check □□□

高さ２m以上の足場(つり足場を除く)の安全に関する下記の文章中の[　　]の(イ)～(ニ)に当てはまる数値の組合せとして、労働安全衛生法上、**正しいもの**は次のうちどれか。

・足場の作業床の手すりの高さは、[（イ）]cm以上とする。
・足場の作業床の幅は、[（ロ）]cm以上とする。
・足場の床材間の隙間は、[（ハ）]cm以下とする。
・足場の作業床より物体の落下を防ぐ幅木の高さは、[（ニ）]cm 以上とする。

	(イ)	(ロ)	(ハ)	(ニ)
(１)	75	30	5	10
(２)	75	40	5	5
(３)	85	30	3	5
(４)	85	40	3	10

(令和４年度前期第１次検定)

問題 2 Check □□□

作業床の端、開口部における、墜落・落下防止に関する下記の文章中の[　　]の(イ)～(ニ)に当てはまる語句の組合せとして、**適当なもの**は次のうちどれか。

・作業床の端、開口部には、必要な強度の囲い、[（イ）]、[（ロ）]を設置する。
・囲い等の設置が困難な場合は、安全確保のため[（ハ）]を設置し、[（ニ）]を使用させる等の措置を講ずる。

	(イ)	(ロ)	(ハ)	(ニ)
(１)	手すり	覆い	安全ネット	要求性能墜落制止用器具
(２)	足場板	筋かい	作業台	昇降施設
(３)	手すり	覆い	安全ネット	昇降施設
(４)	足場板	筋かい	作業台	要求性能墜落制止用器具

(令和４年度後期第１次検定)

問題 3 Check □□□

建設工事における高さ２m 以上の高所作業を行う場合において、労働安全衛生法で定められている事業者が実施すべき**墜落等による危険の防止対策を、２つ**解答欄に記述しなさい。

(令和４年度第２次検定)

問題 4 Check □□□

足場の安全管理に関する下記の文章中の［　　］の(イ)～(ニ)に当てはまる語句の組合せとして、労働安全衛生法上、**適当なもの**は次のうちどれか。

- 足場の作業床より物体の落下を防ぐ、［(イ)］を設置する。
- 足場の作業床の［(ロ)］には、［(ハ)］を設置する。
- 足場の作業床の［(ニ)］は、3cm以下とする。

	(イ)	(ロ)	(ハ)	(ニ)
(1)	幅木	手すり	筋かい	すき間
(2)	幅木	手すり	中さん	すき間
(3)	中さん	筋かい	幅木	段差
(4)	中さん	筋かい	手すり	段差

(令和3年度後期第1次検定)

問題 5 Check □□□

型枠支保工に関する次の記述のうち、労働安全衛生法上、**誤っているもの**はどれか。

(1) 型枠支保工を組み立てるときは、組立図を作成し、かつ、この組立図により組み立てなければならない。

(2) 型枠支保工は、型枠の形状、コンクリートの打設の方法等に応じた堅固な構造のものでなければならない。

(3) 型枠支保工の組立て等の作業で、悪天候により作業の実施について危険が予想されるときは、監視員を配置しなければならない。

(4) 型枠支保工の組立て等作業主任者は、作業の方法を決定し、作業を直接指揮しなければならない。

(令和2年度後期学科試験)

問題 6 Check □□□

建設工事における高所作業を行う場合の安全管理に関して、労働安全衛生法上、次の文章の［　　］の(イ)～(ホ)に当てはまる**適切な語句又は数値を、次の語句又は数値**から選び解答欄に記入しなさい。

(1)高さが［(イ)］m以上の箇所で作業を行なう場合で、墜落により労働者に危険を及ぼすおそれのあるときは、足場を組立てる等の方法により［(ロ)］を設けなければならない。

(2)高さが［(イ)］m以上の［(ロ)］の端や開口部等で、墜落により労働者に危険を及ぼすおそれのある箇所には、［(ハ)］、手すり、覆い等を設けなければならない。

(3)架設通路で墜落の危険のある箇所には、高さ［(ニ)］cm以上の手すり又はこれと同等以上の機能を有する設備を設けなくてはならない。

(4)つり足場又は高さが5m以上の構造の足場等の組立て等の作業については、足場の組立て等作業主任者［(ホ)］を修了した者のうちから、足場の組立て等作業主任者を選任しなければならない。

［語句又は数値］

特別教育、	囲い、	85、	作業床、	3、
待避所、	幅木、	2、	技能講習、	95、
1、	アンカー、	技術研修、	休憩所、	75

(令和2年度実地試験)

問題 7 Check □□□

墜落による危険を防止する安全ネットに関する次の記述のうち、**適当でないもの**はどれか。

（1） 安全ネットは、紫外線、油、有害ガスなどのない乾燥した場所に保管する。

（2） 安全ネットは、人体又はこれと同等以上の重さを有する落下物による衝撃を受けたものを使用しない。

（3） 安全ネットは、網目の大きさに規定はない。

（4） 安全ネットの材料は、合成繊維とする。

（令和１年度前期学科試験）

問題 8 

高さ２m以上の足場（つり足場を除く）に関する次の記述のうち、労働安全衛生法上、**誤っているもの**はどれか。

（1） 作業床の手すりの高さは、85cm以上とする。

（2） 足場の床材間の隙間は、５cm以下とする。

（3） 足場の床材が転位し脱落しないように取り付ける支持物の数は、２つ以上とする。

（4） 足場の作業床は、幅40cm以上とする。

（令和１年度前期学科試験）

問題 9 

高さ２m以上の足場（つり足場を除く）に関する次の記述のうち、労働安全衛生法上、**誤っているもの**はどれか。

（1） 作業床の手すりの高さは、85cm以上とする。

（2） 足場の床材が転位し脱落しないように取り付ける支持物の数は、２つ以上とする。

（3） 作業床より物体の落下のおそれがあるときに設ける幅木の高さは、10cm以上とする。

（4） 足場の作業床は、幅20cm以上とする。

（令和１年度後期学科試験）

解答と解説　仮設工事の安全対策

問題 1 ─ 解答(4)　Check □□□

イ	85	ロ	40	ハ	3	ニ	10

よって、(4)の組合せが適当である。

問題 2 ─ 解答(1)　Check □□□

イ	手すり	ロ	覆い	ハ	安全ネット	ニ	要求性能墜落制止用器具

よって、(1)の組合せが適当である。

問題 3 ─ 解答　Check □□□

■高さ２m以上の高所作業を行う場合の墜落等による危険の防止対策に関しての記述

【解答例】下記のうち２つを選定し記述する。

具体的な安全対策

- 足場を組み立てる等の方法により作業床を設ける
- 作業床を設けることが困難なときは、防網を張り、労働者に要求性能墜落制止用器具を使用させる。
- 作業床の端、開口部等で墜落により労働者に危険を及ぼすおそれのある箇所には、囲い、手すり、覆（おお）い等を設ける
- 囲い等を設けることが困難なときは、防網を張り、労働者に要求性能墜落制止用器具を使用させる
- 強風、大雨、大雪等の悪天候のため危険が予想されるときは、労働者を従事させない
- 安全に作業を行うための照度を確保する

【解説】『２級土木施工　第１次&第２次検定 徹底図解テキスト』（ナツメ社）の「第５章　施工管理」（P.326）を参照する。

問題 4 ─ 解答(2)　Check □□□

イ	幅木	ロ	手すり	ハ	中さん	ニ	すき間

安全管理における「安全管理体制」に関する問題である(「労働安全衛生法 第29条以降」参照)。よって、(2)の組合せが適当である。

問題 5 ─ 解答(3)　Check □□□

型枠支保工についての安全管理について、労働安全衛生規則第245条において「型枠支保工の組立て等の作業で、悪天候により作業の実施について危険が予想されるときは、労働者を従事させてはならない。」と定められている。そのため、(3)は誤っている。

問題 6 → 解答 Check □□□

■高所作業を行う場合の安全管理に関しての語句の記入

≪解答例≫

(イ)	(ロ)	(ハ)	(ニ)	(ホ)
2	**作業床**	**囲い**	**85**	**技能講習**

≪解説≫

高所作業を行う場合の安全管理に関しては、「労働安全衛生規則第552条以降」を参照する。

(1)高さが **(イ)2** m以上の箇所で作業を行なう場合で、墜落により労働者に危険を及ぼすおそれのあるときは、足場を組立てる等の方法により **(ロ)作業床** を設けなければならない。

(2)高さが **(イ)2** m以上の **(ロ)作業床** の端や開口部等で、墜落により労働者に危険を及ぼすおそれのある箇所には、 **(ハ)囲い** 、手すり、覆い等を設けなければならない。

(3)架設通路で墜落の危険のある箇所には、高さ **(ニ)85** cm以上の手すり又はこれと同等以上の機能を有する設備を設けなくてはならない。

(4)つり足場又は高さが5m以上の構造の足場等の組立て等の作業については、足場の組立て等作業主任者 **(ホ)技能講習** を修了した者のうちから、足場の組立て等作業主任者を選任しなければならない。

問題 7 → 解答(3) Check □□□

安全ネットに関しては、「墜落による危険を防止するためのネットの構造等の安全基準に関する技術上の指針」に定められており、「安全ネットの網目は、その辺の長さは10cm以下とする。」と定められている(同指針　2-3網目)。そのため、(3)は適当でない。

問題 8 → 解答(2) Check □□□

高さ2m以上の足場の床材の間隔は、3cm以下とする(労働安全衛生規則第563条第1項)。そのため、(2)が誤っている。

問題 9 → 解答(4) Check □□□

足場の作業床は、幅40cm以上とし、床材間のすき間は3cm以下とする(労働安全衛生規則第563条第1項二号)。そのため、(4)が誤っている。

車両系建設機械の安全対策

▶第1次検定では、車両系建設機械の安全対策に関する出題もときどき見られる。語句の穴埋め問題の形式で出題されることがある。

問題 1 Check □□□

車両系建設機械の災害防止に関する下記の文章中の［　　］の(イ)～(ニ)に当てはまる語句の組合せとして、労働安全衛生規則上、**正しいもの**は次のうちどれか。

・運転者は、運転位置を離れるときは、原動機を止め、［(イ)］走行ブレーキをかける。
・転倒や転落のおそれがある場所では、転倒時保護構造を有し、かつ、［(ロ)］を備えた機種の使用に努める。
・［(ハ)］以外の箇所に労働者を乗せてはならない。
・［(ニ)］にブレーキやクラッチの機能について点検する。

	(イ)	(ロ)	(ハ)	(ニ)
(1)	または	安全ブロック	助手席	作業の前日
(2)	または	シートベルト	乗車席	作業の前日
(3)	かつ	シートベルト	乗車席	その日の作業開始前
(4)	かつ	安全ブロック	助手席	その日の作業開始前

(令和4年度後期第1次検定)

問題 2 Check □□□

車両系建設機械を用いた作業において、事業者が行うべき事項に関する下記の文章中の［　　］の(イ)～(ニ)に当てはまる語句の組合せとして、労働安全衛生法上、**正しいもの**は次のうちどれか。

• 車両系建設機械には、原則として［(イ)］を備えなければならず、また転倒又は転落の危険が予想される作業では運転者に［(ロ)］を使用させるよう努めなければならない。
• 岩石の落下等の危険が予想される場合、堅固な［(ハ)］を装備しなければならない。
• 運転者が運転席を離れる際は、原動機を止め、［(ニ)］、走行ブレーキをかける等の措置を講じさせなければならない。

	(イ)	(ロ)	(ハ)	(ニ)
(1)	前照燈	要求性能墜落制止用器具	バックレスト	または
(2)	回転燈	要求性能墜落制止用器具	バックレスト	かつ
(3)	回転燈	シートベルト	ヘッドガード	または
(4)	前照燈	シートベルト	ヘッドガード	かつ

(令和3年度後期第1次検定)

問題 3 Check □□□

車両系建設機械の安全確保に関する次の記述のうち、労働安全衛生規則上、事業者が行うべき事項として**正しいもの**はどれか。

(1) 運転者が運転位置から離れるときは、バケット等を地上に下ろし、原動機を止め、かつ、走行ブレーキをかけさせなければならない。
(2) 運転の際に誘導者を配置するときは、その誘導者に合図方法を定めさせ、運転者に従わせる。
(3) 傾斜地等で車両系建設機械の転倒等のおそれのある場所では、転倒時保護構造を有する機種、又は、シートベルトを備えた機種を使用する。
(4) 運転速度は、誘導者を適正に配置すれば、地形や地質に応じた制限速度を多少超えてもよい。

(令和1年度前期学科試験)

解答と解説 車両系建設機械の安全対策

問題 1 解答(3) Check □□□

イ	かつ	ロ	シートベルト	ハ	乗車席	ニ	その日の作業開始前

よって、(3)の組合せが適当である。

問題 2 解答(4) Check □□□

イ	前照灯	ロ	シートベルト	ハ	ヘッドガード	ニ	かつ

安全管理における「車両系建設機械」に関する問題である。(「労働安全衛生規則 第152条以降」参照)。よって、(4)の組合せが適当である。

問題 3 解答(1) Check □□□

車両系建設機械の安全管理については、労働安全衛生規則第152条以降に定められている。

(1)運転者が運転位置から離れるときは、バケット等を地上に下ろし、原動機を止め、かつ、走行ブレーキをかけさせなければならない(同規則第160条)。正しい。
(2)運転の際に誘導者を配置するときは、事業者が一定の合図を定め、誘導者に合図を行わせ、運転者に従わせる(同規則第159条)。誤っている。
(3)傾斜地等で車両系建設機械の転倒等のおそれのある場所では誘導者を配置し誘導させる(同規則第157条)。誤っている。
(4)運転速度は、地形や地質に応じた制限速度を守り作業を行う(同規則第156条)。誤っている。

各種土木工事の安全対策

▶第１次検定では、各種土木工事の安全対策に関する問題は頻出。足場工における安全対策及び墜落危険防止、型枠支保工及び土止め支保工における安全対策を押さえる。

問題 1

Check □ □ □

地山の掘削作業の安全確保に関する次の記述のうち、労働安全衛生法上、事業者が行うべき事項として**誤っているもの**はどれか。

（１）　掘削面の高さが規定の高さ以上の場合は、地山の掘削及び土止め支保工作業主任者技能講習を修了した者のうちから、地山の掘削作業主任者を選任する。

（２）　地山の崩壊等により労働者に危険を及ぼすおそれのあるときは、あらかじめ、土止め支保工を設け、防護網を張り、労働者の立入りを禁止する等の措置を講じる。

（３）　運搬機械等が労働者の作業箇所に後進して接近するときは、点検者を配置し、その者にこれらの機械を誘導させる。

（４）　明り掘削の作業を行う場所は、当該作業を安全に行うため必要な照度を保持しなければならない。

（令和４年度後期第１次検定）

問題 2

Check □ □ □

高さ５m以上のコンクリート造の工作物の解体作業にともなう危険を防止するために事業者が行うべき事項に関する次の記述のうち、労働安全衛生法上、**誤っているもの**はどれか。

（１）　外壁、柱等の引倒し等の作業を行うときは、引倒し等について一定の合図を定め、関係労働者に周知させなければならない。

（２）　物体の飛来等により労働者に危険が生ずるおそれのある箇所で解体用機械を用いて作業を行うときは、作業主任者以外の労働者を立ち入らせてはならない。

（３）　強風、大雨、大雪等の悪天候のため、作業の実施について危険が予想されるときは、当該作業を中止しなければならない。

（４）　作業計画には、作業の方法及び順序、使用する機械等の種類及び能力等が示されていなければならない。

（令和４年度後期第１次検定）

問題 3

地山の掘削作業の安全確保に関する次の記述のうち、労働安全衛生法上、事業者が行うべき事項として**誤っているもの**はどれか。

（１）　地山の崩壊又は土石の落下による労働者の危険を防止するため、点検者を指名し、作業箇所等について、その日の作業を開始する前に点検させる。

（２）　掘削面の高さが規定の高さ以上の場合は、地山の掘削作業主任者に地山の作業方法を決定させ、作業を直接指揮させる。

（３）　明り掘削作業では、あらかじめ運搬機械等の運行経路や土石の積卸し場所への出入りの方法を定めて、地山の掘削作業主任者のみに周知すれば足りる。

（4） 明り掘削の作業を行う場所は、当該作業を安全に行うため必要な照度を保持しなければならない。

（令和３年度前期第１次検定）

問題 4 Check □□□

事業者が、高さが５m以上のコンクリート構造物の解体作業に伴う災害を防止するために実施しなければならない事項に関する次の記述のうち、労働安全衛生法上、**誤っているもの**はどれか。

（1） 工作物の倒壊、物体の飛来又は落下等による労働者の危険を防止するため、あらかじめ当該工作物の形状等を調査し、作業計画を定め、これにより作業を行わなければならない。

（2） 労働者の危険を防止するために作成する作業計画は、作業の方法及び順序、使用する機械等の種類及び能力等が示されているものでなければならない。

（3） 強風、大雨、大雪等の悪天候のため、作業の実施について危険が予想されるときは、当該作業を中止しなければならない。

（4） 解体用機械を用いて作業を行うときは、物体の飛来等により労働者に危険が生じるおそれのある箇所に作業主任者以外の労働者を立ち入らせてはならない。

（令和３年度前期第１次検定）

問題 5 Check □□□

移動式クレーンを用いた作業において、事業者が行うべき事項に関する下記の文章中の［　　］の（イ）～（ニ）に当てはまる語句の組合せとして、クレーン等安全規則上、**正しいもの**は次のうちどれか。

- 移動式クレーンに、その［（イ）］をこえる荷重をかけて使用してはならず、また強風のため作業に危険が予想されるときには、当該作業を［（ロ）］しなければならない。
- 移動式クレーンの運転者を荷をつったままで［（ハ）］から離れさせてはならない。
- 移動式クレーンの作業においては、［（ニ）］を指名しなければならない。

	（イ）	（ロ）	（ハ）	（ニ）
（1）	定格荷重	注意して実施	運転位置	監視員
（2）	定格荷重	中止	運転位置	合図者
（3）	最大荷重	注意して実施	旋回範囲	合図者
（4）	最大荷重	中止	旋回範囲	監視

（令和３年度前期第１次検定）

問題 6 Check

地山の掘削作業の安全確保のため、事業者が行うべき事項に関する次の記述のうち、労働安全衛生法上、**誤っているもの**はどれか。

（1） 地山の崩壊、埋設物等の損壊等により労働者に危険を及ぼすおそれのあるときは、作業と並行して作業箇所等の調査を行う。

（2） 掘削面の高さが規定の高さ以上の場合は、地山の掘削及び土止め支保工作業主任者技能講習を修了した者のうちから、地山の掘削作業主任者を選任する。

（3） 地山の崩壊等により労働者に危険を及ぼすおそれのあるときは、あらかじめ、土止め支保工を設け、防護網を張り、労働者の立入りを禁止するなどの措置を講じる。

（4） 運搬機械等が労働者の作業箇所に後進して接近するときは、誘導者を配置し、その者にこれらの機械を誘導させる。

（令和３年度後期第１次検定）

問題 7

Check □ □ □

コンクリート造の工作物(その高さが５メートル以上であるものに限る。)の解体又は破壊の作業における危険を防止するため事業者が行うべき事項に関する次の記述のうち、労働安全衛生法上、**誤っているもの**はどれか。

（1） 解体用機械を用いた作業で物体の飛来等により労働者に危険が生ずるおそれのある箇所に、運転者以外の労働者を立ち入らせないこと。

（2） 外壁、柱等の引倒し等の作業を行うときは、引倒し等について一定の合図を定め、関係労働者に周知させること。

（3） 強風、大雨、大雪等の悪天候のため、作業の実施について危険が予想されるときは、当該作業を注意しながら行うこと。

（4） 作業主任者を選任するときは、コンクリート造の工作物の解体等作業主任者技能講習を修了した者のうちから選任する。

（令和３年度後期第１次検定）

問題 8

Check □ □ □

地山の掘削作業の安全確保に関する次の記述のうち、労働安全衛生法上、事業者が行うべき事項として**誤っているもの**はどれか。

（1） 地山の崩壊又は土石の落下による労働者の危険を防止するため、点検者を指名し、作業箇所等について、その日の作業を開始する前に点検させる。

（2） 明り掘削の作業を行う場所は、当該作業を安全に行うため必要な照度を保持しなければならない。

（3） 明り掘削の作業では、あらかじめ運搬機械等の運行の経路や土石の積卸し場所への出入りの方法を定めて、関係労働者に周知させなければならない。

（4） 掘削面の高さが規定の高さ以上の場合は、ずい道等の掘削等作業主任者に地山の作業方法を決定させ、作業を直接指揮させる。

（令和２年度後期学科試験）

問題 9

Check □ □ □

高さ５m以上のコンクリート造の工作物の解体作業にともなう危険を防止するために事業者が行うべき事項に関する次の記述のうち、労働安全衛生法上、**誤っているもの**はどれか。

（1） 強風、大雨、大雪等の悪天候のため、作業の実施について危険が予想されるときは、当該作業を注意しながら行う。

（2） 器具、工具等を上げ、又は下ろすときは、つり綱、つり袋等を労働者に使用させる。
（3） 解体作業を行う区域内には、関係労働者以外の労働者の立ち入りを禁止する。
（4） 作業主任者を選任するときは、コンクリート造の工作物の解体等作業主任者技能講習を修了した者のうちから選任する。

（令和2年度後期学科試験）

問題10

Check □□□

コンクリート造の工作物の解体等作業主任者の職務内容に関する次の記述のうち、労働安全衛生規則上、**誤っているもの**はどれか。

（1） 作業の方法及び労働者の配置を決定し、作業を直接指揮すること。
（2） 工作物の倒壊等による労働者の危険を防止するため、作業計画を定めること。
（3） 要求性能墜落制止用器具（安全帯）等及び保護帽の使用状況を監視すること。
（4） 器具、工具、要求性能墜落制止用器具（安全帯）等及び保護帽の機能を点検、不良品を取り除くこと。

（令和1年度前期学科試験）

問題11

Check □□□

移動式クレーンを用いた作業において、事業者が行うべき事項に関する次の記述のうち、クレーン等安全規則上、**誤っているもの**はどれか。

（1） 運転者や玉掛け者が、つり荷の重心を常時知ることができるよう、表示しなければならない。
（2） 強風のため、作業の実施について危険が予想されるときは、作業を中止しなければならない。
（3） アウトリガー又は拡幅式のクローラは、原則として最大限に張り出さなければならない。
（4） 運転者を、荷をつったままの状態で運転位置から離れさせてはならない。

（令和1年度後期学科試験）

問題12

高さ5m以上のコンクリート造の工作物の解体作業にともなう危険を防止するために事業者が行うべき事項に関する次の記述のうち、労働安全衛生法上、**誤っているもの**はどれか。

（1） 作業計画には、作業の方法及び順序、使用する機械等の種類及び能力等が記載されていなければならない。
（2） 強風、大雨、大雪等の悪天候のため、作業の実施について危険が予想されるときは、コンクリート造の工作物の解体等作業主任者の指揮に基づき作業を行わせなければならない。
（3） 物体の飛来等により労働者に危険が生ずるおそれのある箇所に、解体用機械の運転者以外の労働者を立ち入らせない。
（4） 外壁、柱等の引倒し等の作業を行うときは、引倒し等について一定の合図を定め、関係労働者に周知させなければならない。

（令和1年度後期学科試験）

解答と解説　各種土木工事の安全対策

問題 1 → 解答(3)　Check □□□

「労働安全衛生規則　第365条」より、運搬機械等が労働者の作業箇所に後進して接近するときは、誘導者を配置し、その者にこれらの機械を誘導させる。(3)が誤っている。

問題 2 → 解答(2)　Check □□□

「労働安全衛生規則　第171条の5　解体用機械」より、物体の飛来等により労働者に危険が生ずるおそれのある箇所で解体用機械を用いて作業を行うときは、運転室を有しない解体用機械を用いて作業を行ってはならない。ただし、物体の飛来等の状況に応じた当該危険を防止するための措置を講じたときは、この限りでない。

また、「労働安全衛生規則　第517条の19　保護帽の着用」より、物体の飛来又は落下による労働者の危険を防止するため、当該作業に従事する労働者に保護帽を着用させなければならない。ともある。そのため、(2)は適当でない。

問題 3 → 解答(3)　Check □□□

労働安全衛生規則第364条において「明り掘削作業では、あらかじめ運搬機械等の運行経路や土石の積卸し場所への出入りの方法を定めて、関係労働者に周知させる。」と定められている。そのため、(3)は適当でない。

問題 4 → 解答(4)　Check □□□

労働安全衛生規則第517条の19第１項一号において「解体用機械を用いて作業を行うときは、物体の飛来等による労働者の危険を防止するため、作業に従事する労働者には保護帽を着用させる。」と定められている。そのため、(4)は適当でない。

問題 5 → 解答(2)　Check □□□

イ	定格荷重	ロ	中止	ハ	運転位置	ニ	合図者

安全管理における「移動式クレーン」に関する問題である(「クレーン等安全規則 第61条以降」参照)。よって、(2)の組合せが適当である。

問題 6 → 解答(1)　Check □□□

労働安全衛生規則第358条において、「地山の崩壊または埋設物等の損壊等により労働者の危険を防止するため、点検者を指名し、作業箇所等について、その日の作業を開始する前に点検させる。」と定められている。そのため、(1)は誤っている。

問題 7 ------------------------------------→ 解答(3) Check □□□

労働安全衛生規則第517条の15第1項二号において、「強風、大雨、大雪等の悪天候のため、作業の実施について危険が予想されるときは、作業を中止する。」と定められている。 そのため、(3)は誤っている。

問題 8 ------------------------------------→ 解答(4) Check □□□

地山の掘削作業の安全管理に関しては、労働安全衛生規則第359条及び360条において「掘削面の高さが規定の高さ(2メートル)以上の場合は、地山の掘削作業主任者に地山の作業方法を決定させ、作業を直接指揮させる。」と定められている。そのため、(4)は誤っている。

問題 9 ------------------------------------→ 解答(1) Check □□□

コンクリート造の工作物の解体等の作業における危険防止に関して、労働安全衛生規則第517条の15第1項二号において「強風、大雨、大雪等の悪天候のため、作業の実施について危険が予想されるときは、作業を中止する。」と定められている。そのため、(1)が誤っている。

問題 10 ------------------------------------→ 解答(2) Check □□□

労働安全衛生規則第517条の18以降において、コンクリート造の工作物の解体等作業主任者の職務は定められている。

(1)作業の方法及び労働者の配置を決定し、作業を直接指揮すること(同規則第517条の18第1項一)。正しい。

(2)事業者は、工作物の倒壊等による労働者の危険を防止するため、作業計画を定めること(同規則第517条の14)。作業主任者の職務ではない。誤っている。

(3)要求性能墜落制止用器具(安全帯)等及び保護帽の使用状況を監視すること(同規則第517条の18第1項三)。正しい。

(4)器具、工具、要求性能墜落制止用器具(安全帯)等及び保護帽の機能を点検、不良品を取り除くこと(同規則第517条の18第1項二)。正しい。

問題 11 ------------------------------------→ 解答(1) Check □□□

運転者や玉掛け者が、つり荷の定格荷重を常時知ることができるよう、表示しなければならない(クレーン等安全規則第70条の二)。そのため、(1)が誤っている。

問題 12 ------------------------------------→ 解答(2) Check □□□

強風、大雨、大雪等の悪天候のため、作業の実施について危険が予想されるときは、作業を中止する(労働安全衛生規則第517条の14)。そのため、(2)が誤っている。

5-5 品質管理

POINT 1 品質管理図はヒストグラムに関する問題が頻出

第1次検定では、品質管理図に関する問題が毎回、出題される。特にヒストグラムの問題が頻出。試験でもグラフが示され、それをもとに解答する形式の問題が多いので、ヒストグラムの作成手順と見方について押さえておく。

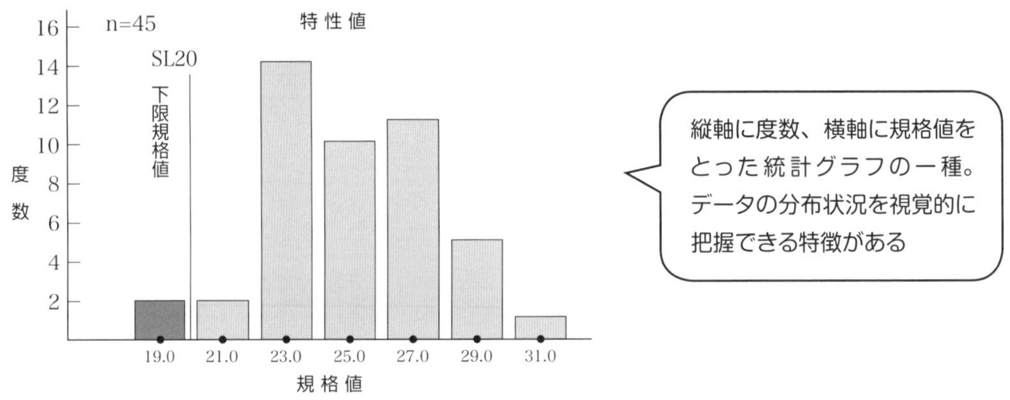

POINT 2 頻出の各工種別品質管理に関する問題は必ず押さえる

第1次検定では、各工種別品質管理の問題が毎回、1～2問出題されている。特にコンクリートの品質管理は、毎年出題されている。また、道路や盛土の品質管理に関する問題も頻出なので必ず押さえておく。

POINT 3 第2次検定での出題にも要注意

各工種別品質管理に関する問題は、第2次検定でも出題されることがある。コンクリートの品質及び打込み、締固めに関する語句及び数値の記述がよく出題される。

POINT 4 品質管理のPDCAを理解する

品質管理の基本であるPDCAサイクルを理解する。品質管理手順及び品質特性、品質標準、作業標準について整理しておく。

品質管理の基本的事項

▶第１次検定では、品質管理のPDCAに関する問題が出題される。品質管理手順及び品質特性、品質標準、作業標準について整理しておく。

問題 1

工事の品質管理活動における(イ)～(ニ)の作業内容について、品質管理のPDCA(Plan、Do、Check、Action)の手順として、**適当なもの**は次のうちどれか。

(イ)　異常原因を追究し、除去する処置をとる。
(ロ)　作業標準に基づき、作業を実施する。
(ハ)　統計的手法により、解析・検討を行う。
(ニ)　品質特性の選定と、品質規格を決定する。

(1)　(ロ)→(ハ)→(イ)→(ニ)
(2)　(ニ)→(イ)→(ロ)→(ハ)
(3)　(ロ)→(ニ)→(イ)→(ハ)
(4)　(ニ)→(ロ)→(ハ)→(イ)

(令和３年度前期第１次検定)

問題 2

品質管理活動における(イ)～(ニ)の作業内容について、品質管理のPDCA(Plan、Do、Check、Action)の手順として、**適当なもの**は次のうちどれか。

(イ)　作業標準に基づき、作業を実施する。
(ロ)　異常原因を追究し、除去する処置をとる。
(ハ)　統計的手法により、解析・検討を行う。
(ニ)　品質特性の選定と、品質規格を決定する。

(1)　(イ)→(ニ)→(ハ)→(ロ)
(2)　(ハ)→(ニ)→(ロ)→(イ)
(3)　(ロ)→(ハ)→(イ)→(ニ)
(4)　(ニ)→(イ)→(ハ)→(ロ)

(平成30年度前期学科試験)

解答と解説　品質管理の基本的事項

問題 1　解答(4)　Check □□□

品質管理のPDCAの手順は下記の通りとする。

Plan：品質特性の選定と、品質規格を決定する。……(ニ)

↓

Do：作業標準に基づき、作業を実施する。……(ロ)

↓

Check：統計的手法により、解析・検討を行う。……(ハ)

↓

Action：異常原因を追及し、除去する処置をとる。……(イ)

以上より、(4)の組合せが適当である。

問題 2　解答(4)　Check □□□

品質管理の手順は、以下のとおりである。

Plan：(ニ)品質特性の選定と、品質規格を決定する。→Do：(イ)作業標準に基づき、作業を実施する。→Check：(ハ)統計的手法により、解析・検討を行う。→Action：(ロ)異常原因を追究し、除去する処置をとる。　(ニ)→(イ)→(ハ)→(ロ)の順となり、(4)が適当である。

品質管理はPDCAサイクルを回すことで行います。Plan(計画)→Do(実施)→Check(検討)→Action(処置)の流れを理解しましょう。PDCAサイクルは、工程管理でも使われます。

品質管理図

▶第１次検定では、ヒストグラムの作成手順に関する問題がよく出題される。示されたグラフを読んで解答する形式の問題が多い。

問題 1 Check □□□

品質管理に用いられるヒストグラムに関する下記の文章中の□の（イ）～（ニ）に当てはまる語句の組合せとして、**適当なもの**は次のうちどれか。

・ヒストグラムは、測定値の（イ）を知るのに最も簡単で効率的な統計手法である。
・ヒストグラムは、データがどのような分布をしているかを見やすく表した（ロ）である。
・ヒストグラムでは、横軸に測定値、縦軸に（ハ）を示している。
・平均値が規格値の中央に見られ、左右対称なヒストグラムは（ニ）いる。

	（イ）	（ロ）	（ハ）	（ニ）
（1）	ばらつき	折れ線グラフ	平均値	作業に異常が起こって
（2）	異常値	柱状図	平均値	良好な品質管理が行われて
（3）	ばらつき	柱状図	度数	良好な品質管理が行われて
（4）	異常値	折れ線グラフ	度数	作業に異常が起こって

（令和４年度前期第１次検定）

問題 2 Check □□□

品質管理に用いられる$\bar{x}$－R管理図に関する下記の文章中の□の（イ）～（ニ）に当てはまる語句の組合せとして、**適当なもの**は次のうちどれか。

・データには、連続量として測定される（イ）がある。
・x管理図は、工程平均を各組ごとのデータの（ロ）によって管理する。
・R管理図は、工程のばらつきを各組ごとのデータの（ハ）によって管理する。
・$\bar{x}$－R管理図の管理線として、（ニ）及び上方・下方管理限界がある。

	（イ）	（ロ）	（ハ）	（ニ）
（1）	計数値	平均値	最大・最小の差	バナナカーブ
（2）	計量値	平均値	最大・最小の差	中心線
（3）	計数値	最大・最小の差	平均値	中心線
（4）	計量値	最大・最小の差	平均値	バナナカーブ

（令和４年度後期第１次検定）

問題 3

Check □□□

A工区、B工区における測定値を整理した下図のヒストグラムについて記載している下記の文章中の［　　］の(イ)～(ニ)に当てはまる語句の組合せとして、**適当なもの**は次のうちどれか。

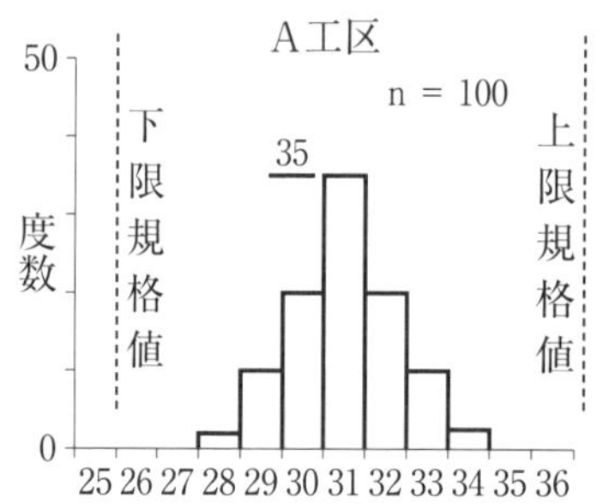

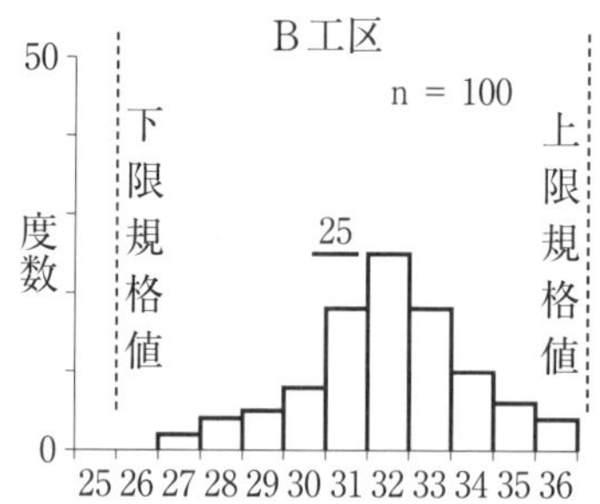

- ヒストグラムは測定値の［(イ)］の状態を知る統計的手法である。
- A工区における測定値の総数は［(ロ)］で、B工区における測定値の最大値は、［(ハ)］である。
- より良好な結果を示しているのは［(ニ)］の方である。

	(イ)	(ロ)	(ハ)	(ニ)
(1)	ばらつき	100	25	B工区
(2)	時系列変化	50	36	B工区
(3)	ばらつき	100	36	A工区
(4)	時系列変化	50	25	A工区

(令和３年度前期第１次検定)

問題 4

Check □□□

下図のA工区、B工区の管理図について記載している下記の文章中の［　　］の(イ)～(ニ)に当てはまる語句の組合せとして、**適当なもの**は次のうちどれか。

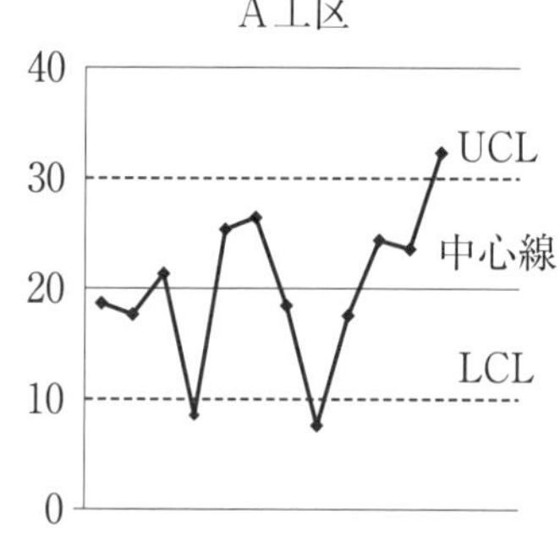

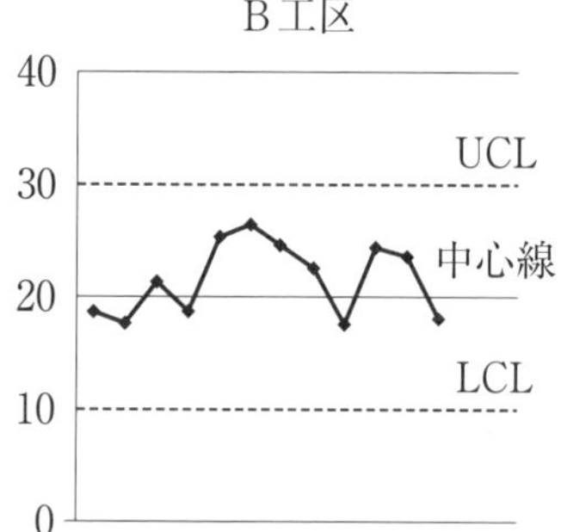

- 管理図は、上下の［(イ)］を定めた図に必要なデータをプロットして作業工程の管理を行うものであり、A工区の上方［(イ)］は、［(ロ)］である。
- B工区では中心線より上方に記入されたデータの数が中心線より下方に記入されたデータの数よりも［(ハ)］。
- 品質管理について異常があると疑われるのは、［(ニ)］の方である。

	（イ）	（ロ）	（ハ）	（ニ）
（1）	管理限界	30	多い	A工区
（2）	測定限界	10	多い	B工区
（3）	管理限界	30	少ない	B工区
（4）	測定限界	10	少ない	A工区

（令和3年度後期第1次検定）

問題 5 Check □□□

品質管理に用いる$\bar{x}-R$管理図の作成にあたり、下表の測定結果から求められるA組の$\bar{x}$とRの数値の組合せとして、**適当なもの**は次のうちどれか

組番号	$x1$	$x2$	$x3$	$\bar{x}$	R
A組	23	28	24		
B組	23	25	24		
C組	27	27	30		

	$\bar{x}$	R
（1）	25	5
（2）	28	4
（3）	25	3
（4）	23	1

（令和2年度後期学科試験）

問題 6 Check □□□

$\bar{x}$−R管理図の作成にあたり、下記のデータシートA～D組の**$\bar{x}$とRの値**について、両方とも**正しい組**は、次のうちどれか。

（1） A組
（2） B組
（3） C組
（4） D組

組	測定値			$\bar{x}$	R
	x_1	x_2	x_3		
A	40	37	37	38	5
B	38	41	44	43	6
C	38	40	39	40	4
D	42	42	45	43	3

（令和1年度前期学科試験）

問題 7 Check □□□

品質管理に用いられるヒストグラムに関する次の記述のうち、**適当でないもの**はどれか。

（1） ヒストグラムから、測定値のばらつきの状態を知ることができる。
（2） ヒストグラムは、データの範囲ごとに分類したデータの数をグラフ化したものである。
（3） ヒストグラムは、折れ線グラフで表現される。
（4） ヒストグラムでは、横軸に測定値、縦軸に度数を示している。

（令和1年度前期学科試験）

問題 8 Check □□□

$\bar{x}$－R管理図に関する次の記述のうち、**適当なもの**はどれか。

（1） $\bar{x}$管理図は、ロットの最大値と最小値との差により作成し、R管理図はロットの平均値により作成する。

（2） 管理図は通常連続した柱状図で示される。

（3） 管理図上に記入した点が管理限界線の外に出た場合は、原則としてその工程に異常があると判断しなければならない。

（4） $\bar{x}$－R管理図では、連続量として測定される計数値を扱うことが多い。

（令和１年度後期学科試験）

解答と解説　品質管理図

問題 1 解答(3) Check □□□

イ	ばらつき	ロ	柱状図	ハ	度数	ニ	良好な品質管理が行われて

よって、（3）の組合せが適当である。

問題 2 解答(2) Check □□□

イ	計量値	ロ	平均値	ハ	最大・最小の差	ニ	中心線

よって、（2）の組合せが適当である。

問題 3 解答(3) Check □□□

イ	ばらつき	ロ	100	ハ	36	ニ	A工区

品質管理における「ヒストグラム」に関する問題である。よって、（3）の組合せが適当である。

問題 4 解答(1) Check □□□

イ	管理限界	ロ	30	ハ	多い	ニ	A工区

品質管理における「管理図」に関する問題である。よって、（1）の組合せが適当である。

問題 5 ---→ 解答(1) Check □□□

$\bar{x}-R$管理図において、各記号は下記の値を示す。
$\bar{x}$：測定値の平均値　　R：測定値の最大値と最小値の差

組番号	$x1$	$x2$	$x3$	$\bar{x}$	R
A組	23	28	24	25	5
B組	23	25	24	24	2
C組	27	27	30	28	3

そのため、(1)の組合せが適当である。

問題 6 ---→ 解答(4) Check □□□

$\bar{x}-$R管理図において、各記号は下記の値を示す。
$\bar{x}$：測定値の平均値　R：測定値の最大値と最小値の差

組	測定値			$\bar{x}$	R
	x_1	x_2	x_3		
A	40	37	37	38	3
B	38	41	44	41	6
C	38	40	39	39	2
D	42	42	45	43	3

両方正しいのは、(4)のD組である。

問題 7 ---→ 解答(3) Check

ヒストグラムは、度数分布を棒グラフで表現する。そのため、(3)が適当でない。

問題 8 ---→ 解答(3) Check

(1)$\bar{x}$管理図は、ロットの平均値により作成し、R管理図はロットの最大値と最小値との差により作成する。適当でない。
(2)管理図は通常連続した折れ線グラフで示される。適当でない。
(3)管理図上に記入した点が管理限界線の外に出た場合は、原則としてその工程に異常を原因とするバラツキがあると判断しなければならない。適当である。
(4)$\bar{x}-$R管理図では、連続量として測定される計量値を扱うことが多い。計数値とは離散的な値の場合である。適当でない。

各工種別品質管理

▶第1次検定では、コンクリートの品質管理、道路や盛土の品質管理に関する問題が毎回出題されているので必ず押さえておく。

問題 1 Check □□□

アスファルト舗装の品質特性と試験方法に関する次の記述のうち、**適当でないもの**はどれか。

（1） 路床の強さを判定するためには、CBR試験を行う。

（2） 加熱アスファルト混合物の安定度を確認するためには、マーシャル安定度試験を行う。

（3） アスファルト舗装の厚さを確認するためには、コア採取による測定を行う。

（4） アスファルト舗装の平坦性を確認するためには、プルーフローリング試験を行う。

（令和４年度前期第１次検定）

問題 2 Check □□□

盛土の締固めにおける品質管理に関する下記の文章中の［　　］の(イ)～(ニ)に当てはまる語句の組合せとして、**適当なもの**は次のうちどれか。

・盛土の締固めの品質管理の方式のうち［（イ）］規定方式は、使用する締固め機械の機種や締固め回数等を規定するもので、［（ロ）］規定方式は、盛土の締固め度等を規定する方法である。

・盛土の締固めの効果や性質は、土の種類や含水比、施工方法によって［（ハ）］。

・盛土が最もよく締まる含水比は、［（ニ）］乾燥密度が得られる含水比で最適含水比である。

	（イ）	（ロ）	（ハ）	（ニ）
（1）	工法	品質	変化しない	最適
（2）	工法	品質	変化する	最大
（3）	品質	工法	変化しない	最大
（4）	品質	工法	変化する	最適

（令和４年度前期第１次検定）

問題 3 Check □□□

品質管理に関する次の記述のうち、**適当でないもの**はどれか。

（1） ロットとは、様々な条件下で生産された品物の集まりである。

（2） サンプルをある特性について測定した値をデータ値(測定値)という。

（3） ばらつきの状態が安定の状態にあるとき、測定値の分布は正規分布になる。

（4） 対象の母集団からその特性を調べるため一部取り出したものをサンプル(試料)という。

（令和４年度後期第１次検定）

問題 4 Check □□□

レディーミクストコンクリート(JIS A 5308)の受入れ検査に関する次の文章の［　　］の(イ)～(ホ)に当てはまる**適切な語句又は数値を、下記の語句又は数値から選び**解答欄に記入しなさい。

(1) スランプの規定値が12cmの場合、許容差は±［(イ)］cmである。
(2) 普通コンクリートの［(ロ)］は4.5%であり、許容差は±1.5%である。
(3) コンクリート中の［(ハ)］含有量は0.30kg/m³以下と規定されている。
(4) 圧縮強度の１回の試験結果は、購入者が指定した［(ニ)］強度の強度値の［(ホ)］%以上であり、３回の試験結果の平均値は、購入者が指定した［(ニ)］強度の強度値以上である。

［語句又は数値］ 単位水量、 空気量、 85、 塩化物、 75、
せん断、 95、 引張、 2.5、 不純物、
7.0、 呼び、 5.0、 骨材表面水率、 アルカリ

(令和４年度第２次検定)

問題 5 Check □□□

盛土の締固めにおける品質管理に関する下記の文章中の［　　］の(イ)～(ニ)に当てはまる語句の組合せとして、**適当なもの**は次のうちどれか。

- 盛土の締固めの品質管理の方式のうち工法規定方式は、使用する締固め機械の機種や締固め［(イ)］等を規定するもので、品質規定方式は、盛土の［(ロ)］等を規定する方法である。
- 盛土の締固めの効果や性質は、土の種類や含水比、施工方法によって［(ハ)］。
- 盛土が最もよく締まる含水比は、最大乾燥密度が得られる含水比で［(ニ)］含水比である。

	(イ)	(ロ)	(ハ)	(ニ)
(1)	回数	材料	変化しない	最大
(2)	回数	締固め度	変化する	最適
(3)	厚さ	締固め度	変化しない	最適
(4)	厚さ	材料	変化する	最大

(令和３年度前期第１次検定)

問題 6 Check □□□

盛土の締固めにおける品質管理に関する下記の文章中の［　　］の(イ)～(ニ)に当てはまる語句の組合せとして、**適当なもの**は次のうちどれか。

- 盛土の締固めの品質管理の方式のうち工法規定方式は、使用する締固め機械の［(イ)］や締固め回数等を規定するもので、品質規定方式は、盛土の［(ロ)］等を規定する方法である。
- 盛土の締固めの効果や性質は、土の種類や含水比、施工方法によって［(ハ)］。
- 盛土が最もよく締まる含水比は、［(ニ)］乾燥密度が得られる含水比で最適含水比である。

（イ）　　　　（ロ）　　　　（ハ）　　　　（ニ）

（1）　台数……………材料……………………変化する………………最適

（2）　台数……………締固め度………………変化しない……………最大

（3）　機種……………締固め度………………変化する………………最大

（4）　機種……………材料……………………変化しない……………最適

（令和３年度後期第１次検定）

問題 7 Check □□□

土木工事の品質管理における「工種・品質特性」と「確認方法」に関する組合せとして、**適当でないもの**は次のうちどれか。

［工種・品質特性］　　　　　　［確認方法］

（1）　土工・締固め度…………………………RI計器による乾燥密度測定

（2）　土工・支持力値…………………………平板載荷試験

（3）　コンクリート工・スランプ…………マーシャル安定度試験

（4）　コンクリート工・骨材の粒度………ふるい分け試験

（令和２年度後期学科試験）

問題 8 Check □□□

盛土の締固めの品質に関する次の記述のうち、**適当なもの**はどれか。

（1）　締固めの品質規定方式は、盛土の敷均し厚などを規定する方法である。

（2）　締固めの工法規定方式は、使用する締固め機械の機種や締固め回数などを規定する方法である。

（3）　締固めの目的は、土の空気間げきを多くし透水性を低下させるなどして土を安定した状態にすることである。

（4）　最もよく締まる含水比は、最大乾燥密度が得られる含水比で施工含水比である。

（令和２年度後期学科試験）

問題 9 Check □□□

レディーミクストコンクリート（JIS A 5308、普通コンクリート、呼び強度24）を購入し、各工区の圧縮強度の試験結果が下表のように得られたとき、受入れ検査結果の合否判定の組合せとして、**適当なもの**は次のうちどれか。

単位（N/㎟）

工区 / 試験回数	A工区	B工区	C工区
１回目	21	33	24
２回目	26	20	23
３回目	28	20	25
平均値	25	24.3	24

※毎回の圧縮強度値は３個の供試体の平均値

［A工区］　［B工区］　［C工区］
（1）　不合格………合　格………合　格
（2）　不合格………合　格………不合格
（3）　合　格………不合格………不合格
（4）　合　格………不合格………合　格

（令和2年度後期学科試験）

問題 10 Check □□□

盛土の締固めの品質に関する次の記述のうち、**適当でないもの**はどれか。

（1）　締固めの目的は、土の空気間げきを多くし、吸水による膨張を小さくし、土の安定した状態にすることである。
（2）　締固めの品質規定方式は、盛土の締固め度などを規定する方法である。
（3）　締固めの工法規定方式は、使用する締固め機械の機種や締固め回数、盛土材料の敷均し厚さなどを規定する方法である。
（4）　最もよく締まる含水比は、最大乾燥密度が得られる含水比で最適含水比である。

（令和1年度前期学科試験）

問題 11 Check □□□

レディーミクストコンクリート(JIS A 5308)の品質管理に関する次の記述のうち、**適当でないもの**はどれか。

（1）　3回の圧縮強度試験結果の平均値は、購入者の指定した呼び強度の強度値以上である。
（2）　品質管理の項目は、強度、スランプ又はスランプフロー、塩化物含有量の3つである。
（3）　1回の圧縮強度試験結果は、購入者の指定した呼び強度の強度値の85％以上である。
（4）　圧縮強度試験は、一般に材齢28日で行う。

（令和1年度前期学科試験）

問題 12 Check □□□

呼び強度24、スランプ12㎝、空気量4.5％と指定したレディーミクストコンクリート(JIS A 5308)の受入れ時の判定基準を**満足しないもの**は、次のうちどれか。

（1）　3回の圧縮強度試験結果の平均値は、25N/㎟である。
（2）　1回の圧縮強度試験結果は、19N/㎟である。
（3）　スランプ試験の結果は、10.0㎝である。
（4）　空気量試験の結果は、3.0％である。

（令和1年度後期学科試験）

問題 13 Check □□□

レディーミクストコンクリート(JIS A 5308)の受入れ検査に関する次の文章の［　　　］の(イ)～(ホ)に当てはまる**適切な語句又は数値を、次の語句又は数値から選び**解答欄に記入しなさい。

(１) (イ) が８cmの場合、試験結果が±2.5cmの範囲に収まればよい。
(２)空気量は、試験結果が± (ロ) ％の範囲に収まればよい。
(３)塩化物イオン濃度試験による塩化物イオン量は、 (ハ) kg/㎥以下の判定基準がある。
(４)圧縮強度は、１回の試験結果が指定した (ニ) の強度値の85％以上で、かつ３回の試験結果の平均値が指定した (ニ) の強度値以上でなければならない。
(５)アルカリシリカ反応は、その対策が講じられていることを、 (ホ) 計画書を用いて確認する。

［語句］ フロー、 仮設備、 スランプ、 1.0、 1.5、
作業、 0.4、 0.3、 配合、 2.0、
ひずみ、 せん断強度、 0.5、 引張強度、 呼び強度

（令和１年度実地試験）

解答と解説　各工種別品質管理

問題 1 解答(4) Check □□□

アスファルト舗装の平坦性を確認するためには、平坦性試験を行う。プルーフローリング試験は路床・路盤の支持力やその均一性を管理するものである。そのため、（４）は適当でない。

問題 2 解答(2) Check □□□

イ	工法	ロ	品質	ハ	変化する	ニ	最大

よって、（２）の組合せが適当である。

問題 3 解答(1) Check □□□

ロットとは、等しい条件下で生産された品物の集まりである。そのため、（１）は適当でない。

問題 4 解答 Check □□□

■レディーミクストコンクリートの受入れ検査に関しての語句の記入

【解答例】

（イ）	（ロ）	（ハ）	（ニ）	（ホ）
2.5	**空気量**	**塩化物**	**呼び**	**85**

【解説】『２級土木施工　第１次＆第２次検定 徹底図解テキスト』（ナツメ社）の「第１章　土木一般」（P.34）を参照する。

問題 5 解答(2) Check □□□

イ	回数	ロ	締固め度	ハ	変化する	ニ	最適

品質管理における「盛土の品質管理」に関する問題である。よって、(2)の組合せが適当である。

問題 6 解答(3) Check □□□

イ	機種	ロ	締固め度	ハ	変化する	ニ	最大

品質管理における「盛土の品質管理」に関する問題である。よって、(3)の組合せが適当である。

問題 7 解答(3) Check □□□

コンクリート工のスランプの品質特性を確認するには、スランプ試験を行う。マーシャル安定度試験は、アスファルト舗装の施工現場で行う安定度の確認のために行う。そのため、(3)が適当でない。

問題 8 解答(2) Check □□□

(1)締固めの品質規定方式は、乾燥密度、含水比、盛土の締固め度などを規定する方法である。適当でない。
(2)締固めの工法規定方式は、使用する締固め機械の機種や締固め回数、盛土材料の敷均し厚さなどの工法を規定する方法である。適当である。
(3)締固めの目的は、土の空気間げきを少なくし、吸水による膨張を小さくし、土を最適な含水比の安定した状態にすることである。適当でない。
(4)最も効率よく締固め効果が得られる含水比は、最大乾燥密度が得られる含水比のときで最適含水比という。適当でない。

問題 9 解答(4) Check □□□

レディーミクストコンクリートの品質管理に関しては、「JIS A 5308」で定められている。1回の圧縮強度試験結果は、呼び強度の強度値の85%以上(24×0.85＝20.4)、3回の圧縮強度試験結果の平均値は、呼び強度の強度値24以上であればよい。すべてを満たすのは、(4)の組合せである。

問題 10 解答(1) Check □□□

締固めの目的は、土の空気間げきを少なくし、吸水による膨張を小さくし、土を最適な含水比の安定した状態にすることである。そのため、(1)が適当でない。

問題 11 解答(2) Check □□□

レディーミクストコンクリートの品質管理に関しては、「JIS A 5308」で定められており、品質管理の項目は、強度、スランプ又はスランプフロー、空気量、塩化物含有量の4つである。そのため、

（２）が適当でない。

問題 12 解答(2) Check □□□

１回の圧縮強度試験結果（19N/mm²）は、購入者の指定した呼び強度の強度値の85％（24×0.85＝20.4N/mm²）以下であり満足しない。そのため、（２）が満足しない。

問題 13 解答 Check □□□

≪解答例≫

（イ）	（ロ）	（ハ）	（ニ）	（ホ）
スランプ	**1.5**	**0.3**	**呼び強度**	**配合**

≪解説≫

レディーミクストコンクリートの受入れ検査に関しては、「コンクリート標準示方書　施工編：検査標準　５章　レディーミクストコンクリートの受入れ検査」を参照のこと。

第2部 分野別 検定試験対策

第6章

環境保全対策

6-1 環境保全・騒音・振動対策

●●● 攻略のポイント ●●●

POINT 1 騒音・振動対策に関する問題が頻出

第１次検定では、騒音・振動対策に関する問題がよく出題される。騒音規制法・振動規制法における、指定地域、特定建設作業及び規制基準を整理する。

POINT 2 施工計画作成における留意事項を整理する

騒音規制法・振動規制法は、指定地域、特定建設作業、規制基準、届出について、それぞれの留意点を押さえる。試験では、規制基準の数値を問われることも多いので、しっかり覚える。

POINT 3 関係法令・法規を押さえる

各種環境保全対策の関係法令・法規を整理し、基本事項を押さえておく。騒音・振動、大気汚染、水質汚濁、地盤沈下、交通障害、廃棄物処理、環境物品について、対応する関係法令・法規を覚える。

POINT 4 環境影響評価法を押さえる

環境影響評価（環境アセスメント）とは、開発事業が環境にどのような影響を及ぼすかについて、事業者が事前に調査して出す評価や予測のこと。その結果を公表して広く意見を集めることで、環境保全上問題のない事業計画へと改善されることを目的とする制度である。環境影響評価法（環境アセスメント法）については、環境保全対策に関連した問題で出題されることもあるため、その目的と内容について押さえておく。

環境保全対策一般、騒音・振動対策

▶第１次検定では、騒音規制法及び振動規制法における、指定地域、特定建設作業及び規制基準の内容に関する問題がよく出題されている。

問題 1 Check □□□

建設工事における環境保全対策に関する次の記述のうち、**適当なもの**はどれか。

（1） 建設工事の騒音では、土砂、残土等を多量に運搬する場合、運搬経路は問題とならない。
（2） 騒音振動の防止対策として、騒音振動の絶対値を下げるとともに、発生期間の延伸を検討する。
（3） 広い土地の掘削や整地での粉塵対策では、散水やシートで覆うことは効果が低い。
（4） 土運搬による土砂の飛散を防止するには、過積載の防止、荷台のシート掛けを行う。

（令和４年度前期第１次検定）

問題 2 Check □□□

建設工事における、騒音・振動対策に関する次の記述のうち、**適当なもの**はどれか。

（1） 舗装版の取壊し作業では、大型ブレーカの使用を原則とする。
（2） 掘削土をバックホゥ等でダンプトラックに積み込む場合、落下高を高くして掘削土の放出をスムーズに行う。
（3） 車輪式（ホイール式）の建設機械は、履帯式（クローラ式）の建設機械に比べて、一般に騒音振動レベルが小さい。
（4） 作業待ち時は、建設機械等のエンジンをアイドリング状態にしておく。

（令和４年度後期第１次検定）

問題 3 Check □□□

ブルドーザ又はバックホゥを用いて行う建設工事における**具体的な騒音防止対策を、２つ**解答欄に記述しなさい。

（令和４年度第２次検定）

問題 4 Check □□□

建設工事における環境保全対策に関する次の記述のうち、**適当でないもの**はどれか。

（1） 土工機械は、常に良好な状態に整備し、無用な摩擦音やガタつき音の発生を防止する。
（2） 空気圧縮機や発動発電機は、騒音、振動の影響の少ない箇所に設置する。
（3） 運搬車両の騒音・振動の防止のためには、道路及び付近の状況によって必要に応じて走行速度に制限を加える。
（4） アスファルトフィニッシャは、敷均しのためのスクリード部の締固め機構において、バイブレータ式の方がタンパ式よりも騒音が大きい。

（令和３年度前期第１次検定）

問題 5 Check □□□

建設工事における環境保全対策に関する次の記述のうち、**適当でないもの**はどれか。

（1） 土工機械の騒音は、エンジンの回転速度に比例するので、高負荷となる運転は避ける。

（2） ブルドーザの騒音振動の発生状況は、前進押土より後進が、車速が速くなる分小さい。

（3） 覆工板を用いる場合、据付け精度が悪いとガタつきに起因する騒音・振動が発生する。

（4） コンクリートの打込み時には、トラックミキサの不必要な空ぶかしをしないよう留意する。

（令和３年度後期第１次検定）

問題 6 Check □□□

建設工事における環境保全対策に関する次の記述のうち、**適当でないもの**はどれか。

（1） 建設公害の要因別分類では、掘削工、運搬・交通、杭打ち・杭抜き工、排水工の苦情が多い。

（2） 土壌汚染対策法では、一定の要件に該当する土地所有者に、土壌の汚染状況の調査と市町村長への報告を義務付けている。

（3） 造成工事などの土工事にともなう土ぼこりの防止には、防止対策として容易な散水養生が採用される。

（4） 騒音の防止方法には、発生源での対策、伝搬経路での対策、受音点での対策がある。

（令和２年度後期学科試験）

解答と解説　環境保全対策一般、騒音・振動対策

問題 1 → 解答(4) Check □□□

（1）建設工事の騒音では、土砂、残土等を多量に運搬する場合、運搬経路は問題となる。

（2）騒音振動の防止対策として、騒音振動の絶対値を下げるとともに、発生期間の短縮を検討する。

（3）広い土地の掘削や整地での粉塵対策では、散水やシートで覆うことは効果が高い。

（4）設問通りで、適当である。

問題 2 → 解答(3) 

（1）舗装版の取壊し作業では、油圧ジャッキ式舗装版破砕機、低騒音型のバックホウの使用を原則とする。また、コンクリートカッタ、ブレーカ等についても、できる限り低騒音の建設機械の使用に努めるものとする。

（2）掘削土をバックホゥ等でダンプトラックに積み込む場合、落下高を低くして掘削土の放出をスムーズに行う。

（3）設問通りで、適当である。

（4）作業待ち時は、建設機械等のエンジンを停止状態にしておく。

問題 3 解答 Check □□□

■ブルドーザ又はバックホウを用いて行う作業の具体的な騒音防止対策についての記述問題

【解答例】下記のうち２つを選定し記述する。

具体的な騒音防止対策

- 低騒音形の建設機械を使用する
- ブルドーザの作業時に、不必要な空ふかしや、高負荷での運転を避ける
- ブルドーザの作業時に、後進時の高速走行を避ける
- 夜間や休日での作業を自粛する
- 作業現場に防音シートを設置する

【解説】『２級土木施工　第１次＆第２次検定 徹底図解テキスト』（ナツメ社）の「第６章　環境保全対策」（P.354）を参照する。

問題 4 解答(4) Check □□□

アスファルトフィニッシャは、敷均しのためのスクリード部の締固め機構において、バイブレータ式とタンパ式があり低騒音対策はなされているが、タンパ式は打撃による強力な衝撃が生じるので、バイブレータ式よりも騒音が大きい。そのため、(４)は適当でない。

問題 5 解答(2) Check □□□

ブルドーザの騒音振動の発生状況は、後進時の高速走行の出力が最も大きくなり、できるだけ避けるようにする。そのため、(２)は適当でない。

問題 6 解答(2) Check □□□

「土壌汚染対策法第３条」において、一定の要件に該当する土地所有者に、土壌の汚染状況の調査と都道府県知事への報告を義務付けている。そのため、(２)が適当でない。

騒音規制法と振動規制法については、「法規」の分野でも出題されます（第3章を参照）。

6–2 建設副産物・資源有効利用

●●● 攻略のポイント ●●●

POINT 1 建設リサイクル法に関する出題が頻出

第１次検定では、「建設工事に係る再資源化等に関する法律」(建設リサイクル法)に関する問題が毎年、出題されている。出題パターンも、選択肢の中から特定リサイクル法で定められている特定建設資材を解答する形式の問題が多い。

POINT 2 特定建設資材を押さえる

特定建設資材として定められている「コンクリート」「コンクリート及び哲からなる建設資材」「木材」「アスファルト・コンクリート」の４資材を必ず押さえる。土砂や建設発生土は特定建設資材に該当しない点を確認しておく。

POINT 3 廃棄物処理法の出題にも要注意

ここ数年の試験には出題されていないが、過去の試験では「廃棄物の処理及び清掃に関する法律」(廃棄物処理法)に関する問題も出題されている。「一般廃棄物(産業廃棄物以外の廃棄物)」「産業廃棄物」「特別管理一般廃棄物及び特別管理産業廃棄物」の分類で整理する。

POINT 4 一般廃棄物と産業廃棄物の具体的な品目を覚える

廃棄物の種類のうち、特に一般廃棄物と産業廃棄物の具体的な品目について整理しておく。例えば、紙類、雑誌、図面、飲料空き缶、生ごみ、ペットボトル、弁当がら等は一般廃棄物に、ガラスくず、陶磁器くず、がれき類、紙くず、繊維くず、木くず、金属くず、汚泥、燃え殻、廃油、廃酸、廃アルカリ、廃プラスティック類等は産業廃棄物に分類される。

建設工事に係る資材の再資源化に関する法律（建設リサイクル法）

▶第１次検定では、建設リサイクル法に関する問題が毎回、出題されている。特定建設資材について必ず押さえておく。

問題 1　Check □□□

「建設工事に係る資材の再資源化等に関する法律」(建設リサイクル法)に定められている特定建設資材に**該当するもの**は、次のうちどれか。

（1） 土砂　（2） 廃プラスチック　（3） 木材　（4） 建設汚泥

（令和４年度前期第１次検定）

問題 2　Check □□□

「建設工事に係る資材の再資源化等に関する法律」(建設リサイクル法)に定められている特定建設資材に**該当するもの**は、次のうちどれか。

（1） 建設発生土
（2） 建設汚泥
（3） 廃プラスチック
（4） コンクリート及び鉄からなる建設資材

（令和４年度後期第１次検定）

問題 3　Check □□□

「建設工事に係る資材の再資源化等に関する法律」(建設リサイクル法)に定められている特定建設資材に**該当しないもの**は、次のうちどれか。

（1） アスファルト・コンクリート　（2） 建設発生土
（3） 木材　（4） コンクリート

（令和３年度前期第１次検定）

問題 4　Check □□□

「建設工事に係る資材の再資源化等に関する法律」(建設リサイクル法)に定められている特定建設資材に**該当しないもの**は、次のうちどれか。

（1） コンクリート及び鉄からなる建設資材　（2） 木材
（3） アスファルト・コンクリート　（4） 土砂

（令和３年度後期第１次検定）

問題 5 Check □□□

「建設工事に係る資材の再資源化等に関する法律」(建設リサイクル法)に定められている特定建設資材に**該当しないもの**は、次のうちどれか。

（1） 建設発生土
（2） コンクリート及び鉄から成る建設資材
（3） アスファルト・コンクリート
（4） 木材

（令和２年度後期学科試験）

問題 6 Check □□□

「建設工事に係る資材の再資源化等に関する法律」(建設リサイクル法)に定められている特定建設資材に**該当しないもの**は、次のうちどれか。

（1） 土砂
（2） 木材
（3） コンクリート及び鉄から成る建設資材
（4） アスファルト・コンクリート

（令和１年度前期学科試験）

問題 7 Check □□□

「建設工事に係る資材の再資源化等に関する法律」(建設リサイクル法)に定められている特定建設資材に**該当しないもの**は、次のうちどれか。

（1） アスファルト・コンクリート （2） 木材
（3） コンクリート （4） 建設発生土

（令和１年度後期学科試験）

解答と解説 建設工事に係る資材の再資源化に関する法律(建設リサイクル法)

問題 1 → 解答(3) Check □□□

建設工事に係る資材の再資源化等に関する法律第一章　総則の５において「特定建設資材」とは、コンクリート、木材その他建設資材のうち、建設資材廃棄物となった場合に再資源化が特に必要であり、かつ、その再資源化が経済性の面においても認められるものとして政令で定めるものをいう。建設工事に係る資材の再資源化等に関する法律施行令第一条より、特定建設資材は「一　コンクリート、二　コンクリート及び鉄から成る建設資材、三　木材、四　アスファルト・コンクリート」とある。（３）が該当する。

問題 2 → 解答(4) Check □□□

建設工事に係る資材の再資源化等に関する法律第一章　総則の5において「特定建設資材」とは、コンクリート、木材その他建設資材のうち、建設資材廃棄物となった場合に再資源化が特に必要であり、かつ、その再資源化が経済性の面においても認められるものとして政令で定めるものをいう。建設工事に係る資材の再資源化等に関する法律施行令第一条より、特定建設資材は「一　コンクリート、二　コンクリート及び鉄から成る建設資材、三　木材、四　アスファルト・コンクリート」とある(4)が該当する。

問題 3 → 解答(2) Check □□□

建設リサイクル法に定められている特定建設資材は、下記の4品目である。「(1)アスファルト・コンクリート」、「(3)木材」、「(4)コンクリート」、「コンクリート及び鉄からなる建設資材」。そのため、(2)の建設発生土は該当しない。

問題 4 → 解答(4) Check □□□

建設リサイクル法に定められている特定建設資材は、(1)の「コンクリート及び鉄からなる建設資材」、(2)の「木材」、(3)の「アスファルト・コンクリート」に、「コンクリート」を加えた4品目である。そのため、(4)の土砂は該当しない。

問題 5 → 解答(1) Check □□□

建設リサイクル法において、特定建設資材は、①コンクリート、②コンクリート及び鉄からなる建設資材、③木材、④アスファルトコンクリ―トが定められている。そのため、(1)の建設発生土は該当しない。

問題 6 → 解答(1) Check □□□

建設リサイクル法において、特定建設資材は、①コンクリート、②コンクリート及び鉄から成る建設資材、③木材、④アスファルト・コンクリ―トが定められている。そのため、(1)の土砂は該当しない。

問題 7 → 解答(4) Check □□□

建設リサイクル法に定められている特定建設資材は、「アスファルト・コンクリート」、「木材」、「コンクリート」、「コンクリート及び鉄から成る建設資材」の4品目である。そのため、(4)の建設発生土は該当しない。

著者
土木施工管理技術検定試験研究会
土木施工管理技術検定試験で出題された問題の傾向・対策などを研究している団体。一人でも多くの受験者が合格できるように、情報の提供を行っている。

イラスト　神林光二
デザイン・DTP　有限会社プッシュ
編集協力　有限会社ヴュー企画（山本大輔・礒淵悠）
編集担当　山路和彦（ナツメ出版企画株式会社）

本書に関するお問い合わせは、書名・発行日・該当ページを明記の上、下記のいずれかの方法にてお送りください。電話でのお問い合わせはお受けしておりません。
・ナツメ社webサイトの問い合わせフォーム
　https://www.natsume.co.jp/contact
・FAX（03-3291-1305）
・郵送（下記、ナツメ出版企画株式会社宛て）
なお、回答までに日にちをいただく場合があります。正誤のお問い合わせ以外の書籍内容に関する解説・受験指導は、一切行っておりません。あらかじめご了承ください。

2級土木施工 第1次&第2次検定 徹底攻略 過去問題集

著　者　土木施工管理技術検定試験研究会
©DOBOKUSEKOKANRIGIJYUTSUKENTEISHIKENKENKYUKAI
発行者　田村正隆

発行所　株式会社ナツメ社
東京都千代田区神田神保町1-52 ナツメ社ビル1F（〒101-0051）
電話　03（3291）1257（代表）　FAX　03（3291）5761
振替　00130-1-58661
制　作　ナツメ出版企画株式会社
東京都千代田区神田神保町1-52 ナツメ社ビル3F（〒101-0051）
電話　03（3295）3921（代表）
印刷所　ラン印刷社
Printed in Japan

＊定価はカバーに表示してあります　＊落丁・乱丁本はお取り替えします

学習の総仕上げ！

実際の試験問題にチャレンジしよう

別冊には、令和５年度の試験問題を掲載しています。学習の総仕上げとして、実際の試験問題に挑戦してみましょう。間違えた問題などは出題傾向を確認しながら、本書の第２部の分野別に掲載した過去問題を見直して苦手分野の克服につなげましょう。

目次

令和６年度　試験概要

●申込受付期間

【第１次検定(前期)】　令和６年３月６日(水)～令和６年３月21日(木)
【第１次検定・第２次検定、第１次検定(後期)、第２次検定】
令和６年７月３日(水)～令和６年７月17日(水)

●試験日・合格発表日

【第１次検定(前期)】　試験日：令和６年６月２日(日)
合格発表日：令和６年７月２日(火)
【第１次検定・第２次検定(同日試験)、第１次検定(後期)、第２次検定】
試験日：令和６年10月27日(日)
第１次検定(後期)の合格発表日：令和６年12月４日(水)
第１次検定・第２次検定、第２次検定：令和７年２月５日(水)

※上記の試験概要は、令和５年12月現在の情報です。最新の情報は、「一般財団法人 全国建設研修センター」ホームページ等で確認してください。

申込書類提出先及び問い合わせ先
一般財団法人　全国建設研修センター　試験業務局土木試験部土木試験課
〒187-8540　東京都小平市喜平町2-1-2
TEL：042-300-6860　　ホームページ：https://www.jctc.jp

第１次検定(学科試験)　出題傾向

「２級土木施工管理技術検定試験」の第１次検定(学科試験)について、直近10年で出題された分野は次のとおりです。学習の参考にしてください。

★は出題された分野を表す(複数出題も含む)。出題頻度は、◎：70%以上、○：69%以下31%以上、△：30%以下を表す。
※平成29・30年分については、２回分の第１次検定(学科試験)での出題分野である。

	出題項目	令和5年	4年	3年	2年	1年	平成30年	29年	28年	27年	26年	出題頻度
1-1 土工	土の原位置試験							★	★			△
	土質試験方法		★	★	★	★	★	★		★	★	◎
	土の性質											×
	土量の変化率											×
	土量換算計算											×
	土工機械の種類	★	★	★	★	★	★	★	★	★	★	◎
	土工機械走行性						★					△
	締固め機械の適応		★									△
	盛土の締固め											×
	盛土の施工	★	★	★		★	★	★	★	★	★	◎
	土の掘削											×
	法面保護工の種類	★										△
	道路切土法面施工											×
	軟弱地盤対策工法	★	★		★	★	★	★	★	★	★	◎
1-2 コンクリート	レディーミクストコンクリート										★	△
	スランプ試験	★		★	★			★				○
	コンクリート用骨材	★		★			★		★		★	○
	コンクリートの配合	★	★	★			★		★			○
	コンクリートの混和材	★	★	★	★	★	★	★				◎
	セメント		★			★				★		△
	運搬・打込み・締固め		★	★	★	★	★	★	★	★	★	◎
	コンクリートの養生		★									△
	鉄筋の加工及び組み立て	★		★	★		★					○
	型枠・支保工の設計施工	★		★		★	★		★			○
	打継目の施工											×
	各種コンクリートの施工					★				★		△
	コンクリート用語	★	★	★			★			★	★	○
1-3 基礎工	既製杭の施工	★	★	★	★	★	★	★	★	★	★	◎
	場所打ち杭	★	★	★	★	★	★	★	★	★	★	◎
	直接基礎											×
	土留め工法		★	★	★	★	★	★	★	★		◎
	地盤改良工											×
	基礎地盤										★	△

	出題項目	令和5年	4年	3年	2年	1年	平成30年	29年	28年	27年	26年	出題頻度
2-1 鋼構造物	鋼材の性質と加工・取扱い	★	★	★	★	★	★	★				◎
	溶接の施工	★				★		★			★	○
	高力ボルトの施工		★			★	★		★	★		○
	鋼橋の架設	★	★	★	★	★	★	★	★	★	★	◎
2-2 コンクリート構造物	コンクリート構造物の耐久性照査・耐久性向上	★				★				★	★	○
	コンクリート構造物の劣化機構及び劣化対策	★	★	★	★	★	★	★	★			◎
	橋梁の床版、支承部及び伸縮装置の施工											×
	鉄筋コンクリートの鉄筋の継手及び加工											×
2-3 河川	河川堤防の施工	★		★		★		★	★		★	○
	河川堤防に用いる土質材料		★				★			★		△
	河川護岸の計画及び施工	★	★	★	★	★	★	★	★	★	★	◎
	河川各部の表記方法・用語	★	★	★	★		★		★			○
2-4 砂防	砂防えん堤の計画及び施工	★	★	★	★	★	★	★	★	★	★	◎
	渓流保全工の計画及び施工											×
	地すべり防止工事	★	★	★	★	★	★	★	★	★	★	◎
2-5 道路・舗装	路床の施工	★	★		★	★	★		★			○
	路床・路盤の施工			★		★			★	★		○
	下層・上層路盤の施工	★	★	★			★				★	○
	プライムコート・タックコート							★	★		★	△
	アスファルト舗装（表層・基層）の施工	★	★	★	★	★	★	★	★	★		◎
	アスファルト舗装の破損及び補修工法	★	★	★	★	★	★	★		★	★	◎
	各種の舗装							★				△
	コンクリート舗装	★	★	★	★	★	★	★	★	★	★	◎
2-6 ダム	ダム工事の施工全般	★	★	★			★	★				○
	コンクリートダムの施工全般						★	★	★		★	○
	ブロック工法の施工						★		★			△
	RCD工法の施工			★	★	★	★	★	★	★		◎
	ダムコンクリートの基本的性質											×
	フィルダム工法の施工					★						△
2-7 トンネル	山岳トンネルの施工全般			★			★					△
	山岳トンネルの支保工の施工	★				★	★	★		★		○
	山岳トンネル施工時の観察・計測				★				★			△
	山岳トンネルの掘削方式・掘削工法	★	★	★		★	★				★	○
	山岳トンネルの覆工コンクリート		★					★				△
2-8 海岸	海岸堤防全般並びに根固工の形式、構造及び特徴	★		★							★	△
	傾斜型海岸堤防の構造		★		★		★	★		★		○
	離岸堤の構造及び計画											×
	消波工の構造、計画及び施工	★	★			★	★	★	★			○

	出題項目	令和5年	4年	3年	2年	1年	平成30年	29年	28年	27年	26年	出題頻度
2-9 港湾	防波堤の計画及び施工							★				△
	ケーソン式防波堤及び混成堤の施工	★	★	★	★	★	★	★		★	★	◎
	浚渫船の種類と特徴	★	★			★	★		★			○
2-10 鉄道・地下構造物	土構造物の盛土の施工											×
	土構造物の路盤の施工		★							★		△
	鉄道の道床、路盤、路床の構造、機能及び特徴			★		★	★	★	★			○
	鉄道工事における道床及び路盤の施工	★										△
	軌道及び軌道曲線部の構造と機能			★							★	△
	軌道の変位及び維持管理工事										★	△
	軌道の用語と説明	★	★		★		★	★				○
	在来営業線近接工事の保安対策	★	★	★	★	★	★	★	★	★	★	◎
	シールド工法の種類と特徴	★	★	★	★	★	★	★	★	★	★	◎
2-11 上・下水道	上水道管の施工	★	★		★		★	★		★	★	◎
	上水道配水管、継手等の種類及び特徴	★	★	★		★	★		★			○
	下水道管渠の接合及び継手					★	★	★		★		○
	下水道管渠の基礎工	★	★	★	★		★		★			○
	下水道管渠の種類と断面、有効長							★				△
	下水道管渠の伏越し及び布設工事											×
	下水道管渠の耐震対策					★					★	△
	下水道管渠の更生方法			★								△
	推進工法の方式、特徴及び施工											×
3-1 労働基準法	総則(定義)	★					★		★			△
	労働契約	★										△
	賃金			★		★	★		★	★		○
	労働時間・休暇・休日・年次有給休暇	★	★	★	★	★	★	★			★	◎
	年少者の就業制限	★	★	★	★	★	★		★		★	◎
	女性、妊産婦等の就業制限											×
	災害補償	★	★	★		★	★	★	★	★		◎
	就業規則		★									△
3-2 労働安全衛生法	安全衛生管理体制全般	★	★	★	★	★	★	★	★			◎
	労働者の就業にあたっての措置			★		★		★			★	○
	監督等						★			★		△
3-3 建設業法	定義	★	★									△
	建設業の許可				★	★						△

	出題項目	令和5年	4年	3年	2年	1年	平成30年	29年	28年	27年	26年	出題頻度
3-3 建設業法	建設工事の請負契約	★		★	★	★	★		★			○
	施工技術の確保	★	★	★	★		★	★	★	★	★	◎
3-4 道路関係法	用語の定義					★						△
	道路の管理者・道路の構造					★						△
	道路の占用と使用	★	★		★	★		★		★		○
	道路の保全	★	★	★		★	★	★	★		★	◎
3-5 河川法	定義	★	★		★	★	★		★		★	◎
	河川の管理		★	★			★	★	★		★	○
	河川の使用及び河川に関する規制	★	★	★		★	★	★		★	★	◎
	河川保全区域		★		★		★					△
3-6 建築基準法	定義	★	★	★	★	★	★	★	★	★		◎
	仮設建築物に対する建築基準法の適用除外と適用規定										★	△
3-7 火薬類取締法	火薬類の貯蔵、運搬、制限、破棄等	★	★		★	★	★			★	★	◎
	火薬類の消費、取扱い・火薬類取扱所、火工所・火薬類の発破、不発等	★	★	★		★	★	★	★		★	◎
	保安							★				△
3-8 騒音規制法	定義と地域の指定										★	△
	特定建設作業に関する規定	★	★	★	★	★	★	★	★	★	★	◎
	報告及び検査	★									★	△
3-9 振動規制法	定義と地域の指定	★					★				★	△
	特定建設作業に関する規定		★			★	★	★	★	★		○
	振動の測定	★	★	★							★	○
3-10 港則法・海洋汚染防止法	港則法	★	★	★	★	★	★	★	★	★	★	◎
	海洋汚染防止法											×
4-1 測量	水準測量			★	★	★	★	★		★	★	◎
	最新測量機器								★			△
	その他測量一般	★	★									△
4-2 契約	公共工事標準請負契約約款	★	★	★	★	★	★	★	★	★	★	◎
	入札及び契約の適正化の促進に関する法律											×
4-3 設計	設計図	★	★	★	★	★	★	★	★	★	★	◎
	溶接部の表示											×
	材料の寸法表示											×
	単位区分											×
5-1 施工計画	施工計画作成の基本事項	★			★			★		★	★	○
	施工体制台帳・施工体系図	★					★					△
	仮設備計画		★	★	★	★	★	★	★	★		◎

	出題項目	令和5年	4年	3年	2年	1年	平成30年	29年	28年	27年	26年	出題頻度
5-1 施工計画	建設機械計画			★	★	★	★	★	★	★	★	◎
	事前調査検討事項	★		★		★	★	★	★			○
	工程・原価・品質の関係											×
	工事の届出										★	△
5-2 建設機械	建設機械全般	★	★									△
	建設機械の特徴と用途	★	★	★	★	★	★	★	★	★	★	◎
	建設機械の規格											×
5-3 工程管理	工程管理の基本事項	★		★	★	★		★				○
	各工程図表の比較	★	★	★					★		★	○
	ネットワーク式工程表	★	★	★	★	★	★	★	★	★	★	◎
	各種工程表						★	★		★		△
5-4 安全管理	安全衛生管理体制	★		★			★		★		★	○
	作業主任者・管理者								★	★		△
	労働災害・疾病							★			★	△
	安全施工一般							★				△
	足場工・墜落防止	★	★	★		★	★	★	★	★		◎
	型枠支保工	★			★		★			★		○
	土止め支保工(土留め支保工)											×
	クレーン・玉掛け		★	★				★			★	○
	掘削作業		★	★	★		★	★			★	◎
	昇降設備											×
	車両系建設機械	★	★	★	★	★			★	★		◎
	公衆災害防止対策											×
	工作物解体作業	★	★	★	★	★	★					○
5-5 品質管理	品質管理一般	★	★	★		★						○
	国際規格(ISO)											×
	品質特性・管理手順		★	★	★		★		★	★	★	◎
	ヒストグラム・管理図	★	★	★	★	★	★	★	★	★	★	◎
	レディーミクストコンクリート	★	★	★	★	★	★	★	★	★	★	◎
	盛土	★	★	★	★	★	★	★	★	★	★	◎
	道路・舗装・路床							★				△
6-1 環境保全・騒音・振動対策	環境保全全般	★	★	★	★	★	★	★	★			◎
	騒音・振動対策	★	★				★	★		★	★	○
	公害と法律											×
6-2 建設副産物・資源有効利用	建設リサイクル法	★	★	★	★	★	★	★		★		◎
	廃棄物処理法								★		★	△

第２次検定（実地試験）　出題傾向

「２級土木施工管理技術検定試験」の第２次検定（実地試験）について、直近10年で出題された分野は次のとおりです。学習の参考にしてください。

★は出題された分野を表す。出題頻度は、◎：７問以上、○：６～４問、△：３問以下を表す。
※１つの出題年に２つ★があるのは、複数出題されたことを示す。

出題項目	令和5年	4年	3年	2年	1年	平成30年	29年	28年	27年	26年	出題頻度
問題１（必須問題）　経験記述／管理項目での出題											
品質管理	★	★	★		★	★		★	★		◎
工程管理	★	★		★	★		★		★	★	◎
安全管理			★	★		★	★	★		★	○
施工計画											×
環境対策											×
27年以降：問題２・３（必須問題）／26年以前：問題２（必須問題）　学科記述／土工											
原位置試験		★									△
軟弱地盤対策				★		★	★		★		○
土工量計算									★		△
土留め壁											×
土工機械											×
切土盛土			★		★		★	★		★★	○
法面施工	★			★	★			★			○
裏込め・埋戻し						★					△
27年以降：問題４・５（必須問題）／26年以前：問題３（必須問題）　学科記述／コンクリート											
レディーミクストコンクリート		★									△
運搬・打込み・締固め			★	★	★						△
型枠	★				★			★			△
養生		★	★						★		△
鉄筋の加工及び組み立て	★		★						★		△
打継目			★			★	★			★	○
用語説明	★			★							△
各種コンクリート				★							△
混和材								★			△

出題項目	令和5年	4年	3年	2年	1年	平成30年	29年	28年	27年	26年	出題頻度
27年以降：問題6・8・9（選択問題）／26年以前．問題4・5（選択問題） 学科記述／施工計画・品質管理											
事前調査		★									△
工事写真											×
土工試験				★				★		★	△
工程表の特徴			★								△
工程表作成	★	★		★	★	★		★			○
品質特性											×
コンクリートの品質					★	★	★	★	★	★	○
盛土の品質	★		★		★	★	★		★		○
鉄筋の継手											×
27年以降：問題7（選択問題）／26年以前：問題4・5（選択問題） 学科記述／安全管理											
足場作業				★					★	★	△
土留め支保工					★						△
車両系建設機械											×
掘削	★							★			△
移動式クレーン	★		★				★				△
型枠支保工											×
労働災害防止		★									△
架空線・地下埋設			★			★					△
27年以降：問題9（選択問題）／26年以前：問題4・5（選択問題） 学科記述／環境問題											
産業廃棄物											×
建設リサイクル法	★						★			★	△
騒音振動対策		★							★		△

掲載の試験問題については、試験実施後に施行された各種法律・指針等の改正・改定との整合性を取るために、出題当時の記述を改変している箇所が存在する場合があります（正解となる選択肢は、実際に出題された試験と同じです）。古い試験問題についても、最新の各種法律・指針の規定をもとに解答してください。

令和５年度前期第１次検定　問題
（令和５年６月４日実施）

※ 問題番号No.1～No.11までの11問題のうちから9問題を選択し解答してください。

問題 1

土工の作業に使用する建設機械に関する次の記述のうち、**適当なもの**はどれか。

（1）　ブルドーザは、掘削・押土及び短距離の運搬作業に用いられる。
（2）　バックホゥは、主に機械位置より高い場所の掘削に用いられる。
（3）　トラクターショベルは、主に機械位置より高い場所の掘削に用いられる。
（4）　スクレーパは、掘削・押土及び短距離の運搬作業に用いられる。

問題 2

法面保護工の「工種」とその「目的」の組合せとして、次のうち**適当でないもの**はどれか。

［工種］　　　　　　　　［目的］
（1）　種子吹付け工…………………土圧に対抗して崩壊防止
（2）　張芝工…………………………切土面の浸食防止
（3）　モルタル吹付け工……………表流水の浸透防止
（4）　コンクリート張工……………岩盤のはく落防止

問題 3

道路における盛土の施工に関する次の記述のうち、**適当でないもの**はどれか。

（1）　盛土の締固め目的は、完成後に求められる強度、変形抵抗及び圧縮抵抗を確保することである。
（2）　盛土の締固めは、盛土全体が均等になるようにしなければならない。
（3）　盛土の敷均し厚さは、材料の粒度、土質、施工法及び要求される締固め度等の条件に左右される。
（4）　盛土における構造物縁部の締固めは、大型の機械で行わなければならない。

問題 4

軟弱地盤における改良工法に関する次の記述のうち、**適当でないもの**はどれか。

（1）　サンドマット工法は、表層処理工法の１つである。
（2）　バイブロフローテーション工法は、緩い砂質地盤の改良に適している。
（3）　深層混合処理工法は、締固め工法の１つである。
（4）　ディープウェル工法は、透水性の高い地盤の改良に適している。

問題 5

コンクリートに用いられる次の混和材料のうち、水和熱による温度上昇の低減を図ることを目的として使用されるものとして、**適当なもの**はどれか。

（1）　フライアッシュ　　（2）　シリカフューム　　（3）　AE減水剤　　（4）　流動化剤

問題 6

コンクリートのスランプ試験に関する次の記述のうち、**適当でないもの**はどれか。

（1） スランプ試験は、高さ30cmのスランプコーンを使用する。

（2） スランプ試験は、コンクリートをほぼ等しい量の２層に分けてスランプコーンに詰める。

（3） スランプ試験は、各層を突き棒で25回ずつ一様に突く。

（4） スランプ試験は、0.5m単位で測定する。

問題 7

フレッシュコンクリートに関する次の記述のうち、**適当でないもの**はどれか。

（1） コンシステンシーとは、練混ぜ水の一部が遊離してコンクリート表面に上昇する現象である。

（2） 材料分離抵抗性とは、コンクリート中の材料が分離することに対する抵抗性である。

（3） ワーカビリティーとは、運搬から仕上げまでの一連の作業のしやすさである。

（4） レイタンスとは、コンクリート表面に水とともに浮かび上がって沈殿する物質である。

問題 8

鉄筋の加工及び組立に関する次の記述のうち、**適当でないもの**はどれか。

（1） 鉄筋は、常温で加工することを原則とする。

（2） 曲げ加工した鉄筋の曲げ戻しは行わないことを原則とする。

（3） 鉄筋どうしの交点の要所は、スペーサで緊結する。

（4） 組立後に鉄筋を長期間大気にさらす場合は、鉄筋表面に防錆処理を施す。

問題 9

打撃工法による既製杭の施工に関する次の記述のうち、**適当でないもの**はどれか。

（1） 群杭の場合、杭群の周辺から中央部へと打ち進むのがよい。

（2） 中掘り杭工法に比べて、施工時の騒音や振動が大きい。

（3） ドロップハンマや油圧ハンマ等を用いて地盤に貫入させる。

（4） 打込みに際しては、試し打ちを行い、杭心位置や角度を確認した後に本打ちに移るのがよい。

問題 10

場所打ち杭の「工法名」と「主な資機材」に関する次の組合せのうち、**適当でないもの**はどれか。

	［工法名］	［主な資機材］
（1）	リバースサーキュレーション工法	ベントナイト水、ケーシング
（2）	アースドリル工法	ケーシング、ドリリングバケット
（3）	深礎工法	削岩機、土留材
（4）	オールケーシング工法	ケーシングチューブ、ハンマーグラブ

問題 11

土留めの施工に関する次の記述のうち、**適当でないもの**はどれか。

（1） 自立式土留め工法は、支保工を必要としない工法である。

（2） 切梁り式土留め工法には、中間杭や火打ち梁を用いるものがある。

（3） ヒービングとは、砂質地盤で地下水位以下を掘削した時に、砂が吹き上がる現象である。

（4） パイピングとは、砂質土の弱いところを通ってボイリングがパイプ状に生じる現象である。

※ 問題番号No.12～No.31までの20問題のうちから6問題を選択し解答してください。

問題 12

下図は、一般的な鋼材の応力度とひずみの関係を示したものであるが、次の記述のうち**適当でないもの**はどれか。

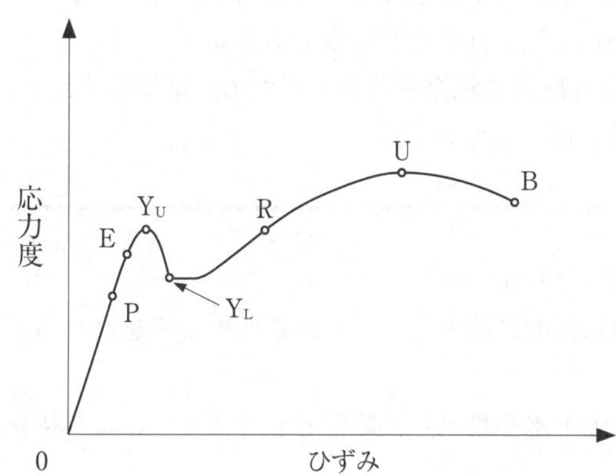

（1） 点Pは、応力度とひずみが比例する最大限度である。
（2） 点Y_Uは、弾性変形をする最大限度である。
（3） 点Uは、最大応力度の点である。
（4） 点Bは、破壊点である。

問題 13

鋼材の溶接接合に関する次の記述のうち、**適当なもの**はどれか。
（1） 開先溶接の始端と終端は、溶接欠陥が生じやすいので、スカラップという部材を設ける。
（2） 溶接の施工にあたっては、溶接線近傍を湿潤状態にする。
（3） すみ肉溶接においては、原則として裏はつりを行う。
（4） エンドタブは、溶接終了後、ガス切断法により除去してその跡をグラインダ仕上げする。

問題 14

コンクリート構造物の耐久性を向上させる対策に関する次の記述のうち、**適当なもの**はどれか。
（1） 塩害対策として、水セメント比をできるだけ大きくする。
（2） 塩害対策として、膨張材を用いる。
（3） 凍害対策として、吸水率の大きい骨材を使用する。
（4） 凍害対策として、AE減水剤を用いる。

問題 15

河川堤防の施工に関する次の記述のうち、**適当でないもの**はどれか。
（1） 堤防の腹付け工事では、旧堤防との接合を高めるため階段状に段切りを行う。
（2） 引堤工事を行った場合の旧堤防は、新堤防の完成後、ただちに撤去する。
（3） 堤防の腹付け工事では、旧堤防の裏法面に腹付けを行うのが一般的である。
（4） 盛土の施工中は、堤体への雨水の滞水や浸透が生じないよう堤体横断方向に勾配を設ける。

問題 16

河川護岸の施工に関する次の記述のうち、**適当なもの**はどれか。
（1） 根固工は、水衝部等で河床洗掘を防ぎ、基礎工等を保護するために施工する。

（2） 高水護岸は、単断面の河川において高水時に表法面を保護するために施工する。
（3） 護岸基礎工の天端の高さは、洗掘に対する保護のため計画河床高より高く施工する。
（4） 法覆工は、堤防の法勾配が緩く流速が小さな場所では、間知ブロックで施工する。

問題 17

砂防えん堤に関する次の記述のうち、**適当でないもの**はどれか。
（1） 袖は、洪水を越流させないようにし、土石等の流下による衝撃に対して強固な構造とする。
（2） 堤体基礎の根入れは、基礎地盤が岩盤の場合は0.5m以上行うのが通常である。
（3） 前庭保護工は、本えん堤を越流した落下水による前庭部の洗掘を防止するための構造物である。
（4） 本えん堤の堤体下流の法勾配は、一般に1：0.2程度としている。

問題 18

地すべり防止工に関する次の記述のうち、**適当なもの**はどれか。
（1） 杭工は、原則として地すべり運動ブロックの頭部斜面に杭をそう入し、斜面の安定を高める工法である。
（2） 集水井工は、井筒を設けて集水ボーリング等で地下水を集水し、原則としてポンプにより排水を行う工法である。
（3） 横ボーリング工は、地下水調査等の結果をもとに、帯水層に向けてボーリングを行い、地下水を排除する工法である。
（4） 排土工は、土塊の滑動力を減少させることを目的に、地すべり脚部の不安定な土塊を排除する工法である。

問題 19

道路のアスファルト舗装における上層路盤の施工に関する次の記述のうち、**適当でないもの**はどれか。
（1） 粒度調整路盤は、1層の仕上り厚が15cm以下を標準とする。
（2） 加熱アスファルト安定処理路盤材料の敷均しは、一般にモータグレーダで行う。
（3） セメント安定処理路盤は、1層の仕上り厚が10～20cmを標準とする。
（4） 石灰安定処理路盤材料の締固めは、最適含水比よりやや湿潤状態で行う。

問題 20

道路のアスファルト舗装におけるアスファルト混合物の施工に関する次の記述のうち、**適当でないもの**はどれか。
（1） 気温が5℃以下の施工では、所定の締固め度が得られることを確認したうえで施工する。
（2） 敷均し時の混合物の温度は、一般に110℃を下回らないようにする。
（3） 初転圧温度は、一般に90～100℃である。
（4） 転圧終了後の交通開放は、舗装表面温度が一般に50℃以下になってから行う。

問題 21

道路のアスファルト舗装における破損に関する次の記述のうち、**適当でないもの**はどれか。
（1） 沈下わだち掘れは、路床・路盤の沈下により発生する。
（2） 線状ひび割れは、縦・横に長く生じるひび割れで、舗装の継目に発生する。
（3） 亀甲状ひび割れは、路床・路盤の支持力低下により発生する。
（4） 流動わだち掘れは、道路の延長方向の凹凸で、比較的長い波長で発生する。

問題 22

道路のコンクリート舗装に関する次の記述のうち、**適当でないもの**はどれか。

（1） 普通コンクリート舗装は、温度変化によって膨張・収縮するので目地が必要である。

（2） コンクリート舗装は、主としてコンクリートの引張抵抗で交通荷重を支える。

（3） 普通コンクリート舗装は、養生期間が長く部分的な補修が困難である。

（4） コンクリート舗装は、アスファルト舗装に比べて耐久性に富む。

問題 23

ダムの施工に関する次の記述のうち、**適当でないもの**はどれか。

（1） 転流工は、ダム本体工事を確実にまた容易に施工するため、工事期間中の河川の流れを迂回させるものである。

（2） ダム本体の基礎の掘削は、大量掘削に対応できる爆破掘削によるブレーカ工法が一般的に用いられる。

（3） 重力式コンクリートダムの基礎処理は、コンソリデーショングラウチングとカーテングラウチングの施工が一般的である。

（4） RCD工法は、一般にコンクリートをダンプトラックで運搬し、ブルドーザで敷き均し、振動ローラ等で締め固める。

問題 24

トンネルの山岳工法における支保工に関する次の記述のうち、**適当でないもの**はどれか。

（1） ロックボルトは、緩んだ岩盤を緩んでいない地山に固定し落下を防止する等の効果がある。

（2） 吹付けコンクリートは、地山の凹凸をなくすように吹き付ける。

（3） 支保工は、岩石や土砂の崩壊を防止し、作業の安全を確保するために設ける。

（4） 鋼アーチ式支保工は、一次吹付けコンクリート施工前に建て込む。

問題 25

海岸堤防の異形コンクリートブロックによる消波工に関する次の記述のうち、**適当でないもの**はどれか。

（1） 異形コンクリートブロックは、ブロックとブロックの間を波が通過することにより、波のエネルギーを減少させる。

（2） 異形コンクリートブロックは、海岸堤防の消波工のほかに、海岸の侵食対策としても多く用いられる。

（3） 層積みは、規則正しく配列する積み方で整然と並び、外観が美しく、安定性が良く、捨石均し面に凹凸があっても支障なく据え付けられる。

（4） 乱積みは、荒天時の高波を受けるたびに沈下し、徐々にブロックどうしのかみ合わせが良くなり安定してくる。

問題 26

グラブ浚渫の施工に関する次の記述のうち、**適当なもの**はどれか。

（1） グラブ浚渫船は、岸壁等の構造物前面の浚渫や狭い場所での浚渫には使用できない。

（2） 非航式グラブ浚渫船の標準的な船団は、グラブ浚渫船と土運船の２隻で構成される。

（3） 余掘りは、計画した浚渫の範囲を一定した水深に仕上げるために必要である。

（4） 浚渫後の出来形確認測量には、音響測深機は使用できない。

問題 27

鉄道工事における道床及び路盤の施工上の留意事項に関する次の記述のうち、**適当でないもの**はどれか。

（1） バラスト道床は、安価で施工・保守が容易であるが定期的な軌道の修正・修復が必要である。

（2） バラスト道床は、耐摩耗性に優れ、単位容積質量やせん断抵抗角が小さい砕石を選定する。

（3） 路盤は、軌道を支持するもので、十分強固で適当な弾性を有し、排水を考慮する必要がある。

（4） 路盤は、使用材料により、粒度調整砕石を用いた強化路盤、良質土を用いた土路盤等がある。

問題 28

鉄道(在来線)の営業線内工事における工事保安体制に関する次の記述のうち、**適当でないもの**はどれか。

（1） 列車見張員は、工事現場ごとに専任の者を配置しなければならない。

（2） 工事管理者は、工事現場ごとに専任の者を常時配置しなければならない。

（3） 軌道作業責任者は、工事現場ごとに専任の者を配置しなければならない。

（4） 軌道工事管理者は、工事現場ごとに専任の者を常時配置しなければならない。

問題 29

シールド工法に関する次の記述のうち、**適当でないもの**はどれか。

（1） シールド工法は、開削工法が困難な都市の下水道工事や地下鉄工事等で用いられる。

（2） シールド掘進後は、セグメント外周にモルタル等を注入し、地盤の緩みと沈下を防止する。

（3） シールドのフード部は、トンネル掘削する切削機械を備えている。

（4） 密閉型シールドは、ガーダー部とテール部が隔壁で仕切られている。

問題 30

上水道の管布設工に関する次の記述のうち、**適当なもの**はどれか。

（1） 鋼管の運搬にあたっては、管端の非塗装部分に当て材を介して支持する。

（2） 管の布設にあたっては、原則として高所から低所に向けて行う。

（3） ダクタイル鋳鉄管は、表示記号の管径、年号の記号を下に向けて据え付ける。

（4） 鋳鉄管の切断は、直管及び異形管ともに切断機で行うことを標準とする。

問題 31

下図に示す下水道の遠心力鉄筋コンクリート管(ヒューム管)の(イ)～(ハ)の継手の名称に関する次の組合せのうち、**適当なもの**はどれか。

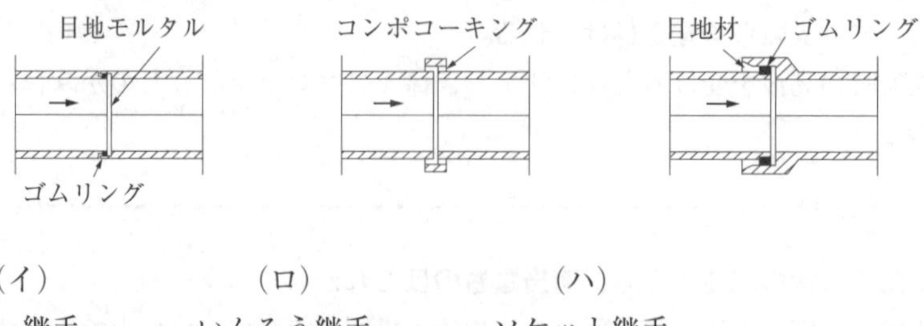

（イ）　　　　　　（ロ）　　　　　　（ハ）

（1） カラー継手…………いんろう継手…………ソケット継手

（2） いんろう継手………ソケット継手…………カラー継手

（3） ソケット継手………カラー継手……………いんろう継手

（4） いんろう継手………カラー継手……………ソケット継手

※ **問題番号No.32～No.42までの11問題のうちから6問題を選択し解答してください。**

問題 32

賃金に関する次の記述のうち、労働基準法上、**誤っているもの**はどれか。

（1） 賃金とは、労働の対償として使用者が労働者に支払うすべてのものをいう。
（2） 未成年者の親権者又は後見人は、未成年者の賃金を代って受け取ることができる。
（3） 賃金の最低基準に関しては、最低賃金法の定めるところによる。
（4） 賃金は、原則として、通貨で、直接労働者に、その全額を支払わなければならない。

問題 33

災害補償に関する次の記述のうち、労働基準法上、**誤っているもの**はどれか。

（1） 労働者が業務上疾病にかかった場合においては、使用者は、必要な療養費用の一部を補助しなければならない。
（2） 労働者が業務上負傷し、又は疾病にかかった場合の補償を受ける権利は、差し押さえてはならない。
（3） 労働者が業務上負傷し治った場合に、その身体に障害が存するときは、使用者は、その障害の程度に応じて障害補償を行わなければならない。
（4） 労働者が業務上死亡した場合においては、使用者は、遺族に対して、遺族補償を行わなければならない。

問題 34

労働安全衛生法上、事業者が、技能講習を修了した作業主任者を選任しなければならない作業として、**該当しないもの**は次のうちどれか。

（1） 高さが３mのコンクリート橋梁上部構造の架設の作業
（2） 型枠支保工の組立て又は解体の作業
（3） 掘削面の高さが２m以上となる地山の掘削の作業
（4） 土止め支保工の切りばり又は腹起こしの取付け又は取り外しの作業

問題 35

建設業法に関する次の記述のうち、**誤っているもの**はどれか。

（1） 建設業者は､建設工事の担い手の育成及び確保､その他の施工技術の確保に努めなければならない。
（2） 建設業者は、請負契約を締結する場合、工事の種別ごとの材料費、労務費等の内訳により見積りを行うようにする。
（3） 建設業とは、元請、下請その他いかなる名義をもってするのかを問わず、建設工事の完成を請け負う営業をいう。
（4） 建設業者は、請負った工事を施工するときは、建設工事の経理上の管理をつかさどる主任技術者を置かなければならない。

問題 36

道路に工作物、物件又は施設を設け、継続して道路を使用しようとする場合において、道路管理者の許可を受けるために提出する申請書に記載すべき事項に**該当するもの**は、次のうちどれか。

（1） 施工体系図　（2） 建設業の許可番号　（3） 主任技術者名　（4） 工事実施の方法

問題 37

河川法に関する次の記述のうち、**誤っているもの**はどれか。

（1） 都道府県知事が管理する河川は、原則として、二級河川に加えて準用河川が含まれる。
（2） 河川区域は、堤防に挟まれた区域と、河川管理施設の敷地である土地の区域が含まれる。
（3） 河川法上の河川には、ダム、堰、水門、床止め、堤防、護岸等の河川管理施設が含まれる。
（4） 河川法の目的には、洪水防御と水利用に加えて河川環境の整備と保全が含まれる。

問題 38

建築基準法上、建築設備に**該当しないもの**は、次のうちどれか。

（1） 煙突　　（2） 排水設備　　（3） 階段　　（4） 冷暖房設備

問題 39

火薬類の取扱いに関する次の記述のうち、火薬類取締法上、**誤っているもの**はどれか。

（1） 火薬類を取り扱う者は、所有又は、占有する火薬類、譲渡許可証、譲受許可証又は運搬証明書を紛失又は盗取されたときは、遅滞なくその旨を都道府県知事に届け出なければならない。
（2） 火薬庫を設置し移転又は設備を変更しようとする者は、原則として都道府県知事の許可を受けなければならない。
（3） 火薬類を譲り渡し、又は譲り受けようとする者は、原則として都道府県知事の許可を受けなければならない。
（4） 火薬類を廃棄しようとする者は、経済産業省令で定めるところにより、原則として、都道府県知事の許可を受けなければならない。

問題 40

騒音規制法上、住民の生活環境を保全する必要があると認める地域の指定を行う者として、**正しいもの**は次のうちどれか。

（1） 環境大臣　　（2） 国土交通大臣　　（3） 町村長　　（4） 都道府県知事又は市長

問題 41

振動規制法上、指定地域内において特定建設作業を施工しようとする者が、届け出なければならない事項として、**該当しないもの**は次のうちどれか。

（1） 特定建設作業の現場付近の見取り図　　（2） 特定建設作業の実施期間
（3） 特定建設作業の振動防止対策の方法　　（4） 特定建設作業の現場の施工体制表

問題 42

港則法上、許可申請に関する次の記述のうち、**誤っているもの**はどれか。

（1） 船舶は、特定港内又は特定港の境界附近において危険物を運搬しようとするときは、港長の許可を受けなければならない。
（2） 船舶は、特定港において危険物の積込、積替又は荷卸をするには、その旨を港長に届け出なければならない。
（3） 特定港内において、汽艇等以外の船舶を修繕しようとする者は、その旨を港長に届け出なければならない。
（4） 特定港内又は特定港の境界附近で工事又は作業をしようとする者は、港長の許可を受けなければならない。

※ 問題番号No.43～No.53までの11問題は、必須問題ですから全問題を解答してください。

問題 43

閉合トラバース測量による下表の観測結果において、測線ABの方位角が120° 50′ 39″のとき、測線BC の方位角として、**適当なもの**は次のうちどれか。

測点	観測角		
A	115°	54′	38″
B	100°	6′	34″
C	112°	33′	39″
D	108°	45′	25″
E	102°	39′	44″

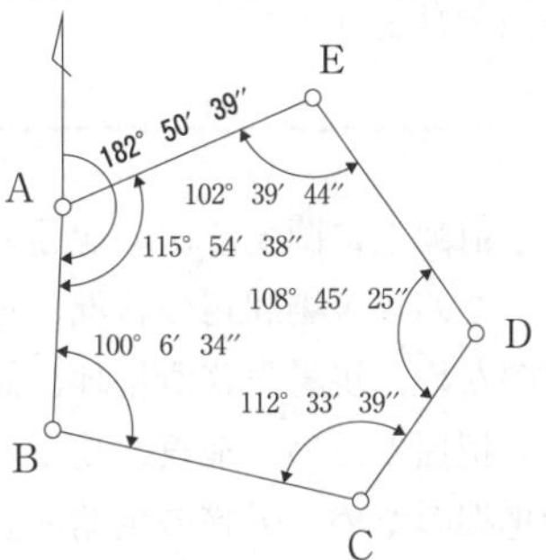

（1） 102° 51′ 5″　（2） 102° 53′ 7″　（3） 102° 55′ 10″　（4） 102° 57′ 13″

問題 44

公共工事標準請負契約約款に関する次の記述のうち、**誤っているもの**はどれか。

（1） 設計図書とは、図面、仕様書、契約書、現場説明書及び現場説明に対する質問回答書をいう。
（2） 現場代理人とは、契約を取り交わした会社の代理として、任務を代行する責任者をいう。
（3） 現場代理人、監理技術者等及び専門技術者は、これを兼ねることができる。
（4） 発注者は、工事完成検査において、工事目的物を最小限度破壊して検査することができる。

問題 45

下図は標準的なブロック積擁壁の断面図であるが、ブロック積擁壁各部の名称と記号の表記として２つとも**適当なもの**は、次のうちどれか。

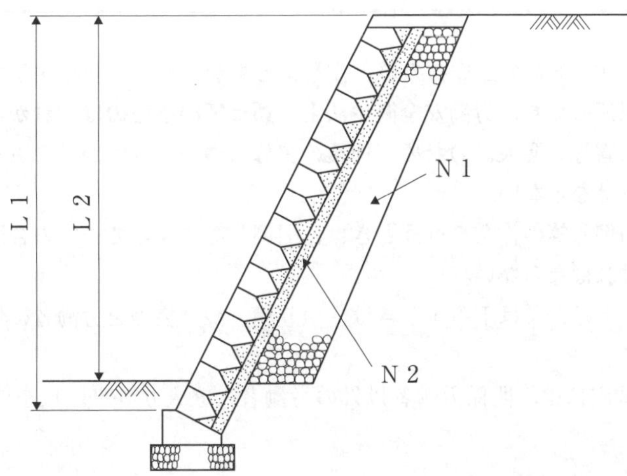

（1） 擁壁の直高Ｌ１、裏込めコンクリートＮ１　（2） 擁壁の直高Ｌ２、裏込めコンクリートＮ２
（3） 擁壁の直高Ｌ１、裏込め材Ｎ１　（4） 擁壁の直高Ｌ２、裏込め材Ｎ２

問題 46

建設工事における建設機械の「機械名」と「性能表示」に関する次の組合せのうち、**適当なもの**はどれか。

　　［機械名］　　　　　［性能表示］
（1）バックホゥ…………バケット質量(kg)
（2）ダンプトラック……車両重量(t)
（3）クレーン……………ブーム長(m)
（4）ブルドーザ…………質量(t)

問題 47

施工計画作成のための事前調査に関する次の記述のうち、**適当でないもの**はどれか。

（1）近隣環境の把握のため、現場周辺の状況、近隣施設、交通量等の調査を行う。
（2）工事内容の把握のため、現場事務所用地、設計図書及び仕様書の内容等の調査を行う。
（3）現場の自然条件の把握のため、地質、地下水、湧水等の調査を行う。
（4）労務、資機材の把握のため、労務の供給、資機材の調達先等の調査を行う。

問題 48

労働者の危険を防止するための措置に関する次の記述のうち、労働安全衛生法上、**誤っているもの**はどれか。

（1）橋梁支間20m以上の鋼橋の架設作業を行うときは、物体の飛来又は落下による危険を防止するため、保護帽を着用する。
（2）明り掘削の作業を行うときは、物体の飛来又は落下による危険を防止するため、保護帽を着用する。
（3）高さ２m以上の箇所で墜落の危険がある作業で作業床を設けることが困難なときは、防網を張り、要求性能墜落制止用器具を使用する。
（4）つり足場、張出し足場の組立て、解体等の作業では、原則として要求性能墜落制止用器具を安全に取り付けるための設備等を設け、かつ、要求性能墜落制止用器具を使用する。

問題 49

高さ５m以上のコンクリート造の工作物の解体作業にともなう危険を防止するために事業者が行うべき事項に関する次の記述のうち、労働安全衛生法上、**誤っているもの**はどれか。

（1）強風、大雨、大雪等の悪天候のため、作業の実施について危険が予想されるときは、当該作業を中止しなければならない。
（2）外壁、柱等の引倒し等の作業を行うときは、引倒し等について一定の合図を定め、関係労働者に周知させなければならない。
（3）器具、工具等を上げ、又は下ろすときは、つり綱、つり袋等を労働者に使用させなければならない。
（4）作業を行う区域内には、関係労働者以外の労働者の立入り許可区域を明示しなければならない。

問題 50

建設工事の品質管理における「工種・品質特性」とその「試験方法」との組合せとして、**適当でないもの**は次のうちどれか。

［工種・品質特性］　［試験方法］

（1）　土工・盛土の締固め度……RI計器による乾燥密度測定
（2）　アスファルト舗装工・安定度……平坦性試験
（3）　コンクリート工・コンクリート用骨材の粒度……ふるい分け試験
（4）　土工・最適含水比……突固めによる土の締固め試験

問題 51

レディーミクストコンクリート(JIS A 5308)の品質管理に関する次の記述のうち、**適当でないもの**はどれか。

（1）　スランプ12cmのコンクリートの試験結果で許容されるスランプの上限値は、14.5cmである。
（2）　空気量5.0%のコンクリートの試験結果で許容される空気量の下限値は、3.5%である。
（3）　品質管理項目は、質量、スランプ、空気量、塩化物含有量である。
（4）　レディーミクストコンクリートの品質検査は、荷卸し地点で行う。

問題 52

建設工事における環境保全対策に関する次の記述のうち、**適当なもの**はどれか。

（1）　騒音や振動の防止対策では、騒音や振動の絶対値を下げること及び発生期間の延伸を検討する。
（2）　造成工事等の土工事にともなう土ぼこりの防止対策には、アスファルトによる被覆養生が一般的である。
（3）　騒音の防止方法には、発生源での対策、伝搬経路での対策、受音点での対策があるが、建設工事では受音点での対策が広く行われる。
（4）　運搬車両の騒音や振動の防止のためには、道路及び付近の状況によって、必要に応じ走行速度に制限を加える。

問題 53

「建設工事に係る資材の再資源化等に関する法律」(建設リサイクル法)に定められている特定建設資材に**該当するもの**は、次のうちどれか。

（1）　建設発生土　（2）　廃プラスチック　（3）　コンクリート　（4）　ガラス類

※ 問題番号No.54～No.61までの8問題は、施工管理法(基礎的な能力)の必須問題ですから全問題を解答してください。

問題 54

公共工事における施工体制台帳及び施工体系図に関する下記の①～④の４つの記述のうち、建設業法上、**正しいものの数**は次のうちどれか。

① 公共工事を受注した建設業者が、下請契約を締結するときは、その金額にかかわらず、施工体制台帳を作成し、その写しを下請負人に提出するものとする。
② 施工体系図は、当該建設工事の目的物の引渡しをした時から10年間は保存しなければならない。
③ 作成された施工体系図は、工事関係者及び公衆が見やすい場所に掲げなければならない。
④ 下請負人は、請け負った工事を再下請に出すときは、発注者に施工体制台帳に記載する再下請負人の名称等を通知しなければならない。

（1） 1つ　（2） 2つ　（3） 3つ　（4） 4つ

問題 55

ダンプトラックを用いて土砂(粘性土)を運搬する場合に、時間当たり作業量(地山土量)Q(m^3/h)を算出する計算式として下記の［　　］の(イ)～(ニ)に当てはまる数値の組合せとして、**正しいもの**は次のうちどれか。

・ダンプトラックの時間当たり作業量Q(m^3/h)

$$Q=\frac{\boxed{(イ)}\times\boxed{(ロ)}\times E}{\boxed{(ハ)}}\times 60=\boxed{(ニ)}\ m^3/h$$

q ：1回当たりの積載量(7 m^3)
f ：土量換算係数＝1/L(土量の変化率L＝1.25)
E ：作業効率(0.9)
Cm：サイクルタイム(24分)

	(イ)	(ロ)	(ハ)	(ニ)
(1)	24	1.25	7	231.4
(2)	7	0.8	24	12.6
(3)	24	0.8	7	148.1
(4)	7	1.25	24	19.7

問題 56

工程管理に用いられる工程表に関する下記の①～④の4つの記述のうち、**適当なもののみを全てあげている組合せ**は次のうちどれか。
① 曲線式工程表には、バーチャート、グラフ式工程表、出来高累計曲線とがある。
② バーチャートは、図1のように縦軸に日数をとり、横軸にその工事に必要な距離を棒線で表す。
③ グラフ式工程表は、図2のように出来高又は工事作業量比率を縦軸にとり、日数を横軸にとって工種ごとの工程を斜線で表す。
④ 出来高累計曲線は、図3のように縦軸に出来高比率をとり横軸に工期をとって、工事全体の出来高比率の累計を曲線で表す。

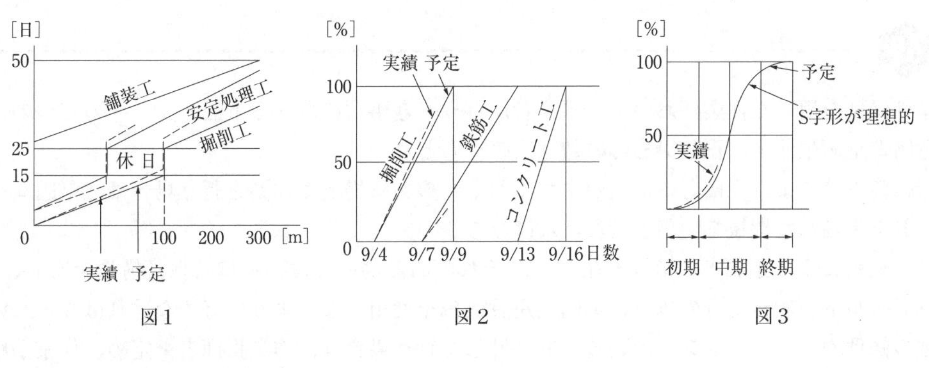

図1　図2　図3

(1)　①②　　(2)　②③　　(3)　③④　　(4)　①④

問題 57

下図のネットワーク式工程表について記載している下記の文章中の［　　］の(イ)～(ニ)に当てはまる語句の組合せとして、**正しいもの**は次のうちどれか。
ただし、図中のイベント間のA～Gは作業内容、数字は作業日数を表す。

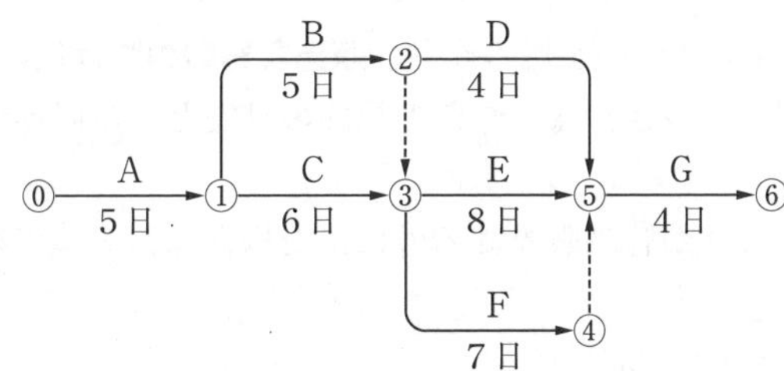

・［(イ)］及び［(ロ)］は、クリティカルパス上の作業である。
・作業Fが［(ハ)］遅延しても、全体の工期に影響はない。
・この工程全体の工期は、［(ニ)］である。

	(イ)	(ロ)	(ハ)	(ニ)
(1)	作業C	作業D	1日	23日間
(2)	作業C	作業E	1日	23日間
(3)	作業B	作業E	2日	22日間
(4)	作業B	作業D	2日	22日間

問題 58

型枠支保工に関する下記の①～④の4つの記述のうち、**適当なものの数**は次のうちどれか。

① 型枠支保工を組み立てるときは、組立図を作成し、かつ、この組立図により組み立てなければならない。
② 型枠支保工に使用する材料は、著しい損傷、変形又は腐食があるものは、補修して使用しなければならない。
③ 型枠支保工は、型枠の形状、コンクリートの打設の方法等に応じた堅固な構造のものでなければならない。
④ 型枠支保工作業は、型枠支保工の組立等作業主任者が、作業を直接指揮しなければならない。

(1)　1つ　　(2)　2つ　　(3)　3つ　　(4)　4つ

問題 59

車両系建設機械を用いた作業において、事業者が行うべき事項に関する下記の①～④の４つの記述のうち、労働安全衛生法上、**正しいものの数**は次のうちどれか。

① 岩石の落下等により労働者に危険が生ずるおそれのある場所で作業を行う場合は、堅固なヘッドガードを装備した機械を使用させなければならない。

② 転倒や転落により運転者に危険が生ずるおそれのある場所では、転倒時保護構造を有し、かつ、シートベルトを備えたもの以外の車両系建設機械を使用しないように努めなければならない。

③ 機械の修理やアタッチメントの装着や取り外しを行う場合は、作業指揮者を定め、作業手順を決めさせるとともに、作業の指揮等を行わせなければならない。

④ ブームやアームを上げ、その下で修理等の作業を行う場合は、不意に降下することによる危険を防止するため、作業指揮者に安全支柱や安全ブロック等を使用させなければならない。

（1） 1つ　　（2） 2つ　　（3） 3つ　　（4） 4つ

問題 60

$\bar{x}$－R管理図に関する下記の①～④の４つの記述のうち、**適当なものの数**は次のうちどれか。

① $\bar{x}$－R管理図は、統計的事実に基づき、ばらつきの範囲の目安となる限界の線を決めてつくった図表である。

② $\bar{x}$－R管理図上に記入したデータが管理限界線の外に出た場合は、その工程に異常があることが疑われる。

③ 管理図は、通常連続した棒グラフで示される。

④ 建設工事では、$\bar{x}$－R管理図を用いて、連続量として測定される計数値を扱うことが多い。

（1） 1つ　　（2） 2つ　　（3） 3つ　　（4） 4つ

問題 61

盛土の締固めにおける品質管理に関する下記の①～④の４つの記述のうち、**適当なもののみを全てあげている組合せ**は次のうちどれか。

① 品質規定方式は、盛土の締固め度等を規定する方法である。

② 盛土の締固めの効果や特性は、土の種類や含水比、施工方法によって変化しない。

③ 盛土が最もよく締まる含水比は、最大乾燥密度が得られる含水比で最大含水比である。

④ 土の乾燥密度の測定方法には、砂置換法やRI計器による方法がある。

（1） ①④　　（2） ②③　　（3） ①②④　　（4） ②③④

令和５年度後期第１次検定　問題
（令和５年10月22日実施）

※ 問題番号No.1～No.11までの11問題のうちから9問題を選択し解答してください。

問題 1

「土工作業の種類」と「使用機械」に関する次の組合せのうち、**適当でないもの**はどれか。

	［土工作業の種類］	［使用機械］		［土工作業の種類］	［使用機械］
（1）	掘削・積込み	クラムシェル	（2）	さく岩	モータグレーダ
（3）	法面仕上げ	バックホゥ	（4）	締固め	タイヤローラ

問題 2

法面保護工の「工種」とその「目的」の組合せとして、次のうち**適当でないもの**はどれか。

	［工種］	［目的］
（1）	種子吹付け工	凍上崩落の抑制
（2）	ブロック積擁壁工	土圧に対抗して崩壊防止
（3）	モルタル吹付け工	表流水の浸透防止
（4）	筋芝工	切土面の浸食防止

問題 3

道路土工の盛土材料として望ましい条件に関する次の記述のうち、**適当でないもの**はどれか。

（1）　建設機械のトラフィカビリティーが確保しやすいこと。
（2）　締固め後の圧縮性が大きく、盛土の安定性が保てること。
（3）　敷均しが容易で締固め後のせん断強度が高いこと。
（4）　雨水等の浸食に強く、吸水による膨潤性が低いこと。

問題 4

軟弱地盤における次の改良工法のうち、締固め工法に**該当するもの**はどれか。

（1）　ウェルポイント工法　　（2）　石灰パイル工法
（3）　バイブロフローテーション工法　　（4）　プレローディング工法

問題 5

コンクリートで使用される骨材の性質に関する次の記述のうち、**適当でないもの**はどれか。

（1）　すりへり減量が大きい骨材を用いると、コンクリートのすりへり抵抗性が低下する。
（2）　骨材の粗粒率が大きいほど、粒度が細かい。
（3）　骨材の粒形は、扁平や細長よりも球形がよい。
（4）　骨材に有機不純物が多く混入していると、コンクリートの凝結や強度等に悪影響を及ぼす。

問題 6

コンクリートの配合設計に関する次の記述のうち、**適当でないもの**はどれか。

（1）　打込みの最小スランプの目安は、鋼材の最小あきが小さいほど、大きくなるように定める。

（2） 打込みの最小スランプの目安は、締固め作業高さが大きいほど、小さくなるように定める。
（3） 単位水量は、施工が可能な範囲内で、できるだけ少なくなるように定める。
（4） 細骨材率は、施工が可能な範囲内で、単位水量ができるだけ少なくなるように定める。

問題 7

フレッシュコンクリートに関する次の記述のうち、**適当でないもの**はどれか。
（1） コンシステンシーとは、変形又は流動に対する抵抗性である。
（2） レイタンスとは、コンクリート表面に水とともに浮かび上がって沈殿する物質である。
（3） 材料分離抵抗性とは、コンクリート中の材料が分離することに対する抵抗性である。
（4） ブリーディングとは、運搬から仕上げまでの一連の作業のしやすさである。

問題 8

型枠に関する次の記述のうち、**適当でないもの**はどれか。
（1） 型枠内面には、剥離剤を塗布することを原則とする。
（2） コンクリートの側圧は、コンクリート条件や施工条件により変化する。
（3） 型枠は、取り外しやすい場所から外していくことを原則とする。
（4） コンクリートのかどには、特に指定がなくても面取りができる構造とする。

問題 9

既製杭の施工に関する次の記述のうち、**適当なもの**はどれか。
（1） 打撃による方法は、杭打ちハンマとしてバイブロハンマが用いられている。
（2） 中掘り杭工法は、あらかじめ地盤に穴をあけておき既製杭を挿入する。
（3） プレボーリング工法は、既製杭の中をアースオーガで掘削しながら杭を貫入する。
（4） 圧入による方法は、オイルジャッキ等を使用して杭を地中に圧入する。

問題 10

場所打ち杭の施工に関する次の記述のうち、**適当なもの**はどれか。
（1） オールケーシング工法は、ケーシングチューブを土中に挿入して、ケーシングチューブ内の土を掘削する。
（2） アースドリル工法は、掘削孔に水を満たし、掘削土とともに地上に吸い上げる。
（3） リバースサーキュレーション工法は、支持地盤を直接確認でき、孔底の障害物の除去が容易である。
（4） 深礎工法は、ケーシング下部の孔壁の崩壊防止のため、ベントナイト水を注入する。

問題 11

土留めの施工に関する次の記述のうち、**適当でないもの**はどれか。
（1） 自立式土留め工法は、支保工を必要としない工法である。
（2） アンカー式土留め工法は、引張材を用いる工法である。
（3） ボイリングとは、軟弱な粘土質地盤を掘削した時に、掘削底面が盛り上がる現象である。
（4） パイピングとは、砂質土の弱いところを通ってボイリングがパイプ状に生じる現象である。

※ **問題番号No.12～No.31までの20問題のうちから6問題を選択し解答してください。**

問題 12

鋼材に関する次の記述のうち、**適当でないもの**はどれか。

（1） 鋼材は、気象や化学的な作用による腐食により劣化する。
（2） 疲労の激しい鋼材では、急激な破壊が生じることがある。
（3） 鋳鉄や鍛鋼は、橋梁の支承や伸縮継手等に用いられる。
（4） 硬鋼線材は、鉄線として鉄筋の組立や蛇かご等に用いられる。

問題 13

鋼道路橋における次の架設工法のうち、クレーンを組み込んだ起重機船を架設地点まで進入させ、橋梁を所定の位置に吊り上げて架設する工法として、**適当なもの**はどれか。

（1） フローティングクレーンによる一括架設工法　（2） クレーン車によるベント式架設工法
（3） ケーブルクレーンによる直吊り工法　（4） トラベラークレーンによる片持ち式架設工法

問題 14

コンクリートの「劣化機構」と「劣化要因」に関する次の組合せのうち、**適当でないもの**はどれか。

	［劣化機構］	［劣化要因］		［劣化機構］	［劣化要因］
（1）	アルカリシリカ反応………	反応性骨材	（2）	疲労……………………	繰返し荷重
（3）	塩害…………………………	凍結融解作用	（4）	化学的侵食…………	硫酸

問題 15

河川に関する次の記述のうち、**適当でないもの**はどれか。

（1） 河川の流水がある側を堤内地、堤防で守られている側を堤外地という。
（2） 河川堤防断面で一番高い平らな部分を天端という。
（3） 河川において、上流から下流を見て右側を右岸、左側を左岸という。
（4） 堤防の法面は、河川の流水がある側を表法面、その反対側を裏法面という。

問題 16

河川護岸に関する次の記述のうち、**適当でないもの**はどれか。

（1） 低水護岸は、低水路を維持し、高水敷の洗掘等を防止するものである。
（2） 法覆工は、堤防及び河岸の法面を被覆して保護するものである。
（3） 低水護岸の天端保護工は、流水によって護岸の表側から破壊しないように保護するものである。
（4） 横帯工は、流水方向の一定区間毎に設け、護岸の破壊が他に波及しないようにするものである。

問題 17

砂防えん堤に関する次の記述のうち、**適当なもの**はどれか。

（1） 水通しは、施工中の流水の切換えや堆砂後の本えん堤にかかる水圧を軽減させるために設ける。
（2） 前庭保護工は、本えん堤の洗掘防止のために、本えん堤の上流側に設ける。
（3） 袖は、洪水が越流した場合でも袖部等の破壊防止のため、両岸に向かって水平な構造とする。
（4） 砂防えん堤は、安全性の面から強固な岩盤に施工することが望ましい。

問題 18

地すべり防止工に関する次の記述のうち、**適当でないもの**はどれか。
（1） 排水トンネル工は、原則として安定した地盤にトンネルを設け、ここから帯水層に向けてボーリングを行い、トンネルを使って排水する工法であり、抑制工に分類される。
（2） 排土工は、地すべり頭部の不安定な土塊を排除し、土塊の滑動力を減少させる工法であり、抑止工に分類される。
（3） 水路工は、地表の水を水路に集め、速やかに地すべりの地域外に排除する工法であり、抑制工に分類される。
（4） シャフト工は、井筒を山留めとして掘り下げ、鉄筋コンクリートを充填して、シャフト(杭)とする工法であり、抑止工に分類される。

問題 19

道路のアスファルト舗装における路床の施工に関する次の記述のうち、**適当でないもの**はどれか。
（1） 路床は、舗装と一体となって交通荷重を支持し、厚さは１m を標準とする。
（2） 切土路床では、土中の木根、転石等を表面から30cm程度以内は取り除く。
（3） 盛土路床は、均質性を得るために、材料の最大粒径は100mm以下であることが望ましい。
（4） 盛土路床では、１層の敷均し厚さは仕上り厚で40cm以下を目安とする。

問題 20

道路のアスファルト舗装におけるアスファルト混合物の締固めに関する次の記述のうち、**適当なもの**はどれか。
（1） 初転圧は、一般に10～12tのタイヤローラで２回(１往復)程度行う。
（2） 二次転圧は、一般に８～20tのロードローラで行うが、振動ローラを用いることもある。
（3） 締固め温度は、高いほうが良いが、高すぎるとヘアクラックが多く見られることがある。
（4） 締固め作業は、敷均し終了後、初転圧、継目転圧、二次転圧、仕上げ転圧の順序で行う。

問題 21

道路のアスファルト舗装の補修工法に関する次の記述のうち、**適当でないもの**はどれか。
（1） オーバーレイ工法は、既設舗装の上に、加熱アスファルト混合物以外の材料を使用して、薄い封かん層を設ける工法である。
（2） 打換え工法は、不良な舗装の一部分、又は全部を取り除き、新しい舗装を行う工法である。
（3） 切削工法は、路面の凹凸を削り除去し、不陸や段差を解消する工法である。
（4） パッチング工法は、局部的なひび割れやくぼみ、段差等を応急的に舗装材料で充填する工法である。

問題 22

道路のコンクリート舗装の施工に関する次の記述のうち、**適当でないもの**はどれか。
（1） 普通コンクリート舗装の路盤は、厚さ30cm以上の場合は上層と下層に分けて施工する。
（2） 普通コンクリート舗装の路盤は、コンクリート版が膨張・収縮できるよう、路盤上に厚さ２cm程度の砂利を敷設する。
（3） 普通コンクリート版の縦目地は、版の温度変化に対応するよう、車線に直交する方向に設ける。

（4） 普通コンクリート版の縦目地は、ひび割れが生じても亀裂が大きくならないためと、版に段差が生じないためにダミー目地が設けられる。

問題 23

コンクリートダムの施工に関する次の記述のうち、**適当でないもの**はどれか。

（1） 転流工は、ダム本体工事にとりかかるまでに必要な工事で、工事用道路や土捨場等の工事を行うものである。

（2） 基礎掘削工は、基礎岩盤に損傷を与えることが少なく、大量掘削に対応できるベンチカット工法が一般的である。

（3） 基礎処理工は、セメントミルク等を用いて、ダムの基礎岩盤の状態が均一ではない弱部の補強、改良を行うものである。

（4） RCD工法は、単位水量が少なく、超硬練りに配合されたコンクリートを振動ローラで締め固める工法である。

問題 24

トンネルの山岳工法における掘削に関する次の記述のうち、**適当でないもの**はどれか。

（1） 機械掘削は、発破掘削に比べて騒音や振動が比較的少ない。

（2） 発破掘削は、主に地質が軟岩の地山に用いられる。

（3） 全断面工法は、トンネルの全断面を一度に掘削する工法である。

（4） ベンチカット工法は、一般的にトンネル断面を上下に分割して掘削する工法である。

問題 25

海岸堤防の形式の特徴に関する次の記述のうち、**適当でないもの**はどれか。

（1） 直立型は、比較的良好な地盤で、堤防用地が容易に得られない場合に適している。

（2） 傾斜型は、比較的軟弱な地盤で、堤体土砂が容易に得られる場合に適している。

（3） 緩傾斜型は、堤防用地が広く得られる場合や、海水浴場等に利用する場合に適している。

（4） 混成型は、水深が割合に深く、比較的良好な地盤に適している。

問題 26

ケーソン式混成堤の施工に関する次の記述のうち、**適当でないもの**はどれか。

（1） ケーソンの底面が据付け面に近づいたら、注水を一時止め、潜水士によって正確な位置を決めたのち、ふたたび注水して正しく据え付ける。

（2） 据え付けたケーソンは、できるだけゆっくりケーソン内部に中詰めを行って、ケーソンの質量を増し、安定性を高める。

（3） ケーソンは、波が静かなときを選び、一般にケーソンにワイヤをかけて引き船により据付け、現場までえい航する。

（4） 中詰め後は、波によって中詰め材が洗い出されないように、ケーソンの蓋となるコンクリートを打設する。

問題 27

鉄道の「軌道の用語」と「説明」に関する次の組合せのうち、**適当でないもの**はどれか。

［軌道の用語］　　　　　　　　　　　　　　［説明］

（1）　スラック…………曲線部において列車の通過を円滑にするために軌間を縮小する量のこと

（2）　カント……………曲線部において列車の転倒を防止するために曲線外側レールを高くすること

（3）　軌間………………両側のレール頭部間の最短距離のこと

（4）　スラブ軌道………プレキャストのコンクリート版を用いた軌道のこと

問題 28

鉄道（在来線）の営業線内及びこれに近接した工事に関する次の記述のうち、**適当でないもの**はどれか。

（1）　重機械による作業は、列車の近接から通過の完了まで建築限界をおかさないよう注意して行う。

（2）　工事場所が信号区間では、バール・スパナ・スチールテープ等の金属による短絡を防止する。

（3）　営業線での安全確保のため、所要の防護策を設け定期的に点検する。

（4）　重機械の運転者は、重機械安全運転の講習会修了証の写しを添え、監督員等の承認を得る。

問題 29

シールド工法に関する次の記述のうち、**適当でないもの**はどれか。

（1）　泥水式シールド工法は、泥水を循環させ、泥水によって切羽の安定を図る工法である。

（2）　泥水式シールド工法は、掘削した土砂に添加材を注入して強制的に攪拌し、流体輸送方式によって地上に搬出する工法である。

（3）　土圧式シールド工法は、カッターチャンバー内に掘削した土砂を充満させ、切羽の土圧と平衡を保つ工法である。

（4）　土圧式シールド工法は、掘削した土砂をスクリューコンベヤで排土する工法である。

問題 30

上水道に用いる配水管と継手の特徴に関する次の記述のうち、**適当でないもの**はどれか。

（1）　鋼管の継手の溶接は、時間がかかり、雨天時には溶接に注意しなければならない。

（2）　ポリエチレン管の融着継手は、雨天時や湧水地盤での施工が困難である。

（3）　ダクタイル鋳鉄管のメカニカル継手は、地震の変動への適応が困難である。

（4）　硬質塩化ビニル管の接着した継手は、強度や水密性に注意しなければならない。

問題 31

下水道の剛性管渠を施工する際の下記の「基礎地盤の土質区分」と「基礎の種類」の組合せとして、**適当なもの**は次のうちどれか。

［基礎地盤の土質区分］

（イ）　軟弱土（シルト及び有機質土）

（ロ）　硬質土（硬質粘土、礫混じり土及び礫混じり砂）

（ハ）　極軟弱土（非常に緩いシルト及び有機質土）

［基礎の種類］

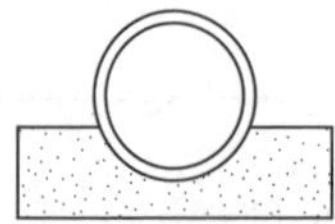

砂基礎

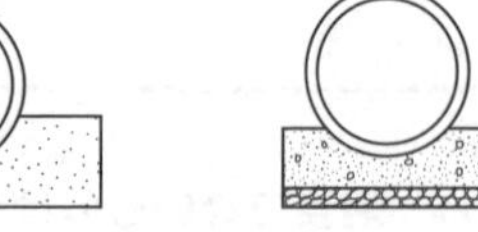

コンクリート基礎

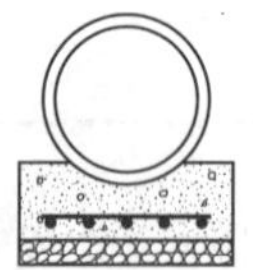

鉄筋コンクリート基礎

	（イ）	（ロ）	（ハ）
（1）	砂基礎	コンクリート基礎	鉄筋コンクリート基礎
（2）	コンクリート基礎	砂基礎	鉄筋コンクリート基礎
（3）	鉄筋コンクリート基礎	砂基礎	コンクリート基礎
（4）	砂基礎	鉄筋コンクリート基礎	コンクリート基礎

※ 問題番号No.32～No.42までの11問題のうちから6問題を選択し解答してください。

問題 32

労働時間、休憩に関する次の記述のうち、労働基準法上、**誤っているもの**はどれか。

（1） 使用者は、原則として労働者に、休憩時間を除き1週間に40時間を超えて、労働させてはならない。

（2） 災害その他避けることのできない事由によって、臨時の必要がある場合は、使用者は、行政官庁の許可を受けて、労働時間を延長することができる。

（3） 使用者は、労働時間が8時間を超える場合においては労働時間の途中に少なくとも45分の休憩時間を、原則として、一斉に与えなければならない。

（4） 労働時間は、事業場を異にする場合においても、労働時間に関する規定の適用について通算する。

問題 33

満18才に満たない者の就労に関する次の記述のうち、労働基準法上、**誤っているもの**はどれか。

（1） 使用者は、毒劇薬、又は爆発性の原料を取り扱う業務に就かせてはならない。

（2） 使用者は、その年齢を証明する後見人の証明書を事業場に備え付けなければならない。

（3） 使用者は、動力によるクレーンの運転をさせてはならない。

（4） 使用者は、坑内で労働させてはならない。

問題 34

労働安全衛生法上、**作業主任者の選任を必要としない作業**は、次のうちどれか。

（1） 土止め支保工の切りばり又は腹起こしの取付け又は取り外しの作業

（2） 高さが5m以上のコンクリート造の工作物の解体又は破壊の作業

（3） 既製コンクリート杭の杭打ちの作業

（4） 掘削面の高さが2m以上となる地山の掘削の作業

問題 35

主任技術者及び監理技術者の職務に関する次の記述のうち、建設業法上、**正しいもの**はどれか。

（1） 当該建設工事の下請契約書の作成を行わなければならない。

（2） 当該建設工事の下請代金の支払いを行わなければならない。

（3） 当該建設工事の資機材の調達を行わなければならない。

（4） 当該建設工事の品質管理を行わなければならない。

問題 36

車両の最高限度に関する次の記述のうち、車両制限令上、**正しいもの**はどれか。
ただし、道路管理者が道路の構造の保全及び交通の危険の防止上支障がないと認めて指定した道路を通行する車両を除く。

（1） 車両の幅は、2.5mである。　（2） 車両の輪荷重は、10tである。
（3） 車両の高さは、4.5mである。　（4） 車両の長さは、14mである。

問題 37

河川法上、河川区域内において、河川管理者の許可を**必要としないもの**は次のうちどれか。

（1） 河川区域内に設置されているトイレの撤去
（2） 河川区域内の上空を横断する送電線の改築
（3） 河川区域内の土地を利用した鉄道橋工事の資材置場の設置
（4） 取水施設の機能維持のために行う取水口付近に堆積した土砂の排除

問題 38

敷地面積1000m^{2}の土地に、建築面積500m^{2}の２階建ての倉庫を建築しようとする場合、建築基準法上、建ぺい率（%）として**正しいもの**は次のうちどれか。

（1） 50　（2） 100　（3） 150　（4） 200

問題 39

火薬類の取扱いに関する次の記述のうち、火薬類取締法上、**誤っているもの**はどれか。

（1） 火工所に火薬類を存置する場合には、見張人を原則として常時配置すること。
（2） 火工所として建物を設ける場合には、適当な換気の措置を講じ、床面は鉄類で覆い、安全に作業ができるような措置を講ずること。
（3） 火工所の周囲には、適当な柵を設け、火気厳禁 等と書いた警戒札を掲示すること。
（4） 火工所は、通路、通路となる坑道、動力線、火薬類取扱所、他の火工所、火薬庫、火気を取り扱う場所、人の出入りする建物等に対し安全で、かつ、湿気の少ない場所に設けること。

問題 40

騒音規制法上、建設機械の規格等にかかわらず特定建設作業の**対象とならない作業**は、次のうちどれか。
ただし、当該作業がその作業を開始した日に終わるものを除く。

（1） さく岩機を使用する作業　（2） 圧入式杭打杭抜機を使用する作業
（3） バックホゥを使用する作業　（4） ブルドーザを使用する作業

問題 41

振動規制法上、特定建設作業の規制基準に関する測定位置として、次の記述のうち**正しいもの**はどれか。

（1） 特定建設作業の敷地内の振動発生源　（2） 特定建設作業の敷地の中心地点
（3） 特定建設作業の敷地の境界線　（4） 特定建設作業の敷地に最も近接した家屋内

問題 42

港則法上、特定港内の船舶の航路及び航法に関する次の記述のうち、**誤っているもの**はどれか。

（1） 汽艇等以外の船舶は、特定港に出入し、又は特定港を通過するには、国土交通省令で定める航路によらなければならない。

（2） 船舶は、航路内においては、原則として投びょうし、又はえい航している船舶を放してはならない。

（3） 船舶は、航路内において、他の船舶と行き会うときは、左側を航行しなければならない。

（4） 航路から航路外に出ようとする船舶は、航路を航行する他の船舶の進路を避けなければならない。

※ 問題番号No.43～No.53までの11問題は、必須問題ですから全問題を解答してください。

問題 43

閉合トラバース測量による下表の観測結果において、閉合誤差が0.008mのとき、**閉合比**は次のうちどれか。

ただし、閉合比は有効数字４桁目を切り捨て、３桁に丸める。

側線	距離Ｉ（m）	方位角			緯距Ｌ（m）	経距Ｄ（m）
AB	37.464	183°	43′	41″	−37.385	−2.436
BC	40.557	103°	54′	7″	−9.744	39.369
CD	39.056	36°	32′	41″	31.377	23.256
DE	38.903	325°	21′	0″	32.003	−22.119
EA	41.397	246°	53′	37″	−16.246	−38.076
計	197.377				0.005	−0.006

閉合誤差 ＝ 0.008 m

（1） 1／24400

（2） 1／24500

（3） 1／24600

（4） 1／24700

問題 44

公共工事で発注者が示す設計図書に**該当しないもの**は、次のうちどれか。

（1） 現場説明書

（2） 現場説明に対する質問回答書

（3） 設計図面

（4） 施工計画書

問題 45

下図は橋の一般的な構造を示したものであるが、(イ)～(ニ)の橋の長さを表す名称に関する組合せとして、**適当なもの**は次のうちどれか。

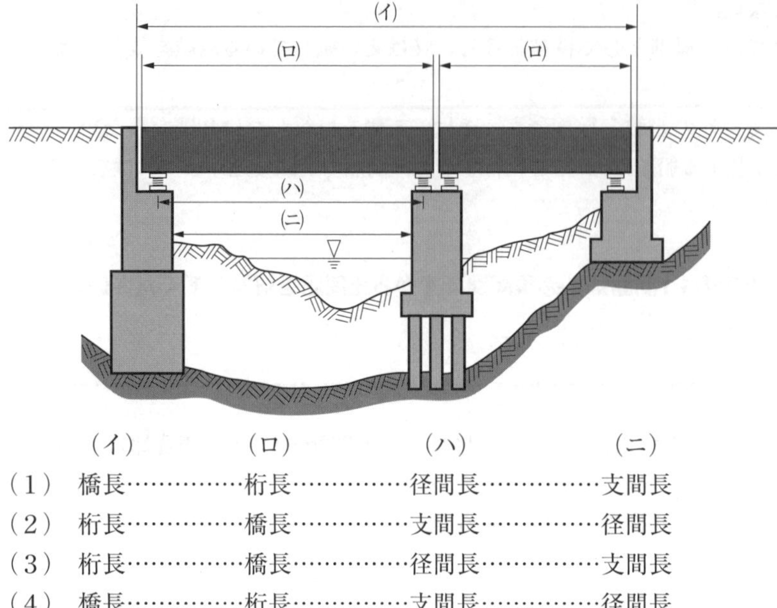

	(イ)	(ロ)	(ハ)	(ニ)
(1)	橋長	桁長	径間長	支間長
(2)	桁長	橋長	支間長	径間長
(3)	桁長	橋長	径間長	支間長
(4)	橋長	桁長	支間長	径間長

問題 46

建設機械の用途に関する次の記述のうち、**適当でないもの**はどれか。

(1) ブルドーザは、土工板を取り付けた機械で、土砂の掘削・運搬(押土)、積込み等に用いられる。
(2) ランマは、振動や打撃を与えて、路肩や狭い場所等の締固めに使用される。
(3) モーターグレーダは、路面の精密な仕上げに適しており、砂利道の補修、土の敷均し等に用いられる。
(4) タイヤローラは、接地圧の調整や自重を加減することができ、路盤等の締固めに使用される。

問題 47

施工計画作成に関する次の記述のうち、**適当でないもの**はどれか。

(1) 環境保全計画は、公害問題、交通問題、近隣環境への影響等に対し、十分な対策を立てることが主な内容である。
(2) 調達計画は、労務計画、資材計画、機械計画を立てることが主な内容である。
(3) 品質管理計画は、要求する品質を満足させるために設計図書に基づく規格値内に収まるよう計画することが主な内容である。
(4) 仮設備計画は、仮設備の設計や配置計画、安全衛生計画を立てることが主な内容である。

問題 48

労働安全衛生法上、事業者が労働者に保護帽の着用をさせなければならない作業に**該当しないもの**は、次のうちどれか。

(1) 物体の飛来又は落下の危険のある採石作業
(2) 最大積載量が5tの貨物自動車の荷の積み卸しの作業

（3） ジャッキ式つり上げ機械を用いた荷のつり上げ、つり下げの作業
（4） 橋梁支間20mのコンクリート橋の架設作業

問題 49

高さ5m以上のコンクリート造の工作物の解体作業にともなう危険を防止するために事業者が行うべき事項に関する次の記述のうち、労働安全衛生法上、**誤っているもの**はどれか。
（1） 作業方法及び労働者の配置を決定し、作業を直接指揮する。
（2） 強風、大雨、大雪等の悪天候のため、作業の実施について危険が予想されるときは、当該作業を中止しなければならない。
（3） 器具、工具等を上げ、又は下ろすときは、つり綱、つり袋等を労働者に使用させる。
（4） 外壁、柱等の引倒し等の作業を行うときは、引倒し等について一定の合図を定め、関係労働者に周知させなければならない。

問題 50

工事の品質管理活動における品質管理のPDCA（Plan、Do、Check、Action）に関する次の記述のうち、**適当でないもの**はどれか。
（1） 第1段階（計画Plan）では、品質特性の選定と品質規格を決定する。
（2） 第2段階（実施Do）では、作業日報に基づき、作業を実施する。
（3） 第3段階（検討Check）では、統計的手法により、解析・検討を行う。
（4） 第4段階（処理Action）では、異常原因を追究し、除去する処置をとる。

問題 51

レディーミクストコンクリート（JIS A 5308）の受入れ検査と合格判定に関する次の記述のうち、**適当でないもの**はどれか。
（1） 圧縮強度の1回の試験結果は、購入者の指定した呼び強度の強度値の85％以上である。
（2） 空気量4.5％のコンクリートの空気量の許容差は、±2.0％である。
（3） スランプ12cm のコンクリートのスランプの許容差は、±2.5cmである。
（4） 塩化物含有量は、塩化物イオン量として原則0.3kg/m^{3}以下である。

問題 52

建設工事における騒音や振動に関する次の記述のうち、**適当でないもの**はどれか。
（1） 掘削、積込み作業にあたっては、低騒音型建設機械の使用を原則とする。
（2） アスファルトフィニッシャでの舗装工事で、特に静かな工事施工が要求される場合、バイブレータ式よりタンパ式の採用が望ましい。
（3） 建設機械の土工板やバケット等は、できるだけ土のふるい落としの操作を避ける。
（4） 履帯式の土工機械では、走行速度が速くなると騒音振動も大きくなるので、不必要な高速走行は避ける。

問題 53

建設工事に係る資材の再資源化等に関する法律（建設リサイクル法）に定められている特定建設資材に**該当するもの**は、次のうちどれか。
（1） ガラス類　　（2） 廃プラスチック
（3） アスファルト・コンクリート　　（4） 土砂

※ 問題番号No.54～No.61までの8問題は、施工管理法（基礎的な能力）の必須問題ですから全問題を解答してください。

問題 54

建設機械の走行に関する下記の文章中の［　　］の（イ）～（ニ）に当てはまる語句の組合せとして、**適当なもの**は次のうちどれか。

・建設機械の走行に必要なコーン指数は、［（イ）］より［（ロ）］の方が大きく、［（イ）］より［（ハ）］の方が小さい。

・［（ニ）］では、建設機械の走行に伴うこね返しにより土の強度が低下し、走行不可能になることもある。

	（イ）	（ロ）	（ハ）	（ニ）
（1）	普通ブルドーザ	ダンプトラック	湿地ブルドーザ	粘性土
（2）	ダンプトラック	普通ブルドーザ	湿地ブルドーザ	砂質土
（3）	ダンプトラック	湿地ブルドーザ	普通ブルドーザ	粘性土
（4）	湿地ブルドーザ	ダンプトラック	普通ブルドーザ	砂質土

問題 55

建設機械の作業に関する下記の①～④の４つの記述のうち、**適当なものの数**は次のうちどれか。

① リッパビリティとは、バックホゥに装着されたリッパによって作業できる程度をいう。
② トラフィカビリティとは、建設機械の走行性をいい、一般にN値で判断される。
③ ブルドーザの作業効率は、砂の方が岩塊・玉石より小さい。
④ ダンプトラックの作業効率は、運搬路の沿道条件、路面状態、昼夜の別で変わる。

（1） 1つ
（2） 2つ
（3） 3つ
（4） 4つ

問題 56

工程管理に関する下記の①～④の４つの記述のうち、**適当なもののみを全てあげている組合せ**は次のうちどれか。

① 計画工程と実施工程に差が生じた場合には、その原因を追及して改善する。
② 工程管理では、計画工程が実施工程よりも、やや上回る程度に進行管理を実施する。
③ 常に工程の進捗状況を全作業員に周知徹底させ、作業能率を高めるように努力する。
④ 工程表は、工事の施工順序と所要の日数等をわかりやすく図表化したものである。

（1） ①②
（2） ②③
（3） ①②③
（4） ①③④

問題 57

下図のネットワーク式工程表について記載している下記の文章中の［　　］の(イ)～(ニ)に当てはまる語句の組合せとして、**正しいもの**は次のうちどれか。
ただし、図中のイベント間のA～Gは作業内容、数字は作業日数を表す。

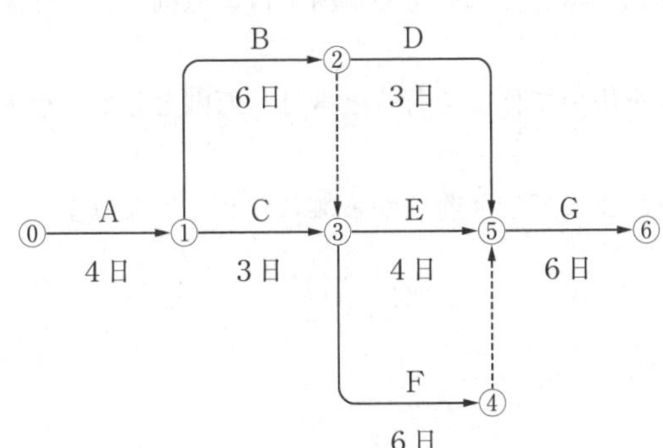

・［(イ)］及び［(ロ)］は、クリティカルパス上の作業である。
・作業Dが［(ハ)］遅延しても、全体の工期に影響はない。
・この工程全体の工期は、［(ニ)］である。

	(イ)	(ロ)	(ハ)	(ニ)
(1)	作業B	作業F	3日	22日間
(2)	作業C	作業E	4日	20日間
(3)	作業C	作業E	3日	20日間
(4)	作業B	作業F	4日	22日間

問題 58

足場の安全に関する下記の文章中の［　　］の(イ)～(ニ)に当てはまる語句の組合せとして、労働安全衛生法上、**正しいもの**は次のうちどれか。
・高さ2m以上の足場(一側足場及びわく組足場を除く)の作業床には、墜落や転落を防止するため、手すりと［(イ)］を設置する。
・高さ2m以上の足場(一側足場及びつり足場を除く)の作業床の幅は40cm以上とし、物体の落下を防ぐ［(ロ)］を設置する。
・高さ2m以上の足場(一側足場及びつり足場を除く)の作業床における床材間の［(ハ)］は、3cm以下とする。
・高さ5m以上の足場の組立て、解体等の作業を行う場合は、［(ニ)］が指揮を行う。

	(イ)	(ロ)	(ハ)	(ニ)
(1)	中(なか)さん	幅木	隙間	足場の組立て等作業主任者
(2)	幅木	中さん	段差	監視人
(3)	中さん	幅木	段差	足場の組立て等作業主任者
(4)	幅木	中さん	隙間	監視人

問題 59

移動式クレーンを用いた作業において、事業者が行うべき事項に関する下記の①～④の４つの記述のうち、クレーン等安全規則上、**正しいものの数**は次のうちどれか。

① 移動式クレーンにその定格荷重をこえる荷重をかけて使用してはならない。

② 軟弱地盤のような移動式クレーンが転倒するおそれのある場所では、原則として作業を行ってはならない。

③ アウトリガーを有する移動式クレーンを用いて作業を行うときは、原則としてアウトリガーを最大限に張り出さなければならない。

④ 移動式クレーンの運転者を、荷をつったままで旋回範囲から離れさせてはならない。

（1） 1つ
（2） 2つ
（3） 3つ
（4） 4つ

問題 60

管理図に関する下記の文章中の［　　］の(イ)～(ニ)に当てはまる語句又は数値の組合せとして、**適当なもの**は次のうちどれか。

・管理図は、いくつかある品質管理の手法の中で、応用範囲が［（イ）］便利で、最も多く活用されている。

・一般に、上下の管理限界の線は、統計量の標準偏差の［（ロ）］倍の幅に記入している。

・不良品の個数や事故の回数など個数で数えられるデータは、［（ハ）］と呼ばれている。

・管理限界内にあっても、測定値が［（ニ）］上下するときは工程に異常があると考える。

	(イ)	(ロ)	(ハ)	(ニ)
(1)	広く	10	計数値	１度でも
(2)	狭く	3	計量値	１度でも
(3)	狭く	10	計量値	周期的に
(4)	広く	3	計数値	周期的に

問題 61

盛土の締固めにおける品質管理に関する下記の①～④の４つの記述のうち、**適当なものの数**は次のうちどれか。

① 工法規定方式は、盛土の締固め度を規定する方法である。

② 盛土の締固めの効果や特性は、土の種類や含水比、施工方法によって大きく変化する。

③ 盛土が最もよく締まる含水比は、最大乾燥密度が得られる含水比で最適含水比である。

④ 現場での土の乾燥密度の測定方法には、砂置換法やRI 計器による方法がある。

（1） 1つ　（2） 2つ　（3） 3つ　（4） 4つ

令和５年度第２次検定　問題
（令和５年10月22日実施）

※問題１～問題５は必須問題です。必ず解答してください。
問題１で
① 設問１の解答が無記載又は記述漏れがある場合、
② 設問２の解答が無記載又は設問で求められている内容以外の記述の場合、
どちらの場合にも問題２以降は採点の対象となりません。

必須問題

問題 1

あなたが経験した土木工事の現場において、工夫した品質管理又は工夫した工程管理のうちから１つ選び、次の〔設問１〕、〔設問２〕に答えなさい。

〔注意〕あなたが経験した工事でないことが判明した場合は失格となります。

〔設問1〕

あなたが**経験した土木工事**に関し、次の事項について解答欄に明確に記述しなさい。

〔注意〕「経験した土木工事」は、あなたが工事請負者の技術者の場合は、あなたの所属会社が受注した工事内容について記述してください。従って、あなたの所属会社が二次下請業者の場合は、発注者名は一次下請業者名となります。
なお、あなたの所属が発注機関の場合の発注者名は、所属機関名となります。

（1） **工事名**
（2） **工事の内容**
　① **発注者名**
　② **工事場所**
　③ **工　　期**
　④ **主な工種**
　⑤ **施 工 量**
（3） **工事現場における施工管理上のあなたの立場**

〔設問2〕

上記工事で実施した**「現場で工夫した安全管理」**又は**「現場で工夫した工程管理」**のいずれかを選び、次の事項について解答欄に具体的に記述しなさい。
ただし、安全管理については、交通誘導員の配置のみに関する記述は除く。
（1） 特に留意した**技術的課題**
（2） 技術的課題を解決するために**検討した項目と検討理由及び検討内容**
（3） 上記検討の結果、**現場で実施した対応処置とその評価**

必須問題

問題 2

地山の明り掘削の作業時に事業者が行わなければならない安全管理に関し、労働安全衛生法上、次の文章の［　　］の(イ)～(ホ)に当てはまる**適切な語句を、下記の語句から選び**解答欄に記入しなさい。

（1） 地山の崩壊、埋設物等の損壊等により労働者に危険を及ぼすおそれのあるときは、作業箇所及びその周辺の地山について、ボーリングその他適当な方法により調査し、調査結果に適応する掘削の時期及び［（イ）］を定めて、作業を行わなければならない。

（2） 地山の崩壊又は土石の落下により労働者に危険を及ぼす恐れのあるときは、あらかじめ［（ロ）］を設け、［（ハ）］を張り、労働者の立入りを禁止する等の措置を講じなければならない。

（3） 掘削機械、積込機械及び運搬機械の使用によるガス導管、地中電線路その他地下に存在する工作物の［（ニ）］により労働者に危険を及ぼす恐れのあるときは、これらの機械を使用してはならない。

（4） 点検者を指名して、その日の作業を［（ホ）］する前、大雨の後及び中震(震度４)以上の地震の後、浮石及び亀裂の有無及び状態並びに含水、湧水及び凍結の状態の変化を点検させなければならない。

［語句］

	土止め支保工、	遮水シート、	休憩、	飛散、	作業員、
	型枠支保工、	順序、	開始、	防護網、	段差、
	吊り足場、	合図、	損壊、	終了、	養生シート

必須問題

問題 3

建設工事に係る資材の再資源化等に関する法律（建設リサイクル法）により定められている、下記の特定建設資材①～④から**２つ選び、その番号、再資源化後の材料名又は主な利用用途**を、解答欄に記述しなさい。
ただし、同一の解答は不可とする。

① コンクリート　　② コンクリート及び鉄から成る建設資材
③ 木材　　④ アスファルト・コンクリート

必須問題

問題 4

切土法面の施工に関する次の文章の［　　］の(イ)～(ホ)に当てはまる**適切な語句を、下記の語句から選び**解答欄に記入しなさい。

（1） 切土の施工に当たっては［（イ）］の変化に注意を払い、当初予想された［（イ）］以外が現れた場合、ひとまず施工を中止する。

（2） 切土法面の施工中は、雨水等による法面浸食や［（ロ）］・落石等が発生しないように、一時的な法面の排水、法面保護、落石防止を行うのがよい。
（3） 施工中の一時的な切土法面の排水は、仮排水路を［（ハ）］の上や小段に設け、できるだけ切土部への水の浸透を防止するとともに法面を雨水等が流れないようにすることが望ましい。
（4） 施工中の一時的な法面保護は、法面全体をビニールシートで被覆したり、［（ニ）］により法面を保護することもある。
（5） 施工中の一時的な落石防止としては、亀裂の多い岩盤法面や礫等の浮石の多い法面では、仮設の落石防護網や落石防護［（ホ）］を施すこともある。

［語句］ 土地利用、 看板、 平坦部、 地質、 柵、
監視、 転倒、 法肩、 客土、 N 値、
モルタル吹付、 尾根、 飛散、 管、 崩壊

必須問題

問題 5

コンクリートに関する下記の用語①～④から**2つ選び、その番号、その用語の説明**について解答欄に記述しなさい。

① アルカリシリカ反応
② コールドジョイント
③ スランプ
④ ワーカビリティー

問題6～問題9までは選択問題（1）、（2）です。
※問題6、問題7の選択問題（1）の2問題のうちから1問題を選択し解答してください。
なお、選択した問題は、解答用紙の選択欄に○印を必ず記入してください。

選択問題（1）

問題 6

盛土の締固め管理方法に関する次の文章の［　　］の（イ）～（ホ）に当てはまる**適切な語句又は数値を、下記の語句又は数値から選び**解答欄に記入しなさい。

（1） 盛土工事の締固め管理方法には、［（イ）］規定方式と［（ロ）］規定方式があり、どちらの方法を適用するかは、工事の性格・規模・土質条件など、現場の状況をよく考えた上で判断することが大切である。
（2） ［（イ）］規定方式のうち、最も一般的な管理方法は、現場における土の締固めの程度を締固め度で規定する方法である。
（3） 締固め度の規定値は、一般にJIS A 1210（突固めによる土の締固め試験方法）のA法で道路土工に規定された室内試験から得られる土の最大［（ハ）］の［（ニ）］％以上とされている。
（4） ［（ロ）］規定方式は、使用する締固め機械の機種や締固め回数、盛土材料の敷均し厚さ等、［（ロ）］そのものを［（ホ）］に規定する方法である。

[語句又は数値]	施工、	80、	協議書、	90、	乾燥密度、
	安全、	品質、	収縮密度、	工程、	指示書、
	膨張率、	70、	工法、	現場、	仕様書

選択問題(1)

問題 7

コンクリート構造物の鉄筋の組立及び型枠に関する次の文章の[　　]の(イ)～(ホ)に当てはまる**適切な語句を、下記の語句から選び**解答欄に記入しなさい。

(1) 鉄筋どうしの交点の要所は直径0.8mm以上の[(イ)]等で緊結する。
(2) 鉄筋のかぶりを正しく保つために、モルタルあるいはコンクリート製の[(ロ)]を用いる。
(3) 鉄筋の継手箇所は構造上の弱点となりやすいため、できるだけ大きな荷重がかかる位置を避け、[(ハ)]の断面に集めないようにする。
(4) 型枠の締め付けにはボルト又は鋼棒を用いる。型枠相互の間隔を正しく保つためには、[(ニ)]やフォームタイを用いる。
(5) 型枠内面には、[(ホ)]を塗っておくことが原則である。

[語句]	結束バンド、	スペーサ、	千鳥、	剥離剤、	交互、
	潤滑油、	混和剤、	クランプ、	焼なまし鉄線、	パイプ、
	セパレータ、	平板、	供試体、	電線、	同一

※問題8、問題9の選択問題(2)の2問題のうちから1問題を選択し解答してください。
なお、選択した問題は、解答用紙の選択欄に○印を必ず記入してください。

選択問題(2)

問題 8

建設工事における移動式クレーン作業及び玉掛け作業に係る安全管理のうち、**事業者が実施すべき安全対策**について、下記の①，②の作業ごとに、それぞれ8つずつ解答欄に記述しなさい。
ただし、同一の解答は不可とする。

① 移動式クレーン作業
② 玉掛け作業

問題 9

下図のような管渠を構築する場合、施工手順に基づき**工種名を記述し、横線式工程表(バーチャート)を作成し、全所要日数を求め**解答欄に記述しなさい。
各工種の作業日数は次のとおりとする。

・床掘工７日　・基礎砕石工５日　・養生工７日　・埋戻し工３日　・型枠組立工３日
・型枠取外し工１日　・コンクリート打込み工１日　・管渠敷設工４日

ただし、基礎砕石工については床掘工と３日の重複作業で行うものとする。
また、解答用紙に記載されている工種は施工手順として決められたものとする。

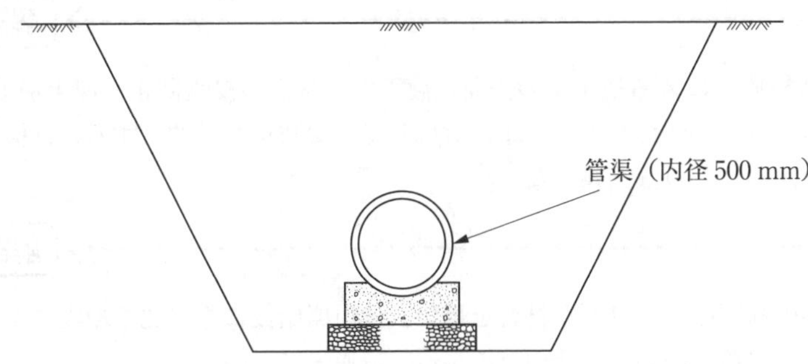

【解答用紙】

手順	工種名	作業工程(日) 5	10	15	20	25	30	35
①								
②								
③	管渠敷設工							
④								
⑤	コンクリート打込み工							
⑥								
⑦								
⑧	埋戻し工							

全所要日数＿＿＿日

令和５年度前期第１次検定　解答と解説
（令和５年６月４日実施）

問題 1 ------------------------------------→ 解答(1)

（1）設問通りで、適当である。
（2）バックホゥは、主に機械の位置よりも低い場所の掘削に用いられる。高い場所で用いられるのはクラムシェルなどである。
（3）トラクタショベルは、掘削、積み込みなどに用いられる。機械の位置より高い場所で用いられるのはクラムシェルなどである。
（4）スクレーパは、掘削・積込・運搬・敷均の一連の土工作業に用いられ、押土に用いられるのはブルドーザなどである。

問題 2 ------------------------------------→ 解答(1)

種子吹き付け工は、機械播種施工による植生工の法面保護工で、法面の浸食防止、凍上崩壊抑制、全面植生(緑化)を目的に採用される工法である。土圧に対抗して崩壊防止を目的とするのは構造物による法面保護工である。そのため、(1)は適当でない。

問題 3 ------------------------------------→ 解答(4)

盛土工における構造物縁部の締固めは、良質な材料を用い、供用開始後に不同沈下や段差がないよう小型の締固め機械により入念に締め固める。そのため、(4)は適当でない。

問題 4 ------------------------------------→ 解答(3)

深層混合処理工法は、セメントまたは石灰で現地盤の土と混合することにより柱体状の安定処理土を形成し盛土のすべり防止、沈下の低減などを目的とする工法で、「固結工法」に分類される。そのため、(3)は適当でない。

問題 5 ------------------------------------→ 解答(1)

（1）設問通りで、適当である。
（2）セメントの一部をシリカヒュームで置換したコンクリートは、通常のコンクリートに比べて、材料分離が生じにくい、ブリーディングが小さい、強度増加が著しい、水密性や化学的抵抗性が向上する等の利点がある。
（3）ＡＥ減水剤は、ワーカビリティを改善させコンクリートの耐凍害性を向上させる混和剤である。
（4）流動化剤は、あらかじめ練り混ぜられたコンクリートに添加し、これを攪拌することによって、その流動性を増大させることを主たる目的とする化学混和剤である。

問題 6 ------------------------------------→ 解答(2)

スランプ試験は、試料をスランプコーンに3層に分けて詰め、各層の高さは，それぞれ底面から65mm、150mm、300mmである。そのため、(2)は適当でない。

問題 7 -- 解答(1)

コンシステンシーとは、変形あるいは流動に対する抵抗性の程度で表されるフレッシュコンクリート(モルタル、ペースト)の性質である。ブリーディングがフレッシュコンクリートの固体材料の沈降または分離によって、練り混ぜ水の一部が遊離して上昇する現象である。そのため、(1)は適当でない。

問題 8 -- 解答(3)

鉄筋同士の交点の要所は、直径0.8mm以上の焼きなまし鉄線又は適切なクリップなどで金欠する。使用した焼きなまし鉄線、クリップ等はかぶり内に残してはならない。スペーサを用いるのは、型枠を設置する場所等でかぶりを確保する場合に用いられ、モルタル製あるいはコンクリート製を原則とする。また、モルタル製あるいはコンクリート製のスペーサは本体コンクリートと同等程度以上の品質を有するものを用いる。そのため、(3)は適当でない。

問題 9 -- 解答(1)

打撃工法により一群の杭を打つときは、一方の隅から他方の隅へ打込んでいくか、中心部の杭から周辺部の杭へと順に打ち込む。これは、打込みによる地盤の締固め効果によって打込み抵抗が増大し、貫入不能となるためである。そのため、(1)は適当でない。

問題 10 -- 解答(1)

リバースサーキュレーション工法は、スタンドパイプを建て込み、孔内に水圧をかけて崩壊を防ぎビットで掘削した土砂を泥水とともに吸い上げる工法である。ベントナイト水等、安定液を使用するのはアースドリル工法である。そのため、(1)は適当でない。

問題 11 -- 解答(3)

ヒービングとは、軟弱な粘土質地盤を掘削したときに、掘削底面がもりあがり、土留め壁のはらみ、周辺地盤の沈下が生じる現象である。ボイリングが、砂質地盤で地下水位以下を掘削した時に、水位差により上向きの浸透流が発し、砂が吹き上がる現象である。そのため、(3)は適当でない。

問題 12 -- 解答(2)

点Y_Uは、上降伏点(応力が増えないのにひずみが急激に増加し始める点)である。そのため、(2)は適当でない。なお、弾性限度は点Eであり、弾性変形をする最大限度である。

問題 13 -- 解答(4)

(1)開先溶接の始端と終端は、溶接欠陥が生じやすいので、エンドタブという部材を設ける。そのため、適当でない。
(2)溶接の施工にあたっては、溶接線近傍を十分に乾燥させる。そのため、適当でない。
(3)開先溶接においては、原則として裏はつりを行なう。そのため、適当でない。
(4)設問通りで、適当である。

問題 14 -- 解答(4)

(1)塩害対策として、水セメント比をできるだけ小さくする。そのため、適当でない。
(2)塩害対策として、膨張材は用いない。膨張材は、収縮に対抗してひび割れを抑制する目的で用いるが、塩害とは無関係である。そのため、適当でない。

(3)凍害対策として、吸水率の小さい骨材を使用する。そのため、適当でない。

(4)設問通りで、適当である。

問題 15 --→ 解答(2)

川幅拡大のために現堤防の背後に新堤防を築く引堤工事を行った場合の旧堤防は、新堤防の完成後、堤防の地盤が十分安定した後に撤去し、通常は3年間新旧両堤防を併存させる。そのため、(2)は適当でない。

問題 16 --→ 解答(1)

(1)設問通りで、適当である。

(2)高水護岸は、複断面河川の高水敷よりも上部の堤防において、高水時に堤防の表法面を保護するために施工する。そのため、適当でない。

(3)護岸基礎工の天端の高さは、洪水時に洗堀が生じても護岸基礎の浮き上がりが生じないよう、過去の河床変動実績や調査等によって、最深河床高を評価して決定する。基礎工の天端高を最深河床高の評価高とする方法と、評価高よりも上にする方法があるが、評価高よりも上にする場合の基礎工天端高は、計画断面の平均河床高と現況河床高のうち、低いほうより0.5～1.5m程度深くしているものが多い。そのため、適当でない。

(4)法覆工は、堤防及び河岸の法面をコンクリートブロック等で被覆し保護するものである。流水・流木の作用、土圧等に対して安全な構造とし、堤防の法勾配が緩く流速が小さな場所では、張ブロックで施工し、法勾配が急で流速が大きな場所では、間知ブロックで施工する。そのため、適当でない。

問題 17 --→ 解答(2)

堤体基礎の根入れは、基礎の不均質性や風化の速度を考慮して、基礎地盤が岩盤の場合は1m以上、砂礫層の場合は2m以上行うのが通常である。そのため、(2)は適当でない。

問題 18 --→ 解答(3)

(1)杭工とは、原則として地すべり運動ブロックの中央部より下部の、すべり面の勾配が緩やかで、地すべり土塊の圧縮部で、地すべり層が比較的厚い、受動破壊の起こらない所に杭を地すべり斜面に建込んで不動土塊までそう入し、滑動力に対して杭の剛性による抵抗力で斜面の安定性を高める工法である。そのため、適当でない。

(2)集水井工は、堅固な地盤に地下水が集水できる井筒を設置して、横ボーリング工の集水効果に主眼を置くとともに、地下水位以下の井筒の壁面に設けた集水孔などからも地下水を集水し、原則として排水ボーリングによる自然排水を行う工法である。そのため、適当でない。

(3)設問通りで、適当である。

(4)排土工は、原則として地すべり土塊の滑動力を減少させることを目的に、地すべり頭部の不安定土塊を排除する工法で、抑制工に区分される。そのため、適当でない。

問題 19 --→ 解答(2)

加熱アスファルト安定処理路盤材料の施工方法には、1層の仕上り厚が10cm以下の「一般工法」とそれを超える「シックリフト工法」とがある。加熱アスファルト安定処理路盤材料の敷均しは、一般にアスファルトフィニッシャで行うが、まれにブルドーザやモータグレーダなどを用いることもある。そのため、(2)は適当でない。

問題 20 ------------------------------ 解答(3)

初転圧は、ヘアクラックの発生しない限りできるだけ高い温度で行う。初転圧温度は、一般に110～140℃である。そのため、(3)は適当でない。

問題 21 ------------------------------ 解答(4)

流動わだち掘れは、道路の横断方向の凹凸で、アスファルト混合物の塑性変形によるものであり、車両の通過位置が同じところに生じる。そのため、(4)は適当でない。

問題 22 ------------------------------ 解答(2)

荷重によってたわみの生じるアスファルト舗装に対して、コンクリート舗装は、主としてコンクリート版の曲げ抵抗で交通荷重を支える。そのため、(2)は適当でない。

問題 23 ------------------------------ 解答(2)

ダム本体の基礎の掘削には、基礎岩盤に損傷を与えることが少なく量掘削に対応できるので、ベンチカット工法が一般的に用いられる。そのため、(2)は適当でない。

問題 24 ------------------------------ 解答(4)

吹付けコンクリートが十分な強度を発揮するまでの初期荷重を負担する目的から、鋼アーチ支保工は、一次吹付けコンクリート施工後すみやかに建て込む。そのため、(4)は適当でない。

問題 25 ------------------------------ 解答(3)

層積みは、規則正しく配列する積み方で整然と並び、外観が美しく、乱積みに比べて安定性にすぐれているが、捨石均し面に凹凸がある場合は捨石の均し精度を要するなど据付けに手間がかかる。そのため、(3)は適当でない。

問題 26 ------------------------------ 解答(3)

(1)グラブ浚渫船は、中小規模の浚渫工事に適しており適用範囲が極めて広く、岸壁等の構造物前面の浚渫や狭い場所での浚渫にも使用できる。そのため、適当でない。

(2)非航式グラブ浚渫船の標準的な船団は、グラブ浚渫船、土運船、引船及び揚錨船の組合せで構成される。そのため、適当でない。

(3)設問通りで、適当である。

(4)浚渫後の出来形確認測量には、原則として音響測探機を使用する。出来形確認測量の作業は、工事現場にグラブ浚渫船がいる間に行う。そのため、適当でない。

問題 27 ------------------------------ 解答(2)

バラスト道床は、耐摩耗性、沈下に対する抵抗力に優れ、単位容積質量やせん断抵抗角が大きい砕石を選定する。そのため、(2)は適当でない。

問題 28 ------------------------------ 解答(3)

軌道作業責任者は、作業集団ごとに専任の者を常時配置しなければならない。そのため、(3)は適当でない。

問題 29 ---→ 解答(4)

密閉型シールドは、切羽とシールド内部の作業室が隔壁で仕切られている。そのため、(４)は適当でない。

問題 30 ---→ 解答(1)

(１)設問通りで、適当である。
(２)管の布設にあたって縦断勾配のある場合、原則として低所から高所に向けて行う。そのため、適当でない。
(３)ダクタイル鋳鉄管の据付けにあたっては、管体の表示記号を確認するとともに、表示記号の管径、年号の記号を上に向けて据え付ける。そのため、適当でない。
(４)鋳鉄管の切断は、直管は切断機で行うことを標準とし、異形管は切断しない。そのため、適当でない。

問題 31 ---→ 解答(4)

下水道の遠心力鉄筋コンクリート管(ヒューム管)の継手の種類には、カラー継手、いんろう継手及びソケット継手がある。図示された継手の名称は、(イ)いんろう継手、(ロ)カラー継手、(ハ)ソケット継手である。そのため、(４)は適当である。

問題 32 ---→ 解答(2)

未成年者は、独立して賃金を請求することができる。親権者又は後見人は、未成年者の賃金を代って受け取ってはならない(労働基準法第59条)。そのため、(２)は誤っている。

問題 33 ---→ 解答(1)

労働者が業務上負傷、又は疾病にかかった場合においては、使用者は、その費用で必要な療養を行うか、又は必要な療養の費用を負担しなければならないと規定している(労働基準法第75条第１項)。必要な療養費用の一部の補助ではない。そのため、(１)は誤っている。

問題 34 --> 解答(1)

作業主任者の選任を必要とする作業(労働安全衛生法第14条、同法施行令第6条)

作業主任者	作業内容
高圧室内作業主任者(免)	高圧室内作業
ガス溶接作業主任者(免)	アセチレン溶接装置又はガス集合溶接装置を用いて行なう金属の溶接、溶断又は加熱の作業
コンクリート破砕器作業主任者(技)	コンクリート破砕器を用いて行う破砕の作業
地山の掘削作業主任者(技)	掘削面の高さが2m以上となる地山の掘削作業
土止め支保工作業主任者(技)	土止め支保工の切りばり又は腹おこしの取付け又は取りはずしの作業
ずい道等の掘削等作業主任者(技)	ずい道等の掘削の作業又はこれに伴うずり積む、ずい道支保工の組立て、ロックボルトの取付、もしくはコンクリート等の吹付けの作業
ずい道等の覆工作業主任者(技)	ずい道等の覆工の作業
型わく支保工の組立等作業主任者(技)	型わく支保工の組立て又は解体の作業
足場の組立等作業主任者(技)	つり足場(ゴンドラのつり足場を除く)、張出し足場又は高さが5m以上の構造の足場の組立て、解体又は変更の作業
鉄骨の組立等作業主任者(技)	建築物の骨組み又は塔で、金属製の部材により構成されるもの(その高さが5m以上であるものに限る)の組立、解体又は変更の作業
コンクリート造の工作物の解体又は破壊の作業主任者(技)	コンクリート造の工作物(その高さが5m以上であるものに限る)の解体又は破壊の作業
コンクリート橋架設等作業主任者(技)	橋梁の上部構造であって、コンクリート造のもの(その高さが5m以上あるもの又は当該上部構造のうち橋梁の支間が30m以上である部分に限る)の架設又は変更の作業
鋼橋架設等作業主任者(技)	橋梁の上部構造であって、金属製の部材により構成されるもの(その高さが5m以上あるもの又は当該上部構造のうち橋梁の支間が30m以上である部分に限る)の架設又は変更の作業
酸素欠乏危険作業主任者(技)	酸素欠乏危険場所における作業

注(免):免許を受けた者　(技):技能講習を修了した者

よって、(1)の高さが3mのコンクリート橋梁上部構造の仮設の作業は、作業主任者の選任に該当しない作業である。該当する作業は、高さ5m以上の場合である。

問題 35 --> 解答(4)

建設業者は、その請け負った建設工事を施工するときは、当該工事現場における建設工事の施工の技術上の管理をつかさどるもの(「主任技術者」という)を置かなければならない(建設業法第26条第1項)。経理上の管理をつかさどる者ではない。そのため、(4)は誤っている。

問題 36 --> 解答(4)

道路に次の各号のいずれかに掲げる工作物、物件又は施設を設け、継続して道路を使用しようとする場合においては、道路管理者の許可を受けなければならない。許可を受けようとする者は、次の事項を記載した申請書を道路管理者に提出しなければならない(道路法第32条第２項)。

1　道路の占用(道路に前項各号の一に掲げる工作物、物件又は施設を設け、継続して道路を使用することをいう)の目的
2　道路の占用の期間
3　道路の占用の場所
4　工作物、物件又は施設の構造
5　工事実施の方法
6　工事の時期
7　道路の復旧方法

そのため、(４)は工事実施の方法は該当する。

問題 37 --> 解答(1)

１級河川の管理は、国土交通大臣が行う。２級河川の管理は、当該河川の存する都道府県を統括する都道府県知事が行う(河川法第９条第１項、第10条第１項)。１級及び２級河川以外の準用河川の管理は、市町村長が行う(河川法第100条第１項)。そのため、(１)は誤っている。

問題 38 --> 解答(3)

用語の定義において、建築設備とは　建築物に設ける電気、ガス、給水、排水、換気、暖房、冷房、消火、排煙若しくは汚物処理の設備又は煙突、昇降機もしくは避雷針をいう(建築基準法第２条第３号)。そのため、(３)の階段は、建築設備に該当しない。

問題 39 --> 解答(1)

製造業者、販売業者、消費者その他火薬類を取り扱う者は、その所有し、又は占有する火薬類について災害が発生したときと、その所有し、又は占有する火薬類、譲渡許可証、譲受許可証又は運搬証明書を喪失し、又は盗取されたときにおいて、遅滞なくその旨を警察官又は海上保安官に届け出なければならない(火薬取締法施行令第46条第１項)。そのため、(１)は誤っている。

問題 40 --> 解答(4)

都道府県知事(市の区域内の地域については、市長)は、住居が集合している地域、病院又は学校の周辺の地域その他の騒音を防止することにより住民の生活環境を保全する必要があると認める地域を、特定工場等において発生する騒音及び特定建設作業に伴って発生する騒音について規制する地域として指定しなければならない(騒音規制法第３条第１項)。そのため、(４)の都道府県知事又は市長が正しい。

問題 41 --> 解答(4)

指定地域内において特定建設作業を伴う建設工事を施工しようとする者は、当該特定建設作業の開始の日の７日前までに、環境省令で定めるところにより、次の事項を市町村長に届け出なければならない。ただし、災害その他非常の事態の発生により特定建設作業を緊急に行う必要がある場合はこの限りでない(振動規制法第14条)、と規定している。

1　氏名又は名称及び住所並びに法人にあっては、その代表者の氏名
2　建設工事の目的に係る施設又は工作物の種類
3　特定建設作業の種類、場所、実施期間及び作業時間
4　振動の防止の方法
5　その他環境省令で定める事項

ただし書の場合において、当該建設工事を施工する者は、速やかに、同項各号に掲げる事項を市町村長に届け出なければならない。

届出には、当該特定建設作業の場所の付近の見取図その他環境省令で定める書類を添付しなければならない。そのため、(4)の現場の施工体制表は、該当しない。

問題 42 ------------------------→ **解答(2)**

船舶は、特定港において危険物の積込、積替又は荷卸をするには、港長の許可を受けなければならない。(港則法第22条第1項)届け出ではなく許可である。そのため、(2)は誤っている。

問題 43 ------------------------→ **解答(4)**

182° 50' 39" − 180° +100° 6' 34" = 102° 57' 13"

そのため、(4)は適当である。

問題 44 ------------------------→ **解答(1)**

公共工事標準請負契約約款第1条より、設計図書とは「別冊の図面、仕様書、現場説明書及び現場説明書に対する質問回答書」をいうとある。よって契約書は含まれない。そのため、(1)は誤っている。

問題 45 ------------------------→ **解答(3)**

L1は擁壁の直高、L2は擁壁高、N1は裏込め材、N2は裏込めコンクリートである。そのため、(3)は適当である。

問題 46 ------------------------→ **解答(4)**

(1)バックホウ：バケット容量(m^3)
(2)ダンプトラック：車両総重量(t)。車両重量、燃料を含む重量である。
(3)クレーン：吊下荷重(t)
(4)設問通りで、適当である。

問題 47 ------------------------→ **解答(2)**

工事内容の把握のため現地踏査による周辺環境の把握、発注者との契約条件及び用地取得状況や地元との協議・調整などの現場の諸条件を十分に調査する。現場事務所用地ではない。そのため、(2)は適当でない。

問題 48 ------------------------→ **解答(1)**

労働安全衛生規則第517条の10より、物体の飛来又は落下による労働者の危険を防止するため、作業に従事する労働者に保護帽を着用させなければならないとあり、支間20m以上とは定められていない。そのため、(1)は誤っている。

問題 49 ──────────> 解答(4)

労働安全衛生規則第517条の15より、作業を行う区域内には、関係労働者以外の労働者の立ち入りを禁止することと定められている。そのため、(4)は誤っている。

問題 50 ──────────> 解答(2)

アスファルト舗装工・安定度の試験方法は、マーシャル安定度試験である。平坦性試験は舗装の平坦度が品質特性である。そのため、(2)は適当でない。

問題 51 ──────────> 解答(3)

納入されたコンクリートの品質管理項目は、強度、スランプ、空気量及び塩化物含有量について行い、各試験結果によって合否を判定する。そのため、(3)は適当でない。

問題 52 ──────────> 解答(4)

(1)騒音や振動の防止対策では、騒音や振動の絶対値を下げること及び発生期間の短縮を検討する。
(2)造成工事などの土工事にともなう土ぼこりの防止対策には、防止対策として容易な散水養生が採用される。
(3)騒音の防止方法には、発生源での対策、伝搬経路での対策、受音点での対策があるが、建設工事では低騒音型の建設機械を使用する等の発生源での対策が最も効果的である。
(4)設問通りで、適当である。

問題 53 ──────────> 解答(3)

建設資材のうち、「建設リサイクル法」で定められているものは、コンクリート、コンクリート及び鉄から成る建設資材、木材、アスファルト・コンクリートの4種類である。そのため、(3)が該当する。

問題 54 ──────────> 解答(1)

①は金額にかかわらずではなく、建設業法第24条の8より下請契約の請負代金の額(当該下請契約が二以上あるときは、それらの請負代金の額の総額)が政令で定める金額以上になるときである。
②は建設業法40条の3及び建設業法施行規則第28条より20年ではなく5年である。
③は建設業法第24条の8-4より工事現場の見やすい場所でよい。
④は建設業法第24条の8-2より正しい。
(1)が該当する。

問題 55 ──────────> 解答(2)

ダンプトラックの時間当たり作業量Qは下記により算定される。

$$Q=\frac{1\text{回当りの積載量}\times\text{土量換算係数}\times\text{作業効率}}{\text{サイクルタイム}}\times 60$$

設問の土量換算係数は1/L＝1/1.25＝0.8で計算される。そのため、(2)が正しい。

問題 56 --→ **解答(3)**

①の曲線式工程表にバーチャート工程表は含まれない。②で示す図1は斜線式工程表でバーチャート工程表ではない。そのため、(3)が該当する。

問題 57 --→ **解答(2)**

クリティカルパスより、全体の工期はA+C+E+Gとなる。設問の作業Fの余裕はクリティカルパスの作業Eと比較して考える。よって、
(イ)作業C、(ロ)作業E、(ハ)1日、(ニ)23日
となるため、(2)が正しい。

問題 58 --→ **解答(3)**

②の場合、労働安全衛生規則237条より補修ではなく使用してはならないとある。①③④の3つが適当である。そのため、(3)が該当する。

問題 59 --→ **解答(3)**

④は労働安全衛生規則166条より作業指揮者ではなく労働者である。①②③の3つが正しい。そのため、(3)が該当する。

問題 60 --→ **解答(2)**

③は棒グラフではなく折れ線グラフで示される。④は計数値(不良率、不良個数、欠点数など)ではなく計量値(長さ、時間、強度等)である。そのため、(2)が該当する。

問題 61 --→ **解答(1)**

②は含水比や施工法によって変化するので誤っている。③の最もよく締まる含水比は最適含水比である。そのため、(1)が該当する。

令和５年度後期第１次検定　解答と解説
（令和５年10月22日実施）

問題 1 --> **解答(2)**

さく岩に使用される機械は、レッグドリル、ドリフタ、ブレーカ、クローラドリルである。モータグレーダは敷き均し、整地などに用いられる。そのため、（２）は適当でない。

問題 2 --> **解答(4)**

筋芝工の目的は、盛土法面の浸食防止、部分植生である。似たような工種の張芝工の目的は、種子吹付け工と同様に浸食防止、凍上崩落抑制、全面植生(緑化)である。そのため、（４）は適当でない。

問題 3 --> **解答(2)**

盛土材料には、施工が容易で盛土の安定を保ち、かつ有害な変形が生じないような材料(下記①～④)を用いなければならない。

①敷均し・締固めが容易。

②締固め後のせん断強度が高く、圧縮性が小さく雨水等の浸食に強い。

③吸水による膨張性(水を吸着して体積が増大する性質)が低い。

④粒度配合の良い礫質土や砂質土。

（２）の締固め後の圧縮性が小さいことは②に該当する。そのため、（２）は適当でない。

問題 4 --> **解答(3)**

（１）ウエルポイント工法は、地下水を低下させることで地盤が受けていた浮力に相当する荷重を下層の軟弱層に載荷して圧密沈下を促進し強度増加を図る圧密・排水工法で「地下水低下工法」である。

（２）石灰パイル工法は、吸水による脱水や化学的結合によって地盤を固結させ、地盤の強度を上げることによって、安定を増すと同時に沈下を減少させる工法で、「固結工法」である。

（３）該当する。

（４）プレローディング工法は、構造物の施工に先立って盛土荷重などを載荷し、ある放置期間後載荷重を除去して沈下を促進させて地盤の強度を高める「載荷重工法」である。

問題 5 --> **解答(2)**

粗粒率とは、骨材用の網ふるいの目の粗さ80㎜から0.15㎜までの10種類の各ふるいにとどまる骨材の重量百分率の和を100で割った値で、粗粒率の値は大きくなるほど、粒度が大きい(粗い)。そのため、（２）は適当でない。

問題 6 --> **解答(2)**

耐久に優れた密実なコンクリート構造物を構築するには、構造条件や施工条件に見合ったワーカビリティとする必要があることから、部材ごとに締固め作業高さが大きいほど、最小スランプは大きくする。そのため、（２）は適当でない。

問題 7 --> **解答(4)**

ブリーディングとは、フレッシュコンクリートの固体材料の沈降または分離によって、練り混ぜ水の一部が遊離して上昇する現象である。運搬から仕上げまでの一連の作業のしやすさはワーカビリティである。そのため、(4)は適当でない。

問題 8 --------→ **解答(3)**

型枠の取り外しは、コンクリートが所要の強度に達してから行うもので、構造物の種類と重要性、部材の種類および大きさにより取りはずして良い時期が定められている。取りやすい場所から外すものではない。そのため、(3)は適当でない。

問題 9 --------→ **解答(4)**

(1)打撃による方法は、杭打ちハンマとしてディーゼルハンマ、油圧ハンマ、ドロップハンマなどが用いられる。一般にバイブロハンマを用いて行う杭の打ち込みは振動打ち込み工法といい、杭に与えた上下方向の強制振動により周面抵抗を減少させてバイブロハンマと杭の自重で地盤内に打ち込まれる。
(2)中掘り杭工法は、既製杭の中をアースオーガで掘削しながら杭を貫入させる工法である。
(3)プレボーリング工法は、あらかじめ地盤内に穴をあけておき既製杭を挿入する工法である。
(4)設問通りで、適当である。

問題 10 --------→ **解答(1)**

(1)設問通りで、適当である。
(2)アースドリル工法は、表層ケーシングを建込み、孔内に注入した安定液の水圧で孔壁を保護しながら、ドリリングバケットで掘削する工法である。施工速度が速く仮設が簡単で無水で掘削できる場合もある。掘削孔内の水とともに掘削土を吸い上げるのはリバース工法である。
(3)リバースサーキュレーション工法は、スタンドパイプを建込み、掘削孔に満たした水の圧力で孔壁を保護しながら、水を循環させてビットを回転させて掘削する工法で、地盤を直接確認できない。支持地盤を直接確認できるのは深礎工法である。
(4)深礎工法は、掘削孔の全長にわたりライナープレートを用いて土留めをしながら孔壁の崩壊を防止する工法である。掘削は人力又は機械で行うが、軟弱地盤や被圧地下水が高い場合の適応性は低い。孔壁の崩壊防止にベントナイト水を用いるのはアースドリル工法である。

問題 11 --------→ **解答(3)**

(1)自立式土留め工法は、切梁や腹起しなど支保工を用いない工法である。他の工法では、支保工を用いる切梁式土留め工法などがある。適当である。
(2)アンカー式土留め工法は、引張材を用い掘削地盤中に定着させた土留めアンカーと掘削側の地盤抵抗によって土留め壁を支える工法で、切ばりによる土留めが困難な場合や掘削断面の空間を確保する必要がある場合に用いる工法である。適当である。
(3)軟弱な粘土質地盤を掘削したときに掘削底面が盛り上がるのは、ボイリングではなくヒービングである。そのため、適当でない。
(4)パイピングとは、地下水の浸透流が砂質土の弱いところを通ってパイプ状の水みちを形成する現象である。適当である。

問題 12 --------→ **解答(4)**

軟鋼線材は，鉄線として鉄筋の組立や蛇かご等に用いられ，硬鋼線材はピアノ線やPC鋼線等に用いられる。そのため、(4)は適当でない。

問題 13 ---------- 解答(1)

(1)設問通り、適当である。

(2)クレーン車によるベント式架設工法は，市街地や平坦地で桁下空間が使用できる現場において一般に用いられる工法である。適当でない。

(3)ケーブルクレーンによる直吊り工法は，ケーブルクレーンを用いて橋桁の部材をつり込み架設する工法で、深い谷や河川などの地形で桁下が利用できないような場所で用いられる。適当でない。

(4)トラベラークレーンによる片持ち式架設工法は，主に深い谷等、桁下の空間が使用できない現場においてトラス橋などの架設によく用いられる工法である。適当でない。

問題 14 ---------- 解答(3)

塩害は、コンクリート中の鋼材の腐食が塩化物イオンにより進行し、コンクリートにひび割れや剥落、鋼材の断面減少が生じる劣化現象であり、劣化要因は塩化物イオンである。そのため、(3)は適当でない。なお、凍結融解作用は、劣化機構凍害の劣化要因である。

問題 15 ---------- 解答(1)

堤防を挟んで河川の流水がある側を堤外地といい、洪水や氾濫などから堤防で守られている側を堤内地という。そのため、(1)は適当でない。

問題 16 ---------- 解答(3)

低水護岸の天端保護工は、流水によって護岸の裏側から破壊しないように保護するものである。そのため、(3)は適当でない。

問題 17 ---------- 解答(4)

(1)水抜き暗渠は、施工中の流水の切換えや堆砂後の本えん堤にかかる水圧を軽減させるために設ける。適当でない。

(2)前庭保護工は、本えん堤基礎地盤等の洗掘防止のため、本えん堤の下流側に設ける。適当でない。

(3)本えん堤の袖は、洪水を越流させないことを原則としているが、洪水が越流した場合でも袖部等の破壊防止のため、両岸に向かって上り勾配構造とする。適当でない。

(4)設問通りで、適当である。

問題 18 ---------- 解答(2)

排土工は、地すべり頭部の不安定な土塊を排除し、地すべり土塊の滑動力を減少させる工法であり、抑制工に分類される。そのため、(2)は適当でない。

問題 19 ---------- 解答(4)

盛土路床では、１層の敷均し厚さは仕上り厚で20ｃｍ以下を目安とする。そのため、(4)は適当でない。

問題 20 ---------- 解答(3)

(1)初転圧は、一般に10～12tのロードローラで２回(１往復)程度行う。適当でない。

(2)二次転圧は、一般に8～20tのタイヤローラで行うが、6～10t の振動ローラを用いることもある。適当でない。

(3)設問通りで、適当である。

(4)締固め作業は、敷均し終了後、継目転圧、初転圧、二次転圧及び仕上げ転圧の順序で行う。適当でない。

問題 21 ------------------------------> **解答(1)**

オーバーレイ工法は、既設舗装の上に、厚さ3cm以上の加熱アスファルト混合物層を舗設する工法である。そのため、(1)は適当でない。なお、既設舗装の上に加熱アスファルト混合物以外の材料を使用して薄い封かん層を設ける工法は、表面処理工法である。

問題 22 ------------------------------> **解答(3)**

コンクリート舗装は、温度変化によって膨張・収縮を生ずるので、一般には目地が必要であり、普通コンクリート版の縦目地は、版の温度変化に対応するよう、車線方向に設ける。そのため、(3)は適当でない。

問題 23 ------------------------------> **解答(1)**

転流工は、ダム本体工事期間中の河川の流れを一時迂回させる河流処理工であり、半川締切り方式、仮排水開水路方式及び基礎岩盤内にバイパストンネルを設ける仮排水トンネル方式等がある。そのため、(1)は適当でない。

問題 24 ------------------------------> **解答(2)**

発破掘削は、主に地質が硬岩質の地山に用いられ、第1段階として心抜きと呼ぶ切羽の中心の一部を先に爆破し、現れた新しい自由面を次の爆破に利用して掘削する。そのため、(2)は適当でない。

問題 25 ------------------------------> **解答(4)**

混成型の海岸堤防は、傾斜型構造物の上に直立型構造物がのせられたもの等であり、傾斜型と直立型の両特性を生かして、水深が割合に深く、比較的軟弱な地盤に適している。そのため、(4)は適当でない。

問題 26 ------------------------------> **解答(2)**

ケーソン据付け後は、ケーソンの内部が水張り状態であり、浮力の作用で波浪の影響を受けやすく、据付け後すぐにケーソン内部に中詰めを行って質量を増し、安定を高めなければならない。そのため、(2)は適当でない。

問題 27 ------------------------------> **解答(1)**

スラックは、曲線部において列車の通過を円滑にするために軌間を拡大する量のこと。そのため、(1)は適当でない。

問題 28 ------------------------------> **解答(1)**

営業線に近接した重機械による作業は、列車の近接から通過の完了まで作業を一時中止する。そのため、(1)は適当でない。

問題 29 --> **解答(2)**

泥水式シールド工法は、泥水を循環させて切羽に作用する土・水圧よりも若干高い泥水圧をかけること、泥水性状を管理すること等により切羽の安定を保つと同時に、カッターで切削した土砂を泥水とともに坑外まで流体輸送し地上に排出する工法である。そのため、(2)は適当でない。

問題 30 --> **解答(3)**

ダクタイル鋳鉄管に用いるメカニカル継手は、伸縮性や可とう性があるので地震などによる地盤の変動に追従し適応できる。そのため、(3)は適当でない。

問題 31 --> **解答(2)**

『砂基礎』又は『砕石基礎』は、硬質土のような比較的地盤がよい場所に採用する。軟弱土に対しては『砂基礎』、『砕石基礎』、『はしご胴木基礎』又は『コンクリート基礎』を採用し、極軟弱土に対しては『はしご胴木基礎』,『鳥居基礎』又は『鉄筋コンクリート基礎』が採用される。そのため、「礎地盤の土質区分」と「基礎の種類」の組合せは、(2)が適当である。

問題 32 --> **解答(3)**

使用者は、労働時間が6時間を超える場合においては少くとも45分、8時間を超える場合においては少くとも1時間の休憩時間を労働時間の途中に与えなければならない。休憩時間は、一斉に与えなければならない(労働基準法第34条第1項、第2項)。そのため、(3)は誤っている。

問題 33 --> **解答(2)**

使用者は、満18才に満たない者について、その年齢を証明する戸籍証明書を事業場に備え付けなければならないと規定している(労働基準法第57条第1項)。後見人の証明書ではない。そのため、(2)は誤っている。

問題 34 --> **解答(3)**

既製コンクリート杭の杭打ち作業は、作業主任者の選任を必要としない作業である。そのため、(3)が該当する。

問題 35 --> **解答(4)**

当該建設工事の下請け契約書の作成、当該建設工事の下請け代金の支払い、当該建設工事の資機材の調達は、主任技術者及び監理技術者の職務ではない(建設業法第26条の4第1項)。そのため、(1)(2)(3)誤っている。主任技術者及び監理技術者は、工事現場における建設工事を適正に実施するため、当該建設工事の施工計画の作成、工程管理、品質管理その他の技術上の管理及び当該建設工事の施工に従事する者の技術上の指導監督の職務を誠実に行わなければならない(建設業法第26条の4第1項)。そのため、(4)は正しい。

問題 36 --> **解答(1)**

車両の幅、重量、高さ、長さ及び最小回転半径の最高限度は、次のとおりとする(道路法第47条第1項、道路制限令第3条)。

1　幅　2.5m

2　重量　次に掲げる値

イ　総重量　高速自動車国道又は道路管理者が道路の構造の保全及び交通の危険の　防止上支障がないと認めて指定した道路を通行する車両にあっては25 t 以下で車両の長さ及び軸距に応じて当該車両の通行により道路に生ずる応力を勘案して国土交通省令で定める値、その他の道路を通行する車両にあっては20 t。

ロ　軸重　10 t

ハ　隣り合う車軸に係る軸重の合計　隣り合う車軸に係る軸距が1.8m未満である場合にあっては18 t（隣り合う車軸に係る軸距が1.3m以上であり、かつ、当該隣り合う車軸に係る軸重がいずれも9.5 t 以下である場合にあっては、19 t）、1.8m以上である場合にあっては20 t。

ニ　輪荷重　5 t

3　高さ　道路管理者が道路の構造の保全及び交通の危険の防止上支障がないと認めて指定した道路を通行する車両にあっては4.1m、その他の道路を通行する車両にあっては3.8m。

4　長さ　12m

5　最小回転半径　車両の最外側のわだちについて12m

そのため、（1）は正しい。

問題 37　解答（4）

（1）（2）河川区域内の土地において工作物を新築し、改築し、又は除却しようとする者は、国土交通省令で定めるところにより、河川管理者の許可を受けなければならない。河川の河口附近の海面において河川の流水を貯留し、又は停滞させるための工作物を新築し、改築し、又は除却しようとする者も同様とする（河川法第26条第１項）。よって、トイレの撤去、送電線の改築は、河川管理者の許可を必要とする。

（3）河川区域内の土地を占用しようとする者は、国土交通省令で定めるところにより、河川管理者の許可を受けなければならない（河川法第24条）よって、河川管理者の許可を必要とする。

（4）河川区域内の土地において土地の掘削、盛土もしくは切土その他土地の形状を変更する行為又は竹木の栽植もしくは伐採をしようとする者は、国土交通省令で定めるところにより、河川管理者の許可を受けなければならない。ただし、政令で定める軽易な行為については、この限りでない（河川法第27条第１項）。取水施設又は排水施設の機能を維持するために行う取水口又は排水口の付近に積もった土砂等の排除は、軽易な行為にあたり、河川管理者の許可を必要としない（同法施行令第15条の４第１項第２号）

問題 38　解答（1）

建ぺい率とは、建築物の建築面積（同一敷地内に２以上の建築物がある場合においては、その建築面積の合計）の敷地面積に対する割合をいう（建築基準法第53条第１項）。よって、建ぺい率＝建築面積/敷地面積であるため、（1）が正しい。

問題 39　解答（2）

火工所として建物を設ける場合には、適当な換気の措置を講じ、床面にはできるだけ鉄類を表わさず、その他の場合には、日光の直射及び雨露を防ぎ、安全に作業ができるような措置を講ずること（火薬取締法第52条の２第３項第２号）。そのため、（2）は誤っている。

問題 40　解答（2）

特定建設作業の対象となる作業（騒音規制法第２条第３項、同法施行令第２条、別表第２）。

1　くい打機（もんけんを除く）、くい抜機又はくい打くい抜機（圧入式くい打くい抜機を除く）を使用

する作業（くい打機をアースオーガーと併用する作業を除く）
2　びよう打機を使用する作業
3　さく岩機を使用する作業（作業地点が連続的に移動する作業にあっては、一日における当該作業に係る二地点間の最大距離が50mを超えない作業に限る）
4　空気圧縮機（電動機以外の原動機を用いるものであつて、その原動機の定格出力が15kw以上のものに限る）を使用する作業（さく岩機の動力として使用する作業を除く）
5　コンクリートプラント（混練機の混練容量が0.45㎥以上のものに限る）又はアスファルトプラント（混練機の混練重量が200kg以上のものに限る）を設けて行う作業（モルタルを製造するためにコンクリートプラントを設けて行う作業を除く）
6　バックホウ（一定の限度を超える大きさの騒音を発生しないものとして環境大臣が指定するものを除き、原動機の定格出力が80kw以上のものに限る）を使用する作業
7　トラクターショベル（一定の限度を超える大きさの騒音を発生しないものとして環境大臣が指定するものを除き、原動機の定格出力が70kw以上のものに限る）を使用する作業
8　ブルドーザ（一定の限度を超える大きさの騒音を発生しないものとして環境大臣が指定するものを除き、原動機の定格出力が40kw以上のものに限る）を使用する作業

よって、（2）の圧入式杭打杭抜機を使用する作業は、特定建設作業の対象とならない作業である。

問題 41 ---------------→ 解答(3)

測定場所は、
・工場・事業場：特定施設を設置する工場及び事業場の敷地の境界線
・建設作業：特定建設作業の場所の敷地の境界線
・道路：道路の敷地の境界線
（振動規制法第15条第1項、同法施行規則第11条、別表第1）と規定している（道路法第47条第1項、道路制限令第3条）。

よって、（3）特定建設作業の規制基準に関する測定位置は、特定建設作業の敷地の境界線が正しい。

問題 42 ---------------→ 解答(3)

船舶は、航路内において、他の船舶と行き会うときは、右側を航行しなければならない（港則法第13条第3項）。よって、（3）は誤っている。

問題 43 ---------------→ 解答(3)

閉合誤差0.008m／距離197.377m＝1/24672より（3）の1/24600が該当する。

問題 44 ---------------→ 解答(4)

公共工事標準請負契約約款第一条より、設計図書は「別冊の図面、仕様書、現場説明書及び現場説明に対する質問回答書」とある。（4）は該当しない。

問題 45 ---------------→ 解答(4)

（イ）は橋長、（ロ）は桁長、（ハ）は支間長、（ニ）は径間長である。そのため、（4）は適当である。

問題 46 ---------------→ 解答(1)

ブルドーザは、土工板を取り付けた機械で、土砂の掘削・運搬、伐開除根、敷き均し、整地、限定された範囲の締固めなどに用いられる。標準的な作業において積み込みには用いられない。そのた

め、(1)は適当でない。

問題 47 --> 解答(4)

仮設備計画は、仮設備の設計や配置計画が主な内容で、安全衛生計画は該当しない。そのため、(4)は適当でない。

問題 48 --> 解答(4)

労働安全衛生規則第517条の24より、物体の飛来又は落下による労働者の危険を防止するため、作業に従事する労働者に保護帽を着用させなければならないとあるが、支間20m以上とは定められていない。そのため、(4)は該当しない。

問題 49 --> 解答(1)

労働安全衛生規則第517条の18より、設問の「作業方法及び労働者の配置を決定し、作業を直接指揮する」はコンクリート造の工作物の解体等作業主任者の職務である。そのため、(1)が誤っている。

問題 50 --> 解答(2)

第2段階(実施Do)では、作業標準に基づき作業を実施する。そのため、(2)は適当でない。

問題 51 --> 解答(2)

普通コンクリートの空気量は4.5%であり、コンクリートの空気量の許容差は±1.5%である。そのため、(2)が適当でない。

問題 52 --> 解答(2)

アスファルトフィニッシャでの舗装工事で、特に静かな工事が要求される場合、タンパ式より騒音が小さいバイブレータ式の採用が望ましい。そのため、(2)は適当でない。

問題 53 --> 解答(3)

特定建設資材は、建設資材のうち「建設リサイクル法」で定められ、コンクリート、コンクリート及び鉄から成る建設資材、木材、アスファルト・コンクリートの4種類である。そのため、(3)が該当する。

問題 54 --> 解答(1)

イ	普通ブルドーザ	ロ	ダンプトラック	ハ	湿地ブルドーザ	ニ	粘性土

よって、(1)の組合せが適当である。

問題 55 --> 解答(1)

①はバックホウではなく大型ブルドーザ。②はN値ではなくコーン指数。③は砂は玉石より大きい。よって、適当なものは④の1つである。(1)が該当する。

問題 56 --> 解答(4)

②の工程管理で「計画工程が実施工程よりやや上回る」のではなく「実施工程が計画工程よりやや上回る」である。よって、①③④が適当である。(4)が該当する。

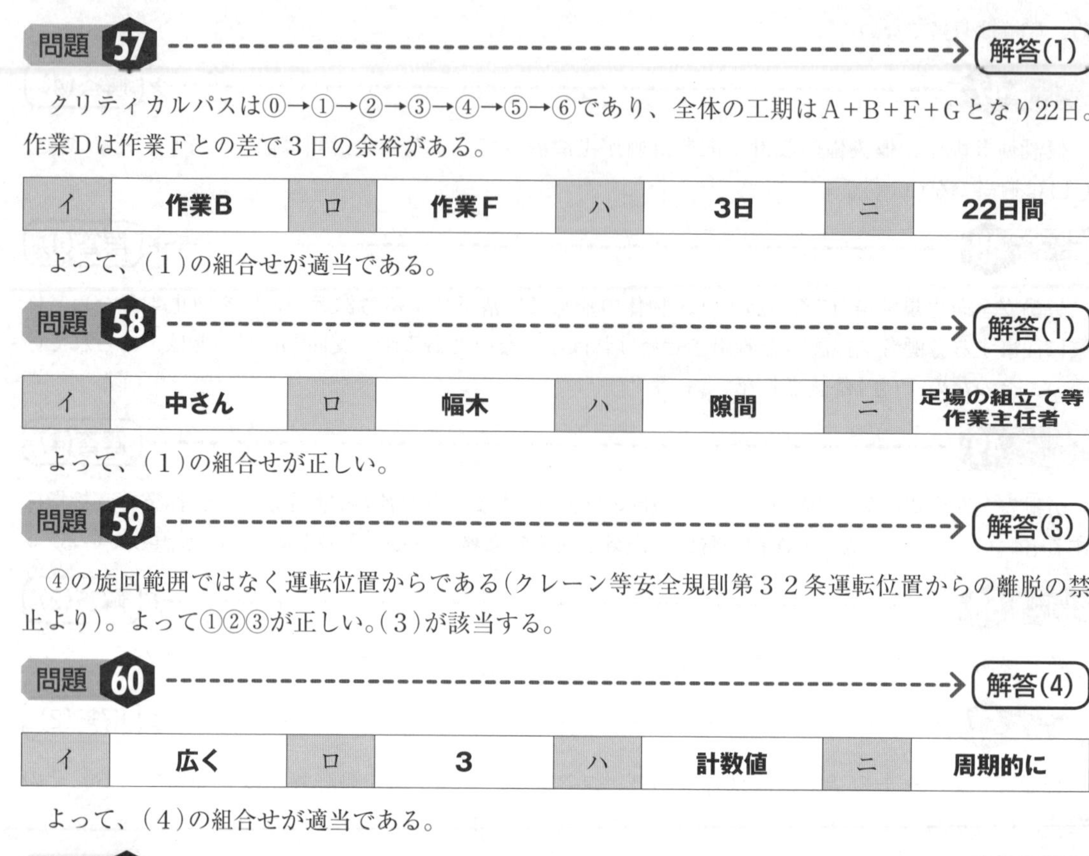

問題 57 --> **解答(1)**

クリティカルパスは⓪→①→②→③→④→⑤→⑥であり、全体の工期はA+B+F+Gとなり22日。作業Dは作業Fとの差で3日の余裕がある。

イ	作業B	ロ	作業F	ハ	3日	ニ	22日間

よって、(1)の組合せが適当である。

問題 58 --> **解答(1)**

イ	中さん	ロ	幅木	ハ	隙間	ニ	足場の組立て等作業主任者

よって、(1)の組合せが正しい。

問題 59 --> **解答(3)**

④の旋回範囲ではなく運転位置からである(クレーン等安全規則第32条運転位置からの離脱の禁止より)。よって①②③が正しい。(3)が該当する。

問題 60 --> **解答(4)**

イ	広く	ロ	3	ハ	計数値	ニ	周期的に

よって、(4)の組合せが適当である。

問題 61 --> **解答(3)**

①は工法規定方式ではなく品質規定方式である。そのため、②③④が適当である。(3)が該当する。

令和５年度第２次検定　解答例と解説
（令和５年10月22日実施）

※第２次検定について、試験を実施している一般財団法人 全国建設研修センターから解答・解説は公表されていません。本書に掲載されている「解答例と解説」は、執筆者による問題の分析のもと作成しています。内容には万全を期するよう努めておりますが、確実な正解を保証するものではないことをご了承ください。

※必須問題（問題１～問題５は必須問題なので、必ず解答する）

問題 1　施工経験記述問題

- 自らの経験記述の問題であるので、解答例は省略する。
- 記述要領については『２級土木施工 第１次＆第２次検定 徹底図解テキスト』（ナツメ社）の「第７章　経験記述の書き方」（P.365）を参照する。

問題 2　施工計画に関する問題

■地山の明かり掘削の作業時に事業者が行う安全管理

【解答例】

（イ）	（ロ）	（ハ）	（ニ）	（ホ）
順序	**土止め支保工**	**防護網**	**損壊**	**開始**

【解説】『２級土木施工 第１次＆第２次検定 徹底図解テキスト』（ナツメ社）の「第５章　施工管理」（P.326）を参照する。

必須問題

問題 3　環境保全対策に関する問題

■建設リサイクル法による特定建設資材についての記述問題

【解答例】下記について、それぞれの項目について２つを選定し記述する。

特定建設資材	再資源化の材料名又は利用用途
①コンクリート ②コンクリート及び鉄から成る建設資材	再生クラッシャーラン→下層路盤材、埋め戻し材等 再生粒度調整砕石　→上層路盤材等 再生骨材M、L　→コンクリート用骨材
③木材	木質ボード　→建築用資材、コンクリート用型枠等 木質チップ　→燃料用材料、木質系舗装等
④アスファルト・コンクリート	再生加熱アスファルト混合物　→　表層、基層等 ※コンクリートは①②と同じ

【解説】『２級土木施工 第１次＆第２次検定 徹底図解テキスト』（ナツメ社）の「第６章　環境保全対策」（P.360）を参照する。

必須問題

問題 4　土木一般、土工に関する問題

■切土法面の施工に関しての語句の記入

【解答例】

(イ)	(ロ)	(ハ)	(ニ)	(ホ)
地質	**崩壊**	**法肩**	**モルタル吹付**	**柵**

【解説】『２級土木施工 第１次&第２次検定 徹底図解テキスト』(ナツメ社)の「第１章　土木一般」(P.18)を参照する。

必須問題

問題 5　土木一般、コンクリートに関する問題

■コンクリートに関しての記述問題

【解答例】下記の中から２つ記述する。

用語	説明
①アルカリシリカ反応	コンクリート内部のアルカリにより、骨材に含まれる反応性の高いシリカが化学反応し、異常膨張やひび割れを起こす現象。
②コールドジョイント	コンクリートを層状に打ち込む場合に、先に打ち込んだコンクリートと後に打ち込んだコンクリートとの間が完全に一体化していない不連続面。
③スランプ	フレッシュコンクリートの軟らかさの程度を示す指標の一つで、スランプコーンを引き上げた直後に測定し、頂部からの下がりで示される。
④ワーカビリティ	コンクリートの施工性(運搬、打ち込み、締固め等)の容易さを示すコンクリートの性質。

【解説】『２級土木施工 第１次&第２次検定 徹底図解テキスト』(ナツメ社)の「第１章　土木一般」(P.34)を参照する。

選択問題(1)

問題 6　土木一般、土工に関する問題

■土の締固め管理方法に関しての語句の記入

【解答例】

(イ)	(ロ)	(ハ)	(ニ)	(ホ)
品質	**工法**	**乾燥密度**	**90**	**仕様書**

【解説】『２級土木施工 第１次&第２次検定 徹底図解テキスト』(ナツメ社)の「第１章　土木一般」(P.18)および「第５章　施工管理」(P.343)を参照する。

選択問題（1）

問題 7 土木一般、コンクリートに関する問題

■コンクリート構造物の鉄筋組立、型枠に関しての語句の記入

【解答例】

（イ）	（ロ）	（ハ）	（ニ）	（ホ）
焼きなまし鉄線	**スペーサ**	**同一**	**セパレータ**	**剥離剤**

【解説】『2級土木施工 第1次&第2次検定 徹底図解テキスト』（ナツメ社）の「第1章　土木一般」（P.34）を参照する。

選択問題（2）

問題 8 施工計画、安全管理に関する問題

■移動式クレーン及び玉掛け作業に係る安全管理に関しての記述

【解答例】

作業	安全対策
①移動式クレーン作業	・移動式クレーンの定格荷重を超える荷重をかけて使用させない(69条) ・軟弱な地盤、埋設物が破損して移動式クレーンが転倒するおそれのある場所では作業をさせない(70条の3) ・アウトリガーを最大限張り出す(70条の5) ・移動式クレーンの運転について一定の合図を定め、合図を行なう者を指名して、その者に合図を行なわせる(71条) ・強風時に危険が予想される場合は作業を中止させる(74条の3) ・荷を吊ったまま運転者を移動させない(75条) ※クレーン等安全規則より
②玉掛け作業	・ワイヤロープの安全係数については、6以上でなければ使用しない(213条) ・玉掛け用フック又はシャックルの安全係数については、5以上でなければ使用しない(214条) ・ワイヤロープ一よりの間において素線の数の10パーセント以上の素線が切断しているものを使用しない(215条) ・フック、シャックル、リング等の金具で、変形しているもの又はき裂があるものを使用しない(217条) ※クレーン等安全規則より

【解説】『2級土木施工 第1次&第2次検定 徹底図解テキスト』（ナツメ社）の「第5章　施工管理」（P.326）を参照する。

問題 9　施工計画、工程管理に関する問題

■横線式工程表の作成についての記述問題

【解答例】

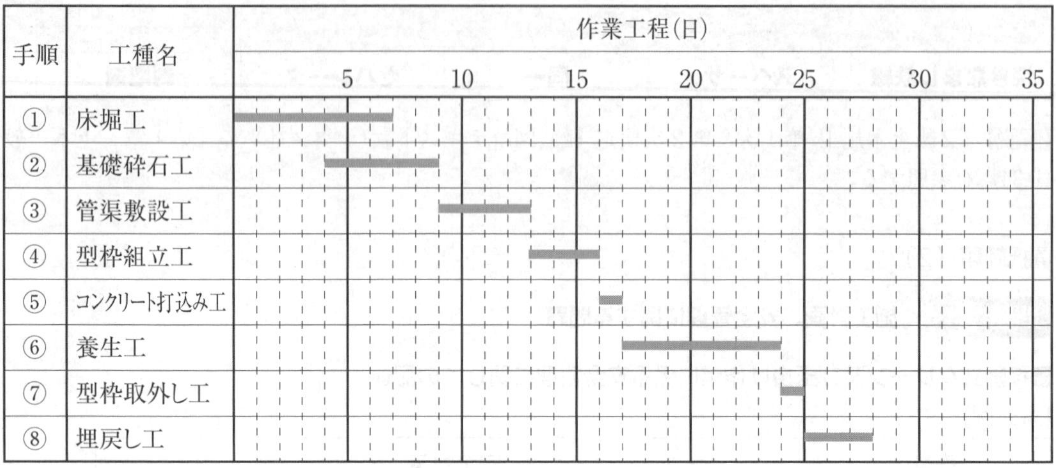

手順	工種名	作業工程(日)　5　10　15　20　25　30　35
①	床堀工	
②	基礎砕石工	
③	管渠敷設工	
④	型枠組立工	
⑤	コンクリート打込み工	
⑥	養生工	
⑦	型枠取外し工	
⑧	埋戻し工	

全所要日数 28 日

【解説】『２級土木施工 第１次＆第２次検定 徹底図解テキスト』（ナツメ社）の「第６章　環境保全対策」（P.354）を参照する。